수학 좀 한다면

디딤돌

디딤돌 초등수학 기본+유형 2-1

펴낸날 [개정판 1쇄] 2024년 9월 5일 | **펴낸이** 이기열 | **펴낸곳** (주)디딤돌 교육 | **주소** (03972) 서울특별시 마포구 월드컵북로 122 청원선와이즈타워 | **대표전화** 02-3142-9000 | **구입문의** 02-322-8451 | **내용문의** 02-323-9166 | **팩시밀리** 02-338-3231 | **홈페이지** www.didimdol.co.kr | **등록번호** 제10-718호 | 구입한 후에는 철회되지 않으며 잘못 인쇄된 책은 바꾸어 드립니다.

내 실력에 딱! 최상위로 가는 '맞춤 학습 플랜'

STEP 1 On-line

나에게 맞는 공부법은?
맞춤 학습 가이드를 만나요.

교재 선택부터 공부법까지! 디딤돌에서 제공하는 시기별 맞춤 학습 가이드를 통해 아이에게 맞는 학습 계획을 세워 주세요.
(학습 가이드는 디딤돌 학부모카페 '맘이가'를 통해 상시 공지합니다. cafe.naver.com/didimdolmom)

STEP 2 Book

맞춤 학습 스케줄표
계획에 따라 공부해요.

교재에 첨부된 '맞춤 학습 스케줄표'에 맞춰 공부 목표를 달성합니다.

STEP 3 On-line

이럴 땐 이렇게!
'맞춤 Q&A'로 해결해요.

궁금하거나 모르는 문제가 있다면,
'맘이가' 카페를 통해 질문을 남겨 주세요.
디딤돌 수학쌤 및 선배맘님들이 친절히 답변해 드립니다.

STEP 4 Book

다음에는 뭐 풀지?
다음 교재를 추천받아요.

학습 결과에 따라 후속 학습에 사용할 교재를 제시해 드립니다.
(교재 마지막 페이지 수록)

★ 디딤돌 플래너 만나러 가기

디딤돌 초등수학 기본+유형 2-1

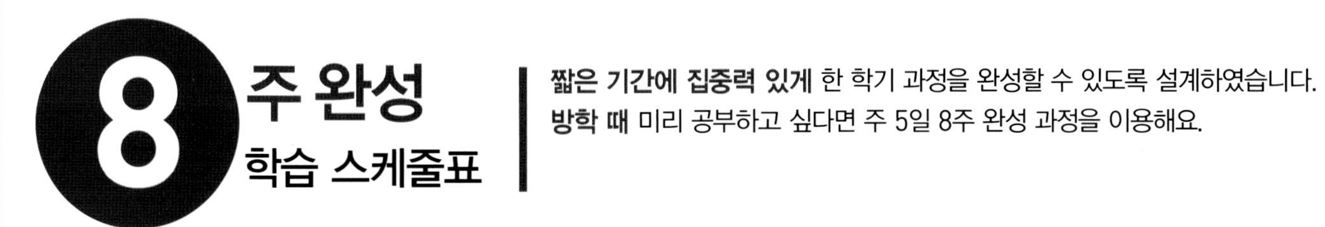

8주 완성 학습 스케줄표

짧은 기간에 집중력 있게 한 학기 과정을 완성할 수 있도록 설계하였습니다.
방학 때 미리 공부하고 싶다면 주 5일 8주 완성 과정을 이용해요.

공부한 날짜를 쓰고 하루 분량 학습을 마친 후, 부모님께 확인 check ☑를 받으세요.

1주	1 세 자리 수	월 일 6~9쪽	월 일 10~15쪽	월 일 16~18쪽	월 일 19~21쪽	월 일 22~24쪽	
2주		월 일 25~27쪽	월 일 28~30쪽				
3주		월 일 48~50쪽	월 일 51~53쪽	월 일 54~55쪽	월 일 56~58쪽	월 일 59~61쪽	
4주	3 덧셈과 뺄셈	월 일 64~69쪽	월 일 70~75쪽				
5주		월 일 91~93쪽	월 일 94~96쪽	월 일 97~99쪽	월 일 100~102쪽	월 일 104~109쪽	
6주	4 길이 재기	월 일 110~115쪽	월 일 116~120쪽				
7주	5 분류하기	월 일 134~141쪽	월 일 142~145쪽	월 일 146~149쪽	월 일 150~152쪽	월 일 153~155쪽	
8주	6 곱셈	월 일 158~167쪽	월 일 168~172쪽				

MEMO

자르는 선

	2 여러 가지 도형	
월 일 31~33쪽	월 일 36~41쪽	월 일 42~47쪽
월 일 76~81쪽	월 일 82~86쪽	월 일 87~90쪽
월 일 121~125쪽	월 일 126~128쪽	월 일 129~131쪽
월 일 173~177쪽	월 일 178~180쪽	월 일 181~183쪽

효과적인 수학 공부 비법

X 시켜서 억지로

O 내가 스스로

억지로 하는 일과 즐겁게 하는 일은 결과가 달라요.
목표를 가지고 스스로 즐기면 능률이 배가 돼요.

X 가끔 한꺼번에

O 매일매일 꾸준히

급하게 쌓은 실력은 무너지기 쉬워요.
조금씩이라도 매일매일 단단하게 실력을 쌓아가요.

X 정답을 몰래

O 개념을 꼼꼼히

모든 문제는 개념을 바탕으로 출제돼요.
쉽게 풀리지 않을 땐, 개념을 펼쳐 봐요.

X 채점하면 끝

O 틀린 문제는 다시

왜 틀렸는지 알아야 다시 틀리지 않겠죠?
틀린 문제와 어림짐작으로 맞힌 문제는
꼭 다시 풀어 봐요.

자르는 선

수학 좀 한다면 디딤돌

초등수학
기본+유형

상위권으로 가는 유형반복 학습서

2-1

1 단계

교과서 **핵심 개념**을 자세히 살펴보고

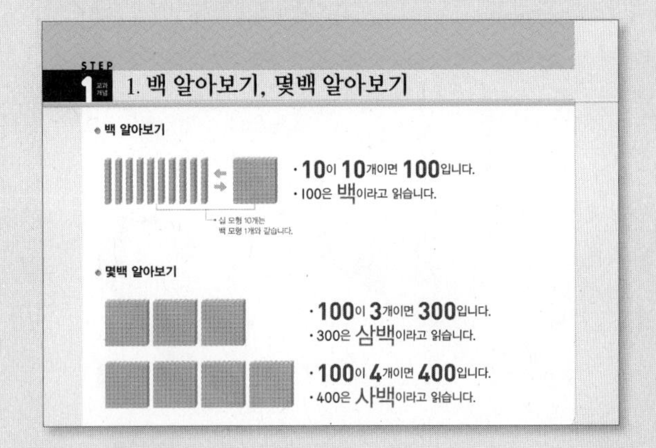
STEP 1 교과 개념 1. 백 알아보기, 몇백 알아보기

● 백 알아보기

· 10이 10개이면 100입니다.
· 100은 백이라고 읽습니다.

십 모형 10개는 백 모형 1개와 같습니다.

● 몇백 알아보기

· 100이 3개이면 300입니다.
· 300은 삼백이라고 읽습니다.

· 100이 4개이면 400입니다.
· 400은 사백이라고 읽습니다.

필수 문제를 반복 연습합니다.

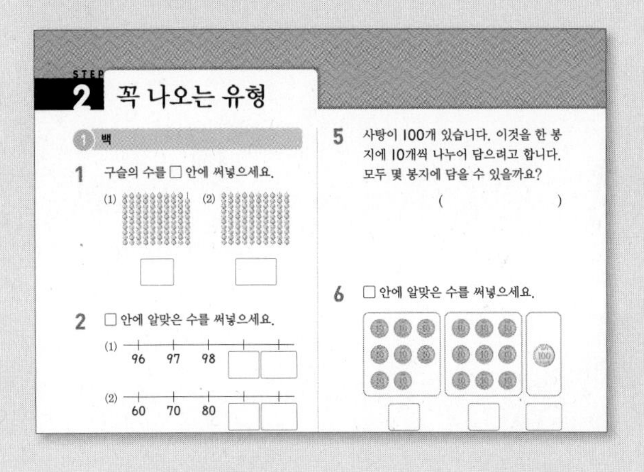
STEP 2 꼭 나오는 유형

① 백

1 구슬의 수를 □ 안에 써넣으세요.
(1) (2)

2 □ 안에 알맞은 수를 써넣으세요.
(1) 96 97 98
(2) 60 70 80

5 사탕이 100개 있습니다. 이것을 한 봉지에 10개씩 나누어 담으려고 합니다. 모두 몇 봉지에 담을 수 있을까요?
( )

6 □ 안에 알맞은 수를 써넣으세요.

2 단계

문제를 이해하고 실수를 줄이는 연습을 통해

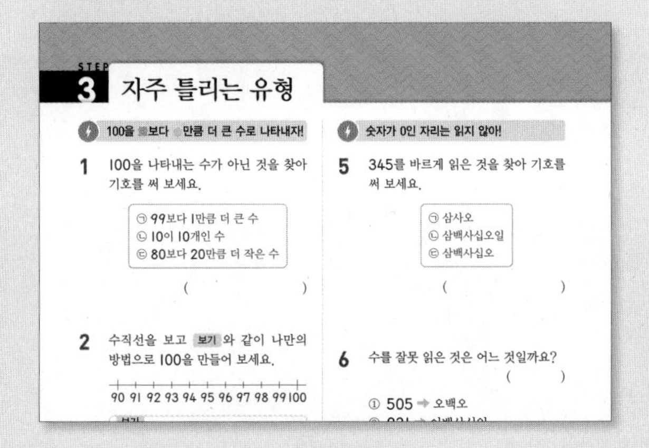
STEP 3 자주 틀리는 유형

100을 ■보다 ●만큼 더 큰 수로 나타내자!

1 100을 나타내는 수가 아닌 것을 찾아 기호를 써 보세요.
㉠ 99보다 1만큼 더 큰 수
㉡ 10이 10개인 수
㉢ 80보다 20만큼 더 작은 수
( )

2 수직선을 보고 보기 와 같이 나만의 방법으로 100을 만들어 보세요.
90 91 92 93 94 95 96 97 98 99 100

숫자가 0인 자리는 읽지 않아!

5 345를 바르게 읽은 것을 찾아 기호를 써 보세요.
㉠ 삼사오
㉡ 삼백사십오일
㉢ 삼백사십오
( )

6 수를 잘못 읽은 것은 어느 것일까요? ( )
① 505 → 오백오

3 단계

문제해결력과 사고력을
높일 수 있습니다.

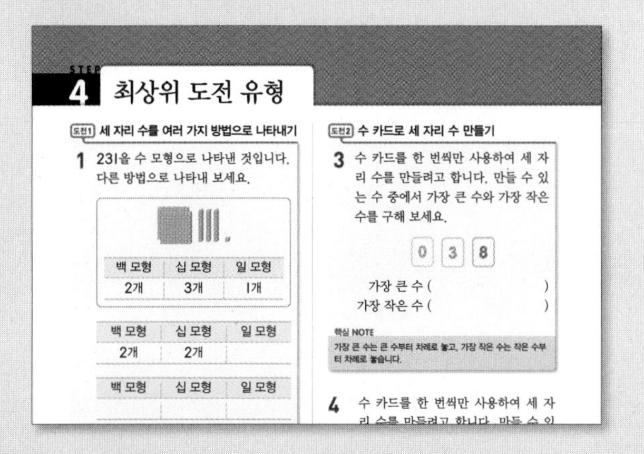

4 단계

수시평가를
완벽하게 대비합니다.

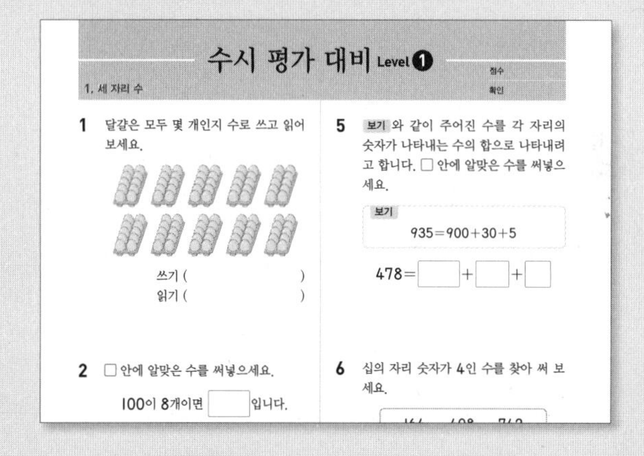

이 책의 **차례**

1 세 자리 수

핵심 1 백, 몇백

- 90보다 10만큼 더 큰 수는 □이다.
- 10이 10개이면 □이다.
- 100이 5개이면 □이다.

핵심 2 세 자리 수

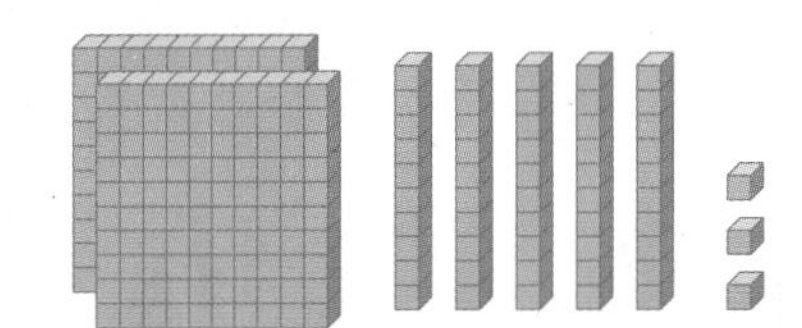

100이 2개, 10이 5개, 1이 3개이면 □(이)라 쓰고 □(이)라고 읽는다.

핵심 3 각 자리의 숫자가 나타내는 수

521에서

백의 자리	십의 자리	일의 자리
5	2	
100이 5개	10이 2개	1이 1개
500		1

521 = 500 + □ + 1

핵심 4 뛰어 세어 보기

- 999보다 1만큼 더 큰 수는 □(이)라 쓰고 □(이)라고 읽는다.

997 — 998 — 999 — □

핵심 5 수의 크기 비교

높은 자리 수부터 차례로 비교한다.

(1) 436 ○ 357 (4>3)   (2) 436 ○ 451 (3<5)

답 1. 100, 100, 500 2. 253, 이백오십삼 3. (위에서부터) 1, 20 / 20 4. 1000, 천 / 1000 5. (1) > (2) <

STEP 1 교과 개념

1. 백 알아보기, 몇백 알아보기

백 알아보기

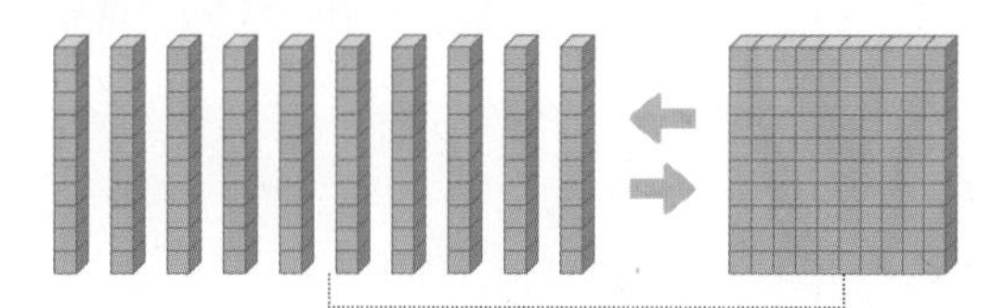

· 십 모형 10개는 백 모형 1개와 같습니다.

· **10**이 **10**개이면 **100**입니다.

· 100은 **백**이라고 읽습니다.

몇백 알아보기

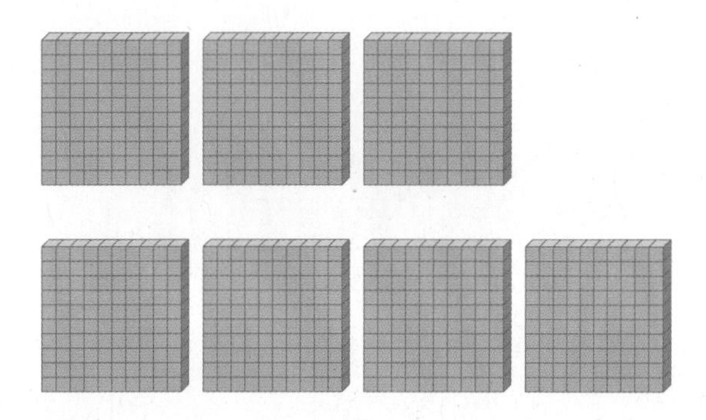

· **100**이 **3**개이면 **300**입니다.

· 300은 **삼백**이라고 읽습니다.

· **100**이 **4**개이면 **400**입니다.

· 400은 **사백**이라고 읽습니다.

개념 자세히 보기

100을 여러 가지로 나타내 보아요!

100 — 1이 100개인 수 / 10이 10개인 수 / 100이 1개인 수

100 — 90보다 10만큼 더 큰 수 / 99보다 1만큼 더 큰 수

몇십과 몇백 사이의 관계를 알아보아요!

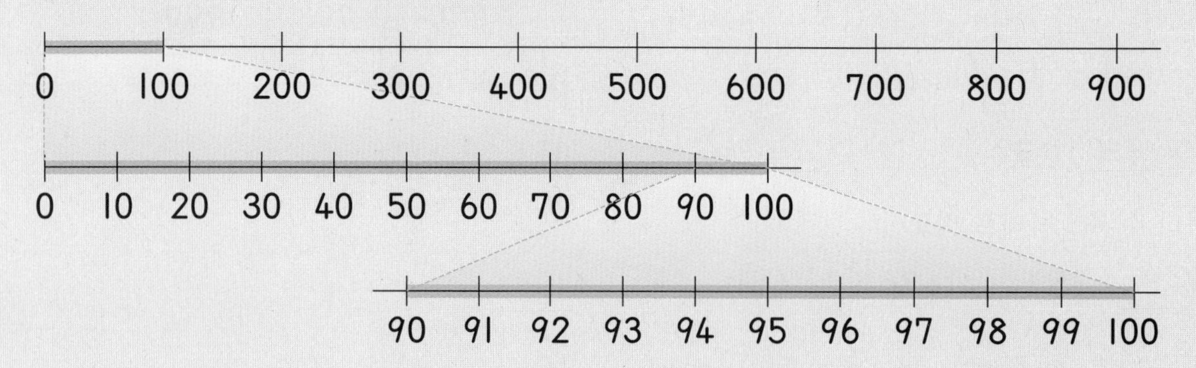

➔ 정답과 풀이 1쪽

1 수 모형에 맞게 □ 안에 알맞은 수를 써넣고, 수 모형이 나타내는 수를 써 보세요.

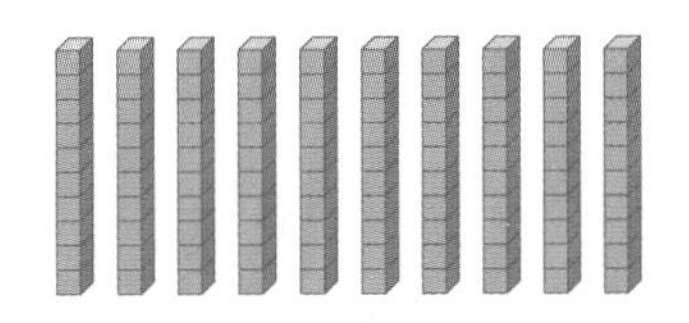

십 모형	일 모형
□개	□개

(   )

2 주어진 수만큼 묶어 보고 □ 안에 알맞은 수를 써넣으세요.

100이 ■개이면
■00이에요.

①
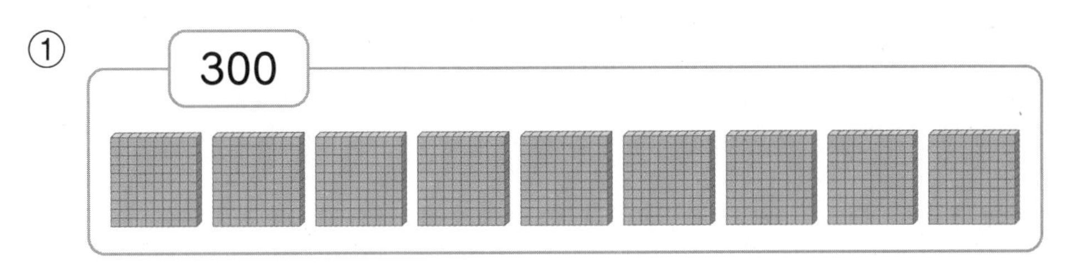

100이 □개이면 300입니다.

②
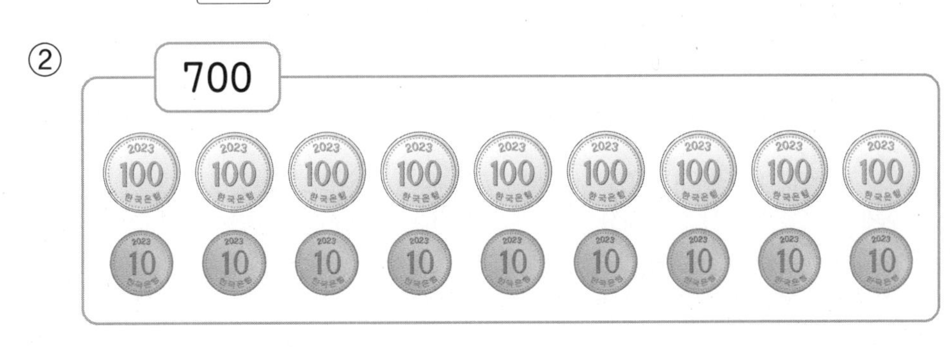

100이 □개이면 700입니다.

3 수를 읽어 보세요.

① 

② 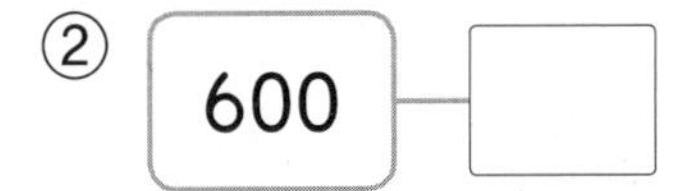

4 □ 안에 알맞은 수를 써넣으세요.

① 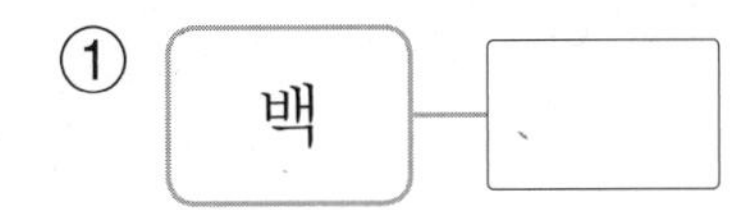

② 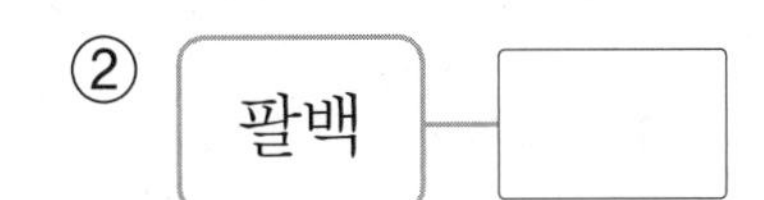

STEP 1 교과 개념

2. 세 자리 수 알아보기

세 자리 수 알아보기

백 모형	십 모형	일 모형
100이 4개	10이 5개	1이 7개
400	50	7

- 100이 **4**개, 10이 **5**개, 1이 **7**개이면 **457**입니다.
  457은 사백오십칠이라고 읽습니다.

0이 있는 세 자리 수 알아보기

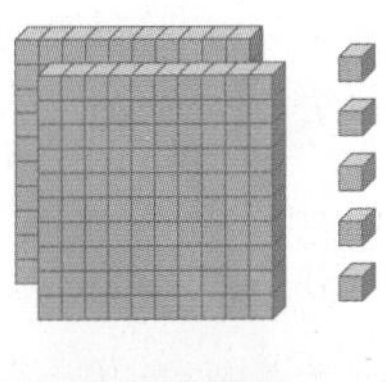

- 100이 **2**개, 10이 **0**개, 1이 **5**개이면 **205**입니다.
  205는 이백오라고 읽습니다.

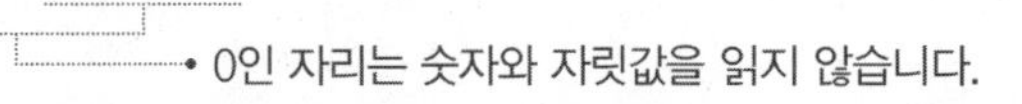

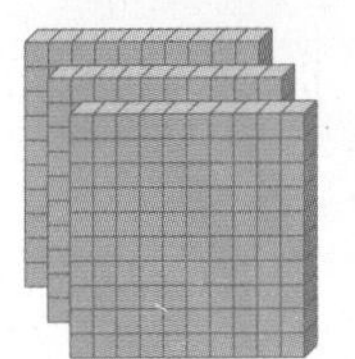

- 100이 **3**개, 10이 **1**개, 1이 **0**개이면 **310**입니다.
  310은 삼백십이라고 읽습니다.
  1인 자리는 자릿값만 읽습니다.

개념 자세히 보기

세 자리 수를 써 보아요!

- 자릿값을 쓰지 않고 숫자만 순서대로 씁니다.
  이백육십구 ➡ 269
- 자릿값만 있는 경우에는 그 자리에 숫자 1을 씁니다.
  삼백십오 ➡ 315
- 자릿값이 없는 경우에는 그 자리에 숫자 0을 씁니다.
  오백육 ➡ 506
  십의 자리를 나타내는 수가 없습니다.

1 □ 안에 알맞은 수를 써넣으세요.

①

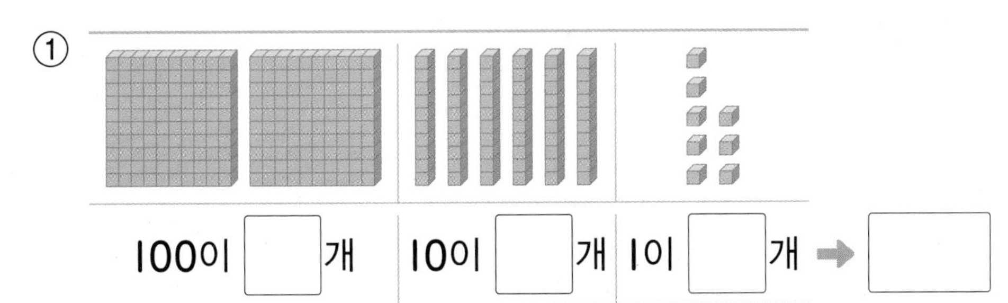

100이 □개 10이 □개 1이 □개 ➡ □

②

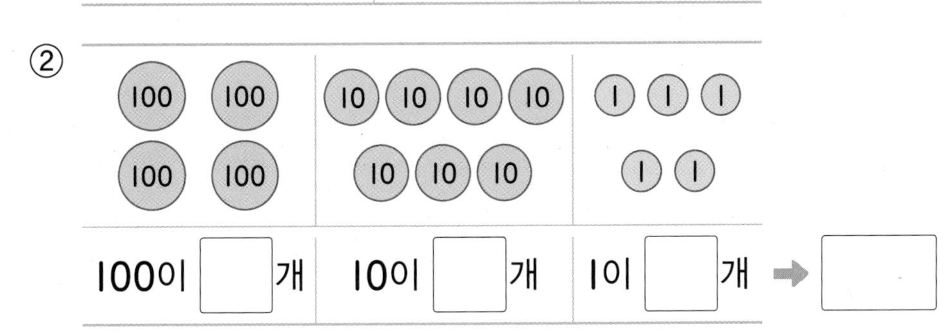

100이 □개 10이 □개 1이 □개 ➡ □

2 빈칸에 알맞은 말이나 수를 써넣으세요.

① | 321 | |

② | | 팔백이십 |

③ | | 구백육십사 |

④ | 605 | |

3 수 모형이 나타내는 수를 쓰고 읽어 보세요.

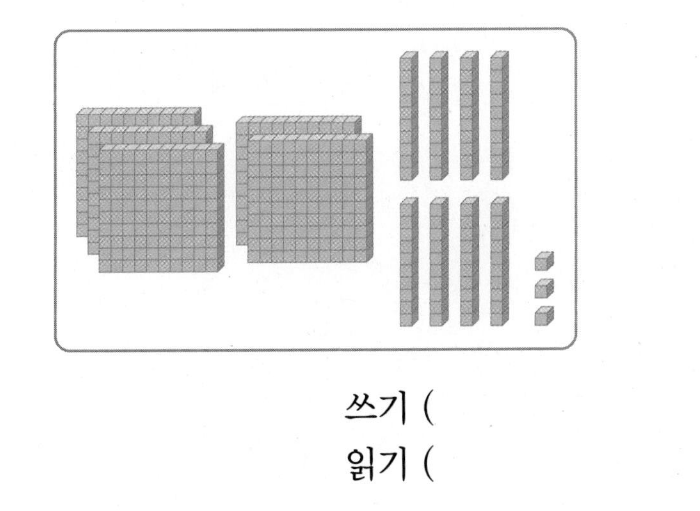

쓰기 (   )

읽기 (   )

STEP 1 교과 개념

3. 각 자리의 숫자가 나타내는 수

● **각 자리의 숫자가 나타내는 수 알아보기**

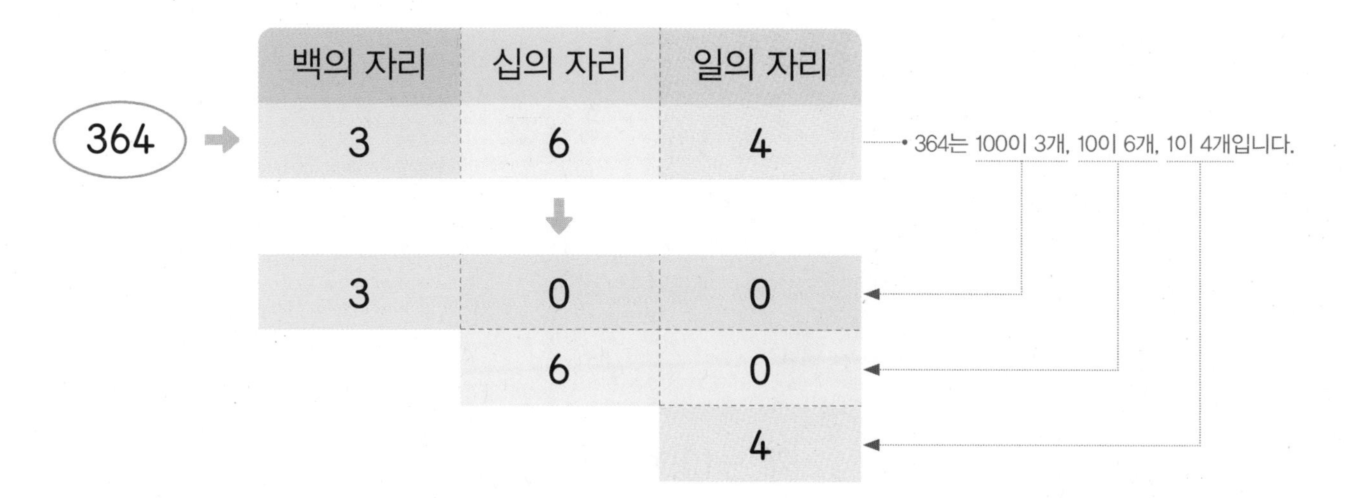

3은 **백**의 자리 숫자이고 **300**을 나타냅니다.
6은 **십**의 자리 숫자이고 **60**을 나타냅니다.
4는 **일**의 자리 숫자이고 **4**를 나타냅니다.

$$364 = 300 + 60 + 4$$

개념 자세히 보기

● **숫자가 같더라도 어느 자리에 있느냐에 따라 나타내는 수가 달라져요!**

777

자리	백의 자리	십의 자리	일의 자리
숫자	7	7	7
나타내는 수	700	70	7

$777=700+70+7$

100이 7개	7	0	0
10이 7개		7	0
1이 7개			7
	7	7	7

➲ 정답과 풀이 1쪽

1 □ 안에 알맞은 수를 써넣으세요.

①

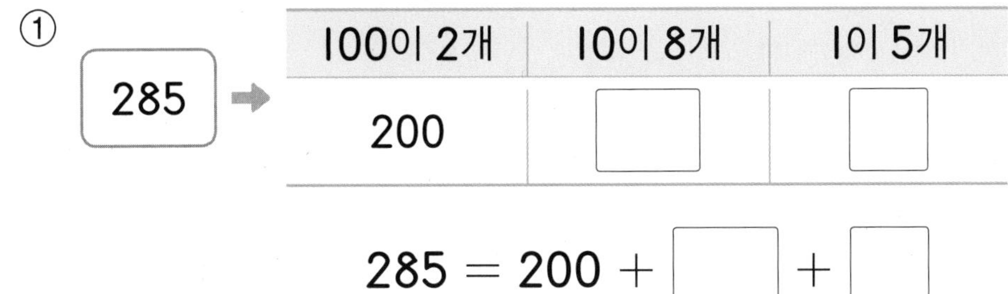

285 ➡

100이 2개	10이 8개	1이 5개
200	□	□

$285 = 200 + \square + \square$

②

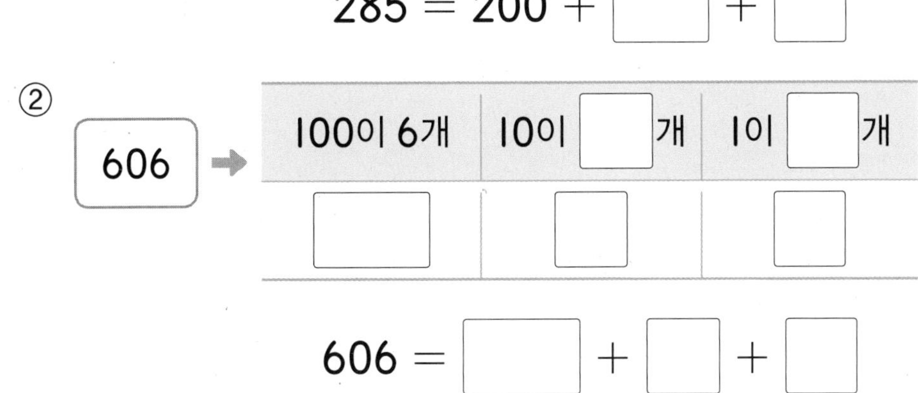

606 ➡

100이 6개	10이 □개	1이 □개
□	□	□

$606 = \square + \square + \square$

숫자가 같더라도 어느 자리에 있느냐에 따라 나타내는 수가 달라요.

2 □ 안에 알맞은 수를 써넣으세요.

549

백의 자리 숫자: □ ➡ □을/를 나타냅니다.

십의 자리 숫자: □ ➡ □을/를 나타냅니다.

일의 자리 숫자: □ ➡ □을/를 나타냅니다.

3 밑줄 친 숫자는 얼마를 나타내는지 써 보세요.

① <u>7</u>28 ( )

② 4<u>0</u>9 ( )

③ 38<u>2</u> ( )

④ 1<u>9</u>7 ( )

4. 뛰어 세어 보기

뛰어 세어 보기

• 100씩 뛰어 세기

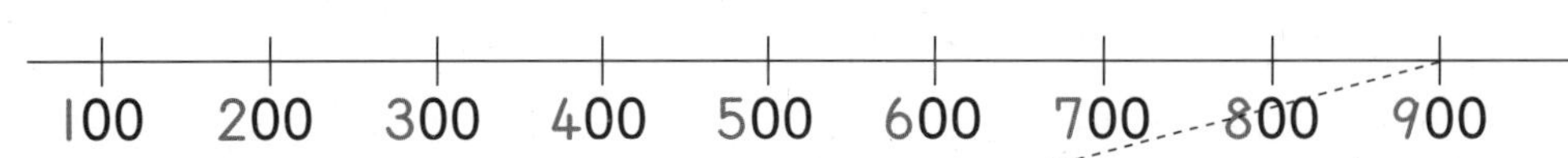

➡ 백의 자리 수가 1씩 커집니다.

• 10씩 뛰어 세기

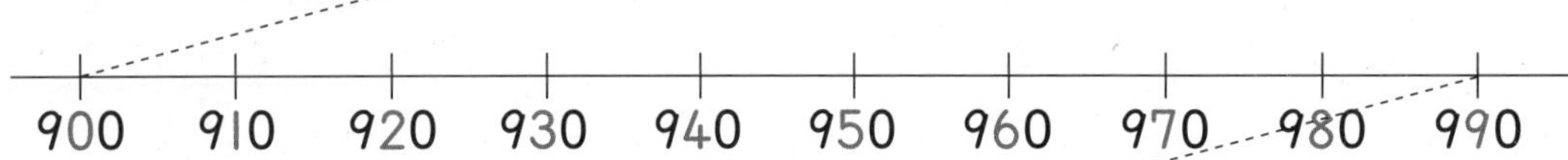

➡ 십의 자리 수가 1씩 커집니다.

• 1씩 뛰어 세기

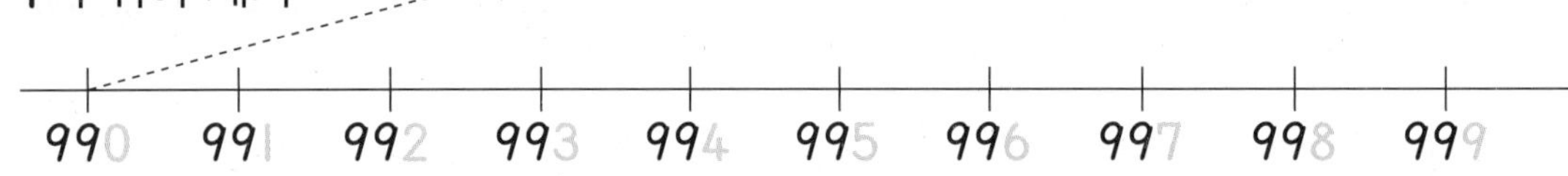

➡ 일의 자리 수가 1씩 커집니다.

1000 알아보기

• 999보다 1만큼 더 큰 수는 1000입니다.
• 1000은 천이라고 읽습니다.

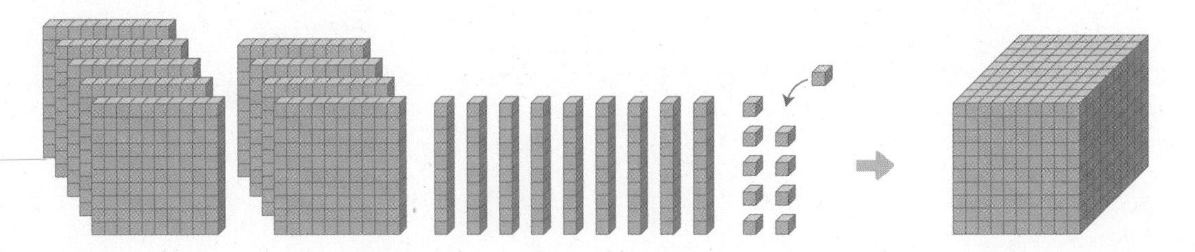

개념 자세히 보기

뛰어 세는 규칙을 찾아보아요!

• 어느 자리 수가 몇씩 커지는지 알아봅니다.

➡ 십의 자리 수가 1씩 커지므로 10씩 뛰어 센 것입니다.

➲ 정답과 풀이 1쪽

1 100씩 뛰어 세어 보세요.

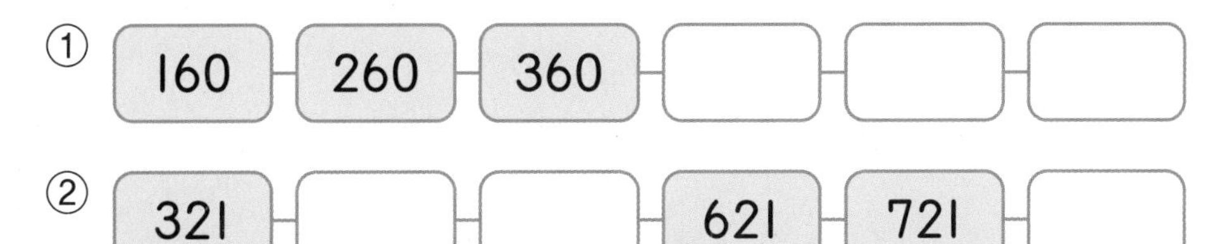

100씩 뛰어 세면 십의 자리 수와 일의 자리 수는 변하지 않아요.

2 10씩 뛰어 세어 보세요.

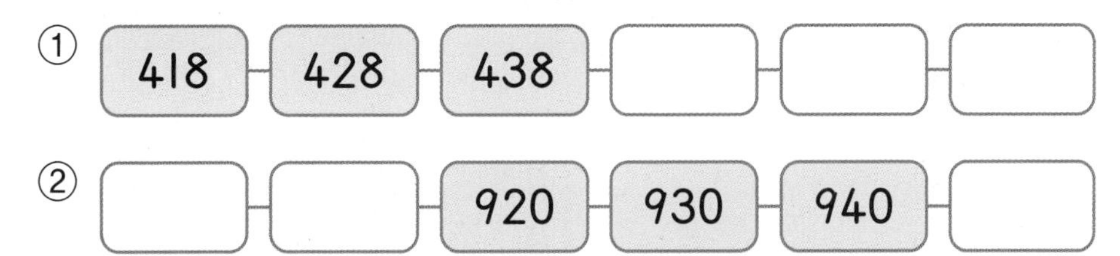

1

3 1씩 뛰어 세어 보세요.

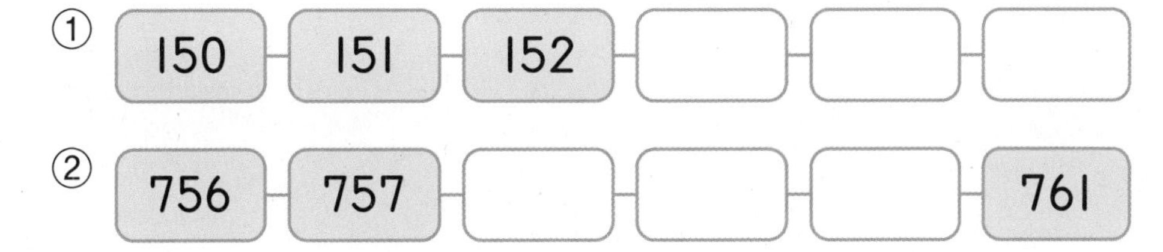

4 999보다 1만큼 더 큰 수를 알아보세요.

999보다 1만큼 더 큰 수는 999 다음 수예요.

② 999보다 1만큼 더 큰 수는 [ ] 입니다.

STEP 1 교과 개념

5. 수의 크기 비교

● 수의 크기 비교하기

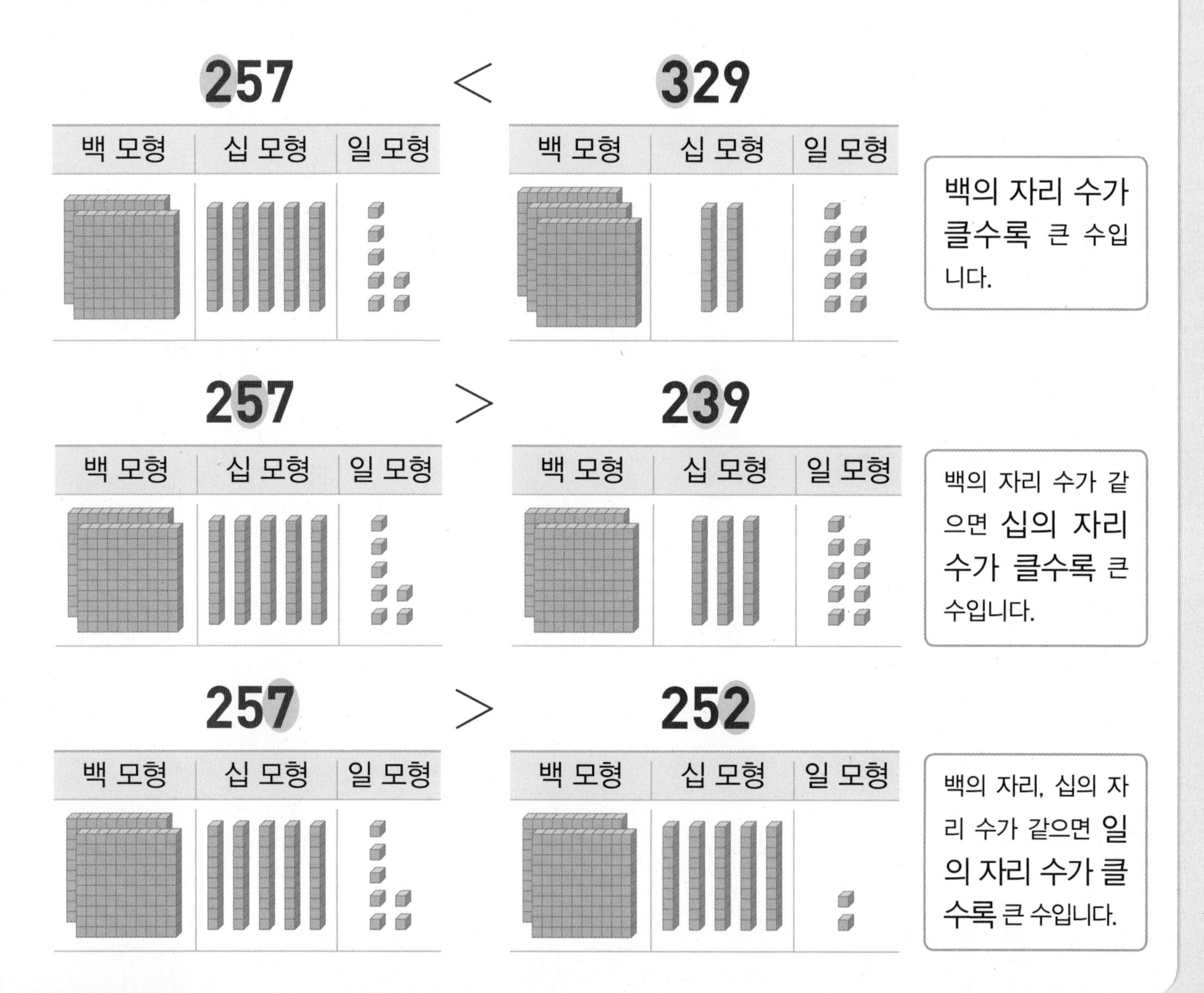

개념 다르게 보기

● 수직선으로 두 수의 크기를 비교해 보아요!

수직선에서는 오른쪽에 있는 수일수록 더 큰 수입니다.

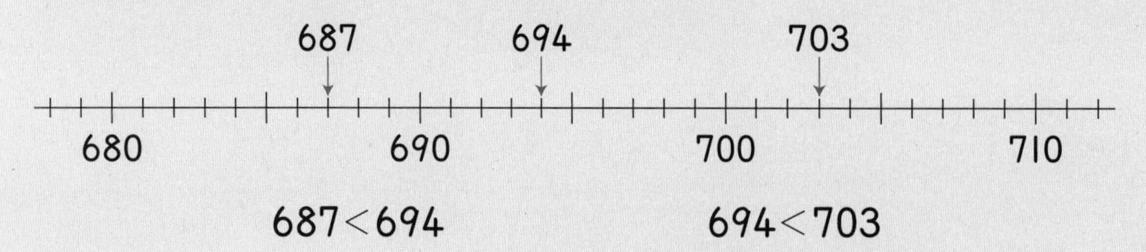

687 < 694   694 < 703

➡ 정답과 풀이 2쪽

1 수 모형을 보고 두 수의 크기를 비교하여 ○ 안에 > 또는 <를 알맞게 써넣으세요.

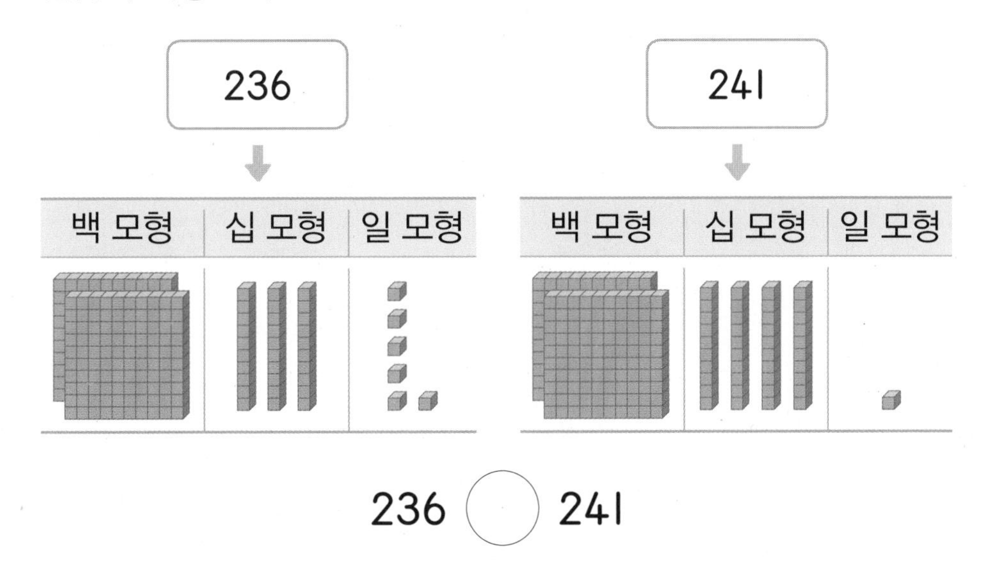

236 ○ 241

백 모형의 수부터
차례로 비교해 보아요.

2 빈칸에 알맞은 수를 써넣고, 두 수의 크기를 비교하여 ○ 안에 > 또는 <를 알맞게 써넣으세요.

	백의 자리	십의 자리	일의 자리
787 ➡	7	8	7
784 ➡			

787 ○ 784

백의 자리 수부터
차례로 비교해 보아요.

3 두 수의 크기를 비교하여 ○ 안에 > 또는 <를 알맞게 써넣으세요.

4 수직선을 보고 두 수의 크기를 비교하여 ○ 안에 > 또는 <를 알맞게 써넣으세요.

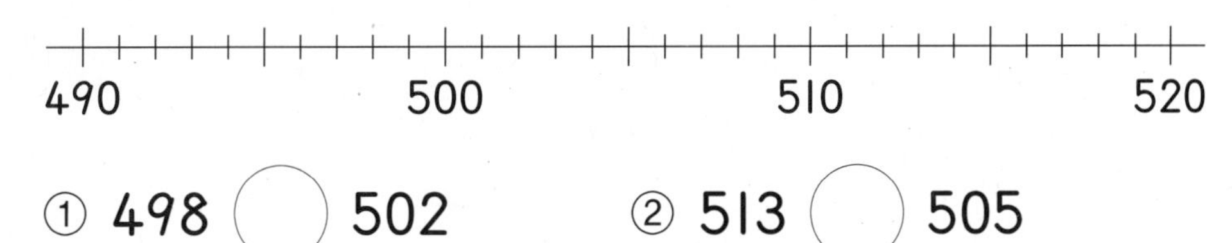

STEP 2 꼭 나오는 유형

1 백

1 구슬의 수를 □ 안에 써넣으세요.

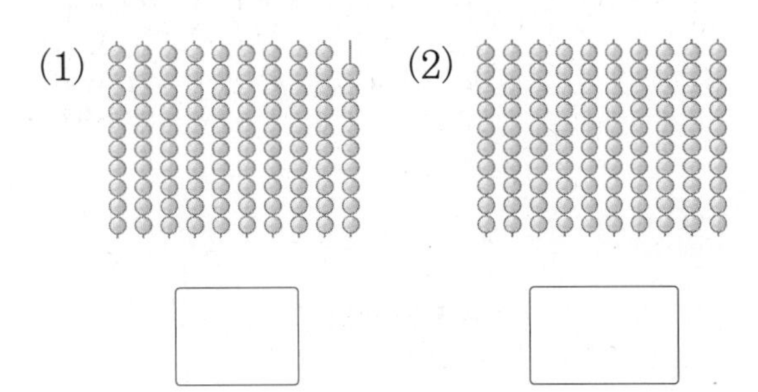

2 □ 안에 알맞은 수를 써넣으세요.

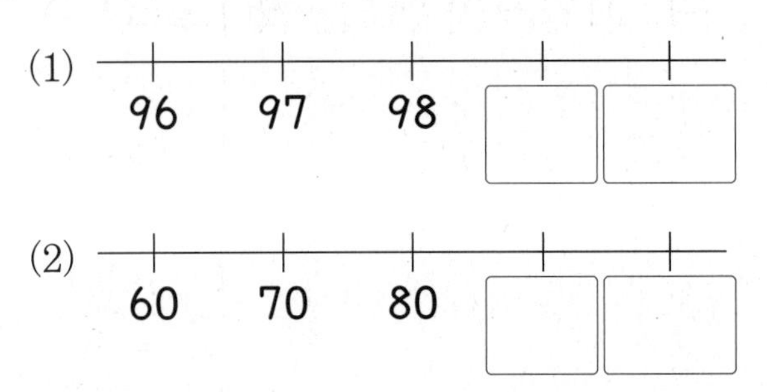

3 □ 안에 알맞은 수를 써넣으세요.

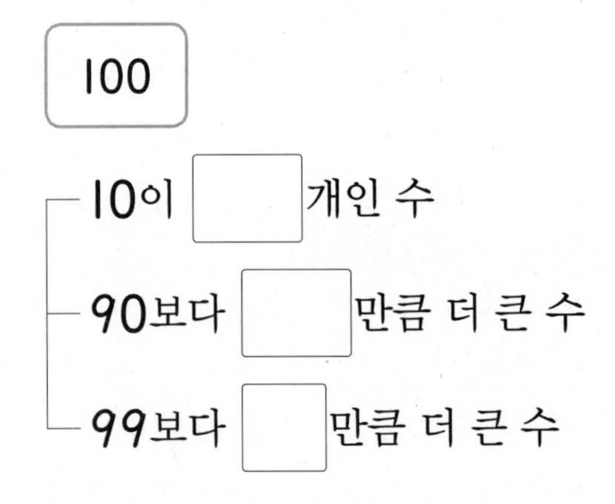

4 □ 안에 알맞은 수를 써넣으세요.

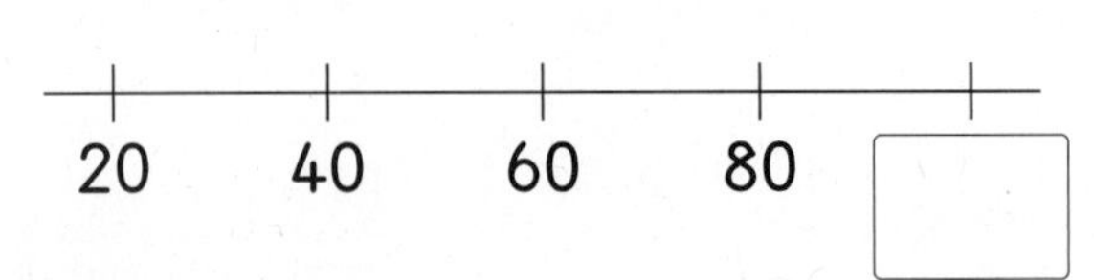

80보다 20만큼 더 큰 수는 □ 입니다.

5 사탕이 100개 있습니다. 이것을 한 봉지에 10개씩 나누어 담으려고 합니다. 모두 몇 봉지에 담을 수 있을까요?

(　　　　　　　　)

6 □ 안에 알맞은 수를 써넣으세요.

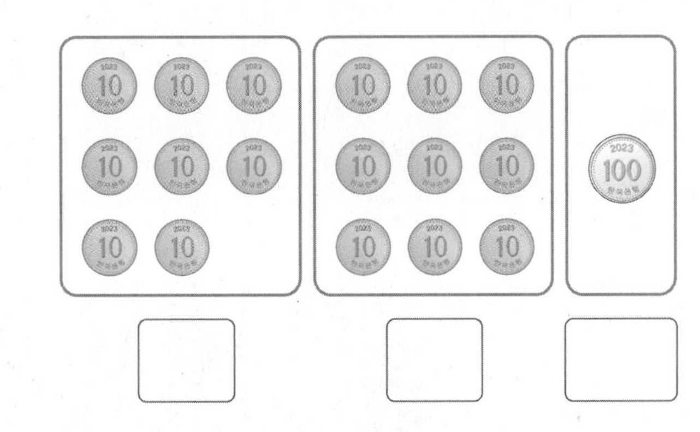

- □ 보다 10만큼 더 작은 수는 80 입니다.
- □ 보다 10만큼 더 큰 수는 100 입니다.

2 몇백

7 □ 안에 알맞은 수를 써넣으세요.

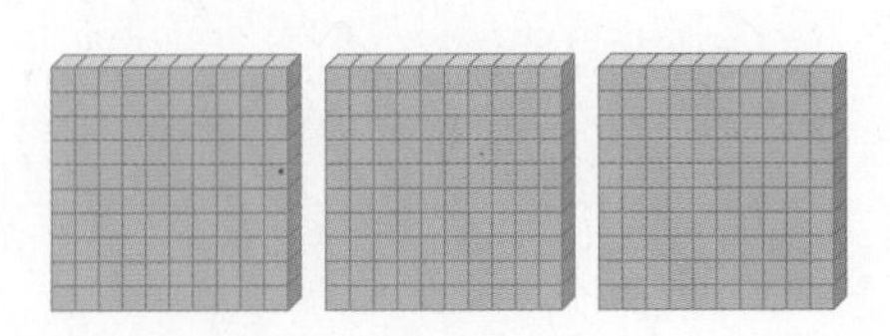

백 모형이 3개이면 □ 입니다.

8 □ 안에 알맞은 수를 쓰고, 같은 것끼리 이어 보세요.

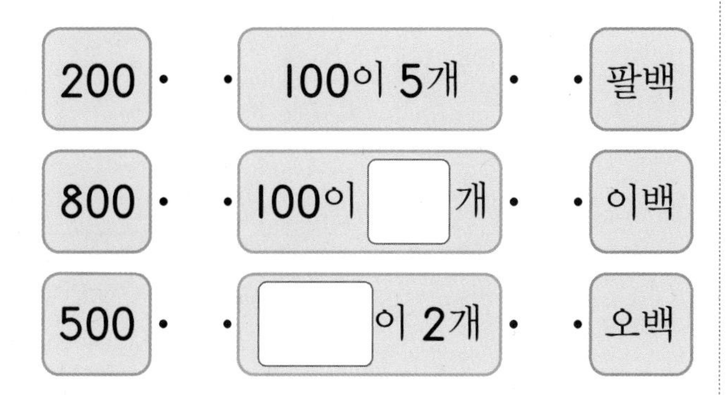

9 보기 에서 알맞은 수를 찾아 □ 안에 써넣으세요.

보기
700 200 400

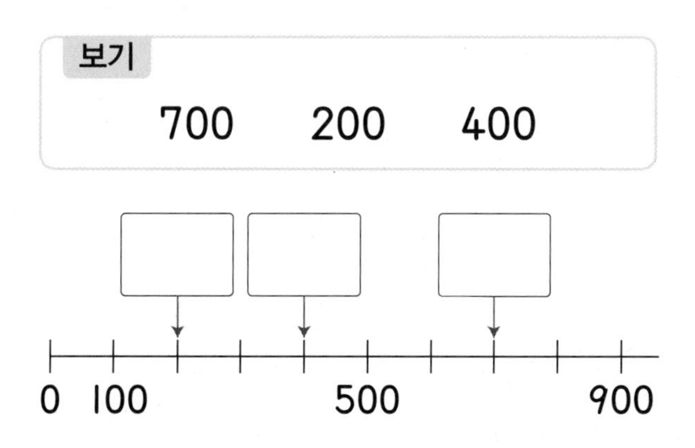

10 옳은 것을 모두 찾아 기호를 써 보세요.

㉠ 100이 9개이면 90입니다.
㉡ 300은 10이 3개입니다.
㉢ 100이 7개이면 700입니다.
㉣ 600은 100이 6개입니다.

( )

11 색칠한 칸의 수와 더 까까운 수에 ○표 하세요.

400 — 500 — 700

12 수 모형을 보고 알맞은 것을 찾아 기호를 써 보세요.

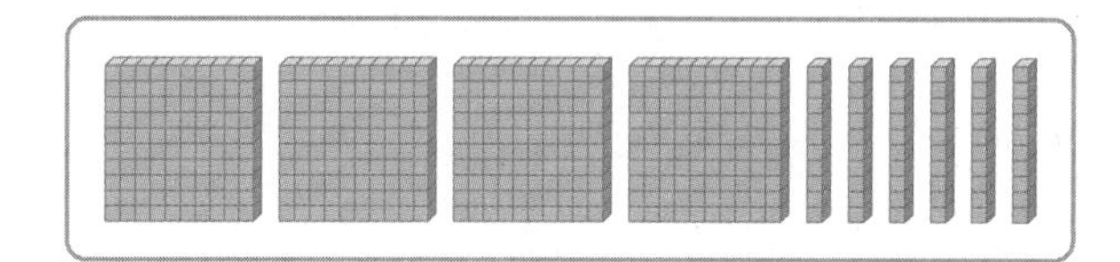

㉠ 400보다 작습니다.
㉡ 400보다 크고 500보다 작습니다.
㉢ 500보다 큽니다.

( )

내가 만드는 문제

13 보기 와 같이 ○ 안에 몇백을 써넣고 이야기를 만들어 보세요.

보기

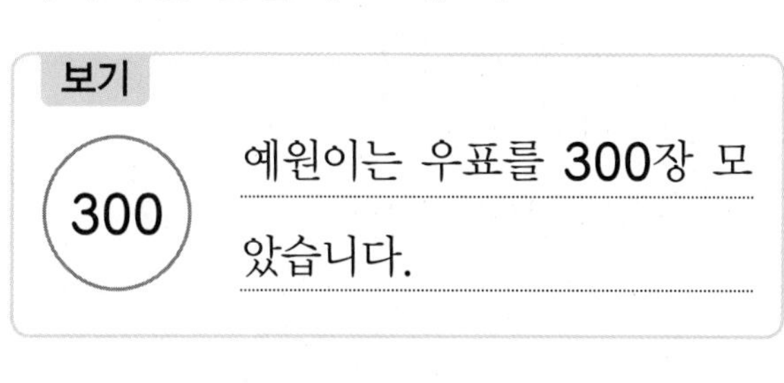

서술형

14 수수깡은 모두 몇 개인지 풀이 과정을 쓰고 답을 구해 보세요.

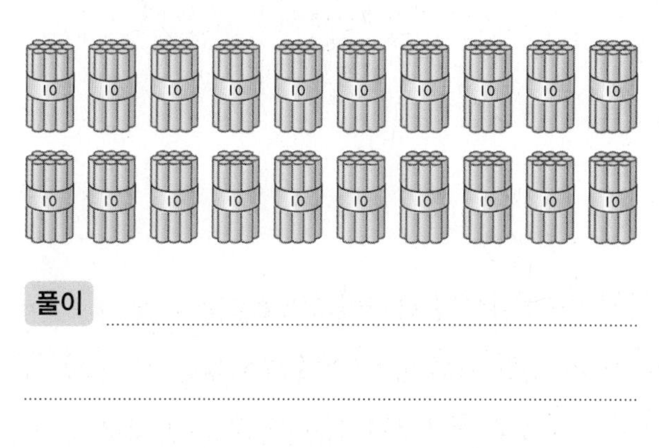

풀이

답

3 세 자리 수

15 수를 읽거나 수로 써 보세요.

(1) 645 (　　　　　　)

(2) 108 (　　　　　　)

(3) 칠백삼십이 (　　　　　　)

(4) 구백일 (　　　　　　)

16 다음 수를 쓰고 읽어 보세요.

100이 6개, 10이 8개, 1이 5개인 수

쓰기 (　　　　　　)

읽기 (　　　　　　)

17 순서에 맞게 빈칸에 알맞은 수를 써넣으세요.

415	416			419
	421		423	
425		427		

18 수 모형이 나타내는 수를 써 보세요.

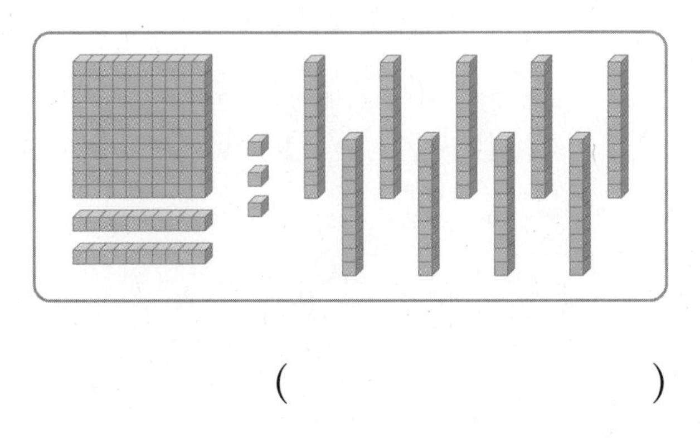

(　　　　　　)

19 수 모형 4개 중 3개를 사용하여 나타낼 수 있는 세 자리 수를 모두 고르세요. (　　　)

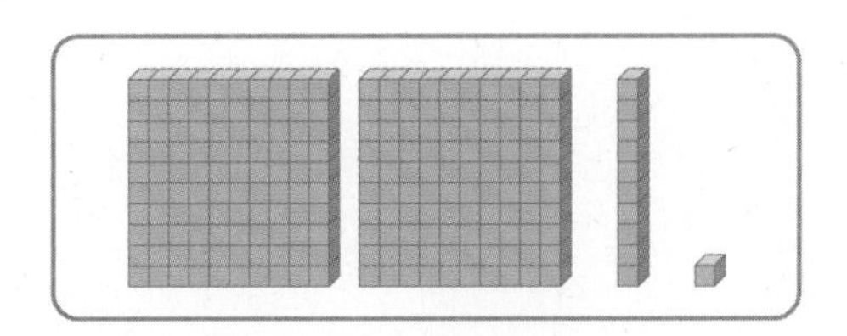

① 101　　② 111

③ 121　　④ 201

⑤ 211

서술형

20 메모지는 모두 몇 장인지 풀이 과정을 쓰고 답을 구해 보세요.

100장 100장 10장 10장 10장 10장

1장 1장 1장 1장 1장 1장

1장 1장 1장 1장 1장 1장

풀이

답

4 각 자리의 숫자가 나타내는 수

21 수 모형을 보고 □ 안에 알맞은 수를 써넣으세요.

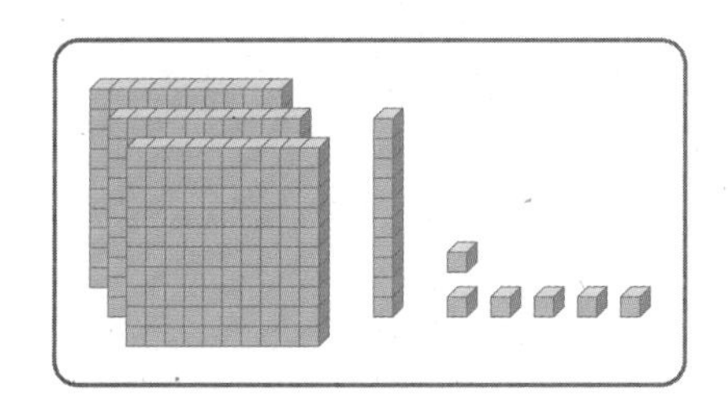

백 모형 3개	십 모형 1개	일 모형 6개
300	□	□

□ = 300 + □ + □

22 □ 안에 알맞은 수나 말을 써넣으세요.

567

(1) 5는 □의 자리 숫자이고, □을/를 나타냅니다.

(2) 6은 □의 자리 숫자이고, □을/를 나타냅니다.

(3) 7은 □의 자리 숫자이고, □을/를 나타냅니다.

23 빈칸에 알맞은 수를 써넣으세요.

팔백구십삼

백의 자리	십의 자리	일의 자리
8		

24 다음 중 숫자 3이 나타내는 수가 다른 하나는 어느 것일까요? (　　　　)

① 134　② 730
③ 431　④ 839
⑤ 513

25 밑줄 친 숫자가 얼마를 나타내는지 수 모형에서 찾아 ○표 하세요.

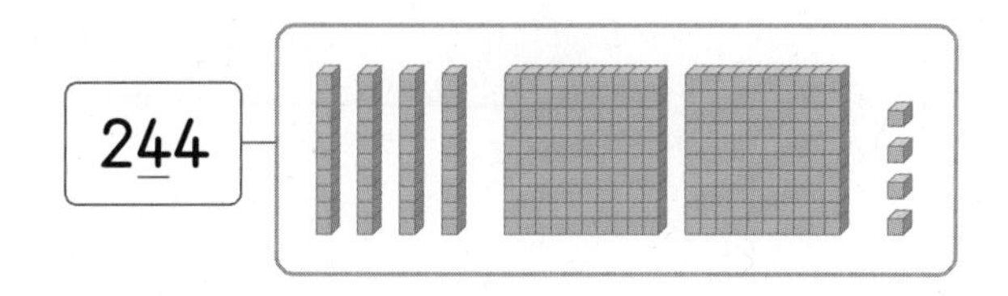

26 사과 415개를 보기 와 같은 방법으로 나타내 보세요.

보기
사과 100개 — □, 10개 — ○, 1개 — △

(　　　　　　　　　　)

1

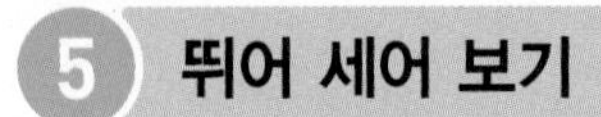

27 100씩 뛰어 세어 보세요.

28 740부터 10씩 뛰어 세면서 이어 보세요.

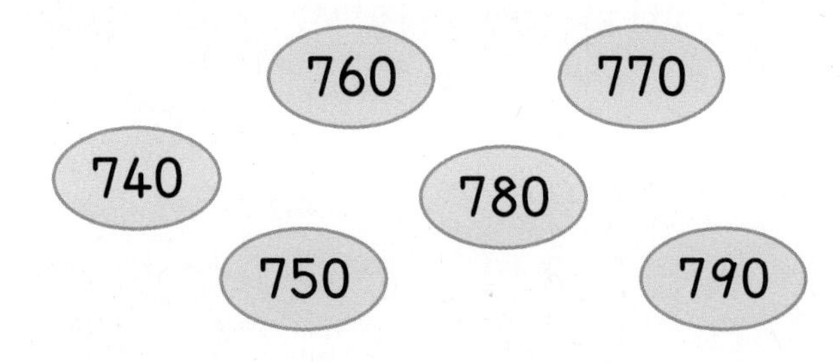

29 빈칸에 알맞은 수를 써넣으세요.

내가 만드는 문제

30 몇씩 뛰어 셀지 정하고 빈칸에 알맞은 수를 써넣으세요.

31 현이와 완준이가 나눈 대화를 읽고 물음에 답하세요.

현이: 200에서 출발해서 100씩 뛰어 세었어.
완준: 800에서 출발해서 10씩 거꾸로 뛰어 세었어.

(1) 현이의 방법으로 뛰어 세어 보세요.

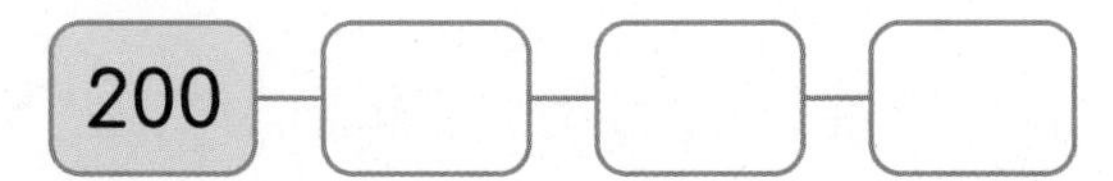

(2) 완준이의 방법으로 뛰어 세어 보세요.

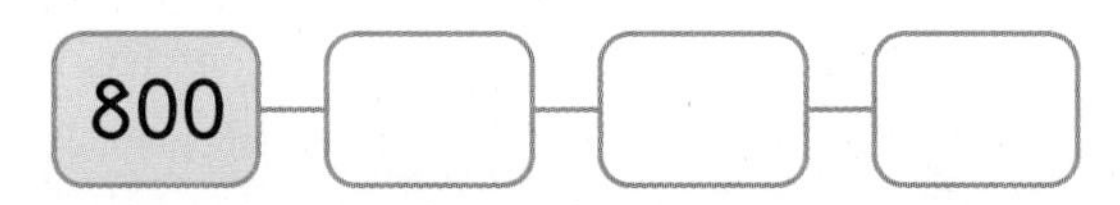

32 337부터 10씩 뛰어 셀 때 ㉠에 알맞은 수를 구해 보세요.

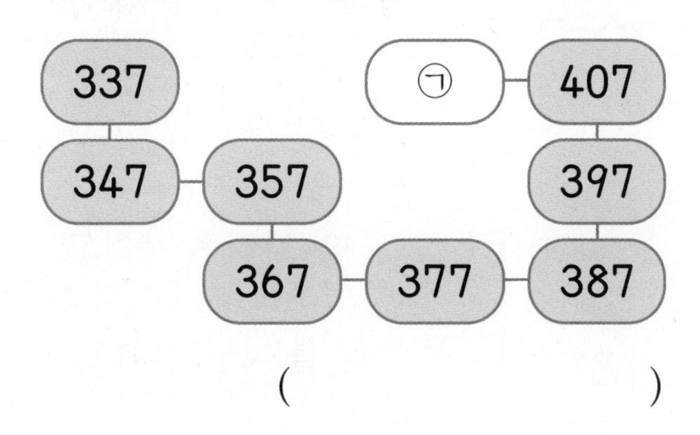

(　　　　　　　)

33 □ 안에 알맞은 수를 써넣으세요.

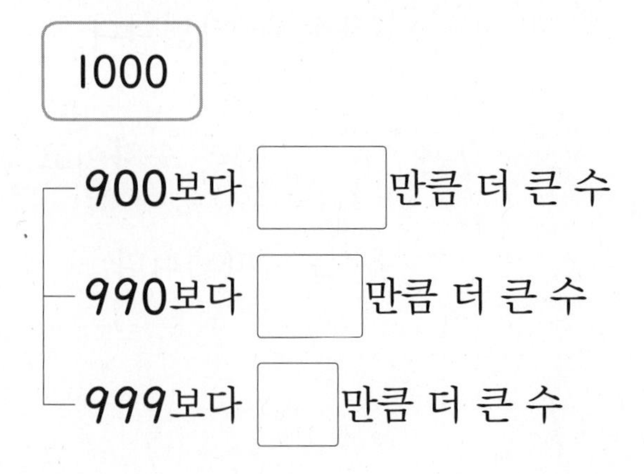

6 두 수의 크기 비교

34 두 수의 크기를 비교하여 ○ 안에 > 또는 <를 알맞게 써넣으세요.

(1) 328 ○ 196

(2) 785 ○ 787

35 수 카드를 한 번씩만 사용하여 □ 안에 알맞은 수를 써넣으세요.

560 550 570

564< □

554< □

544< □

36 백의 자리 수가 1, 일의 자리 수가 3인 세 자리 수 중에서 135보다 작은 수를 모두 써 보세요.

( )

37 어떤 수인지 써 보세요.

- 어떤 수는 세 자리 수입니다.
- 백의 자리 수는 5보다 크고 7보다 작은 수입니다.
- 십의 자리 수는 80을 나타냅니다.
- 일의 자리 수는 3보다 작은 홀수입니다.

( )

7 세 수의 크기 비교

38 빈칸에 알맞은 수를 써넣으세요.

	백의 자리	십의 자리	일의 자리
507 ➡	5	0	7
496 ➡			
510 ➡			

(1) 가장 큰 수는 □입니다.

(2) 가장 작은 수는 □입니다.

서술형

39 수의 크기를 비교하여 큰 수부터 차례로 쓰려고 합니다. 풀이 과정을 쓰고 답을 구해 보세요.

687 678 768

풀이

답

40 줄넘기를 승철이는 320번, 시원이는 298번, 영희는 307번 넘었습니다. 줄넘기를 가장 많이 넘은 사람은 누구일까요?

( )

1

자주 틀리는 유형

100을 ■보다 ●만큼 더 큰 수로 나타내자!

1 100을 나타내는 수가 아닌 것을 찾아 기호를 써 보세요.

㉠ 99보다 1만큼 더 큰 수
㉡ 10이 10개인 수
㉢ 80보다 20만큼 더 작은 수

( )

2 수직선을 보고 보기 와 같이 나만의 방법으로 100을 만들어 보세요.

90 91 92 93 94 95 96 97 98 99 100

보기
100은 92보다 8만큼 더 큰 수입니다.

100은 ☐보다 ☐만큼 더 큰 수입니다.

3 ☐ 안에 알맞은 수를 써넣으세요.

10이 7개인 수보다 ☐만큼 더 큰 수는 100입니다.

4 사과 100개를 한 상자에 10개씩 담으려고 합니다. 9상자가 있다면 몇 상자가 더 필요할까요?

( )

숫자가 0인 자리는 읽지 않아!

5 345를 바르게 읽은 것을 찾아 기호를 써 보세요.

㉠ 삼사오
㉡ 삼백사십오일
㉢ 삼백사십오

( )

6 수를 잘못 읽은 것은 어느 것일까요? ( )

① 505 ➡ 오백오
② 231 ➡ 이백삼십일
③ 769 ➡ 칠백육십구
④ 460 ➡ 사백육십일
⑤ 648 ➡ 육백사십팔

7 100이 5개, 10이 0개, 1이 7개인 수를 읽어 보세요.

( )

8 구슬이 100개짜리 4상자와 낱개로 8개 있습니다. 구슬의 수를 쓰고 읽어 보세요.

쓰기 ( )
읽기 ( )

10이 ■개인 수는 ■ 뒤에 0을 1개 붙이자!

9 10이 13개인 수를 알아보려고 합니다. □ 안에 알맞은 수를 써넣으세요.

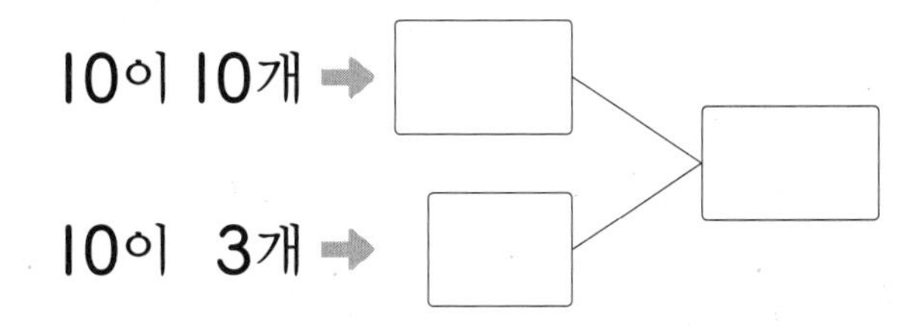

10 □ 안에 알맞은 수를 써넣으세요.

(1) 10이 20개인 수 → □

(2) 10이 35개인 수 → □

11 ㉠과 ㉡은 같은 수입니다. □ 안에 알맞은 수를 구해 보세요.

㉠ 10이 □개인 수
㉡ 100이 8개인 수

( )

12 100이 2개, 10이 11개, 1이 9개인 수를 구해 보세요.

( )

동전을 모두 사용하는 것이 아니야!

[13~14] 동전 4개 중 3개를 사용하여 나타낼 수 있는 세 자리 수를 모두 구하려고 합니다. 표를 완성하고 세 자리 수를 모두 써 보세요.

13    

백 원짜리(개)	2	2	1
십 원짜리(개)	1	0	
일 원짜리(개)	0		
세 자리 수	210		

( )

14   

백 원짜리(개)	1	
십 원짜리(개)	2	
일 원짜리(개)		
세 자리 수		

( )

15 동전 4개 중 3개를 사용하여 나타낼 수 있는 세 자리 수는 모두 몇 개일까요?

( )

각 자리 숫자가 나타내는 수를 알자!

16 숫자 4가 400을 나타내는 수를 모두 고르세요. (　　　　)

① 124　　② 467
③ 348　　④ 974
⑤ 425

17 숫자 5가 나타내는 수가 가장 큰 수를 써 보세요.

756	504	915

(　　　　　　　　)

18 보기 와 같이 □ 안에 알맞은 수를 써넣으세요.

보기

316 = 300 + 10 + 6

738 = □ + □ + □

19 ㉠이 나타내는 수와 ㉡이 나타내는 수의 합을 구해 보세요.

4 6 4
↑ ㉠　↑ ㉡

(　　　　　　　　)

어느 자리의 수가 변하는지 찾아보자!

20 뛰어 세는 규칙을 찾아 빈칸에 알맞은 수를 써넣으세요.

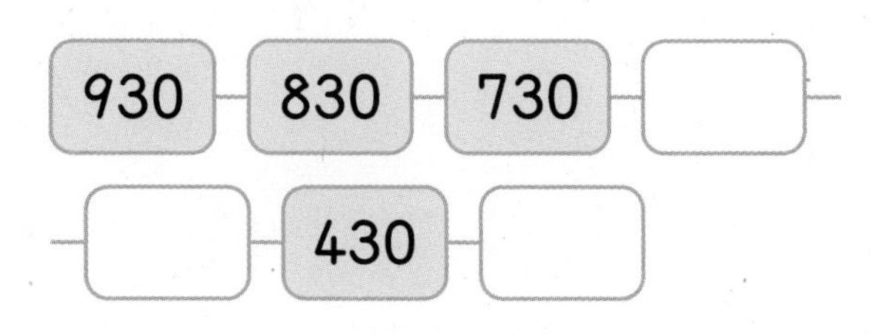

21 뛰어 세는 규칙을 찾아 ㉠과 ㉡에 알맞은 수를 각각 구해 보세요.

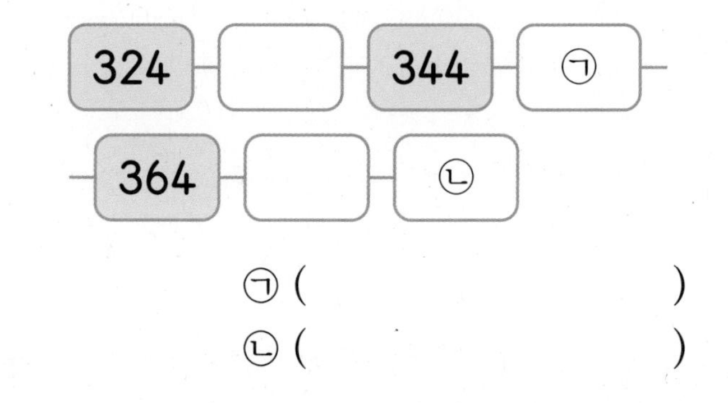

㉠ (　　　　　　　　)
㉡ (　　　　　　　　)

22 보기 와 같은 규칙으로 뛰어 세어 보세요.

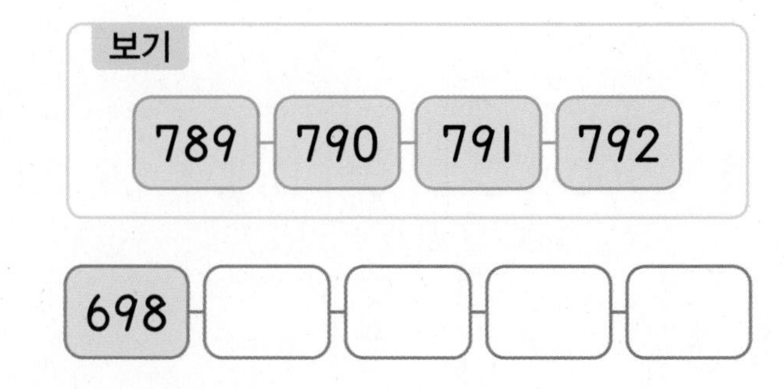

두 수의 크기 비교를 이용하자!

23 윗몸 말아 올리기를 원이네 모둠은 175번, 재호네 모둠은 178번 했습니다. 어느 모둠이 윗몸 말아 올리기를 더 많이 했을까요?

( )

24 시장놀이에서 파는 물건의 가격입니다. 더 비싼 물건은 어느 것일까요?

장난감	동화책
960원	890원

( )

25 선호와 지우가 저금을 하려고 합니다. 은행에서 다음과 같은 수가 적힌 번호표를 들고 기다리고 있을 때 누가 더 먼저 저금을 할 수 있을까요?

선호 [번호표 131] 지우 [번호표 129]

( )

26 참외와 사과 중에서 어느 것이 더 많을까요?

참외: 100개씩 3상자
사과: 10개씩 40상자

( )

백의 자리 수부터 차례로 비교하자!

27 □ 안에 들어갈 수 있는 수를 모두 찾아 ○표 하세요.

84□ > 846

5 6 7 8 9

28 0부터 9까지의 수 중에서 □ 안에 들어갈 수 있는 수를 모두 구해 보세요.

634 > 63□

( )

29 797보다 크고 801보다 작은 수는 모두 몇 개일까요?

( )

30 세 자리 수의 십의 자리 수가 보이지 않습니다. 두 수의 크기를 비교하여 ○ 안에 > 또는 <를 알맞게 써넣으세요.

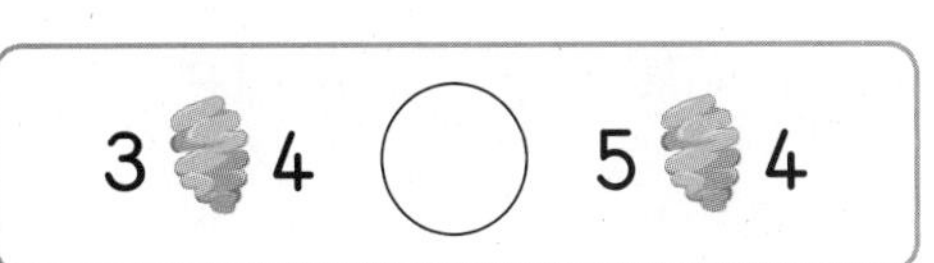

1

STEP 4

최상위 도전 유형

도전1 세 자리 수를 여러 가지 방법으로 나타내기

1 231을 수 모형으로 나타낸 것입니다. 다른 방법으로 나타내 보세요.

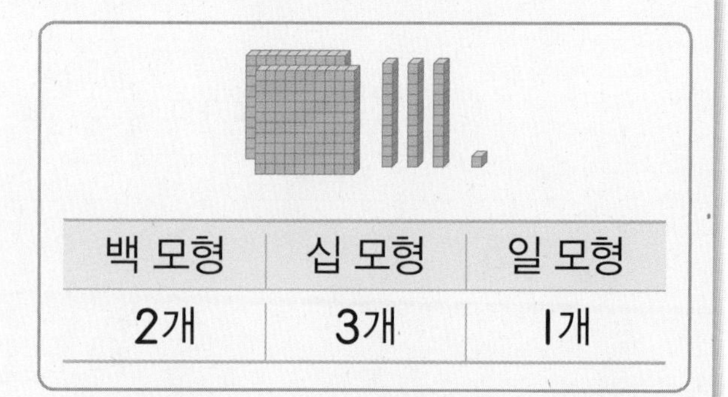

백 모형	십 모형	일 모형
2개	3개	1개

백 모형	십 모형	일 모형
2개	2개	

백 모형	십 모형	일 모형

핵심 NOTE

백 모형 1개는 십 모형 10개와 같고, 십 모형 1개는 일 모형 10개와 같습니다.

2 354를 동전으로 나타낸 것입니다. 다른 방법으로 나타내 보세요.

100원짜리	10원짜리	1원짜리
3개	5개	4개

100원짜리	10원짜리	1원짜리
3개	4개	

100원짜리	10원짜리	1원짜리

도전2 수 카드로 세 자리 수 만들기

3 수 카드를 한 번씩만 사용하여 세 자리 수를 만들려고 합니다. 만들 수 있는 수 중에서 가장 큰 수와 가장 작은 수를 구해 보세요.

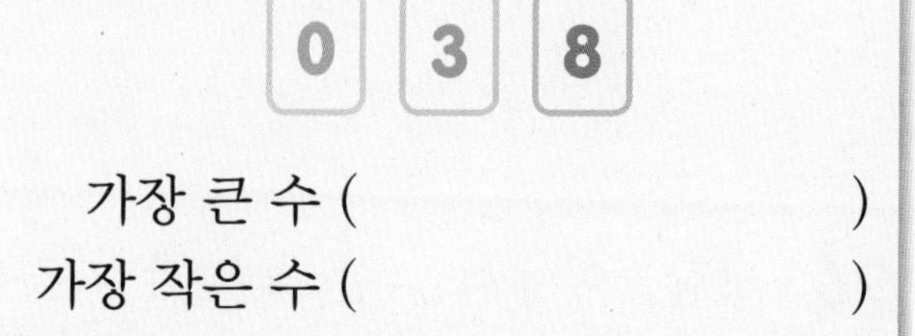

가장 큰 수 (　　　　　　　　)
가장 작은 수 (　　　　　　　　)

핵심 NOTE

가장 큰 수는 큰 수부터 차례로 놓고, 가장 작은 수는 작은 수부터 차례로 놓습니다.

4 수 카드를 한 번씩만 사용하여 세 자리 수를 만들려고 합니다. 만들 수 있는 수 중에서 가장 큰 수와 가장 작은 수를 구해 보세요.

7　4　8

가장 큰 수 (　　　　　　　　)
가장 작은 수 (　　　　　　　　)

도전 최상위

5 수 카드 중에서 3장을 골라 한 번씩만 사용하여 세 자리 수를 만들려고 합니다. 만들 수 있는 수 중에서 둘째로 작은 수를 구해 보세요.

7　3　5　1

(　　　　　　　　)

도전3 뛰어 센 수 구하기

6 어떤 수보다 10만큼 더 작은 수는 586입니다. 어떤 수에서 10씩 5번 뛰어 센 수를 구해 보세요.

( )

핵심 NOTE

100씩, 10씩, 1씩 뛰어 세면 백, 십, 일의 자리 수가 1씩 커집니다.

7 어떤 수보다 100만큼 더 작은 수는 387입니다. 어떤 수에서 1씩 6번 뛰어 센 수를 구해 보세요.

( )

8 어떤 수에서 100씩 2번 뛰어 센 수는 500입니다. 어떤 수는 얼마인지 구해 보세요.

( )

9 어떤 수에서 10씩 3번 뛰어 센 수는 300입니다. 어떤 수에서 100씩 4번 뛰어 센 수를 구해 보세요.

( )

도전4 조건을 만족하는 세 자리 수 구하기

10 조건을 모두 만족하는 세 자리 수를 구해 보세요.

- 228보다 크고 275보다 작습니다.
- 백의 자리 수와 일의 자리 수가 같습니다.
- 백의 자리 수와 십의 자리 수의 합은 5입니다.

( )

핵심 NOTE

세 자리 수 ●▲■에서 백의 자리 수는 ●, 십의 자리 수는 ▲, 일의 자리 수는 ■입니다.

11 백의 자리 수가 5인 세 자리 수 중에서 505보다 작은 수는 모두 몇 개일까요?

( )

12 조건을 모두 만족하는 수를 구해 보세요.

- 세 자리 수입니다.
- 450보다 크고 570보다 작습니다.
- 십의 자리 수는 80을 나타냅니다.
- 일의 자리 수는 십의 자리 수보다 큽니다.

( )

수시 평가 대비 Level 1

1. 세 자리 수

점수

확인

1 달걀은 모두 몇 개인지 수로 쓰고 읽어 보세요.

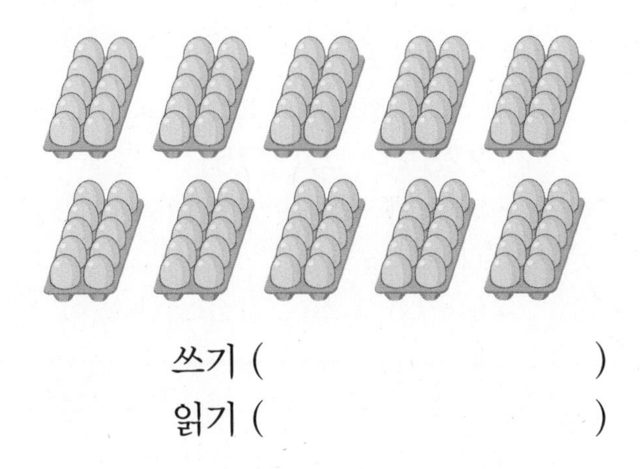

쓰기 (   )

읽기 (   )

2 □ 안에 알맞은 수를 써넣으세요.

100이 8개이면 □입니다.

3 □ 안에 알맞은 수를 써넣으세요.

583은 ─ 100이 □개
        ─ 10이 □개
        ─ 1이 □개

4 수를 읽거나 수로 써 보세요.

(1) 639 ➡ (   )

(2) 오백삼 ➡ (   )

5 보기 와 같이 주어진 수를 각 자리의 숫자가 나타내는 수의 합으로 나타내려고 합니다. □ 안에 알맞은 수를 써넣으세요.

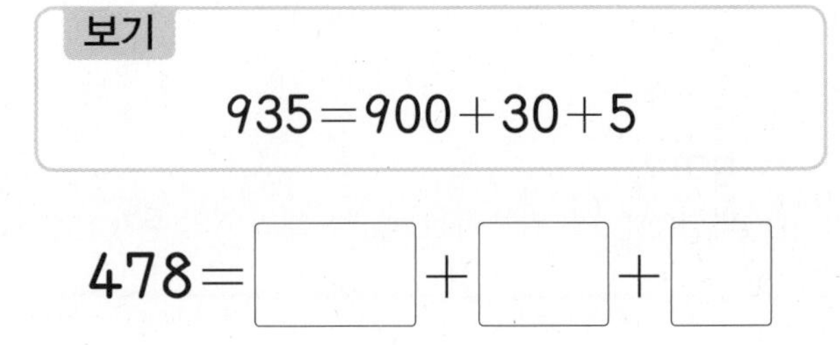

보기

$935=900+30+5$

$478=\square+\square+\square$

6 십의 자리 숫자가 4인 수를 찾아 써 보세요.

164 408 742

(   )

7 두 수의 크기를 비교하여 ○ 안에 > 또는 <를 알맞게 써넣으세요.

417 ○ 395

8 숫자 8이 800을 나타내는 수를 모두 찾아 ○표 하세요.

807 482 558 816

정답과 풀이 6쪽

9 빈칸에 알맞은 수를 써넣으세요.

수	648
1만큼 더 큰 수	
10만큼 더 큰 수	
100만큼 더 큰 수	

10 894부터 10씩 거꾸로 뛰어 세어 ㉠에 알맞은 수를 구해 보세요.

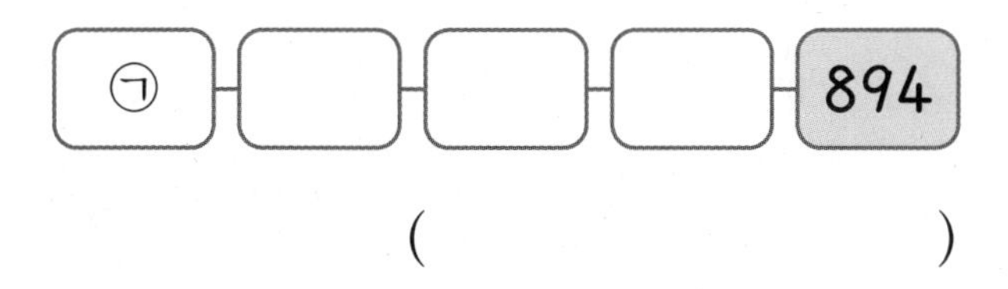

( )

11 색칠한 칸의 수와 더 가까운 수에 ○표 하세요.

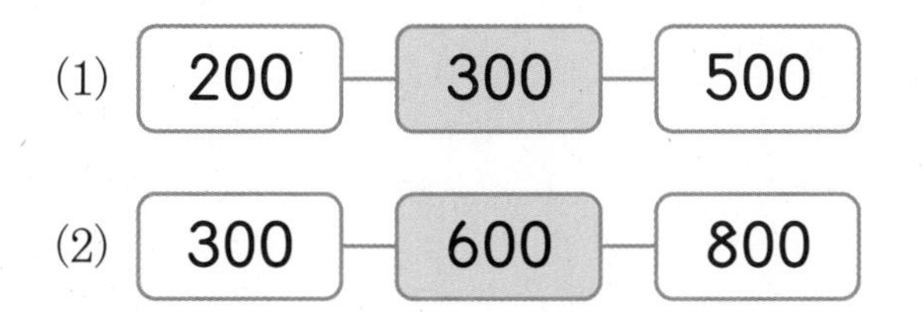

12 윤서의 저금통에 400원이 있습니다. 이 저금통에 100원씩 5번 더 넣으면 모두 얼마가 될까요?

( )

13 구슬을 세원이는 372개, 주원이는 405개, 경민이는 420개 가지고 있습니다. 구슬을 가장 많이 가지고 있는 사람은 누구일까요?

( )

14 규칙에 따라 수를 뛰어 세어 보세요.

15 3장의 수 카드를 한 번씩만 사용하여 만들 수 있는 세 자리 수 중에서 가장 큰 수를 구해 보세요.

( )

서술형 문제

정답과 풀이 6쪽

16 백의 자리 수가 7, 십의 자리 수가 5인 세 자리 수 중에서 가장 큰 수를 구해 보세요.

( )

17 책이 한 상자에 10권씩 들어 있습니다. 50상자에 들어 있는 책은 모두 몇 권일까요?

( )

18 0부터 9까지의 수 중에서 □ 안에 들어갈 수 있는 수를 모두 써 보세요.

934 > 9□2

( )

19 다음 수부터 10씩 4번 뛰어 센 수는 얼마인지 풀이 과정을 쓰고 답을 구해 보세요.

100이 5개, 10이 2개, 1이 7개인 수

풀이

답

20 재용이의 지갑에는 100원짜리 동전이 6개, 10원짜리 동전이 18개 있습니다. 재용이의 지갑에 들어 있는 동전은 모두 얼마인지 풀이 과정을 쓰고 답을 구해 보세요.

풀이

답

수시 평가 대비 Level 2

점수

확인

1 다음에서 설명하는 수를 써 보세요.

- 10이 10개인 수입니다.
- 90보다 10만큼 더 큰 수입니다.

(   )

2 동전은 모두 얼마일까요?

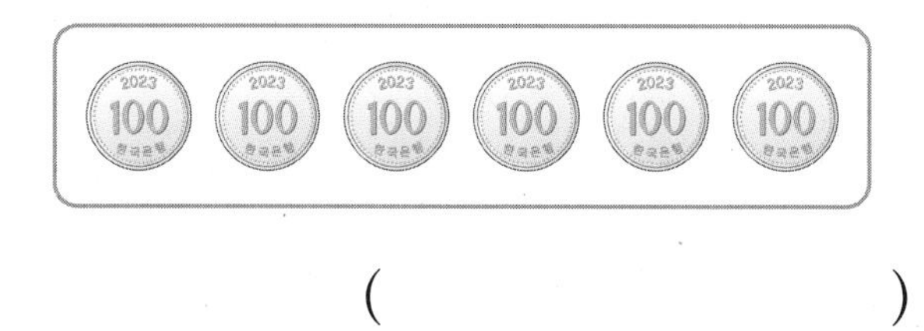

(   )

3 수 모형을 보고 □ 안에 알맞은 수를 써넣으세요.

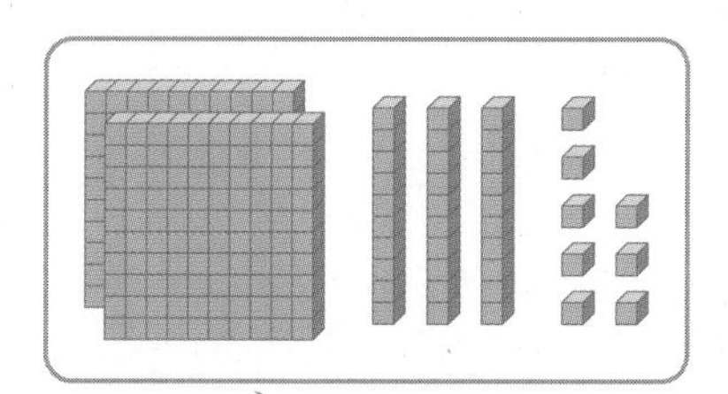

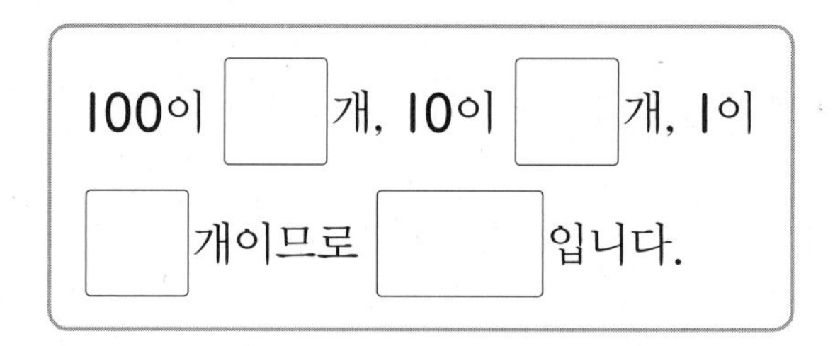

100이 □개, 10이 □개, 1이 □개이므로 □입니다.

4 □ 안에 알맞은 수를 써넣으세요.

413

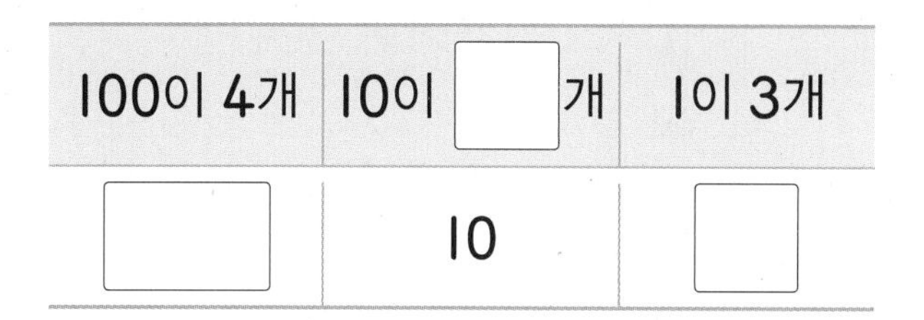

100이 4개	10이 □개	1이 3개
□	10	□

➡ 413 = □ + 10 + □

5 10씩 뛰어 세어 보세요.

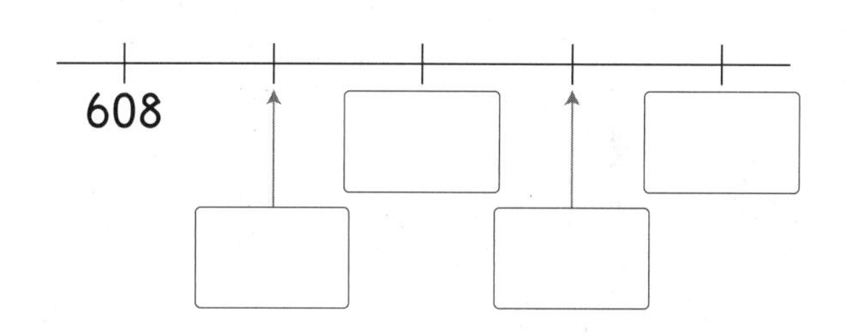

6 두 수의 크기를 비교하여 ○ 안에 > 또는 <를 알맞게 써넣으세요.

(1) 410 ○ 401

(2) 칠백십오 ○ 723

7 다음 중 설명이 잘못된 것은 어느 것일까요? (   )

① 100이 4개이면 400입니다.
② 900은 100이 9개인 수입니다.
③ 10이 30개이면 300입니다.
④ 800은 10이 8개인 수입니다.
⑤ 900은 800보다 100만큼 더 큰 수입니다.

8 수를 바르게 읽은 것을 모두 고르세요.

(   )

① 367 ➡ 삼백육십칠
② 508 ➡ 오백팔십
③ 169 ➡ 백육십구
④ 240 ➡ 이백사
⑤ 412 ➡ 사십이

9 숫자 3이 30을 나타내는 수를 모두 찾아 ○표 하세요.

304	732	943	936

10 똑같은 동화책을 병호는 196쪽 읽었고, 정음이는 200쪽 읽었습니다. 동화책을 더 많이 읽은 사람은 누구일까요?

(   )

11 가장 큰 수에 ○표, 가장 작은 수에 △표 하세요.

728	872	875

12 규칙에 따라 수를 뛰어 세어 보세요.

13 □ 안에 알맞은 수를 보기 에서 골라 ○표 하세요.

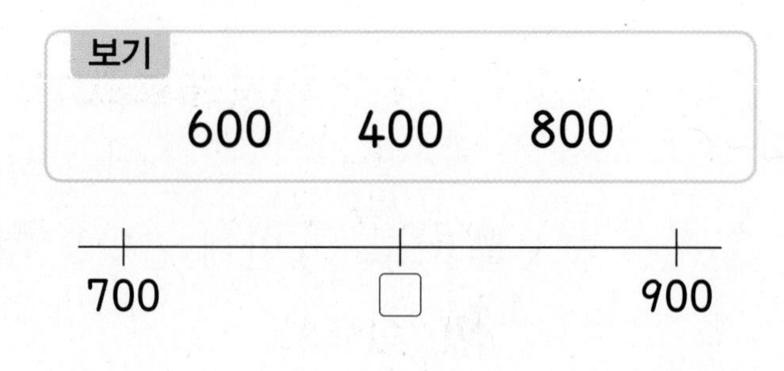

14 427보다 크고 436보다 작은 수는 모두 몇 개일까요?

(   )

서술형 문제

정답과 풀이 7쪽

15 스케치북에 수하가 만든 수를 써 보세요.

16 1부터 9까지의 수 중에서 □ 안에 들어갈 수 있는 수는 모두 몇 개일까요?

743 > □91

( )

17 2, 5, 9 를 한 번씩만 사용하여 세 자리 수를 만들려고 합니다. 만들 수 있는 수 중에서 가장 큰 수와 가장 작은 수를 구해 보세요.

가장 큰 수 ( )

가장 작은 수 ( )

18 십의 자리 수가 7, 일의 자리 수가 6인 세 자리 수 중에서 780보다 큰 수를 모두 써 보세요.

( )

19 다음과 같은 규칙으로 뛰어 셀 때 128에서 4번 뛰어 센 수는 얼마인지 풀이 과정을 쓰고 답을 구해 보세요.

344 — 345 — 346 — 347 — 348

풀이

답

20 수의 크기를 비교하여 가장 큰 수를 찾아 기호를 쓰려고 합니다. 풀이 과정을 쓰고 답을 구해 보세요.

㉠ 100이 3개, 10이 2개, 1이 17개인 수
㉡ 120에서 100씩 2번 뛰어 센 수
㉢ 100이 4개인 수

풀이

답

사고력이 반짝

● 그림과 같이 크기가 같은 색종이 4장이 놓여 있습니다. 윤아가 한 번에 4장의 색종이에 구멍을 내려고 합니다. 어떤 점에 구멍을 뚫어야 할까요?

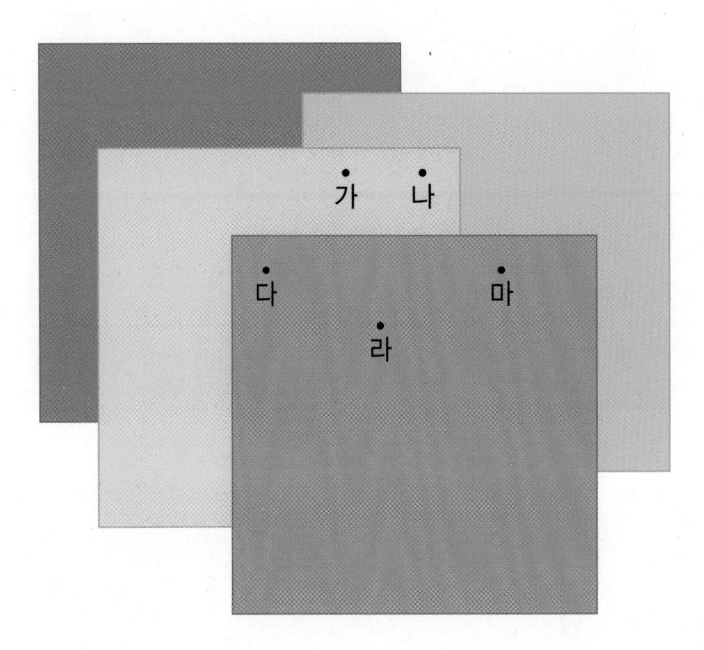

( )

2 여러 가지 도형

핵심 1 삼각형

오른쪽 그림과 같은 모양의 도형을 □이라고 한다.

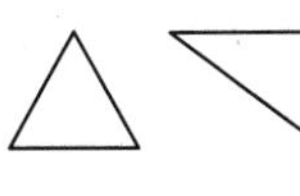

변의 수(개)	꼭짓점의 수(개)
□	□

핵심 2 사각형

오른쪽 그림과 같은 모양의 도형을 □이라고 한다.

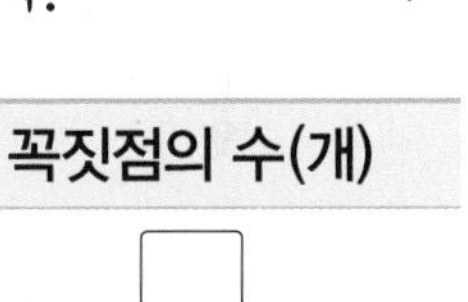

변의 수(개)	꼭짓점의 수(개)
□	□

핵심 3 원

그림과 같은 모양의 도형을 □이라고 한다.

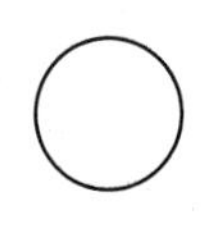
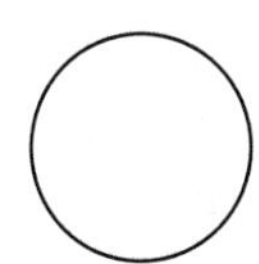
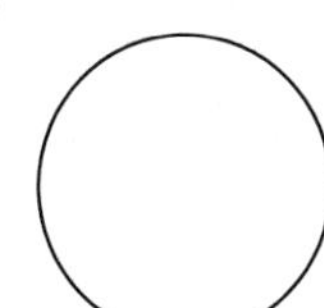

핵심 4 칠교판으로 모양 만들기

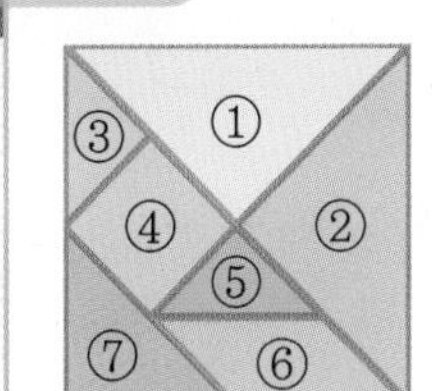

- 칠교 조각은 삼각형 □개와 사각형 □개가 있다.

- 칠교 조각으로 도형 만들기

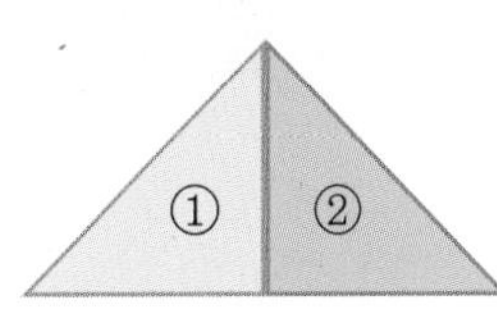

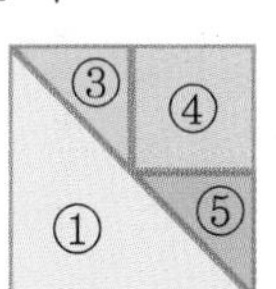

핵심 5 여러 가지 모양으로 쌓기

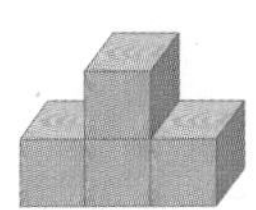

1층에 쌓기나무 □개가 옆으로 나란히 있고, 가운데 쌓기나무의 위에 □개가 있다.

답 1. 삼각형 / 3, 3 2. 사각형 / 4, 4 3. 원 4. 5, 2 5. 3, 1

STEP 1 교과 개념

1. △을 알아보기

삼각형 알아보기

뾰족한 부분이 3개입니다.

• 삼각형: 그림과 같은 모양의 도형

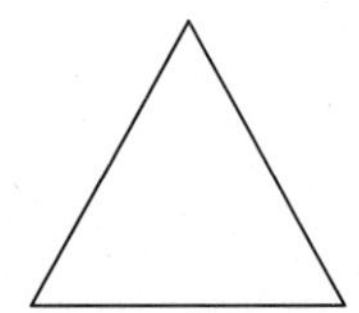
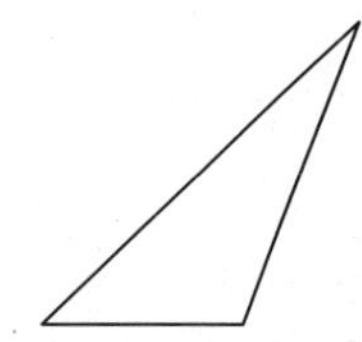
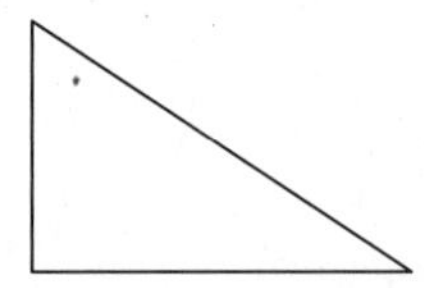

삼각형의 변과 꼭짓점

• 변: 곧은 선
• 꼭짓점: 두 곧은 선이 만나는 점

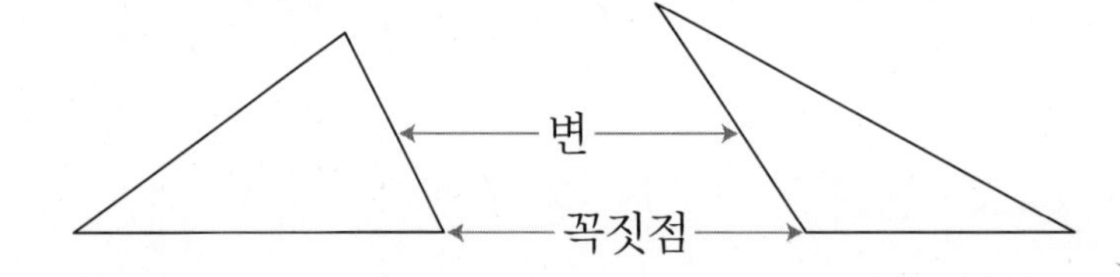

삼각형의 특징

① 변이 3개입니다.
② 꼭짓점이 3개입니다.
③ 곧은 선들로 둘러싸여 있습니다.

끊어진 부분이 없습니다.

개념 자세히 보기

도형이 삼각형이 아닌 까닭을 알아보아요!

	곧은 선으로 둘러싸여 있지 않습니다.		굽은 선이 있습니다.
	끊어진 부분이 있습니다.		변과 꼭짓점이 각각 4개입니다.

정답과 풀이 9쪽

1 삼각형을 모두 찾아 기호를 써 보세요.

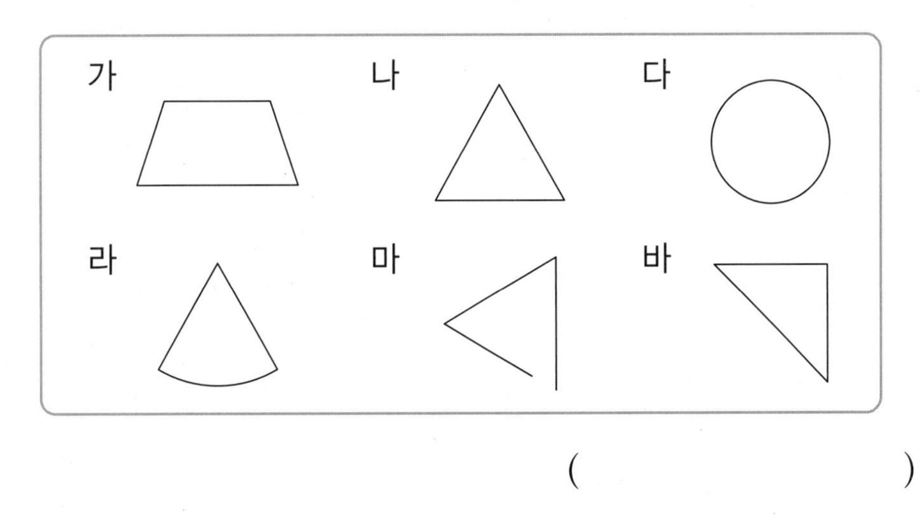

(   )

곧은 선 3개로 둘러싸인 도형을 찾아보아요.

2 □ 안에 알맞은 말을 써넣으세요.

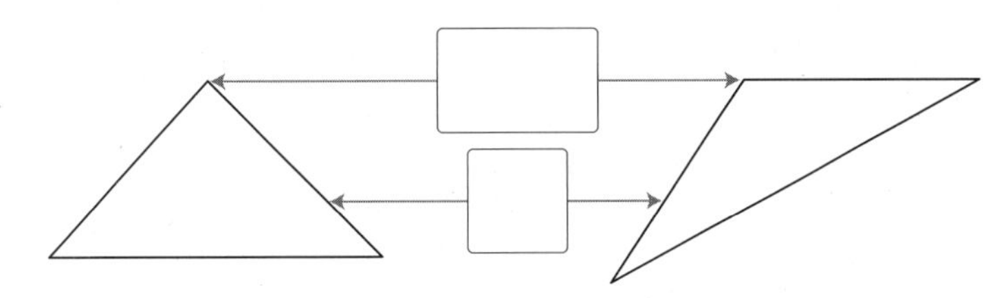

삼각형에서 곧은 선을 변이라 하고, 두 곧은 선이 만나는 점을 꼭짓점이라고 해요.

3 삼각형을 보고 물음에 답하세요.

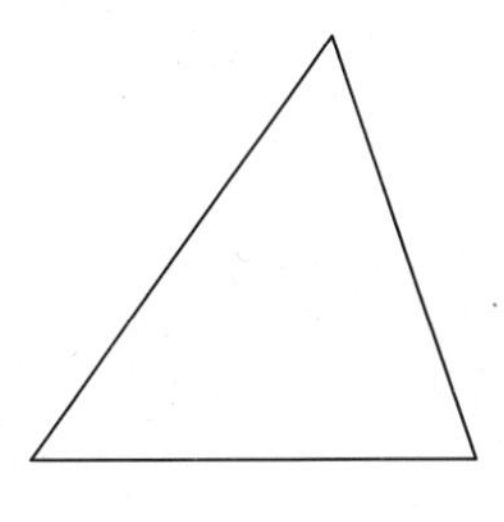

① 삼각형의 변은 몇 개일까요?

(   )

② 삼각형의 꼭짓점은 몇 개일까요?

(   )

4 점을 이어 모양이 다른 삼각형을 2개 그려 보세요.

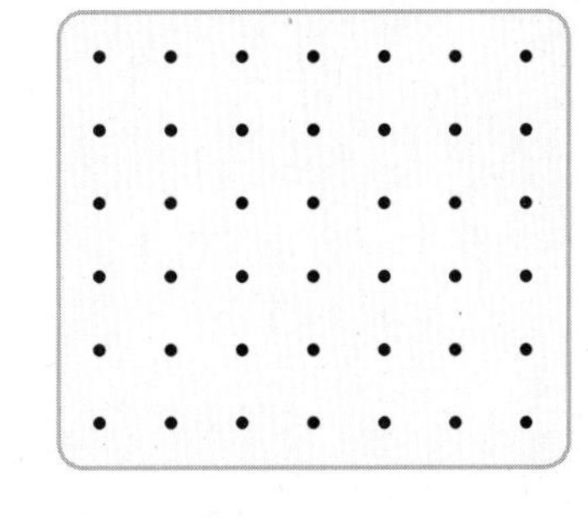

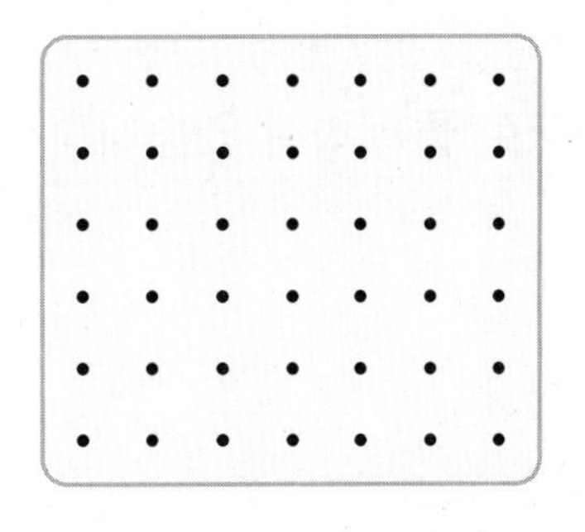

세 점을 곧은 선으로 이어야 해요.

STEP 1 교과 개념

2. □을 알아보기

사각형 알아보기

• 사각형: 그림과 같은 모양의 도형
(뾰족한 부분이 4개입니다.)

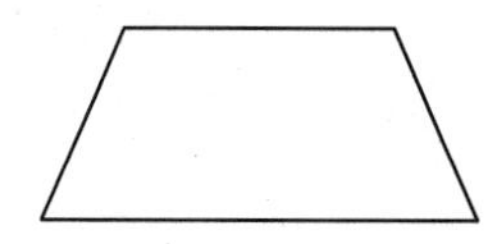
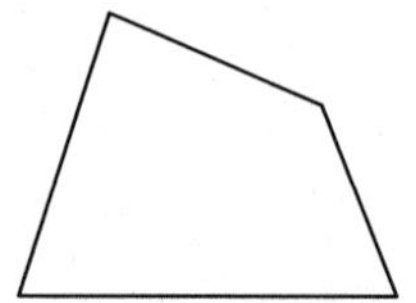

사각형의 변과 꼭짓점

• 변: 곧은 선
• 꼭짓점: 두 곧은 선이 만나는 점

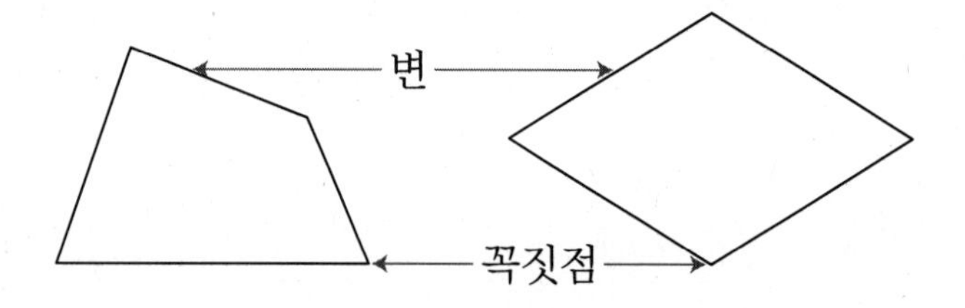

사각형의 특징

① 변이 4개입니다.
② 꼭짓점이 4개입니다.
③ 곧은 선들로 둘러싸여 있습니다.

개념 자세히 보기

삼각형과 사각형을 비교해 보아요!

	변의 수(개)	꼭짓점의 수(개)
삼각형	3	3
사각형	4	4
공통점	곧은 선으로 둘러싸여 있습니다.	

➲ 정답과 풀이 9쪽

1 사각형을 찾아 ○표 하세요.

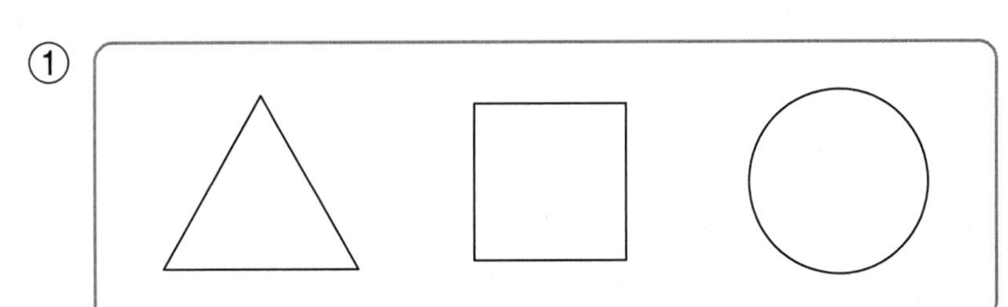

2 □ 안에 알맞은 말을 써넣으세요.

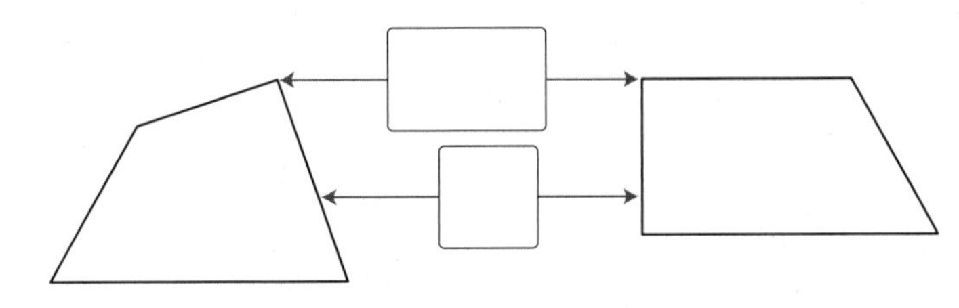

3 사각형을 보고 □ 안에 알맞은 수를 써넣으세요.

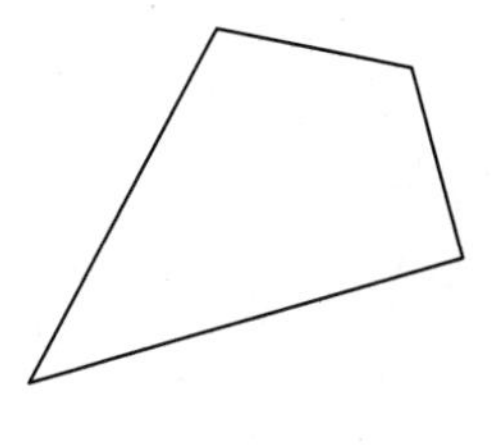

사각형은 변이 □개,
꼭짓점이 □개입니다.

4 점을 이어 모양이 다른 사각형을 2개 그려 보세요.

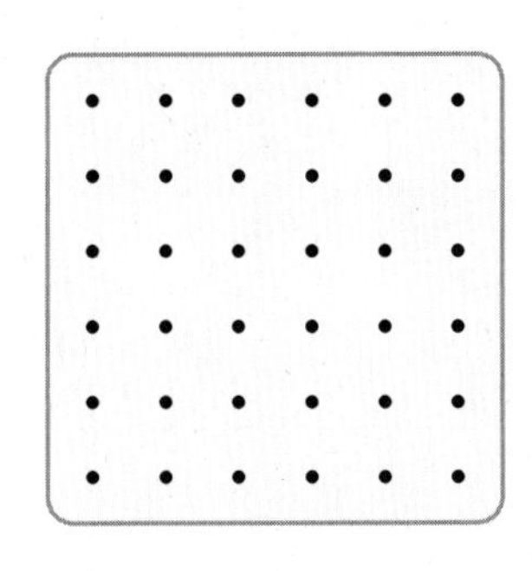

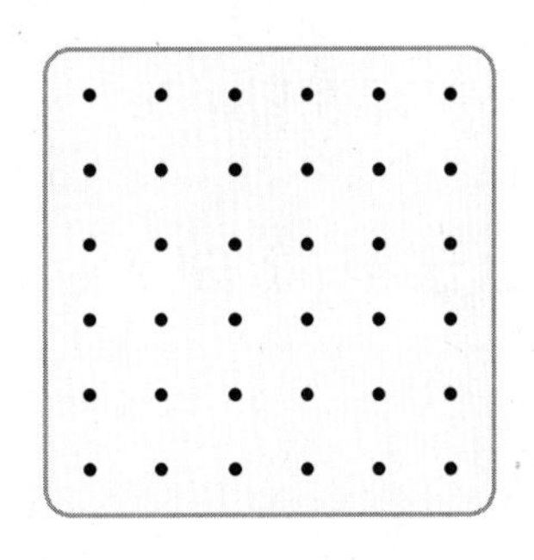

3. ○을 알아보기

원 알아보기

• 원: 그림과 같은 모양의 도형

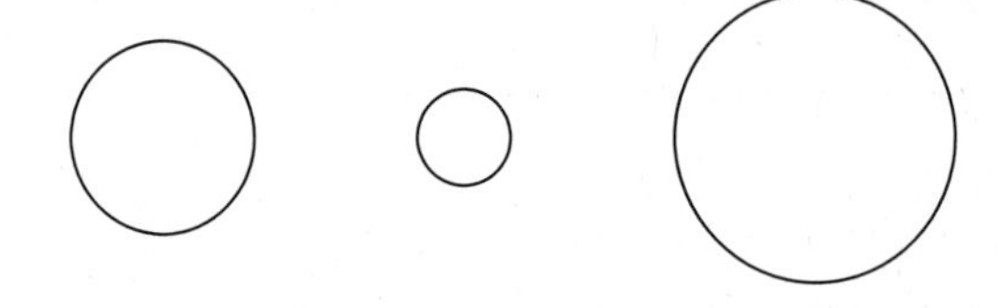

원의 특징

① 뾰족한 부분이 없습니다.
② 곧은 선이 없습니다.
③ 굽은 선으로 이어져 있습니다.
④ 길쭉하거나 찌그러진 곳 없이 어느 쪽에서 보아도 똑같이 동그란 모양입니다.
⑤ 크기는 다르지만 생긴 모양이 모두 같습니다.

원 그리기

• 종이컵 등 주변의 물건을 본뜨거나 모양 자를 이용하여 원을 그릴 수 있습니다.

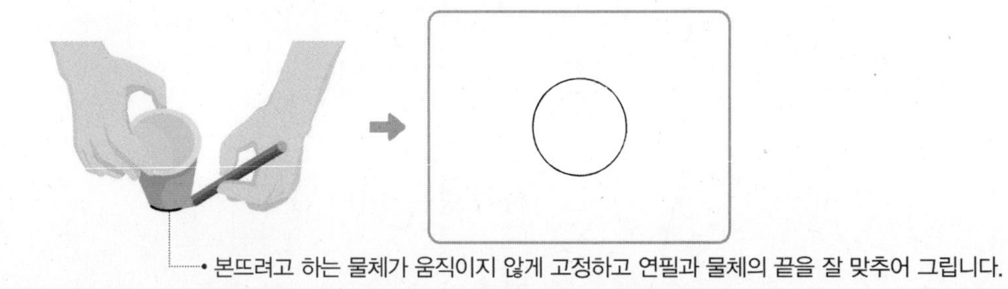

• 본뜨려고 하는 물체가 움직이지 않게 고정하고 연필과 물체의 끝을 잘 맞추어 그립니다.

개념 자세히 보기

도형이 원이 아닌 까닭을 알아보아요!

△	뾰족한 부분이 있습니다. 곧은 선이 있습니다.
타원	모양이 동그랗지 않고 길쭉합니다.
끊어진 원	모양은 동그랗지만 끊어져 있습니다.
반원	곧은 선이 있습니다.

정답과 풀이 9쪽

1 그림과 같은 물건에서 찾을 수 있는 동그란 모양의 도형의 이름을 써 보세요.

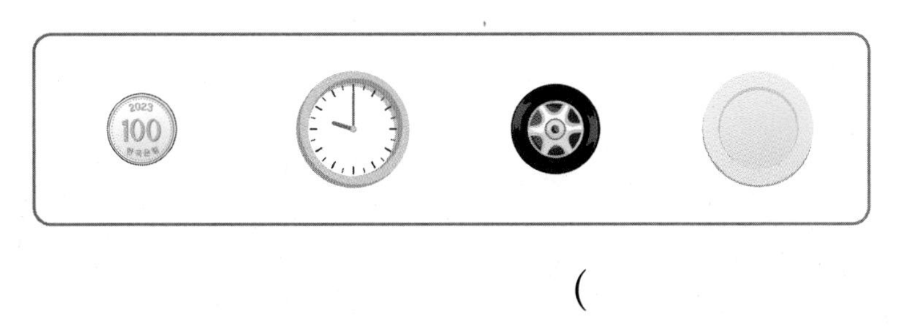

( )

2 원을 모두 찾아 ○표 하세요.

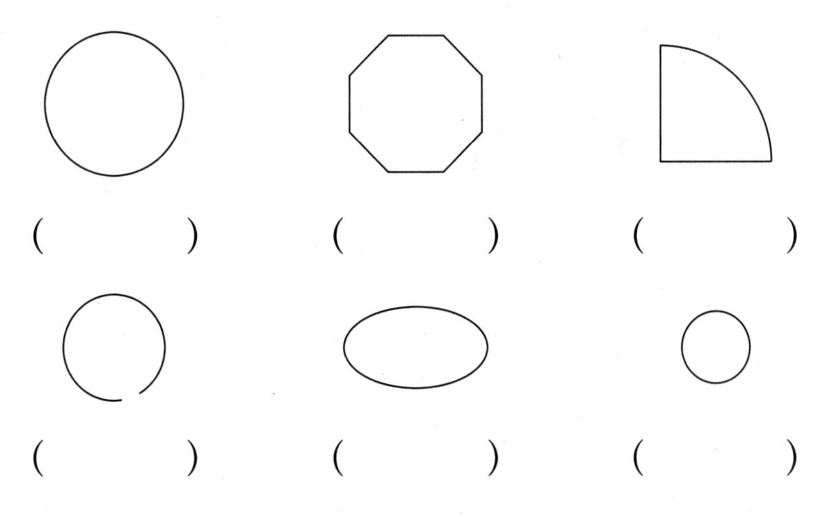

( ) ( ) ( )

( ) ( ) ( )

길쭉하거나 찌그러진 곳 없이 어느 쪽에서 보아도 동그란 모양을 찾아보아요.

3 주변의 물건이나 모양 자를 이용하여 크기가 다른 원을 2개 그려 보세요.

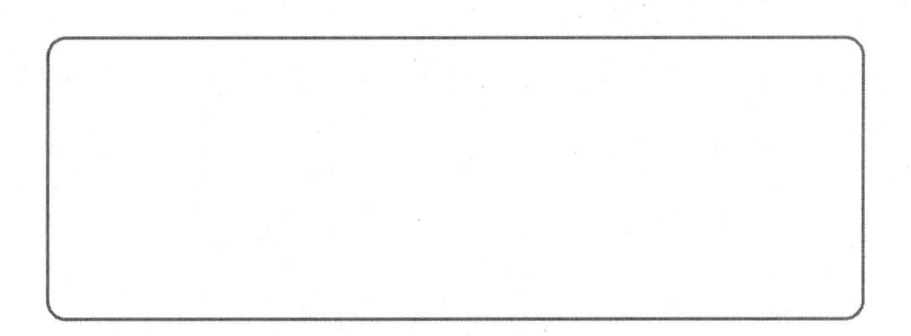

원을 그릴 수 있는 물건을 찾아 본떠 그려 보아요.

4. 칠교판으로 모양 만들기

● 칠교판 알아보기

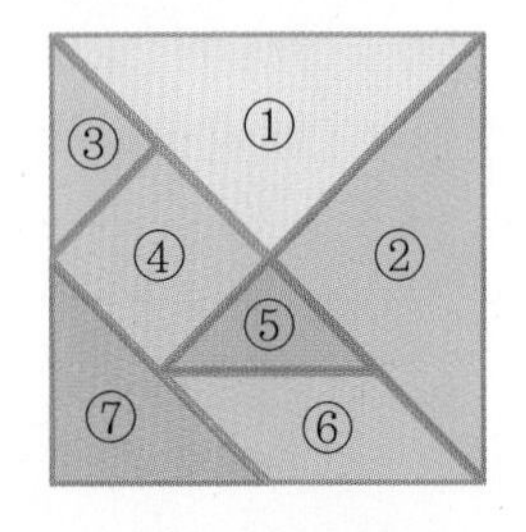

삼각형 모양 조각	사각형 모양 조각
①, ②, ③, ⑤, ⑦	④, ⑥

• 두 사각형은 모양이 다릅니다.

• 가장 작은 두 삼각형은 모양과 크기가 같습니다.

가장 큰 두 삼각형은 모양과 크기가 같습니다.

• 칠교 조각은 모두 7개입니다.

• 칠교 조각에는 < 삼각형 모양 조각이 5개 있습니다. / 사각형 모양 조각이 2개 있습니다.

● 칠교 조각으로 여러 가지 모양 만들기

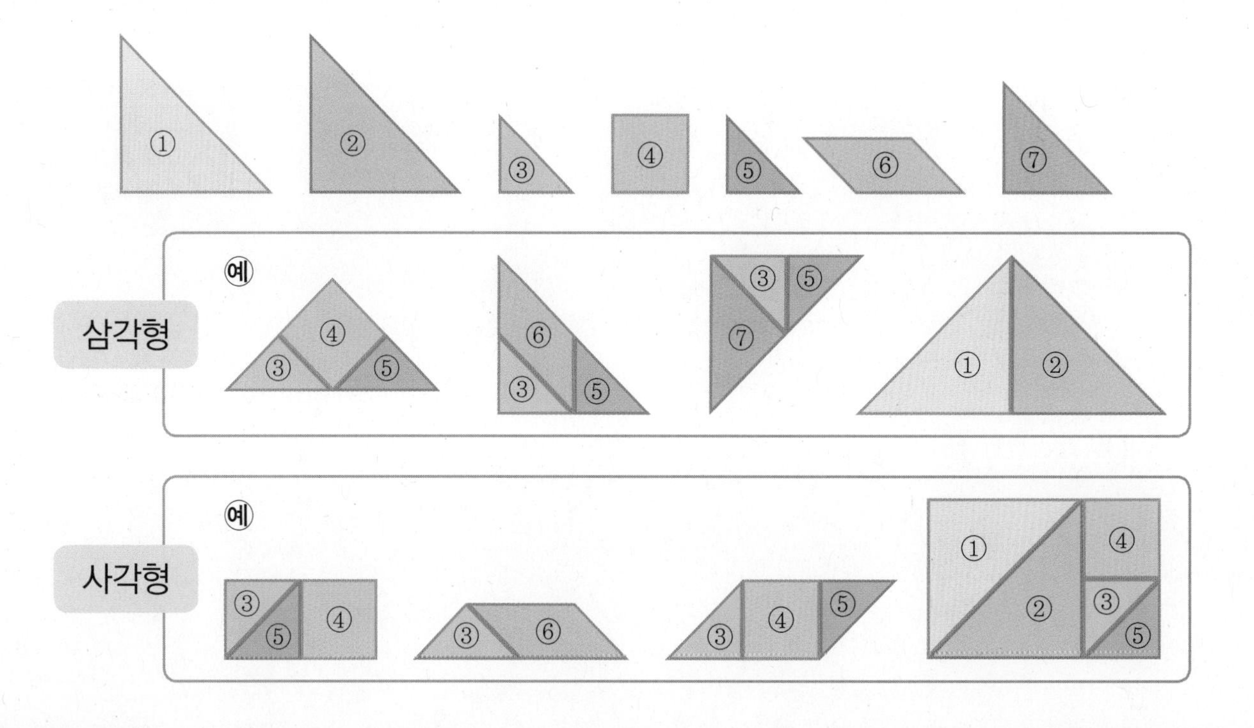

개념 자세히 보기

● 칠교 조각으로 삼각형, 사각형을 만들 때에는 길이가 같은 변끼리 붙여야 해요!

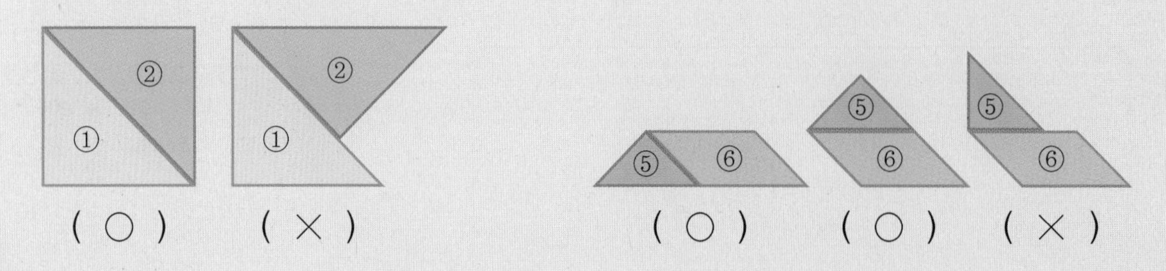

➲ 정답과 풀이 9쪽

1 칠교판을 보고 물음에 답하세요.

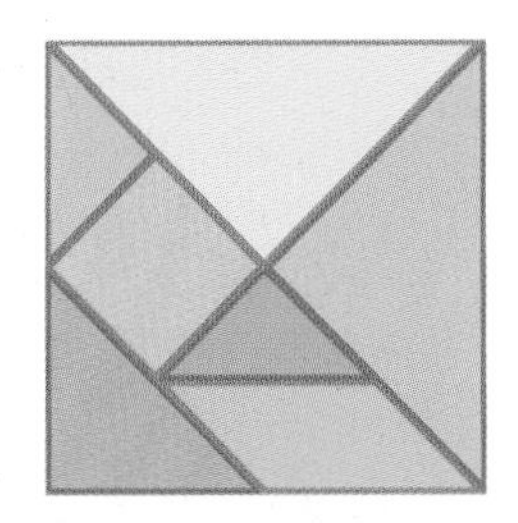

칠교 조각은
모두 7개예요.

① 칠교 조각이 삼각형이면 △표, 사각형이면 □표 하세요.

② □ 안에 알맞은 수나 말을 써넣으세요.

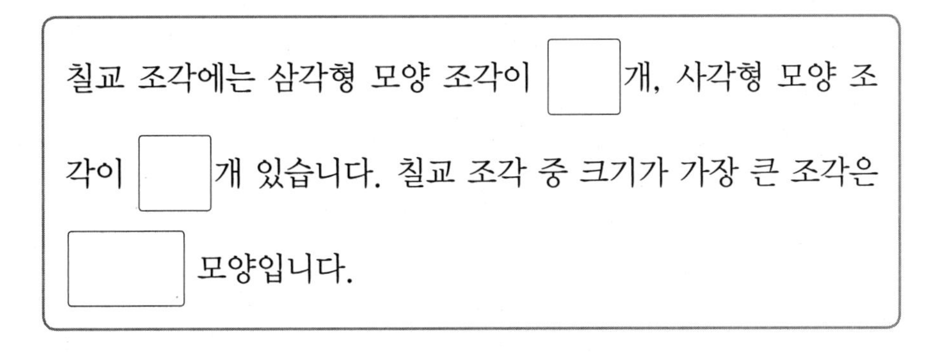

칠교 조각에는 삼각형 모양 조각이 □개, 사각형 모양 조각이 □개 있습니다. 칠교 조각 중 크기가 가장 큰 조각은 □ 모양입니다.

2

2 세 조각을 모두 이용하여 삼각형과 사각형을 만들어 보세요.

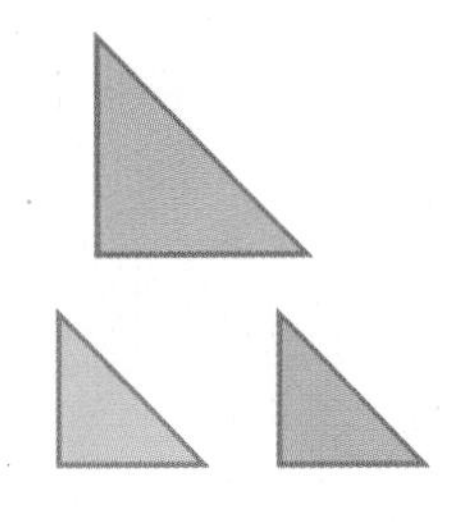

삼각형	사각형
△	□

길이가 같은 변끼리
이어 붙여 삼각형과
사각형을 만들어 보아요.

3 배 모양을 만드는 데 이용한 삼각형 모양 조각과 사각형 모양 조각의 수를 세어 빈칸에 써넣으세요.

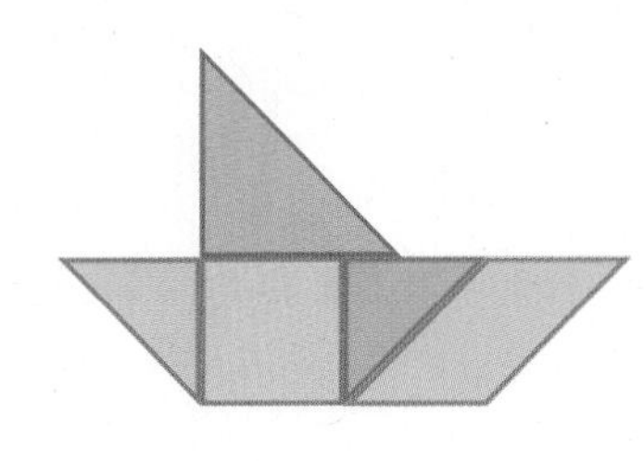

삼각형 모양 조각	개
사각형 모양 조각	개

5. 쌓은 모양 알아보기, 여러 가지 모양으로 쌓기

● 쌓은 모양 알아보기

• 쌓기나무로 높이 쌓기

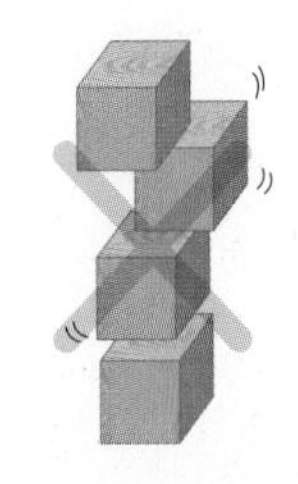
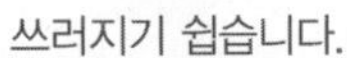

쓰러지기 쉽습니다.

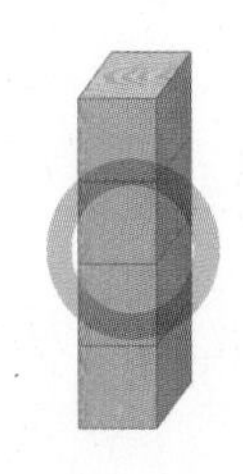

➡ 쌓기나무를 반듯하게 맞추어 쌓으면 높이 쌓을 수 있습니다.

• 쌓은 모양에서 위치 알아보기

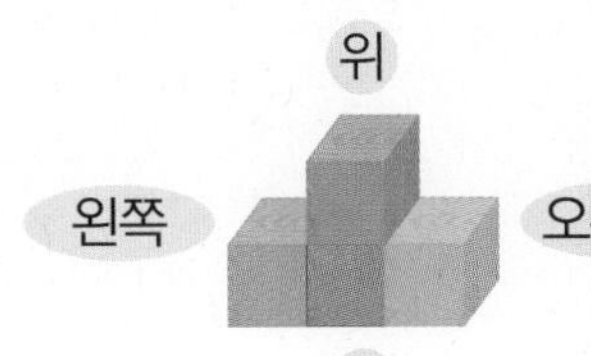

오른손이 있는 쪽이 오른쪽입니다.

내가 보고 있는 쪽이 앞쪽입니다.

빨간색 쌓기나무의
- 오른쪽에 있는 쌓기나무 ➡
- 왼쪽에 있는 쌓기나무 ➡
- 위에 있는 쌓기나무 ➡

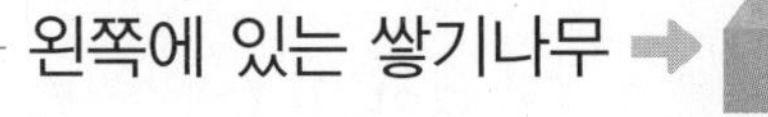

● 여러 가지 모양으로 쌓기

• 쌓기나무 5개로 여러 가지 모양 만들기

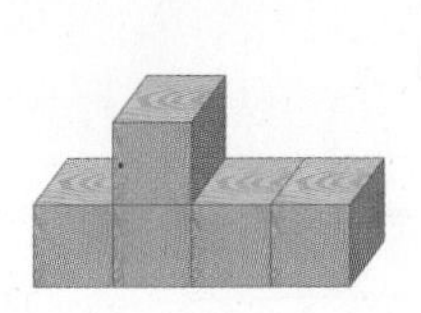

이 외에도 여러 가지 모양으로 쌓을 수 있습니다.

• 쌓기나무 5개로 만든 모양 설명하기

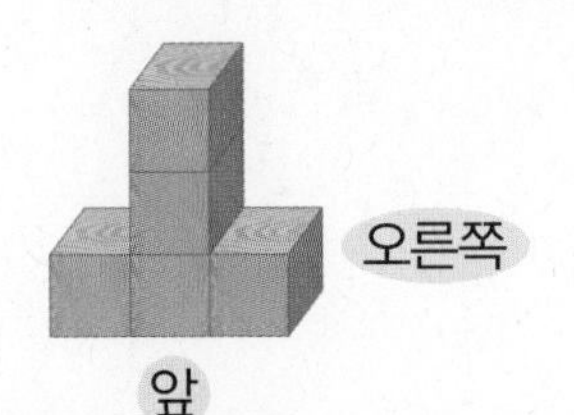

➡ 1층에 쌓기나무 3개가 나란히 있고 가운데 쌓기나무의 위에 쌓기나무 2개가 있습니다.

개념 자세히 보기

● 보이지 않는 쌓기나무가 있는 것에 주의해요!

보이는 쌓기나무만 생각하여 쌓기나무 3개로 쌓은 모양이라고 생각하면 안 됩니다.

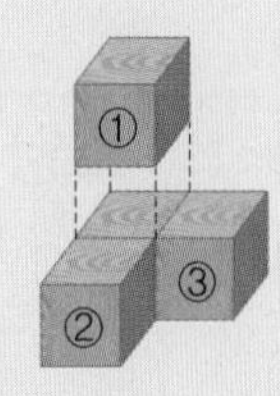

①번 쌓기나무 아래에 보이지 않는 쌓기나무가 있습니다.

➡ 쌓기나무 4개로 쌓은 모양입니다.

1 재석이와 윤하가 쌓기나무로 높이 쌓기 놀이를 하고 있습니다. 누가 더 높이 쌓을 수 있을지 ○표 하세요.

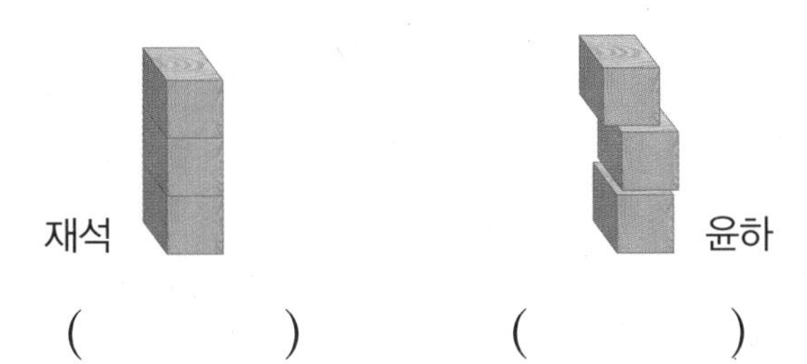

(　　　　) (　　　　)

2 빨간색 쌓기나무의 오른쪽에 있는 쌓기나무에 ○표 하세요.

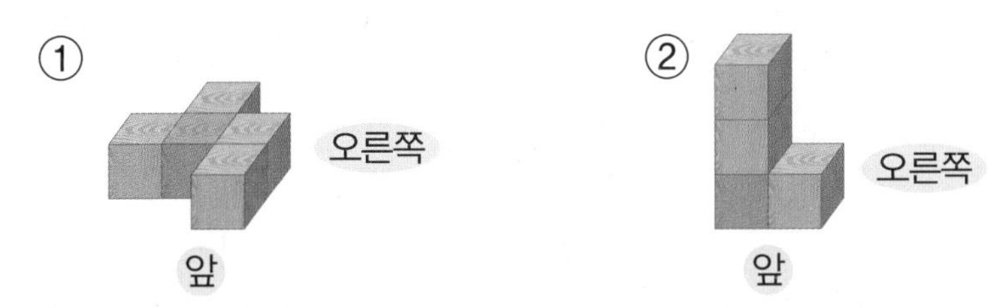

3 쌓기나무 4개로 만든 모양을 모두 찾아 기호를 써 보세요.

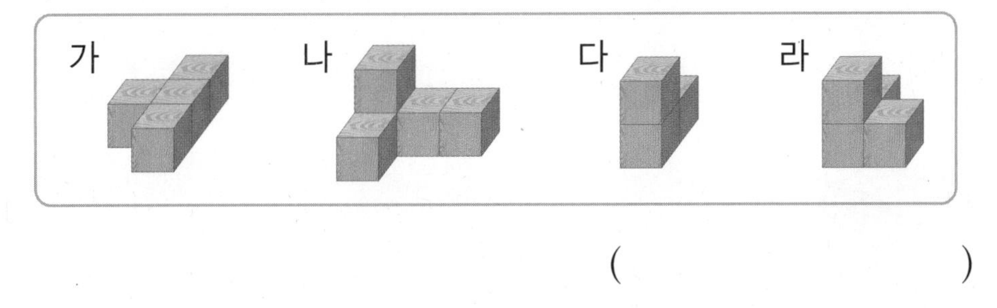

(　　　　　　　　)

4 쌓기나무로 쌓은 모양을 보고 설명한 것입니다. □ 안에 알맞은 수를 써넣고 알맞은 말에 ○표 하세요.

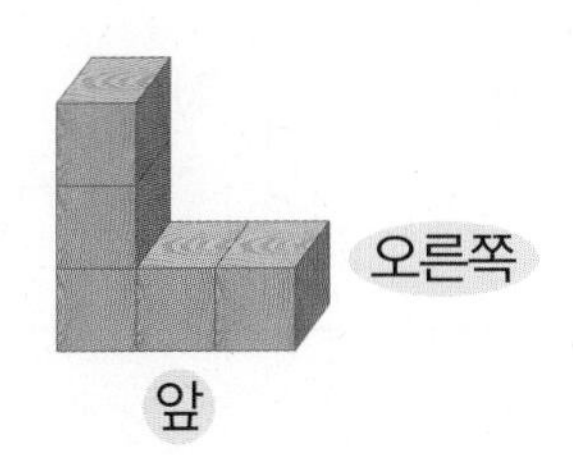

1층에 쌓기나무 □개가 옆으로 나란히 있고 (맨 왼쪽 , 가운데 , 맨 오른쪽) 쌓기나무의 위에 쌓기나무 2개가 있습니다.

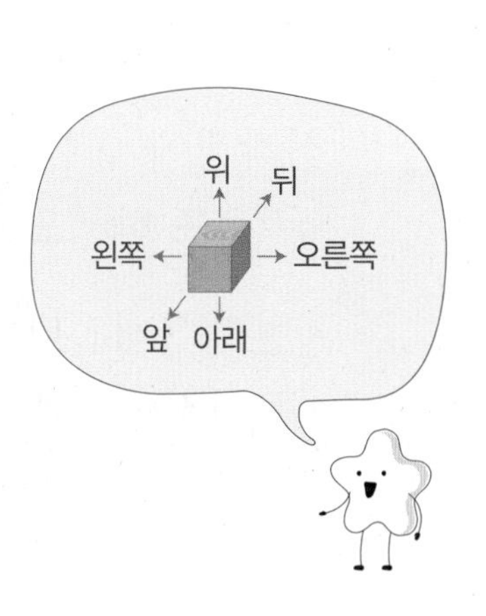

STEP 2

꼭 나오는 유형

1 삼각형

1 삼각형 모양을 찾을 수 있는 물건을 찾아 기호를 써 보세요.

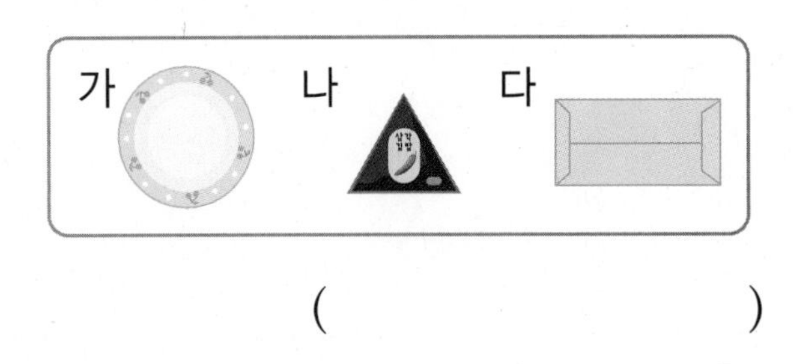

( )

2 삼각형을 찾아 ○표 하세요.

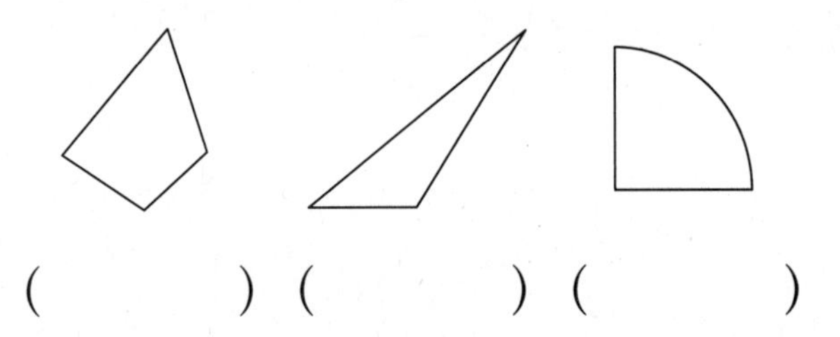

( ) ( ) ( )

3 북아메리카에 있는 자메이카의 국기입니다. 이 국기에서 찾을 수 있는 삼각형은 모두 몇 개일까요?

( )

4 삼각형에 대한 설명으로 옳은 것에 모두 ○표 하세요.

- 변이 3개입니다. ( )
- 꼭짓점이 4개입니다. ( )
- 곧은 선으로 둘러싸여 있습니다. ( )

5 모눈종이에 모양이 다른 삼각형을 2개 그려 보세요.

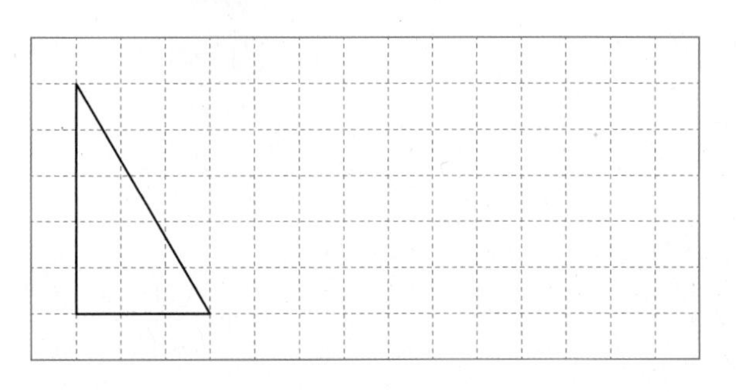

서술형

6 오른쪽 도형이 삼각형인지 삼각형이 아닌지 쓰고, 그 까닭을 써 보세요.

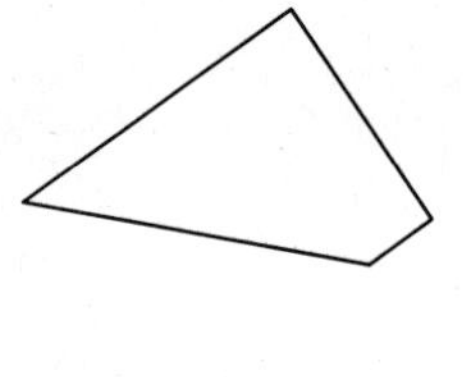

답

까닭

2 사각형

7 사각형을 모두 찾아 기호를 써 보세요.

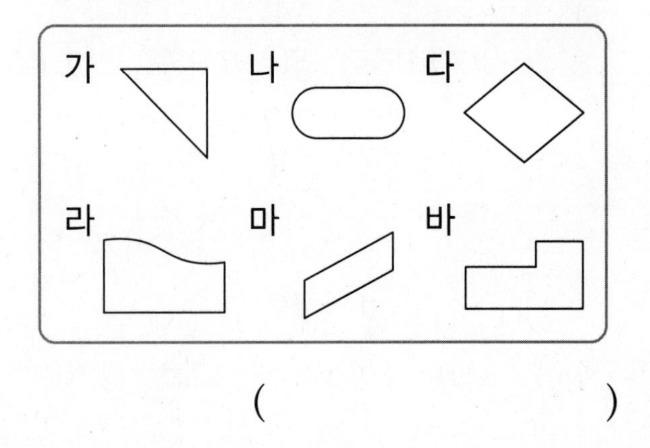

( )

8 모눈종이에 왼쪽과 같은 사각형을 그려 보세요.

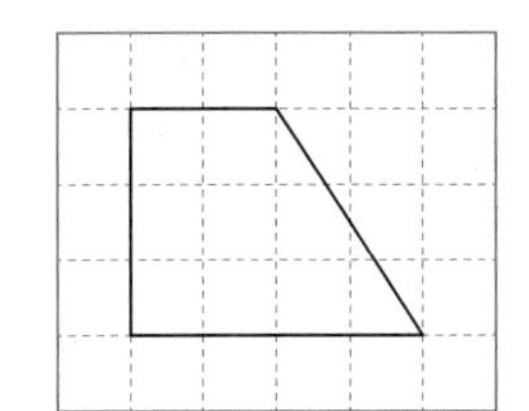
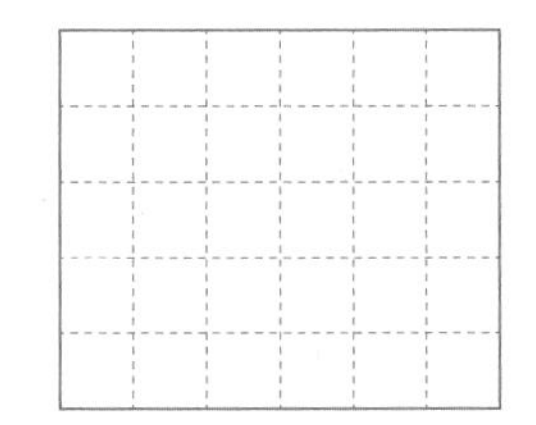

서술형

9 두 도형의 꼭짓점의 수를 더하면 모두 몇 개인지 풀이 과정을 쓰고 답을 구해 보세요.

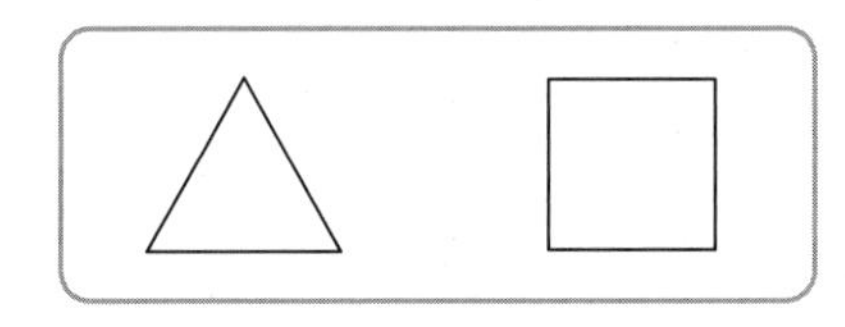

풀이 ....

....

....

답 ....

내가 만드는 문제

10 그림을 삼각형과 사각형으로 나누어 보고, 그 수를 세어 보세요.

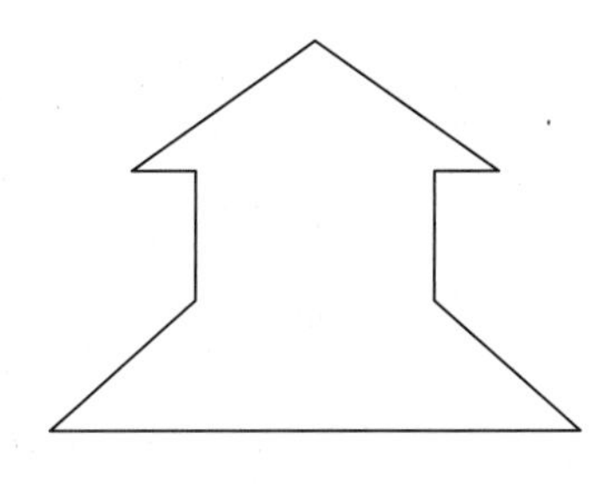

삼각형 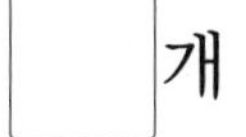개, 사각형 ☐개

3 원

11 다음을 본떠서 그릴 수 있는 도형의 이름을 써 보세요.

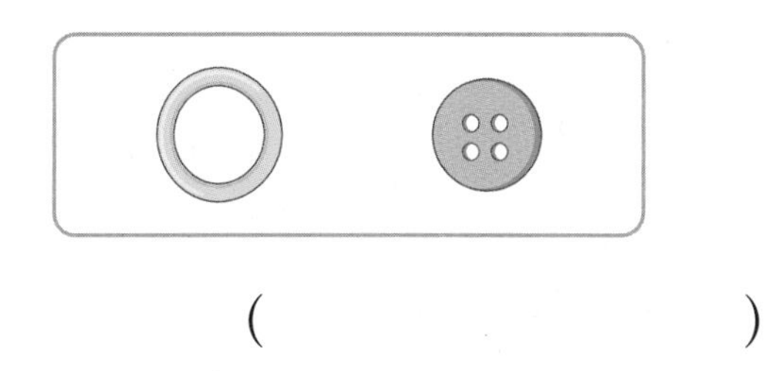

(　　　　　　)

12 원을 모두 고르세요. (　　　　)

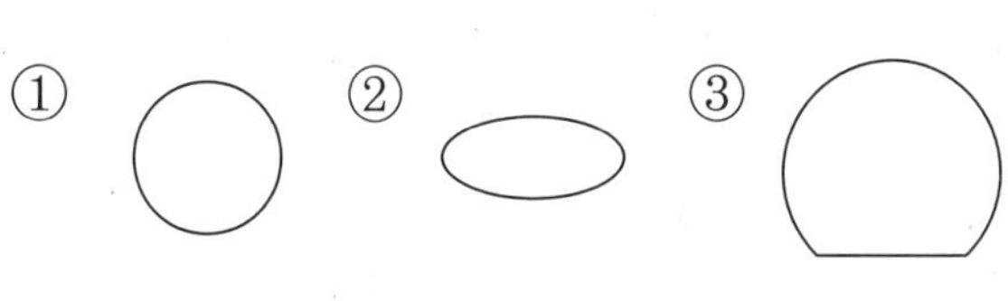

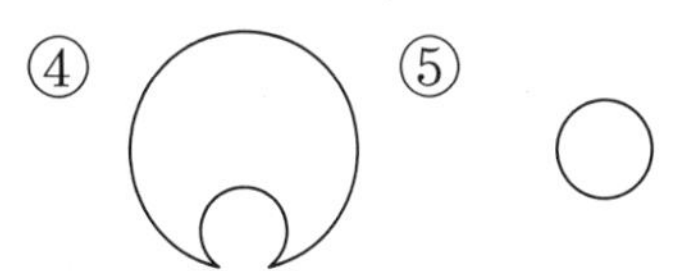

13 원은 모두 몇 개일까요?

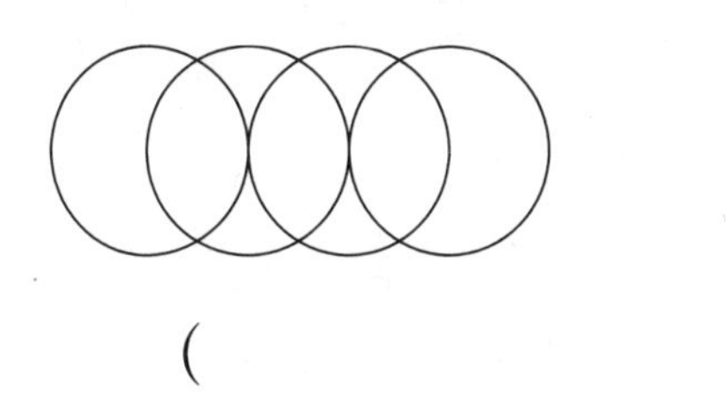

(　　　　　　)

14 원에 대해 잘못 말한 사람을 찾아 이름을 써 보세요.

지수: 원은 모양이 모두 같아.
동하: 원은 곧은 선으로 둘러싸여 있어.
세빈: 원은 어느 쪽에서 보아도 똑같이 동그란 모양이야.

(　　　　　　)

4 칠교판으로 모양 만들기

[15~20] 칠교판을 보고 물음에 답하세요.

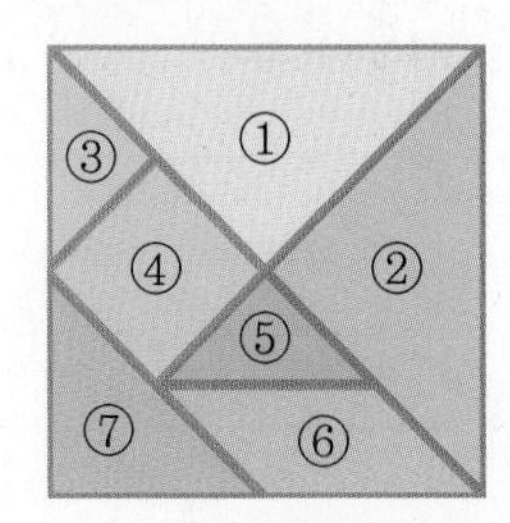

15 칠교판에서 삼각형 모양 조각과 사각형 모양 조각을 모두 찾아 번호를 써 보세요.

삼각형 (   )
사각형 (   )

16 다른 조각들로 ⑥번 조각을 만들어 보세요.

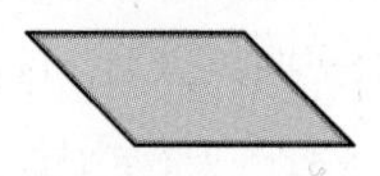

17 두 조각을 모두 이용하여 삼각형과 사각형을 만들어 보세요.

삼각형	사각형

18 세 조각을 모두 이용하여 삼각형과 사각형을 만들어 보세요.

삼각형	사각형

19 칠교 조각을 이용하여 만든 모양입니다. 사용한 삼각형 모양 조각과 사각형 모양 조각은 각각 몇 개일까요?

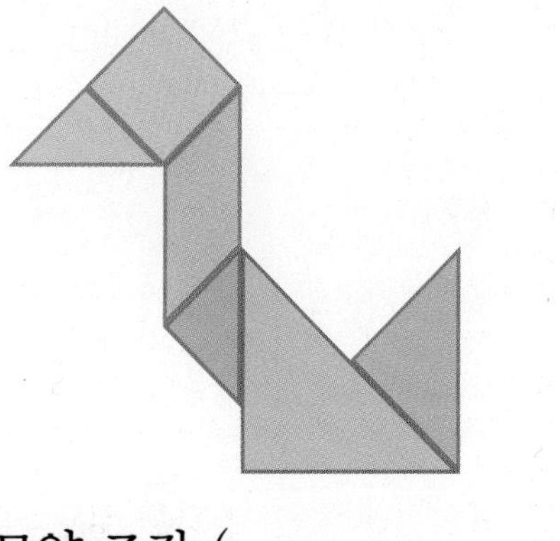

삼각형 모양 조각 (   )
사각형 모양 조각 (   )

내가 만드는 문제

20 칠교 조각을 모두 이용하여 잠수함 모양을 만들어 보세요.

5 쌓은 모양 알아보기

21 쌓기나무로 더 높이 잘 쌓을 수 있는 모양을 찾아 ○표 하세요.

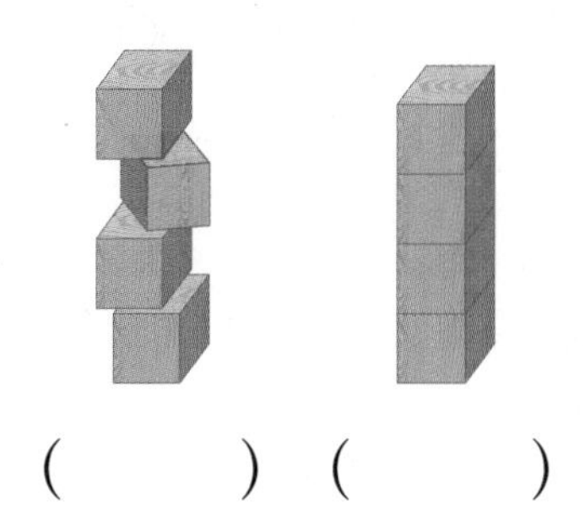

( ) ( )

22 빨간색 쌓기나무의 왼쪽에 있는 쌓기나무에 ○표, 위에 있는 쌓기나무에 △표 하세요.

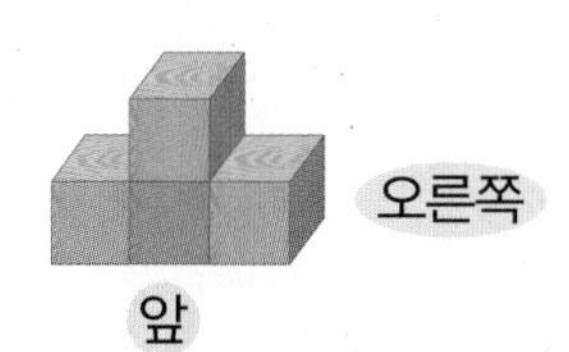

23 쌓기나무로 쌓은 모양에 대한 설명입니다. □ 안에 알맞은 수나 말을 써넣으세요.

빨간색 쌓기나무가 1개 있고, 그 위와 □에 쌓기나무가 1개씩 있습니다. 그리고 왼쪽으로 나란히 쌓기나무가 □개 있습니다.

6 여러 가지 모양으로 쌓기

24 쌓기나무 5개로 만든 모양을 찾아 ○표 하세요.

( ) ( ) ( )

25 쌓기나무로 쌓은 모양에 대한 설명입니다. 잘못 설명한 것을 찾아 기호를 써 보세요.

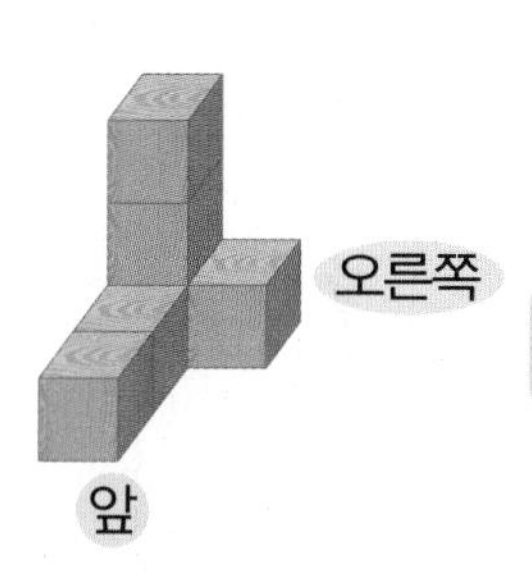

㉠ 1층에 쌓기나무 3개가 있습니다.
㉡ 1층에 쌓기나무 2개가 옆으로 나란히 있고, 왼쪽 쌓기나무의 위와 앞에 쌓기나무가 각각 2개씩 있습니다.

( )

26 쌓기나무로 쌓은 모양에 대한 설명입니다. 틀린 부분을 모두 찾아 바르게 고쳐 보세요.

1층에 쌓기나무 2개가 옆으로 나란히 있고 왼쪽 쌓기나무의 위에 쌓기나무 1개가 있습니다.

27 설명대로 쌓은 모양을 찾아 기호를 써 보세요.

> ㉠ 쌓기나무 3개가 1층에 옆으로 나란히 있고, 맨 왼쪽과 맨 오른쪽 쌓기나무의 위에 쌓기나무가 각각 1개씩 있습니다.
> ㉡ 쌓기나무 3개가 1층에 옆으로 나란히 있고, 맨 왼쪽과 가운데 쌓기나무의 위에 쌓기나무가 각각 1개씩 있습니다.

(1) 오른쪽 앞 (　　　　　)

(2) 오른쪽 앞 (　　　　　)

7 색종이를 잘라 여러 가지 도형 만들기

28 다음 색종이를 선을 따라 자르면 어떤 도형이 몇 개 생길까요?

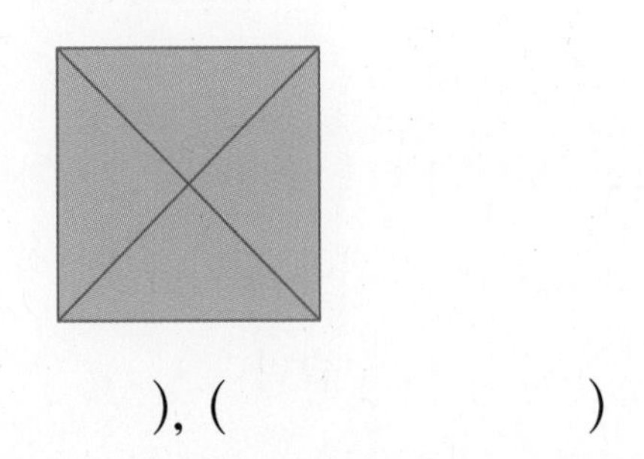

(　　　　　), (　　　　　)

29 다음 색종이를 선을 따라 자를 때 생기는 도형을 모두 써 보세요.

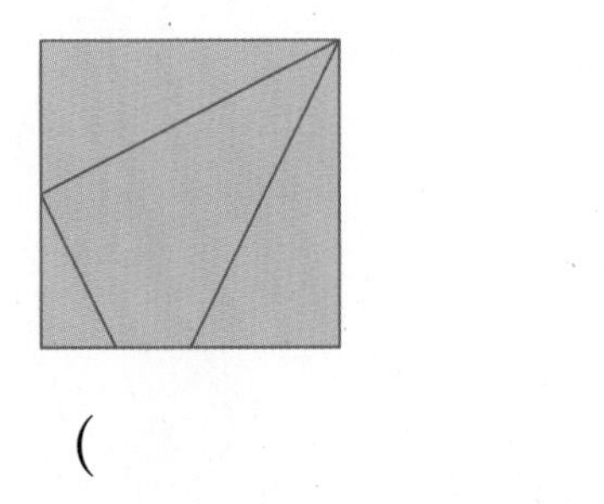

(　　　　　)

서술형

30 색종이를 선을 따라 잘랐을 때 사각형이 4개 생기는 것을 찾아 기호를 쓰려고 합니다. 풀이 과정을 쓰고 답을 구해 보세요.

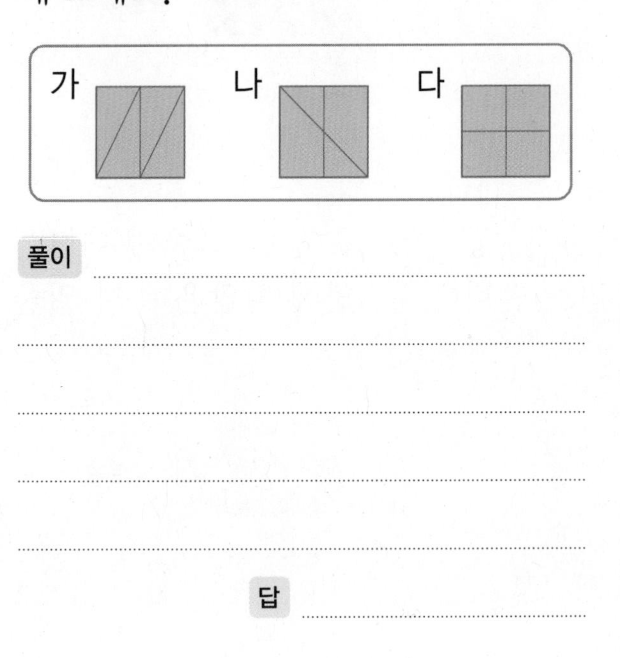

풀이 ....

답 ....

STEP 3 자주 틀리는 유형

응용 유형 중 자주 틀리는 유형을 집중학습함으로써 실력을 한 단계 높여 보세요.

도형의 특징을 알아보자!

1 삼각형을 모두 찾아 기호를 써 보세요.

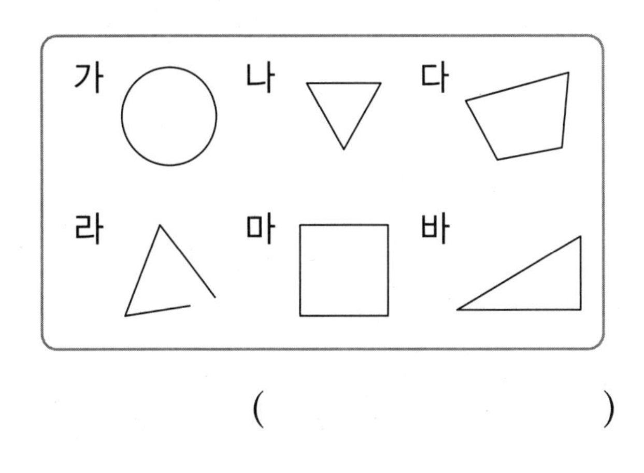

(　　　　　　　　)

2 삼각형과 사각형 중 어느 도형이 몇 개 더 많을까요?

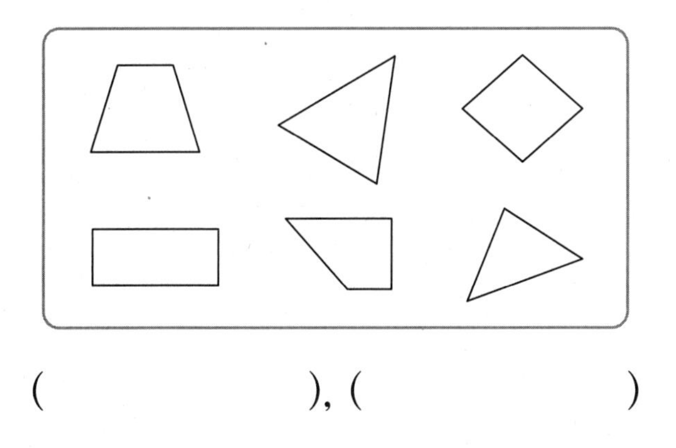

(　　　　　　), (　　　　　　)

3 원을 찾아 원 안에 있는 수들의 합을 구해 보세요.

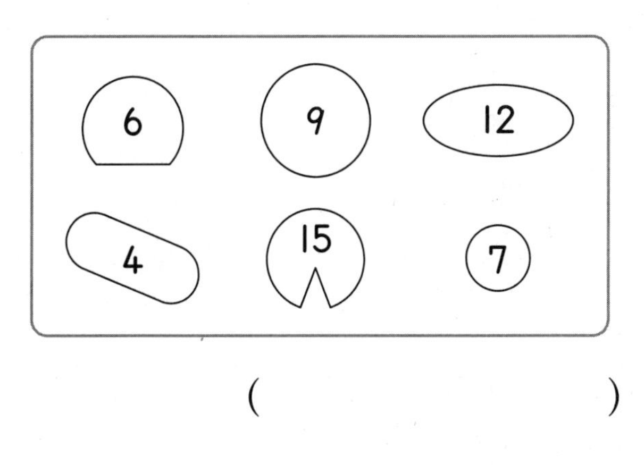

(　　　　　　　　)

변이 ■개이면 ■각형이야!

4 다음 설명에 맞게 도형을 그린 사람은 누구일까요?

- 곧은 선 4개로 둘러싸여 있습니다.
- 도형의 안쪽에 점이 5개 있습니다.

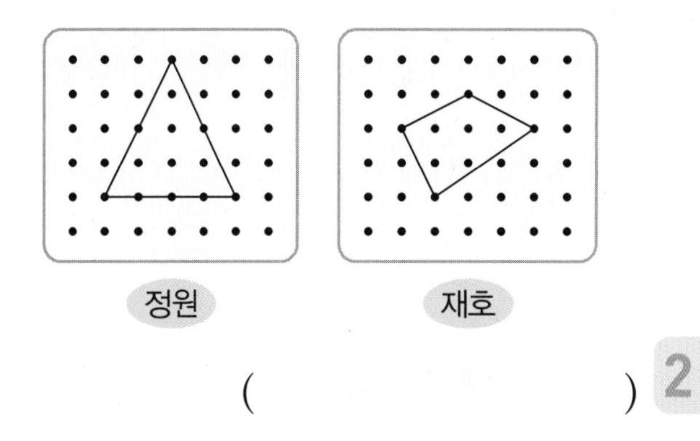

(　　　　　　　　)

5 다음에서 설명하는 도형을 그려 보세요.

- 곧은 선 3개로 둘러싸여 있습니다.
- 도형의 안쪽에 점이 4개 있습니다.

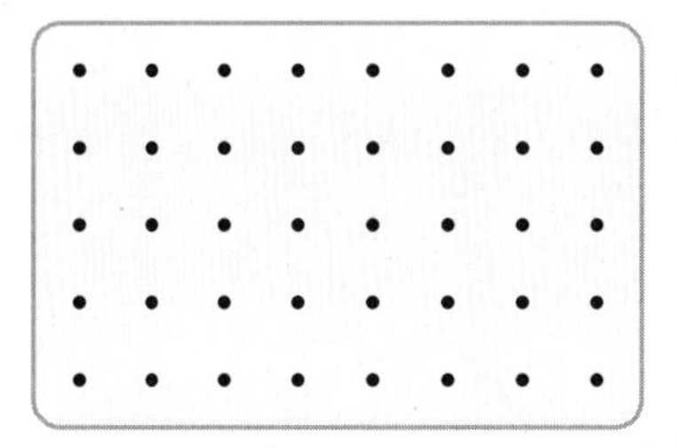

6 삼각형보다 변이 1개 더 많은 도형을 그려 보세요.

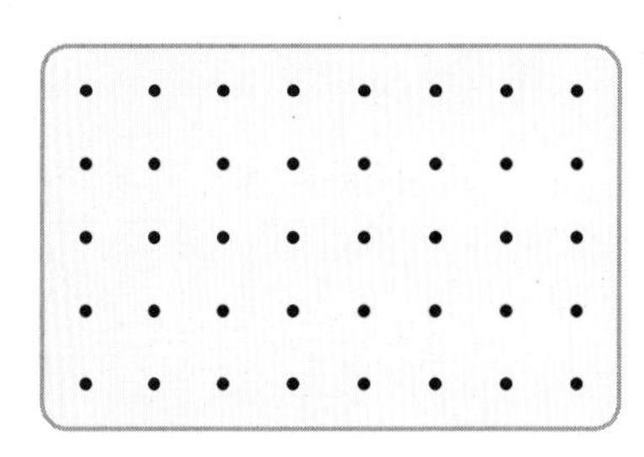

길이가 같은 변끼리 맞닿게 붙이자!

7 네 조각을 모두 이용하여 만들 수 있는 모양에 ○표 하세요.

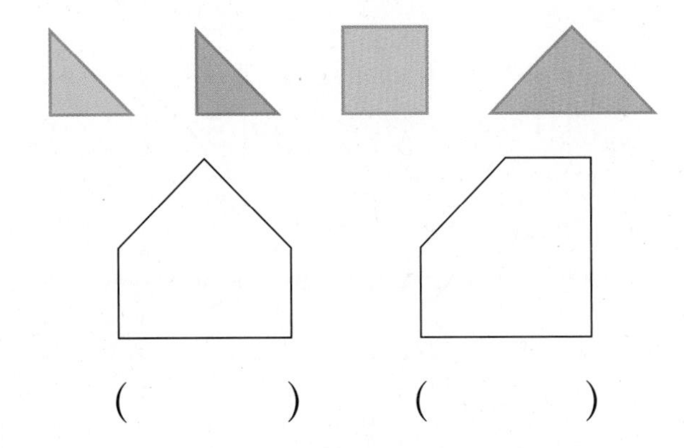

( ) ( )

8 세 조각을 모두 이용하여 만들 수 없는 모양을 찾아 기호를 써 보세요.

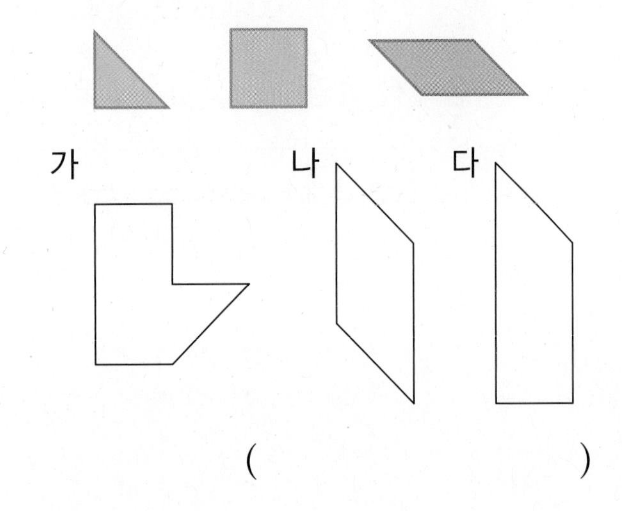

( )

9 세 조각을 모두 이용하여 다음 모양을 만들어 보세요.

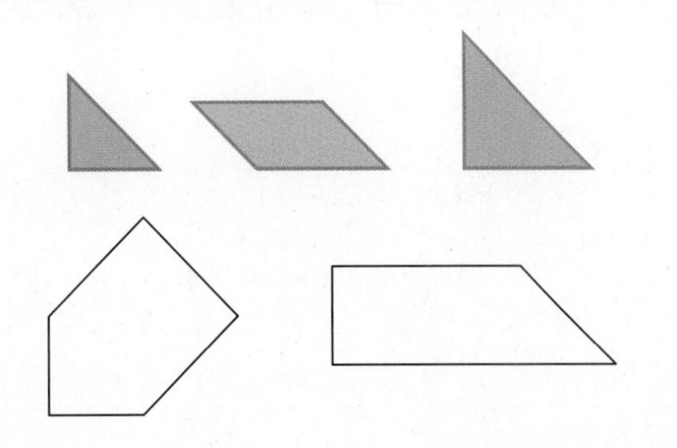

층별로 놓인 쌓기나무의 수를 세어보자!

10 쌓기나무 5개로 만든 모양을 모두 고르세요. ( )

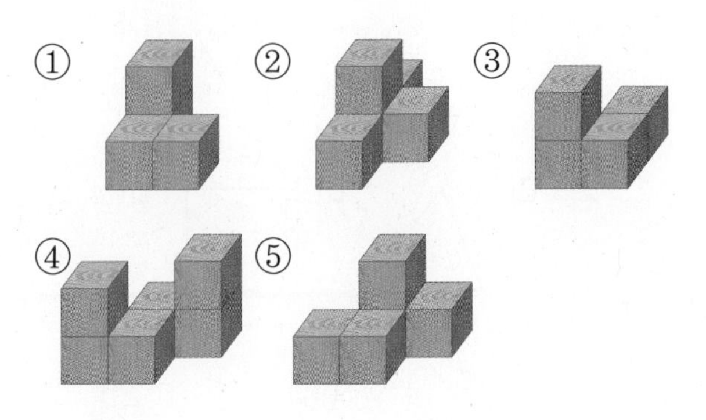

11 쌓기나무의 수가 다른 하나를 찾아 기호를 써 보세요.

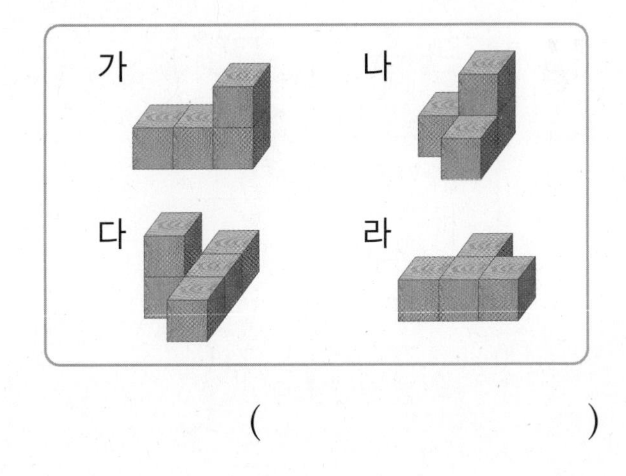

( )

12 건우는 쌓기나무 4개를 가지고 있습니다. 다음과 같은 모양을 만들려면 쌓기나무는 몇 개 더 필요할까요?

( )

쌓기나무를 놓은 위치나 방향에 주의하자!

13 주어진 조건에 맞게 쌓기나무를 쌓은 것에 ○표 하세요.

- 빨간색 쌓기나무의 앞에 초록색 쌓기나무
- 노란색 쌓기나무의 왼쪽에 파란색 쌓기나무

[14~15] 주어진 조건에 맞게 쌓기나무를 색칠해 보세요.

14

- 빨간색 쌓기나무의 왼쪽에 파란색 쌓기나무
- 빨간색 쌓기나무의 앞에 노란색 쌓기나무

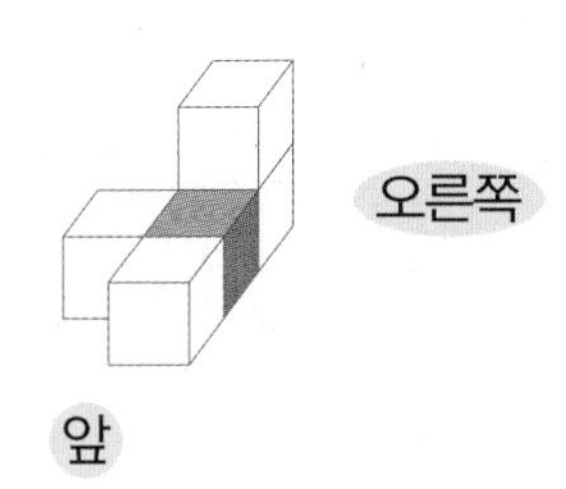

15

- 빨간색 쌓기나무의 오른쪽에 파란색 쌓기나무
- 파란색 쌓기나무의 위에 초록색 쌓기나무

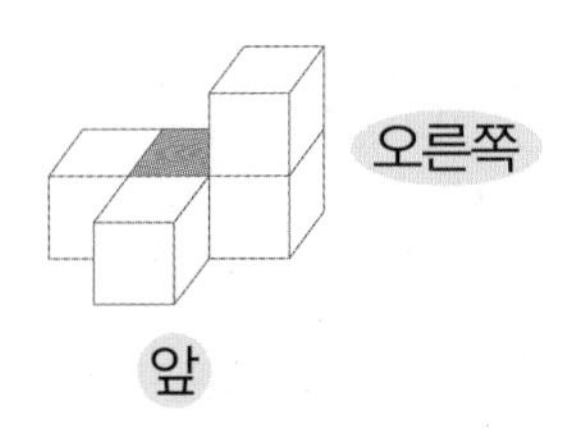

조건을 모두 만족해야 해!

16 설명대로 쌓은 사람은 누구일까요?

- 쌓기나무 5개를 2층으로 쌓았습니다.
- 1층에 4개, 2층에 1개가 있습니다.

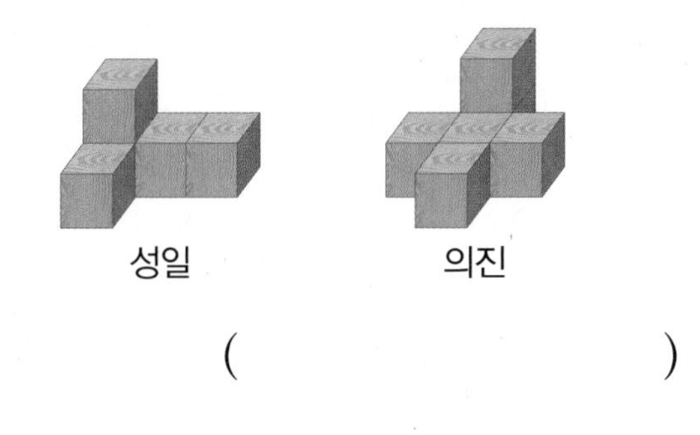

( )

17 설명대로 쌓은 모양을 찾아 기호를 써 보세요.

- 2층으로 쌓았습니다.
- 쌓기나무 5개로 만들었습니다.
- 1층에 4개가 있습니다.

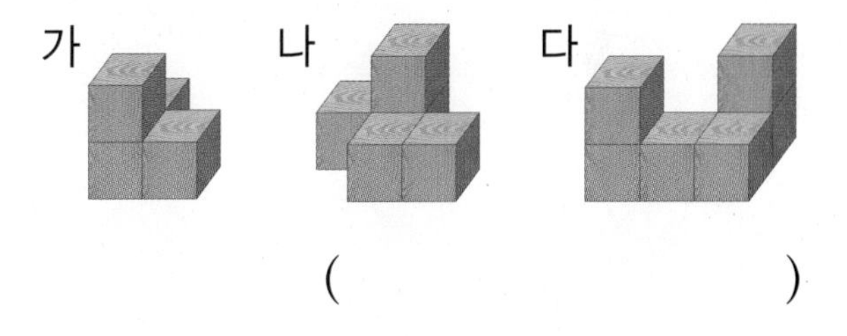

( )

18 쌓기나무로 쌓은 모양에 대한 설명입니다. 틀린 부분을 모두 찾아 바르게 고쳐 보세요.

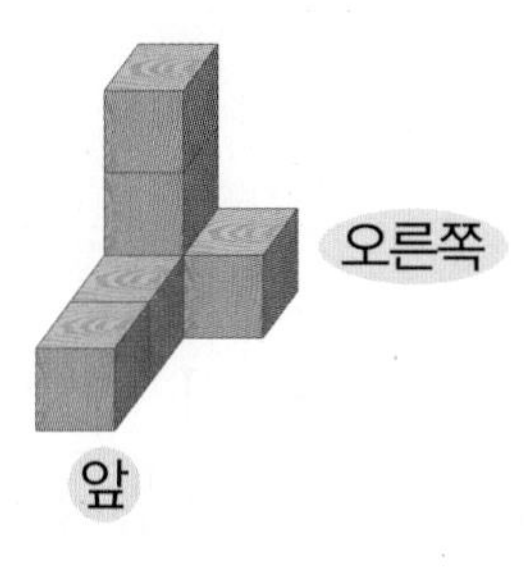

1층에 쌓기나무 3개가 옆으로 나란히 있고 왼쪽 쌓기나무의 위와 뒤에 1개씩 있습니다.

STEP 4

최상위 도전 유형

도전1 색종이를 접었을 때 생기는 도형 알아보기

1 그림과 같이 색종이를 2번 접었습니다. 색종이를 펼쳐서 접은 선을 따라 오리면 어떤 도형이 몇 개 만들어질까요?

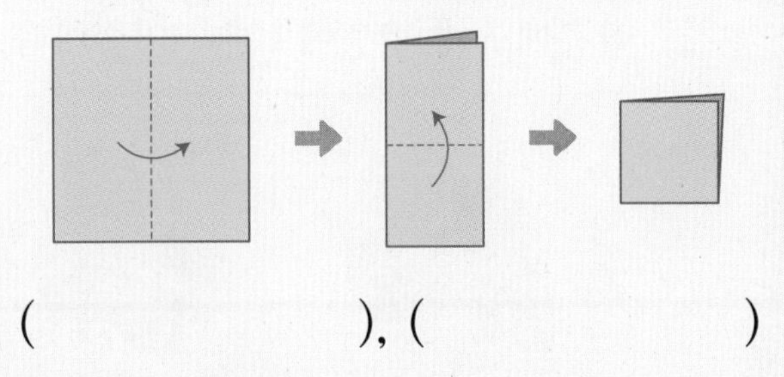

( ), ( )

핵심 NOTE

색종이를 접었다가 펼쳤을 때의 접은 선을 처음 색종이에 그려 봅니다.

2 그림과 같이 색종이를 2번 접었습니다. 색종이를 펼쳐서 접은 선을 따라 오리면 어떤 도형이 몇 개 만들어질까요?

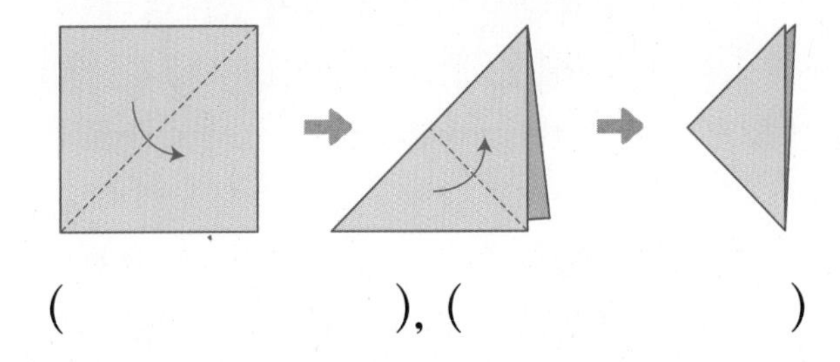

( ), ( )

도전 최상위

3 1번에서 접은 색종이를 다음과 같이 한 번 더 접었다 펼친 후 접은 선을 따라 오렸습니다. 어떤 도형이 몇 개 만들어질까요?

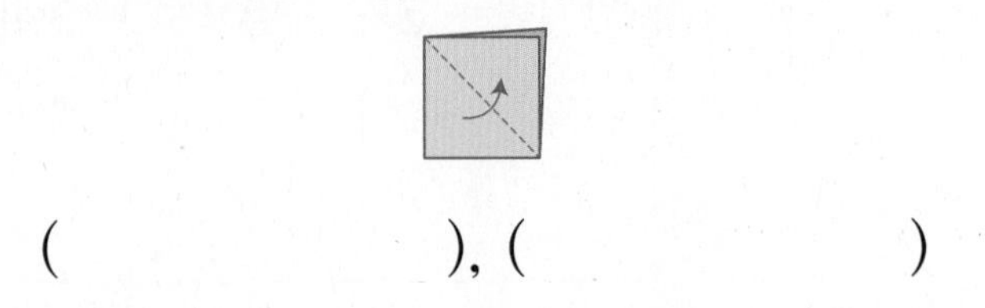

( ), ( )

도전2 칠교 조각을 이용하여 도형 만들기

4 칠교판에서 네 조각을 이용하여 다음 모양을 만들어 보세요.

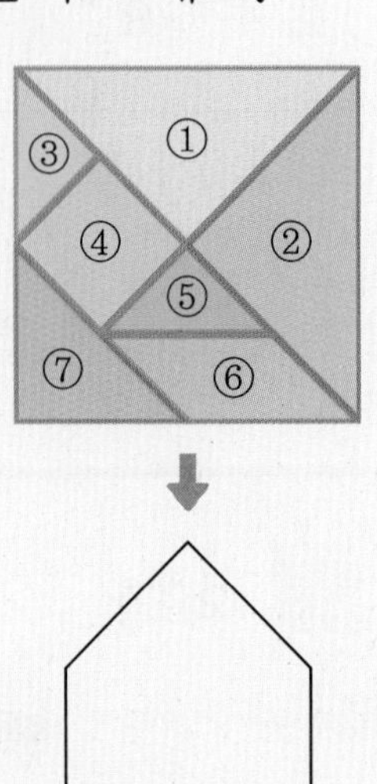

핵심 NOTE

칠교판은 삼각형 5개, 사각형 2개로 이루어져 있습니다.

5 4번의 칠교판에서 몇 조각을 골라 다음 사각형을 만들려고 합니다. 사각형을 만들고 남는 칠교 조각은 몇 개일까요?

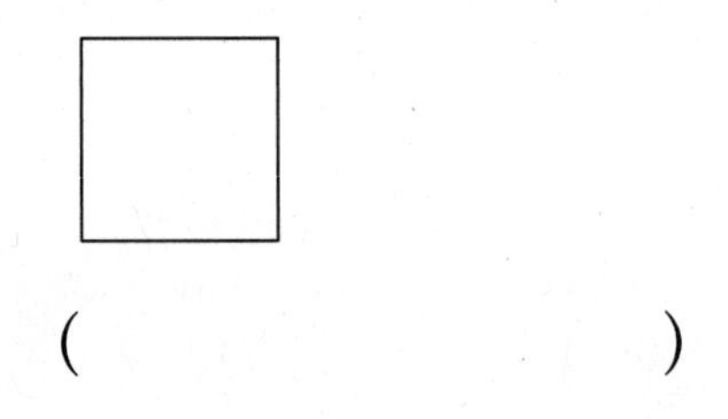

( )

6 4번의 칠교 조각을 모두 이용하여 사각형을 만들어 보세요.

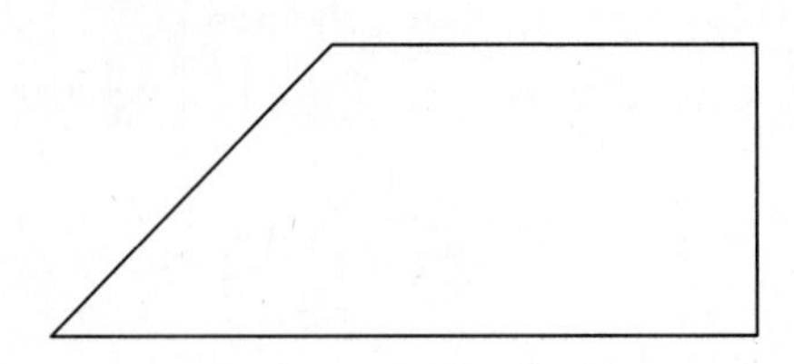

도전3 크고 작은 도형의 개수 구하기

7 도형에서 찾을 수 있는 크고 작은 사각형은 모두 몇 개일까요?

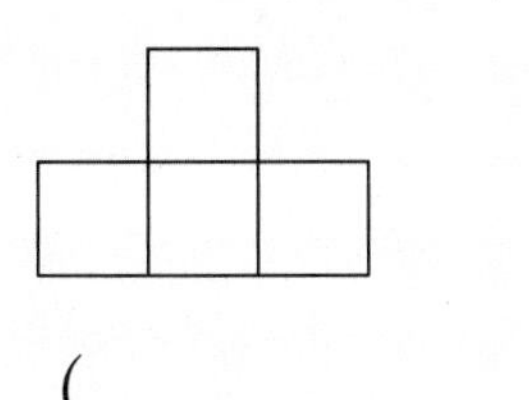

(　　　　　　　　)

핵심 NOTE
사각형 1개짜리, 2개짜리, 3개짜리로 나누어 알아봅니다.

8 칠교판에서 찾을 수 있는 크고 작은 삼각형은 모두 몇 개일까요?

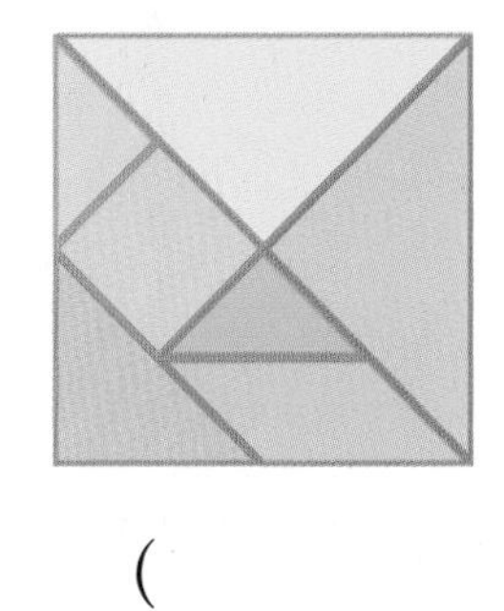

(　　　　　　　　)

9 도형에서 찾을 수 있는 크고 작은 삼각형은 모두 몇 개일까요?

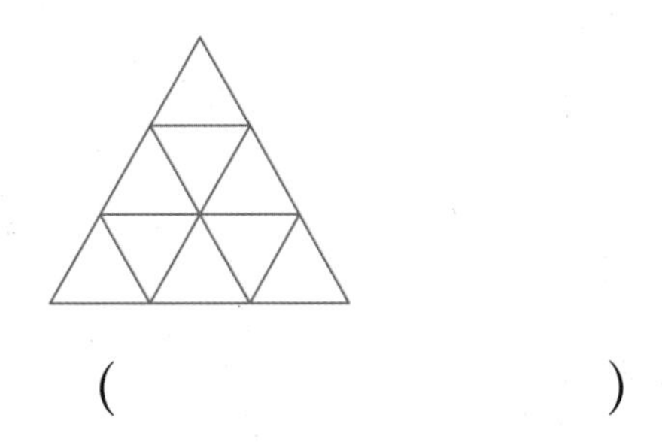

(　　　　　　　　)

도전4 똑같이 만들기 위한 방법 찾기

10 왼쪽 모양에서 쌓기나무를 빼서 오른쪽과 똑같은 모양을 만들려고 합니다. 빼야 할 쌓기나무에 모두 ○표 하세요.

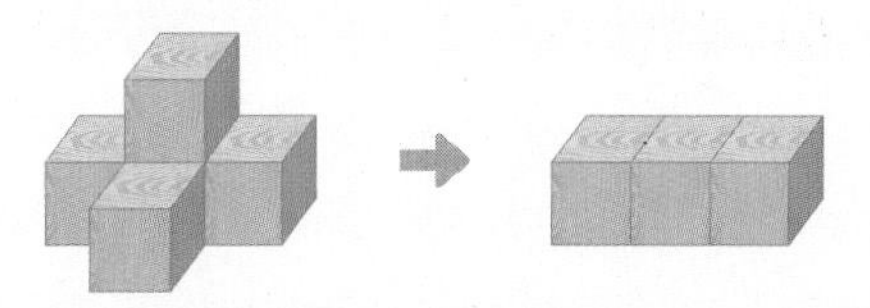

핵심 NOTE
쌓기나무 수가 줄면 빼고, 늘면 더 쌓고, 같으면 옮겨야 합니다.

11 왼쪽 모양에 쌓기나무 2개를 더 쌓아 오른쪽과 똑같은 모양을 만들려고 합니다. 어느 곳에 쌓아야 하는지 설명해 보세요.

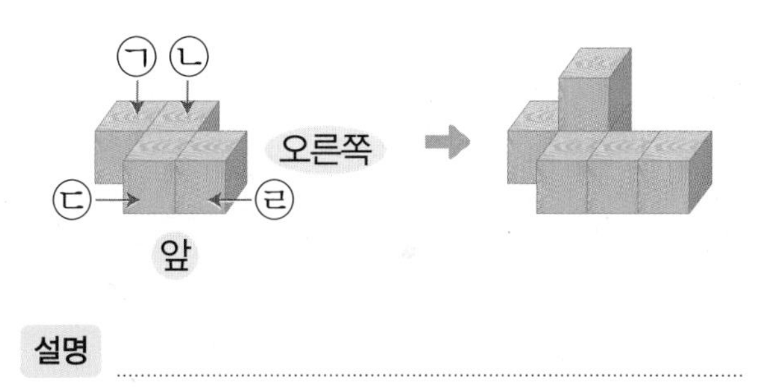

설명 ....

....

12 왼쪽 모양에서 쌓기나무 1개를 옮겨 오른쪽과 똑같은 모양을 만들려고 합니다. 왼쪽 모양에서 옮겨야 할 쌓기나무에 ○표 하고, 어느 쌓기나무 앞으로 옮겨야 하는지 기호를 써 보세요.

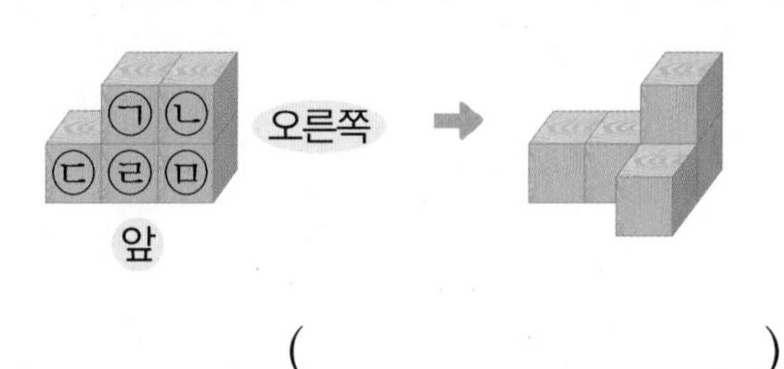

(　　　　　　　　)

수시 평가 대비 Level 1

점수

확인

1 □ 안에 알맞은 말을 써넣으세요.

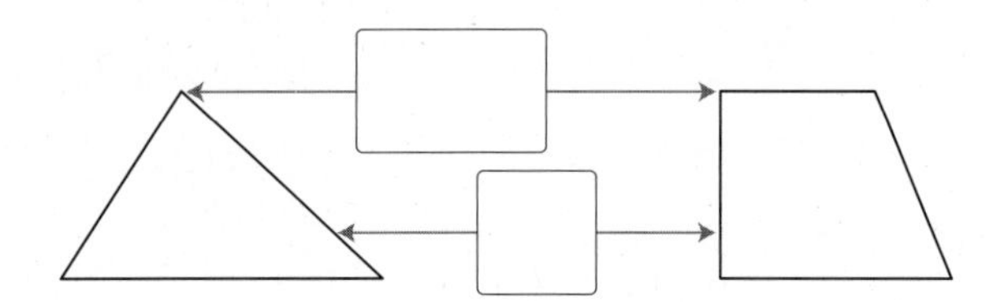

2 □ 안에 알맞은 도형의 이름을 써넣으세요.

> 4개의 곧은 선으로 둘러싸인 도형을 □ 이라고 합니다.

3 그림에서 원은 모두 몇 개일까요?

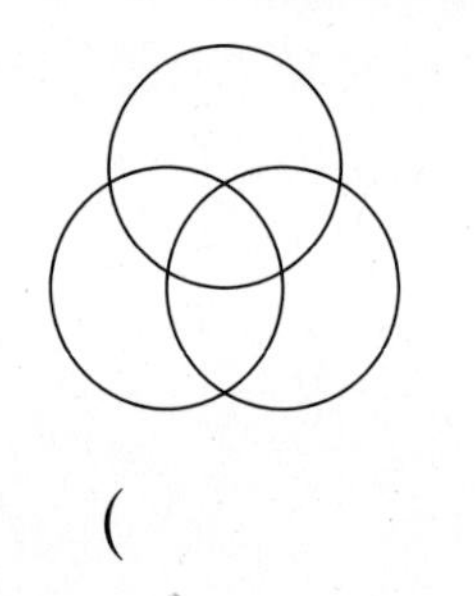

(　　　　　　　　)

4 다음 도형의 꼭짓점은 몇 개인지 쓰고 이름을 써 보세요.

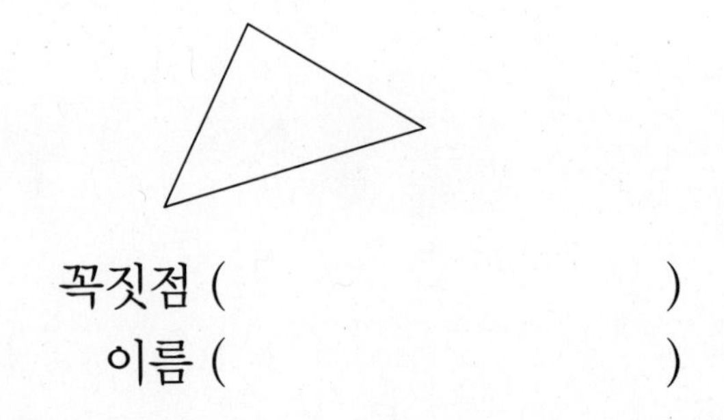

꼭짓점 (　　　　　　　　)

이름 (　　　　　　　　)

5 서로 다른 사각형 2개를 그려 보세요.

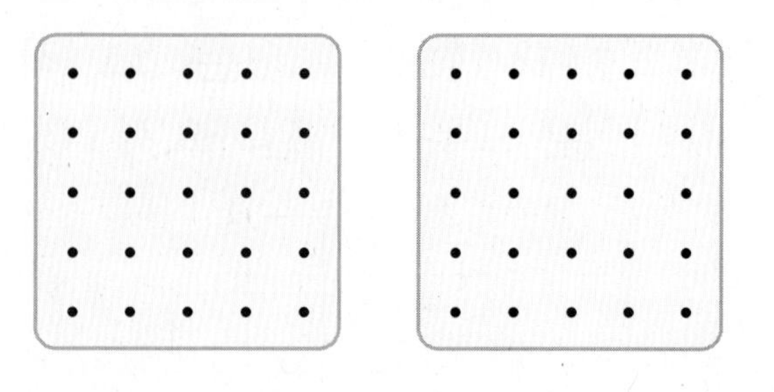

6 다음은 어떤 도형에 대한 설명일까요?

> • 어느 쪽에서 보아도 똑같이 동그란 모양입니다.
> • 변과 꼭짓점이 없습니다.

(　　　　　　　　)

[7~8] 도형을 보고 물음에 답하세요.

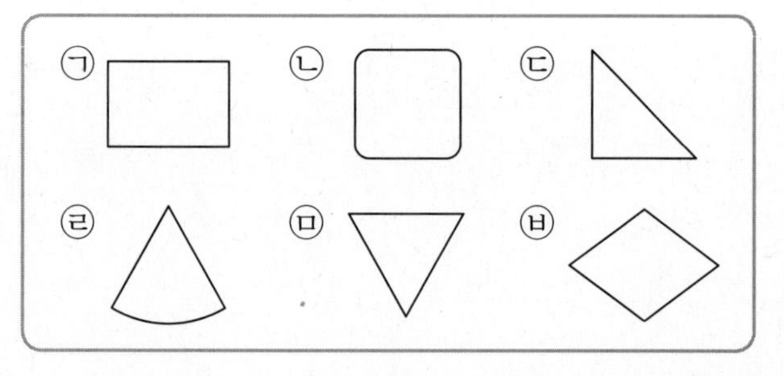

7 삼각형을 모두 찾아 기호를 써 보세요.

(　　　　　　　　)

8 사각형은 모두 몇 개일까요?

(　　　　　　　　)

정답과 풀이 13쪽

9 칠교 조각 중에서 삼각형 조각은 몇 개일까요?

( )

10 여러 가지 도형에 대한 설명입니다. 맞으면 ○표, 틀리면 ×표 하세요.

(1) 원은 변이 1개입니다. ( )

(2) 삼각형은 꼭짓점이 3개입니다.
( )

11 빨간색 쌓기나무의 왼쪽에 있는 쌓기나무가 2개인 모양을 찾아 기호를 써 보세요.

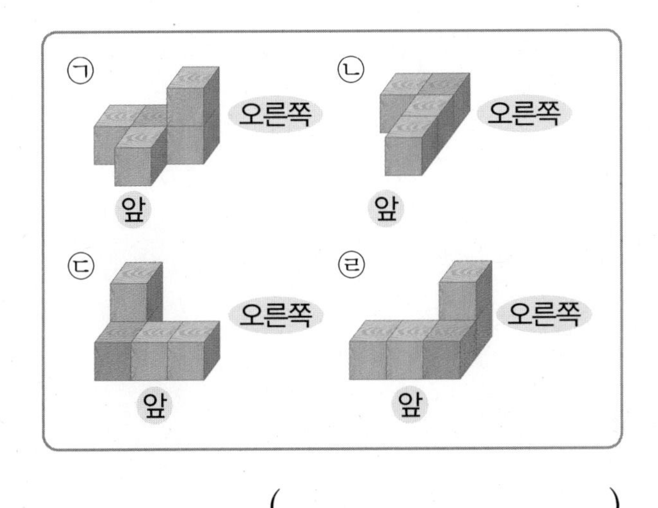

( )

12 칠교 조각을 이용하여 다음과 같은 모양을 만들었습니다. 이용한 삼각형과 사각형 조각의 수를 세어 □ 안에 알맞은 수를 써넣으세요.

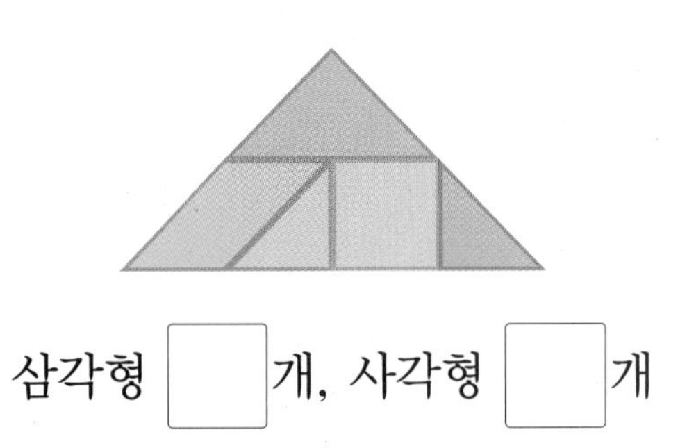

삼각형 □개, 사각형 □개

13 왼쪽 모양에서 쌓기나무 1개를 옮겨 오른쪽과 똑같은 모양을 만들려고 합니다. 옮겨야 할 쌓기나무를 찾아 기호를 써 보세요.

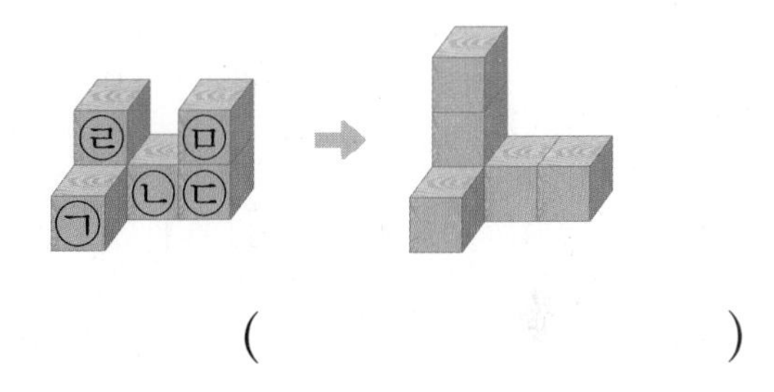

( )

14 오른쪽 색종이를 선을 따라 자르면 어떤 도형이 몇 개 생길까요?

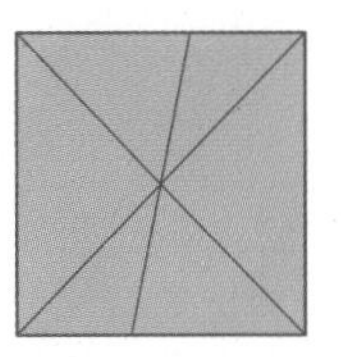

( ), ( )

15 사각형의 변과 꼭짓점은 모두 몇 개일까요?

( )

2

[16~17] 쌓기나무 모양을 보고 물음에 답하세요.

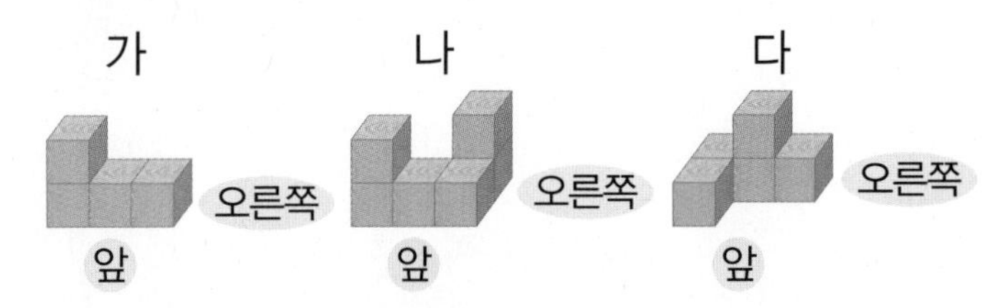

16 쌓기나무 6개로 만든 모양을 찾아 기호를 써 보세요.

(　　　　　　　　)

17 다음 설명에 알맞게 쌓은 모양을 찾아 기호를 써 보세요.

> 1층에 쌓기나무 3개를 옆으로 나란히 놓고 가운데 위와 맨 왼쪽 쌓기나무 앞에 각각 1개씩 놓습니다.

(　　　　　　　　)

18 다음은 여러 가지 도형으로 만든 모양입니다. 가장 많이 사용한 도형은 무엇일까요?

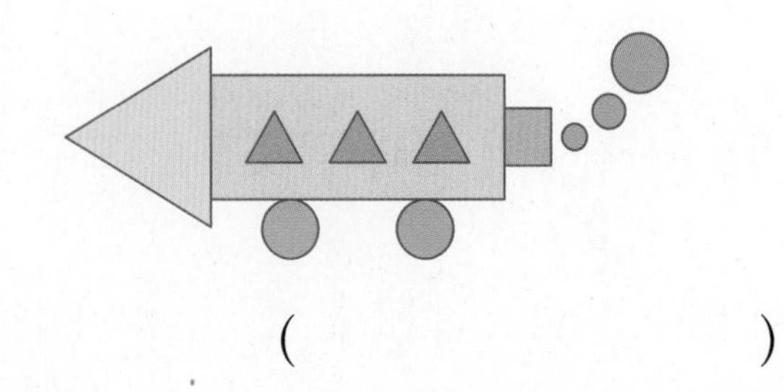

(　　　　　　　　)

서술형 문제

정답과 풀이 13쪽

19 자동차 바퀴가 원과 삼각형이라면 어떻게 될지 설명해 보세요.

설명 ....

20 쌓기나무 10개 중에서 몇 개를 사용하여 다음과 같은 모양을 만들었습니다. 남은 쌓기나무는 몇 개인지 풀이 과정을 쓰고 답을 구해 보세요.

풀이 ....

답 ....

수시 평가 대비 Level ❷

점수

확인

1 원을 본뜨기에 가장 적당한 것은 어느 것일까요? (　　　　)

 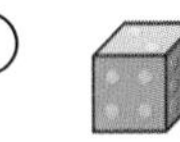  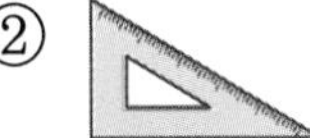  

 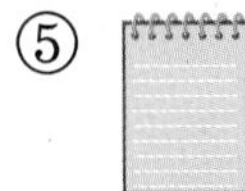

2 점을 모두 곧은 선으로 이었을 때 만들어지는 도형의 이름을 써 보세요.

·

·

·

(　　　　　　　　)

3 □ 안에 알맞은 수를 써넣으세요.

(1) 삼각형은 곧은 선 □개로 둘러싸여 있습니다.

(2) 사각형은 변과 변이 만나는 점이 □개입니다.

4 원은 모두 몇 개일까요?

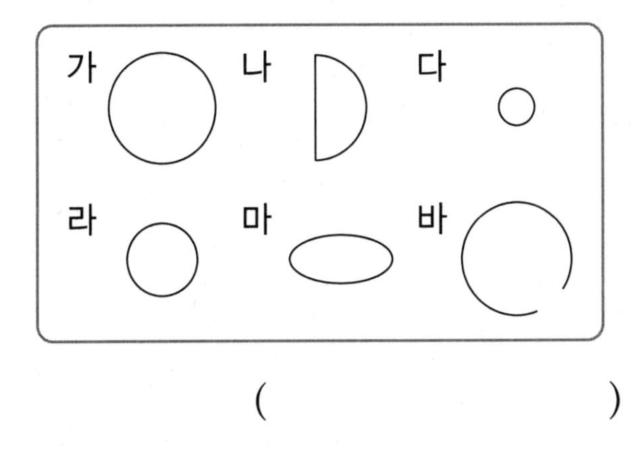

(　　　　　　　　)

5 삼각형이 아닌 것을 모두 고르세요.

(　　　　)

① 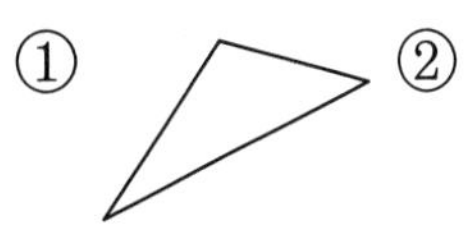 ② 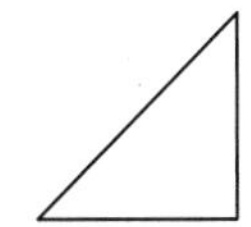  

④ 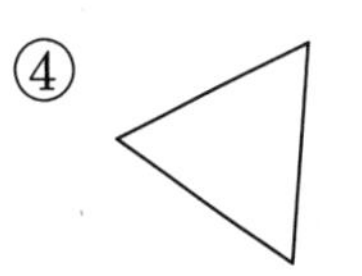 ⑤ 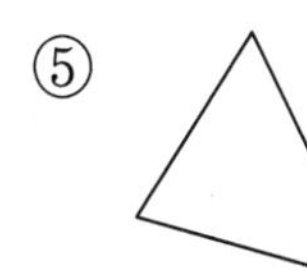

6 사각형 안에 있는 수들의 합을 구해 보세요.

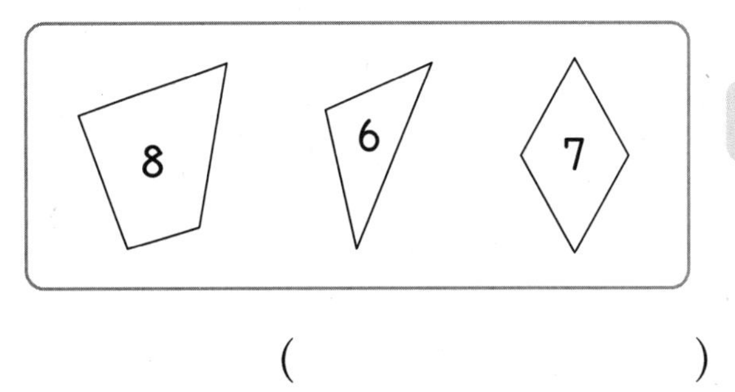

(　　　　　　　　)

7 왼쪽 모양에서 쌓기나무 1개를 빼서 오른쪽과 똑같은 모양을 만들려고 합니다. 빼야 할 쌓기나무에 ○표 하세요.

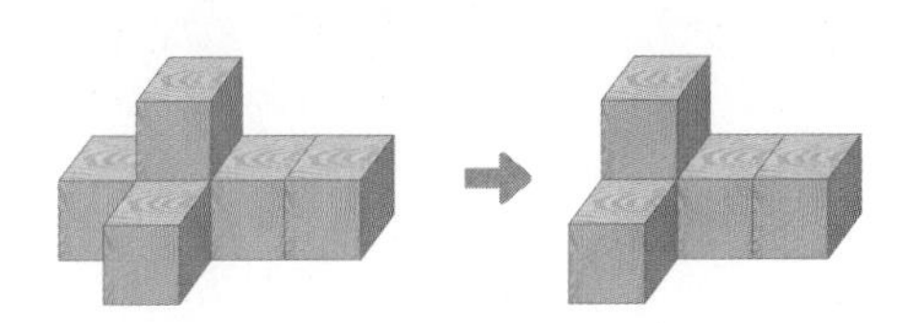

8 빨간색 쌓기나무의 오른쪽에 있는 쌓기나무에 ○표, 위에 있는 쌓기나무에 △표 하세요.

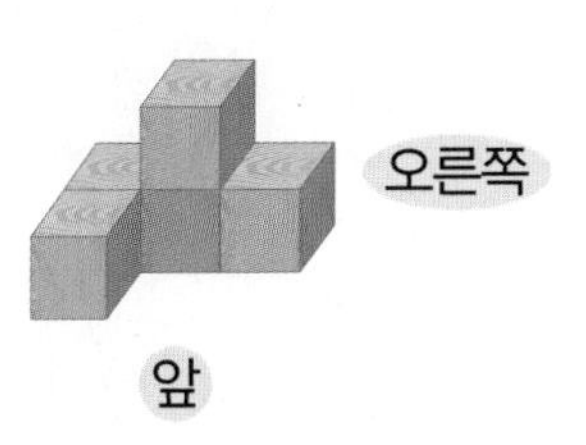

2

9 주어진 두 변과 한 점을 이어 사각형을 완성하려고 합니다. 어느 점과 이어야 할까요? (　　　　)

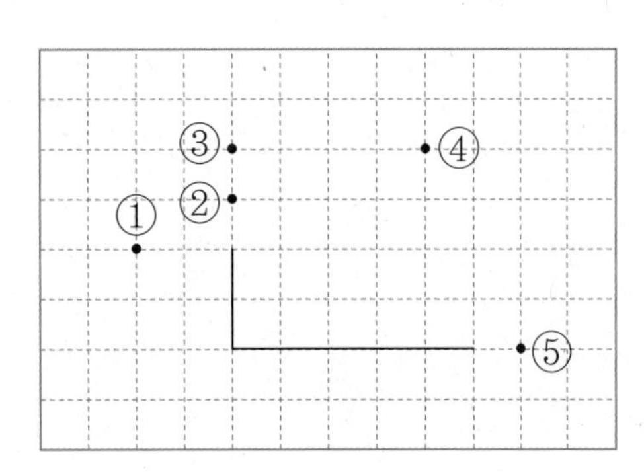

10 사용한 쌓기나무가 1층에 4개, 2층에 2개인 모양을 찾아 기호를 써 보세요.

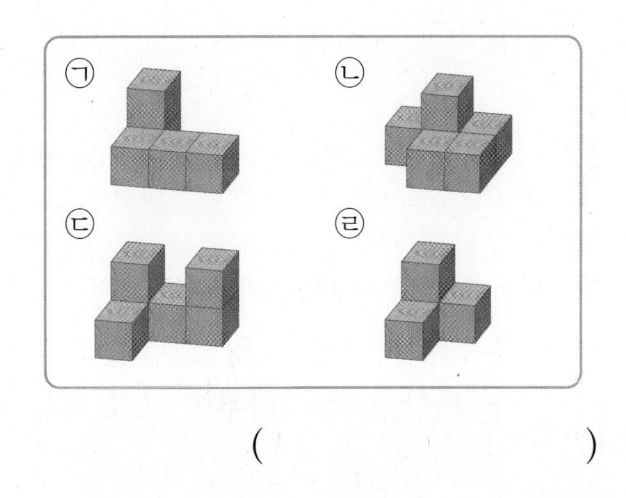

(　　　　　　　　)

11 그림과 같이 색종이를 3번 접었습니다. 색종이를 펼쳐서 접은 선을 따라 오리면 어떤 도형이 몇 개 만들어질까요?

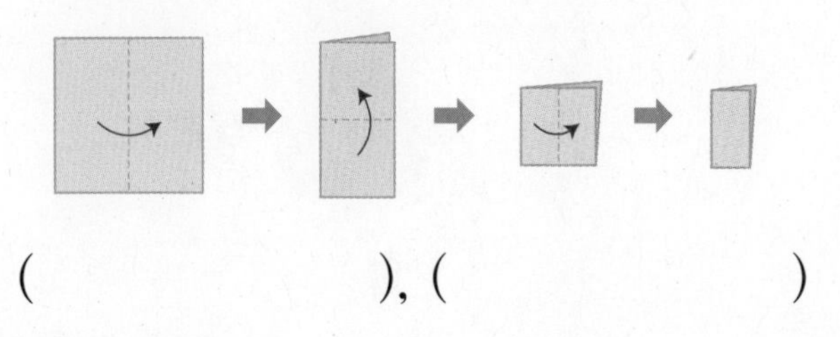

(　　　　　　), (　　　　　　)

[12~15] 칠교판을 보고 물음에 답하세요.

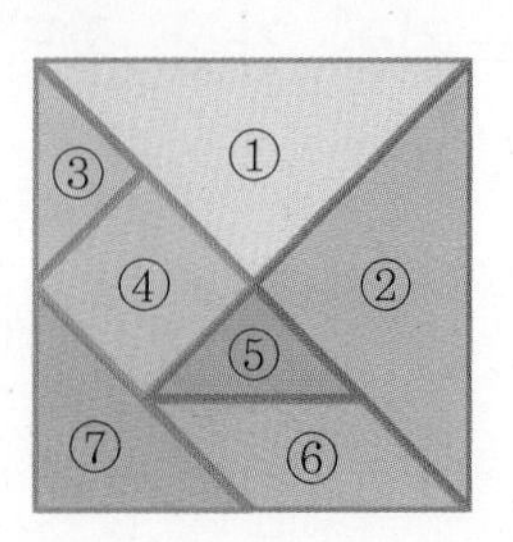

12 삼각형 모양 조각은 사각형 모양 조각보다 몇 개 더 많을까요?

(　　　　　　　　)

13 칠교 조각 중 두 조각으로 ④ 조각과 똑같은 모양을 만들려고 합니다. 필요한 두 조각의 번호를 써 보세요.

(　　　　　　　　)

14 칠교 조각 중 네 조각으로 다음 사각형을 만들어 보세요.

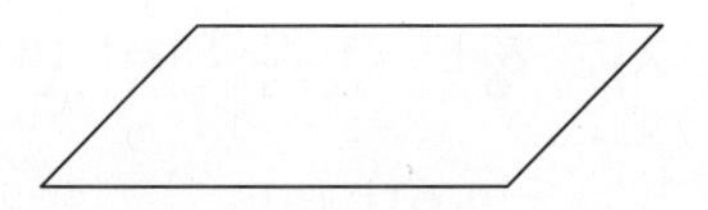

15 칠교 조각을 모두 이용하여 만든 집 모양입니다. 집 모양을 완성해 보세요.

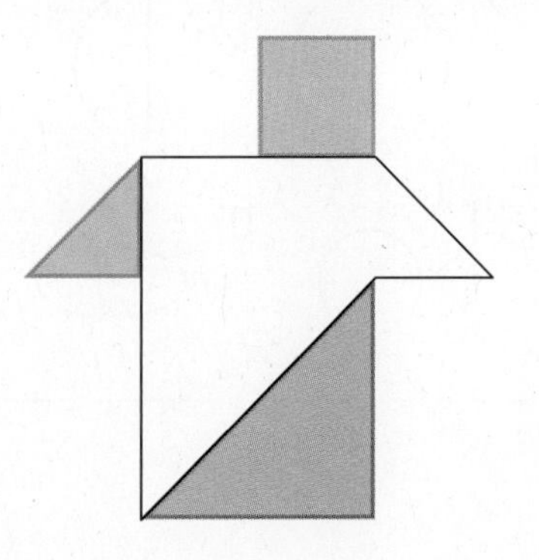

서술형 문제

정답과 풀이 14쪽

16 왼쪽 모양에 쌓기나무 1개를 더 쌓아 오른쪽과 똑같은 모양을 만들려고 합니다. 어느 쌓기나무의 위에 쌓아야 하는지 기호를 써 보세요.

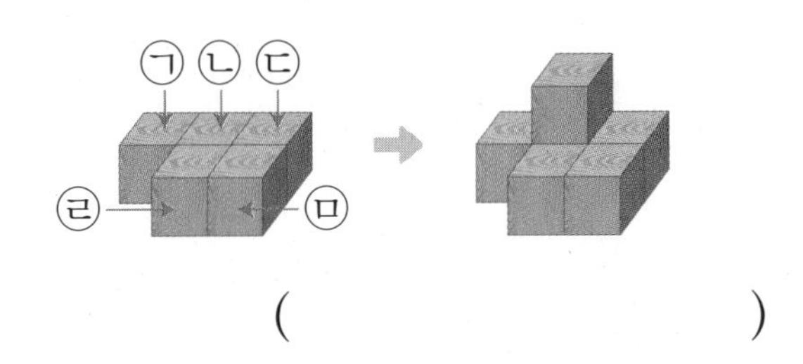

( )

17 빨간색 쌓기나무의 위에 노란색 쌓기나무, 빨간색 쌓기나무의 뒤에 초록색 쌓기나무가 있는 모양에 ○표 하세요.

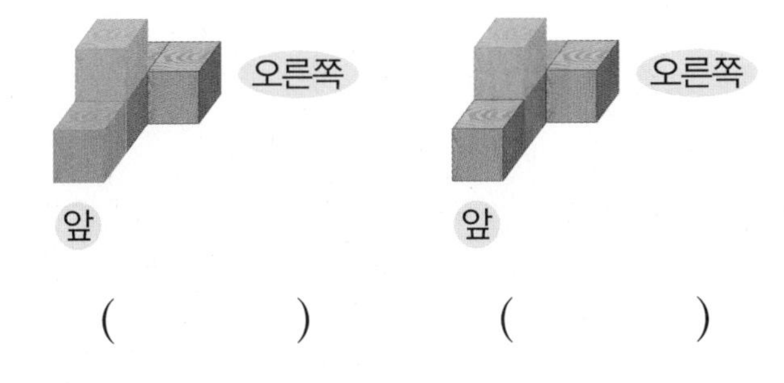

( ) ( )

18 오른쪽은 효주가 쌓은 모양입니다. 잘못 설명한 것을 찾아 기호를 써 보세요.

㉠ 1층에 쌓기나무가 3개 있습니다.
㉡ 2층에 쌓기나무가 1개 있습니다.
㉢ 쌓기나무 6개로 쌓은 모양입니다.

( )

19 삼각형과 사각형의 같은 점과 다른 점을 찾아 각각 1가지씩 써 보세요.

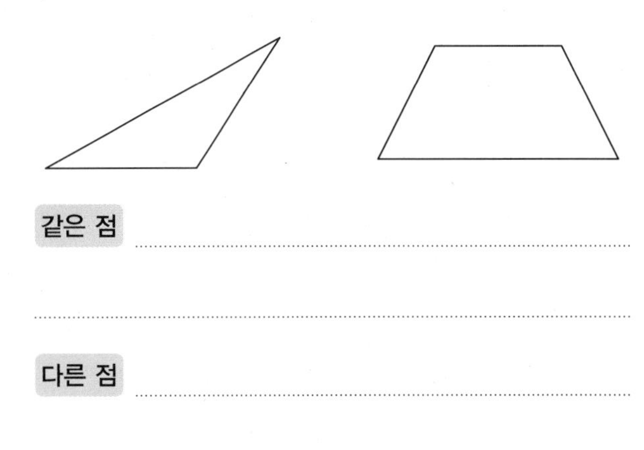

20 쌓기나무로 쌓은 모양을 설명해 보세요.

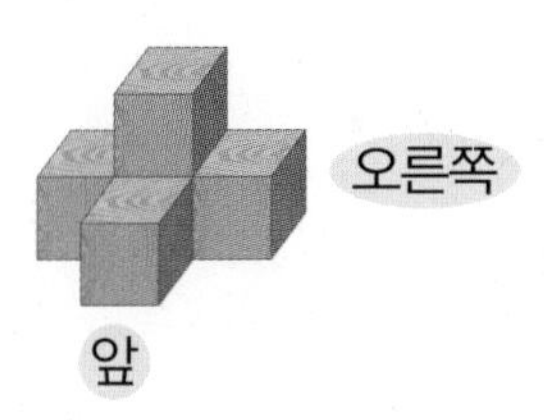

설명

사고력이 반짝

● 구멍이 뚫린 카드 2장과 그림 카드 1장이 있습니다. 구멍이 뚫린 카드 2장을 완전히 겹쳐서 그림 카드 위에 올려놓았을 때 보이는 그림에 모두 ○표 하세요. (단, 모든 카드를 돌리거나 뒤집지 않습니다.)

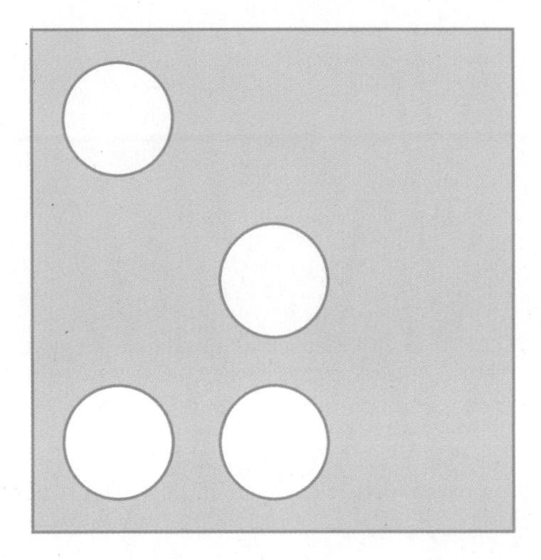
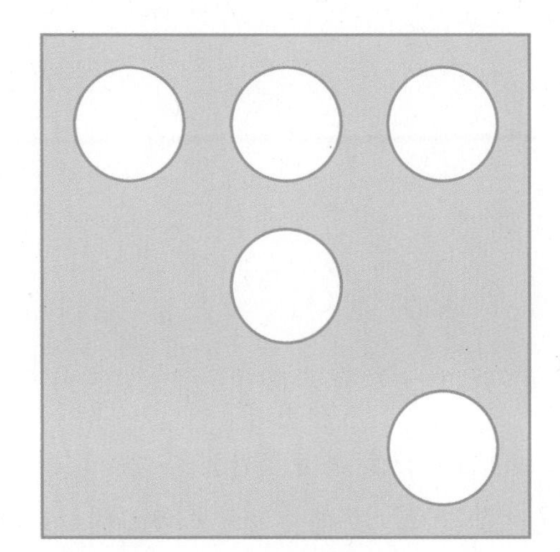

3 덧셈과 뺄셈

이번 단원에서
꼭 짚어야 할
핵심 개념을 알아보자.

핵심 1 받아올림이 있는 두 자리 수의 덧셈

같은 자리 수끼리의 합이 10이거나 10보다 크면 바로 윗자리로 1을 받아올림한다.

```
   1         □
   3 8       5 4
 + 1 7     + 8 2
 ─────     ─────
  [  ]      [   ]
```

핵심 2 받아내림이 있는 두 자리 수의 뺄셈

일의 자리 수끼리 뺄 수 없으면 십의 자리에서 10을 받아내림한다.

```
  4 10      □ □
  5̸ 0       9̸ 2
 −   8     − 5 6
 ─────     ─────
  [  ]      [  ]
```

핵심 3 세 수의 계산

앞에서부터 두 수씩 차례로 계산한다.

43+28−17=□

① 43+28=□

② □−17=□

핵심 4 덧셈과 뺄셈의 관계

6+9=15

➡ 15−□=9
　 15−□=□

25−12=13

➡ 13+□=25
　 12+□=□

핵심 5 □의 값 구하기

10

6　　□

6+□=10

10−6=□

□=□

답 1. 55 / 1, 136　2. 42 / 8, 10, 36　3. (계산 순서대로) 71, 54, 54　4. 6, 9, 6 / 12, 13, 25　5. 4

STEP 1 교과 개념

1. 덧셈하기(1)

● 받아올림이 있는 (두 자리 수)+(한 자리 수)

• 17+8의 계산

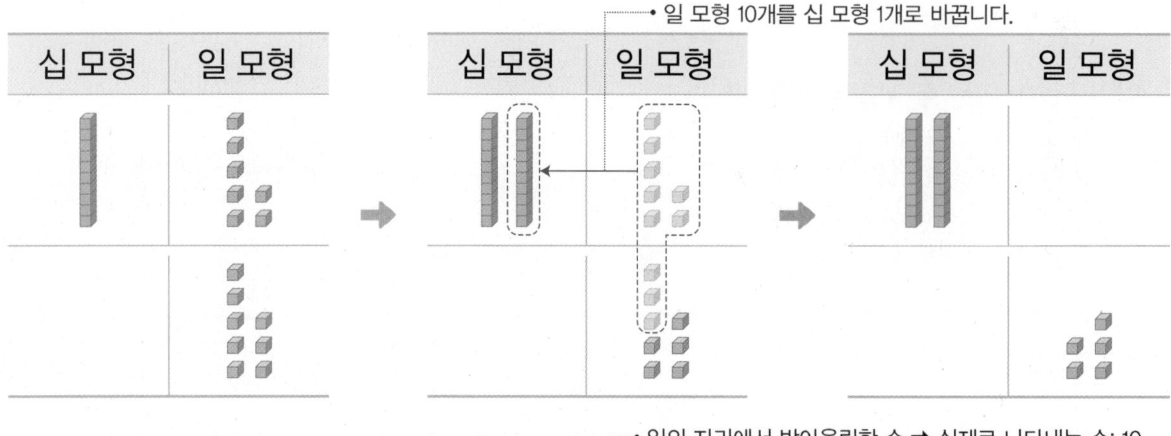

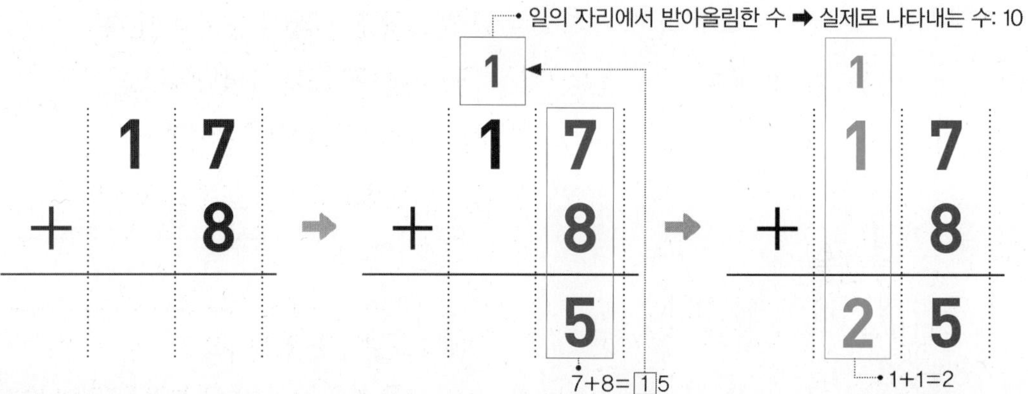

➡ 일의 자리 수끼리의 합이 10이거나 10이 넘으면 십의 자리로 1을 받아올림하여 십의 자리 수와 더합니다.

주의 받아올림한 수를 십의 자리 계산에서 빠뜨리지 않도록 주의합니다.

개념 다르게 보기

● 덧셈을 하는 여러 가지 방법을 알아보아요!

방법 1 이어 세기로 구하기

19 20 21 22 23 24 25

19+6=25

방법 2 더한 수만큼 △를 그려 구하기

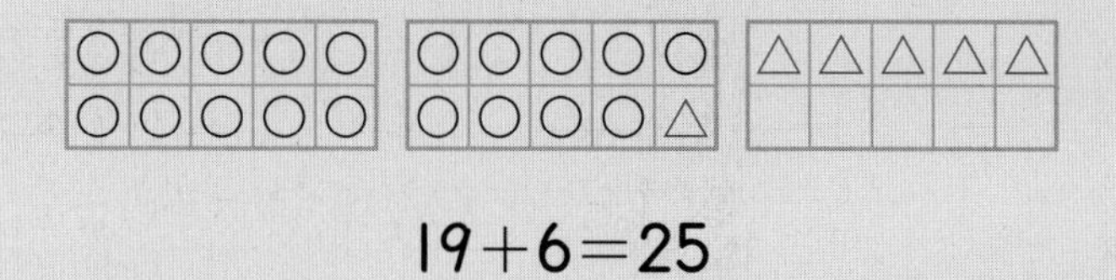

19+6=25

정답과 풀이 16쪽

1 사과가 모두 몇 개인지 구해 보세요.

방법 1 이어 세기로 구하기

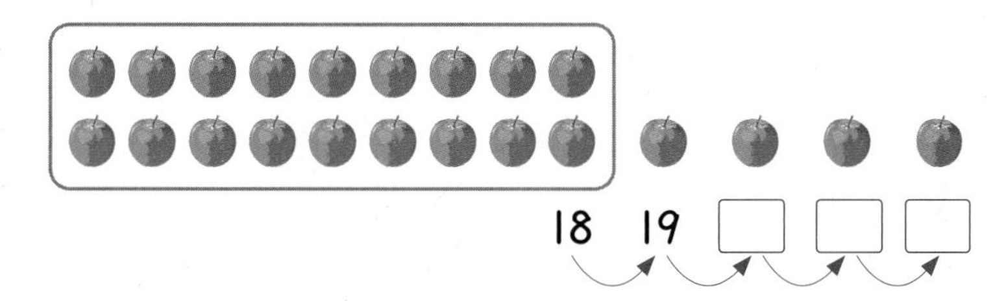

방법 2 더한 수만큼 △를 그려 구하기

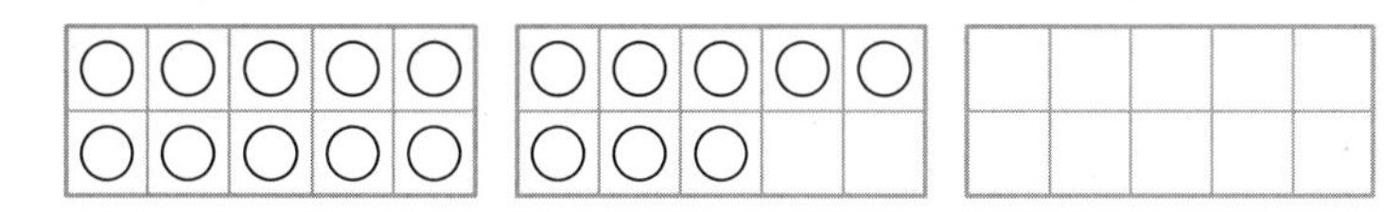

➡ 사과는 모두 □개입니다.

2 그림을 보고 덧셈을 해 보세요.

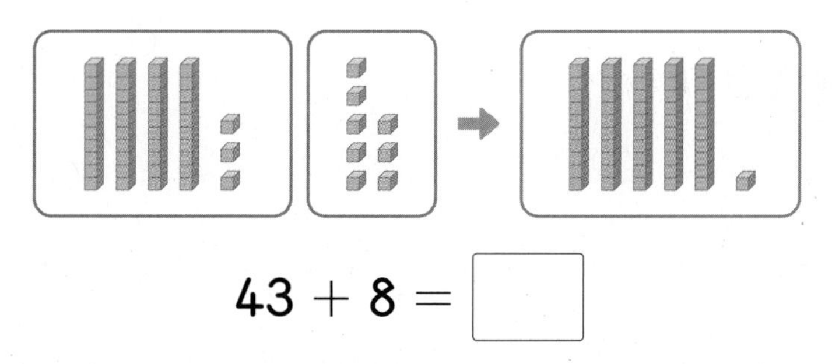

$43 + 8 = \square$

3 □ 안에 알맞은 수를 써넣으세요.

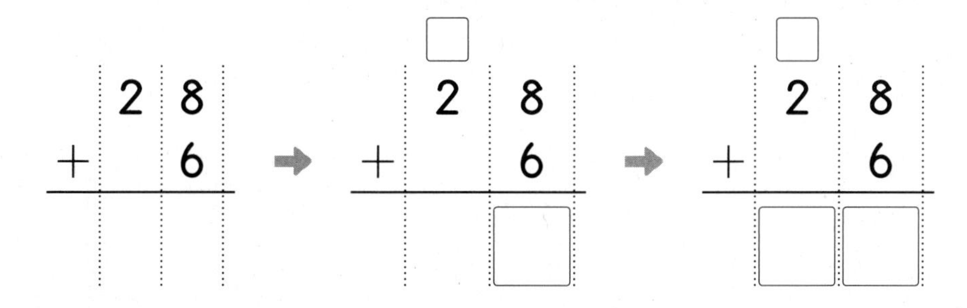

4 계산해 보세요.

① $\begin{array}{r} 45 \\ +\ \ 8 \\ \hline \end{array}$

② $\begin{array}{r} 9 \\ +72 \\ \hline \end{array}$

일의 자리 수끼리의 합이 10이거나 10이 넘으면 십의 자리로 1을 받아올림해요.

2. 덧셈하기(2)

● 일의 자리에서 받아올림이 있는 (두 자리 수)+(두 자리 수)

• 14+28의 계산

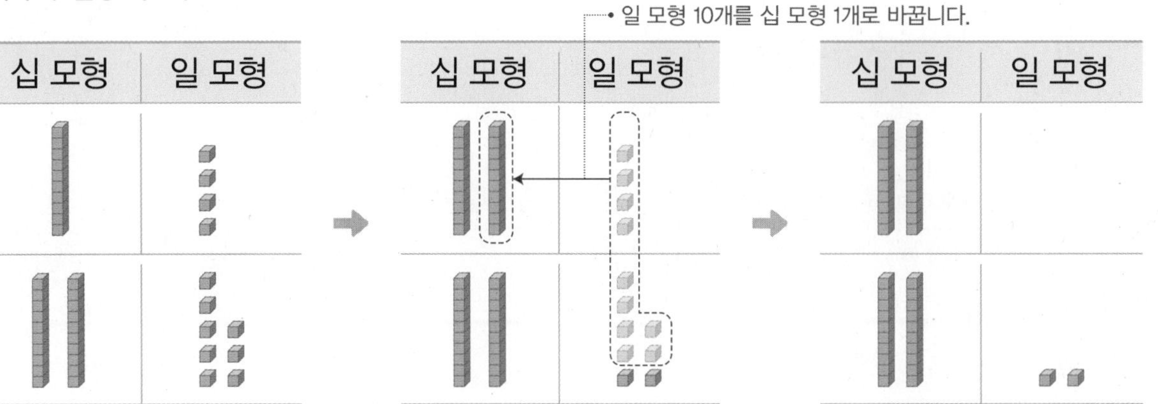

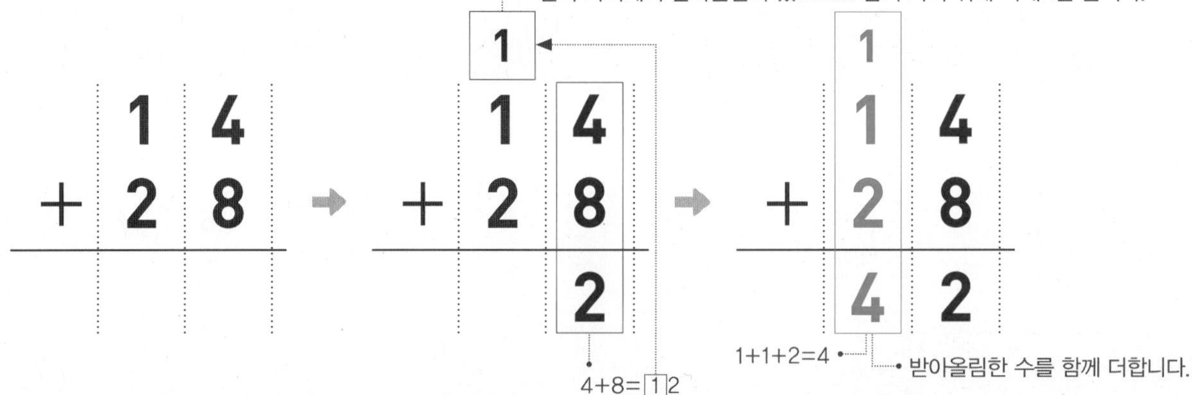

➡ 일의 자리 수끼리의 합이 10이거나 10이 넘으면 십의 자리로 1을 받아올림하여 십의 자리 수와 더합니다.

개념 다르게 보기

● 덧셈을 하는 여러 가지 방법을 알아보아요!

방법 1 가르기하여 구하기

└ 15를 가르기하기

39+15 =39+10+5

(15 → 10, 5)

=49+5

=54

방법 2 가르기하여 구하기

└ 39와 15를 가르기하기

39+15 =30+9+10+5

(39 → 30, 9 / 15 → 10, 5)

=30+10+9+5

=40+14

=54

방법 3 가까운 몇십으로 바꾸어 구하기

└ 15에서 1을 옮겨 39를 40으로 만들기

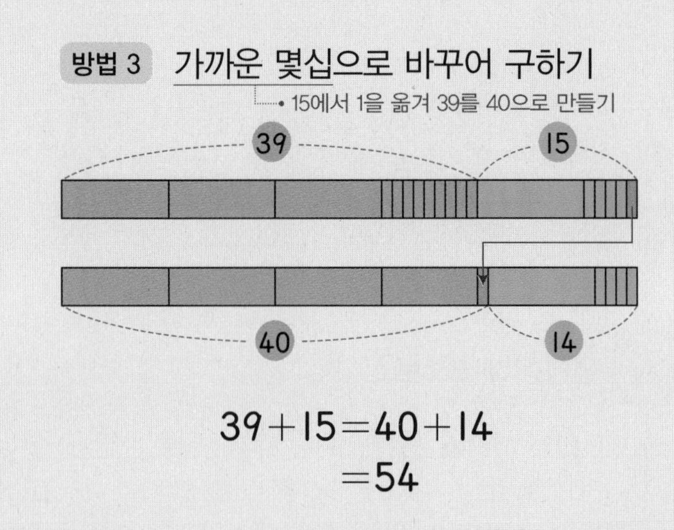

39+15=40+14

=54

정답과 풀이 16쪽

1 그림을 보고 덧셈을 해 보세요.

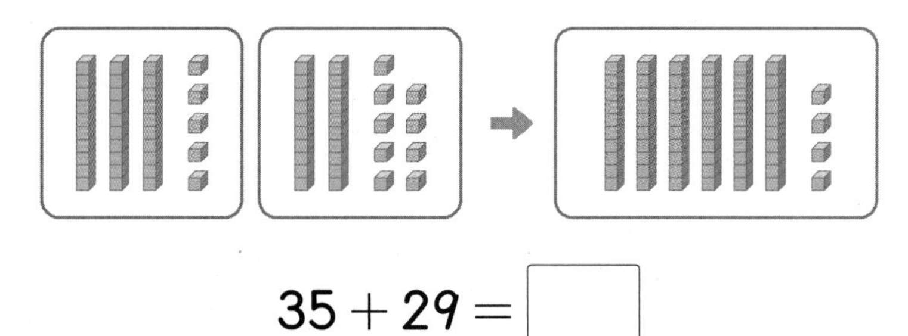

$35 + 29 = \square$

2 □ 안에 알맞은 수를 써넣으세요.

①
$$\begin{array}{r} \square \\ 4\ 5 \\ +\ 2\ 8 \\ \hline \square\square \end{array}$$

②
$$\begin{array}{r} \square \\ 2\ 7 \\ +\ 1\ 6 \\ \hline \square\square \end{array}$$

3 계산해 보세요.

①
$$\begin{array}{r} 2\ 3 \\ +\ 3\ 9 \\ \hline \end{array}$$

②
$$\begin{array}{r} 6\ 7 \\ +\ 1\ 8 \\ \hline \end{array}$$

③ $57 + 14$

④ $29 + 45$

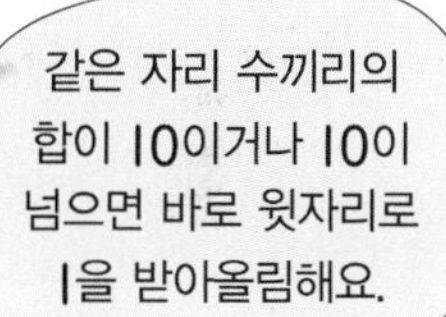

4 □ 안에 알맞은 수를 써넣으세요.

① $36 + 18 = 36 + 10 + \square$

$= \square + \square = \square$

② $57 + 35 = 57 + \square + 32$

$= \square + 32 = \square$

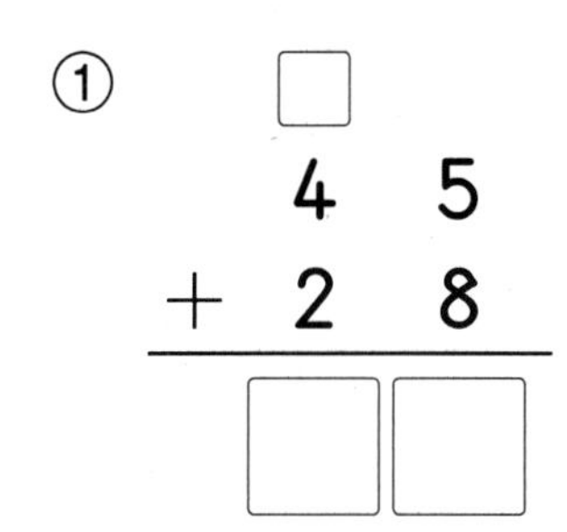

3. 덧셈하기(3)

십의 자리에서 받아올림이 있는 (두 자리 수)+(두 자리 수)

• 64+53의 계산

십 모형 10개를 백 모형 1개로 바꿉니다.

십 모형	일 모형

→

백 모형	십 모형	일 모형

→

백 모형	십 모형	일 모형

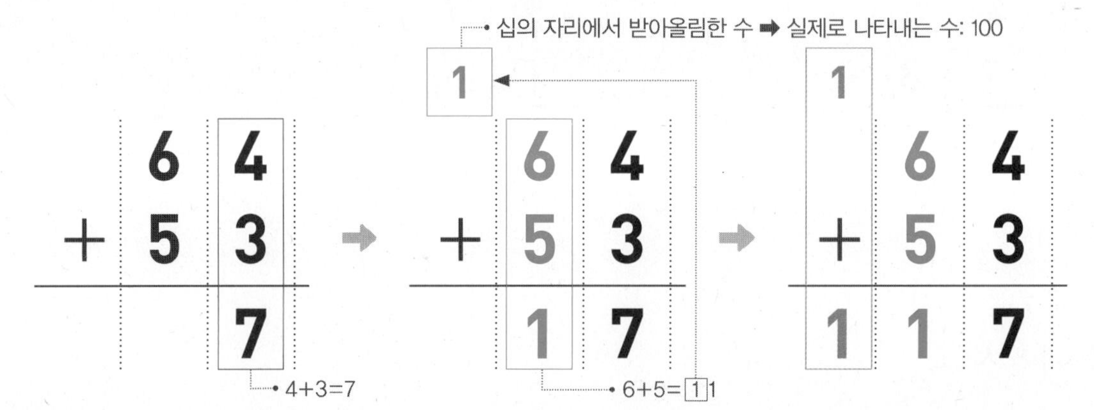

➡ 십의 자리 수끼리의 합이 10이거나 10이 넘으면 백의 자리로 1을 받아올림하여 백의 자리에 씁니다.

개념 다르게 보기

받아올림이 두 번 있는 (두 자리 수)+(두 자리 수)를 알아보아요!

$$\begin{array}{r} {}^{1} \\ 56 \\ +\,79 \\ \hline 5 \end{array}$$

6+9=15

① 일의 자리 수끼리 계산하기

$$\begin{array}{r} {}^{1\,1} \\ 56 \\ +\,79 \\ \hline 35 \end{array}$$

1+5+7=13

② 받아올림한 수와 십의 자리 수를 더하기

$$\begin{array}{r} {}^{1\,1} \\ 56 \\ +\,79 \\ \hline 135 \end{array}$$

③ 받아올림한 수를 백의 자리에 쓰기

정답과 풀이 16쪽

1 그림을 보고 덧셈을 해 보세요.

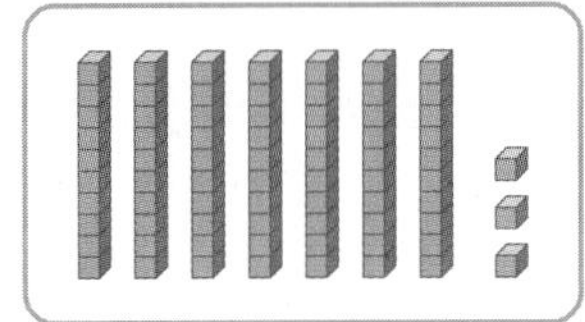
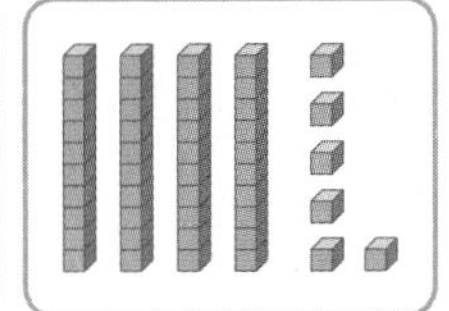
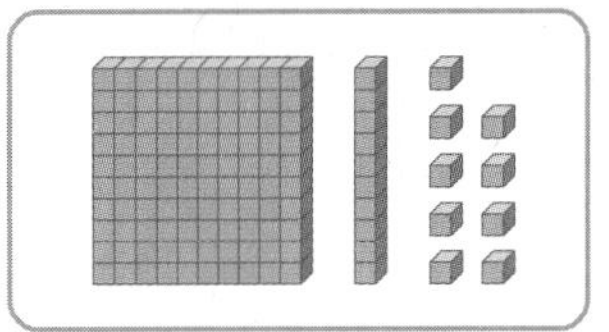

$73+46=$ ☐

2 ☐ 안에 알맞은 수를 써넣으세요.

①
$$\begin{array}{r} 82 \\ +\ 57 \\ \hline \square\square\square \end{array}$$

②
$$\begin{array}{r} 47 \\ +\ 94 \\ \hline \square\square\square \end{array}$$

3 계산해 보세요.

①
$$\begin{array}{r} 53 \\ +\ 94 \\ \hline \end{array}$$

②
$$\begin{array}{r} 88 \\ +\ 32 \\ \hline \end{array}$$

③ $26+93$

④ $45+66$

4 ☐ 안에 알맞은 수를 써넣으세요.

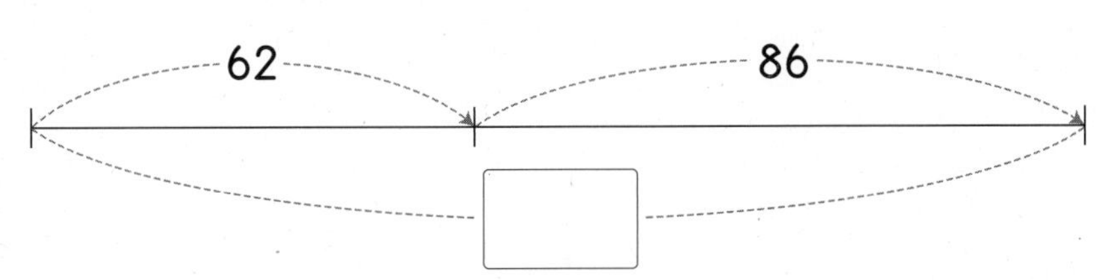

STEP 1 교과 개념

4. 뺄셈하기(1)

받아내림이 있는 (두 자리 수)－(한 자리 수)

• 24－9의 계산

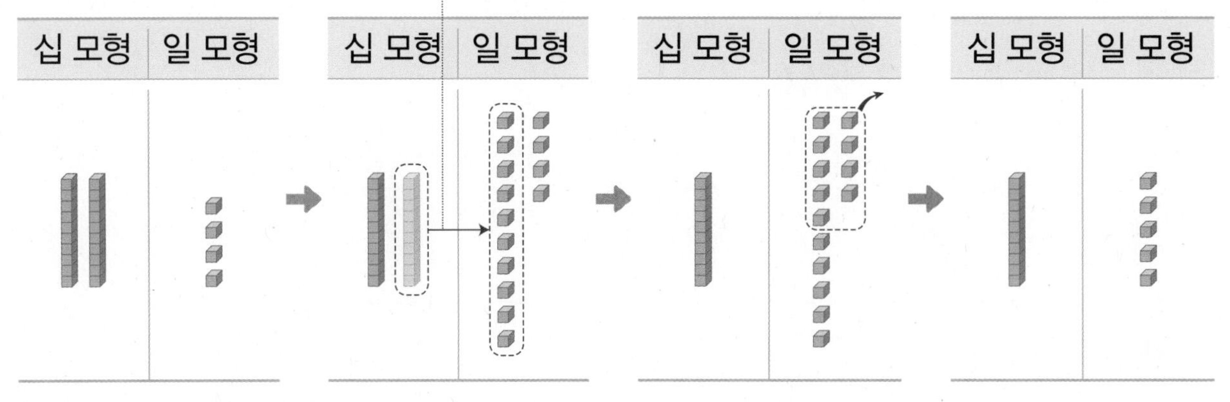

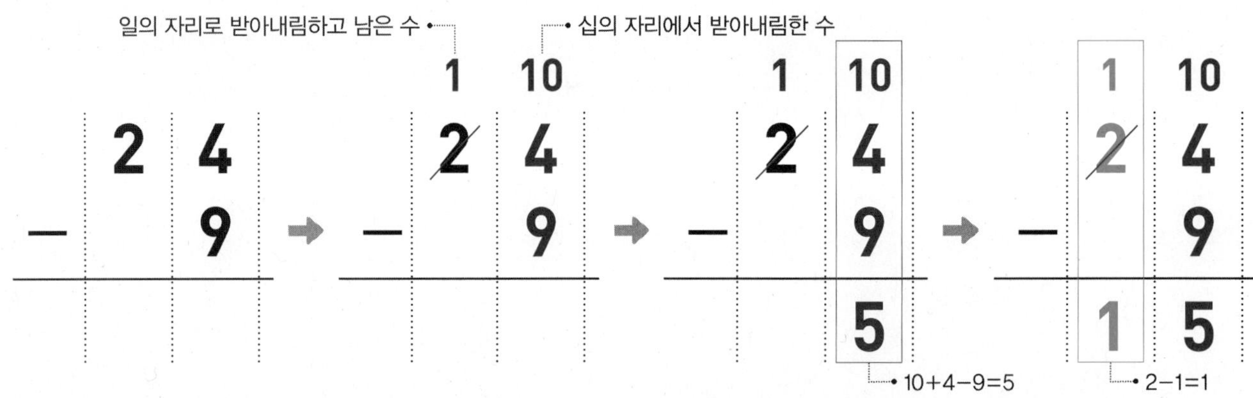

➡ 일의 자리 수끼리 뺄 수 없으면 십의 자리에서 10을 받아내림하여 계산합니다.

주의 십의 자리에서 받아내림한 수를 십의 자리 계산에서 반드시 빼야 하는 것에 주의합니다.

개념 다르게 보기

뺄셈을 하는 여러 가지 방법을 알아보아요!

방법 1 거꾸로 세기로 구하기

19 20 21 22 23 24

24－5=19

방법 2 뺀 수만큼 ／으로 지워 구하기

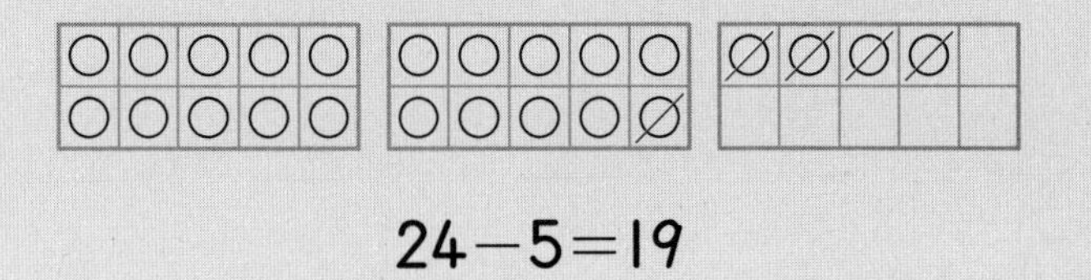

24－5=19

정답과 풀이 17쪽

1 하승이는 구슬 21개 중 5개를 친구에게 주었습니다. 남은 구슬은 몇 개인지 구해 보세요.

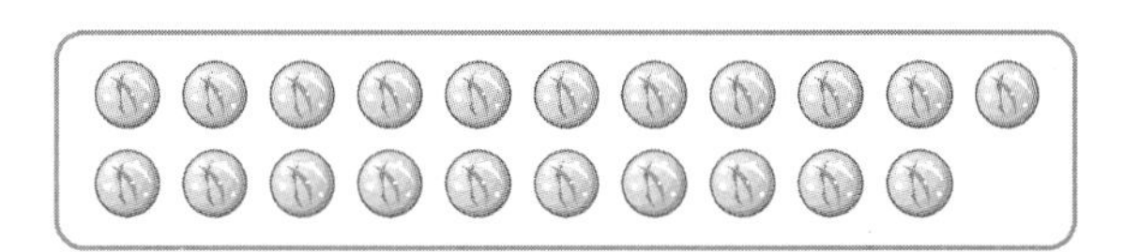

방법 1 거꾸로 세기로 구하기

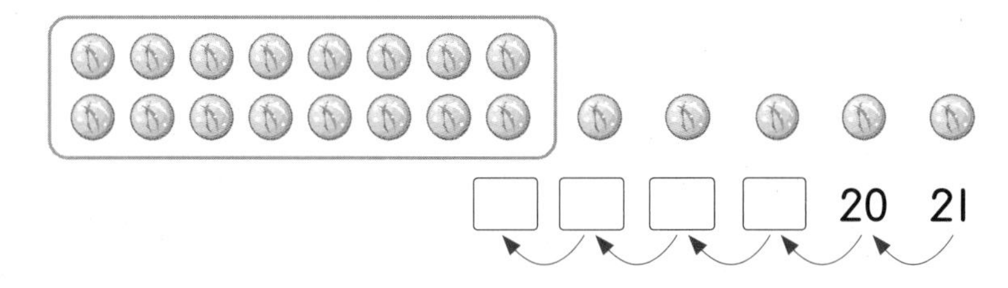

방법 2 친구에게 준 수만큼 ／으로 지워 구하기

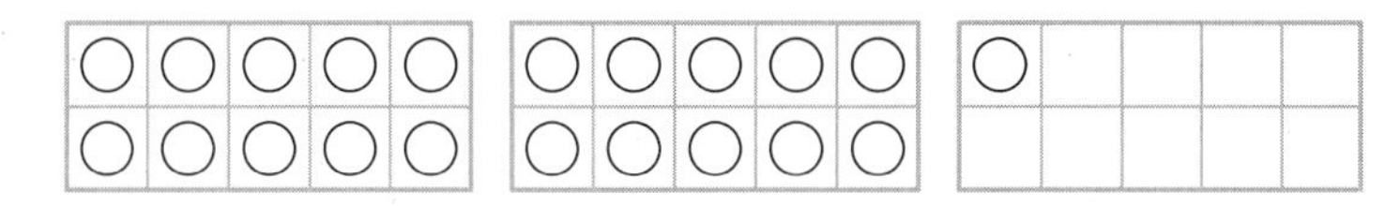

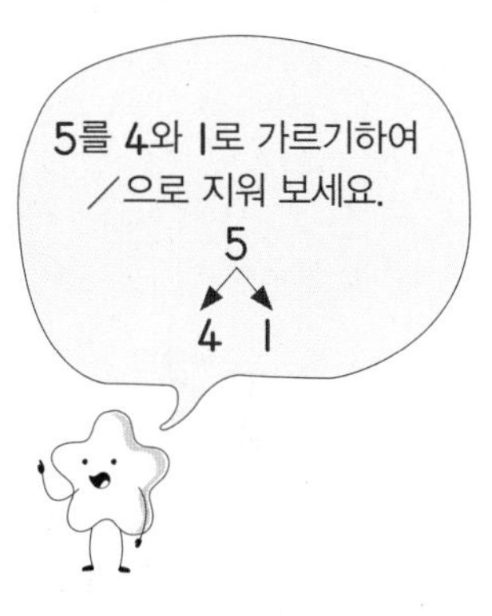

➡ 남은 구슬은 □개입니다.

2 그림을 보고 뺄셈을 해 보세요.

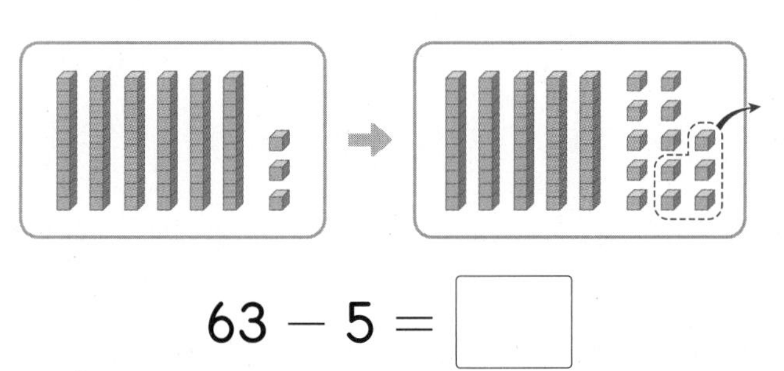

$63 - 5 = \square$

3 □ 안에 알맞은 수를 써넣으세요.

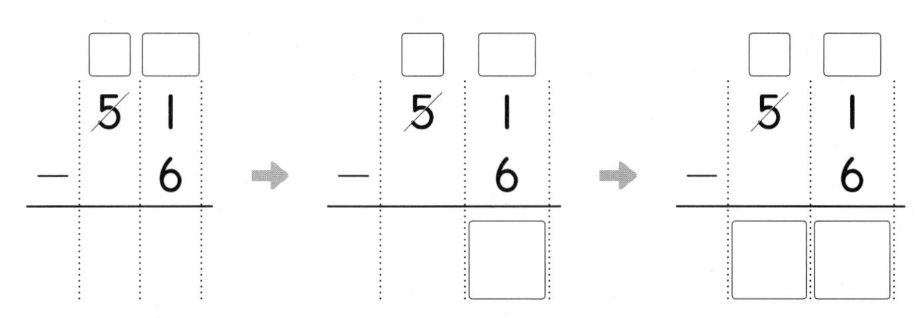

4 계산해 보세요.

① $\begin{array}{r} 23 \\ -\ \ 8 \\ \hline \end{array}$

② $\begin{array}{r} 96 \\ -\ \ 8 \\ \hline \end{array}$

일의 자리 수끼리
뺄 수 없으면
십의 자리에서 10을
받아내림해요.

STEP 1 교과 개념

5. 뺄셈하기(2)

● 받아내림이 있는 (몇십)−(두 자리 수)

• 30−14의 계산

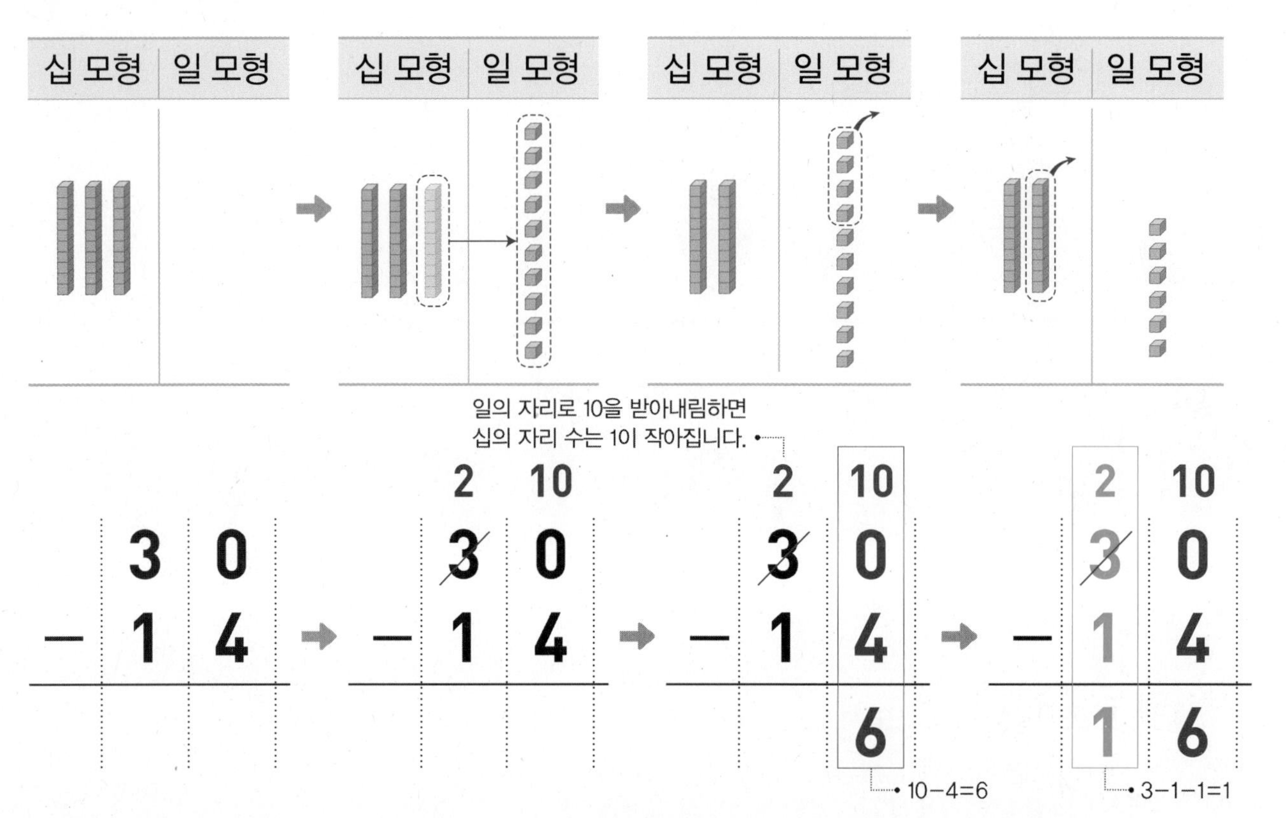

➡ 일의 자리 수끼리 뺄 수 없으면 십의 자리에서 10을 받아내림하여 계산합니다.

개념 다르게 보기

● 뺄셈을 하는 여러 가지 방법을 알아보아요!

방법 1 가르기하여 구하기

• 18을 가르기하기

40−18 =40−10−8
(18 → 10, 8)
=30−8
=22

방법 2 가르기하여 구하기

• 40과 18을 가르기하기

40−18 =30+10−10−8
(40 → 30, 10 / 18 → 10, 8)
=30−10+10−8
=20+2
=22

방법 3 수를 다르게 나타내 구하기

• 40을 42로, 18을 20으로 나타내기

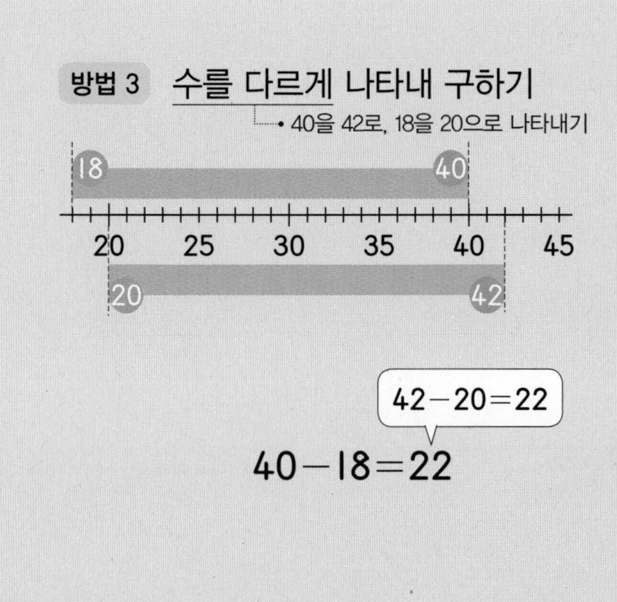

➲ 정답과 풀이 17쪽

1 그림을 보고 뺄셈을 해 보세요.

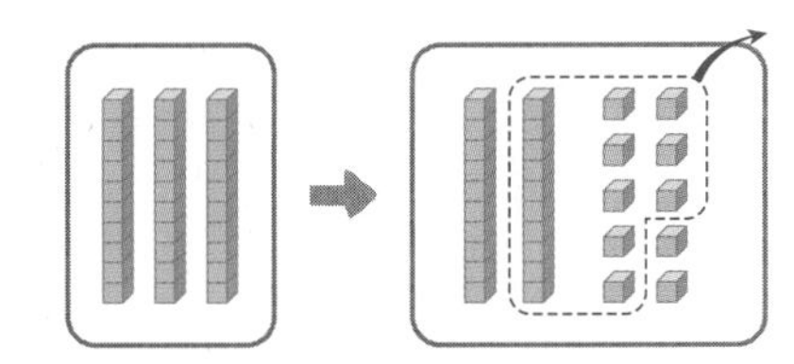

$30 - 18 = \square$

2 □ 안에 알맞은 수를 써넣으세요.

①
$$\begin{array}{r} \square\ \square \\ \not{7}\ \ 0 \\ -\ 2\ \ 3 \\ \hline \square\ \square \end{array}$$

②
$$\begin{array}{r} \square\ \square \\ \not{6}\ \ 0 \\ -\ 4\ \ 1 \\ \hline \square\ \square \end{array}$$

일의 자리로 10을
받아내림하면 십의 자리
수는 1만큼 작아져요.

3 계산해 보세요.

①
$$\begin{array}{r} 80 \\ -45 \\ \hline \end{array}$$

②
$$\begin{array}{r} 30 \\ -16 \\ \hline \end{array}$$

③ $60 - 32$

④ $50 - 24$

4 □ 안에 알맞은 수를 써넣으세요.

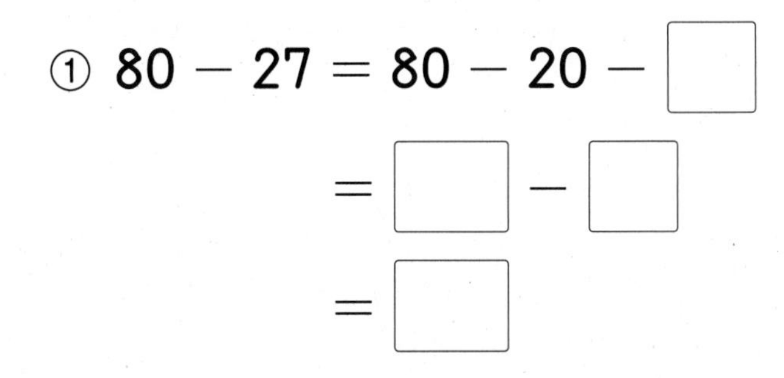

① $80 - 27 = 80 - 20 - \square$

$= \square - \square$

$= \square$

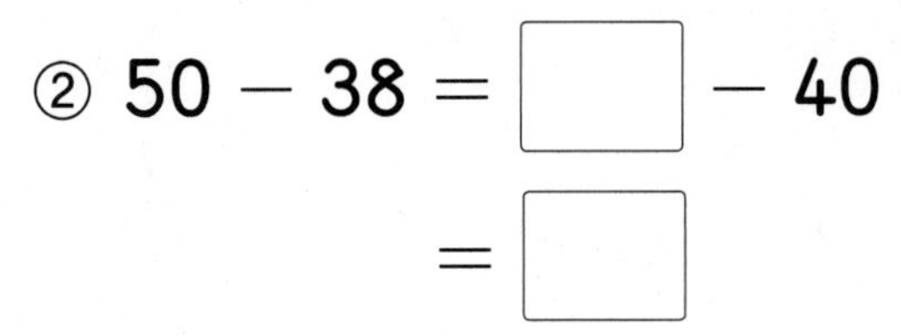

② $50 - 38 = \square - 40$

$= \square$

STEP 1 교과 개념

6. 뺄셈하기(3)

받아내림이 있는 (두 자리 수)－(두 자리 수)

• 62－37의 계산

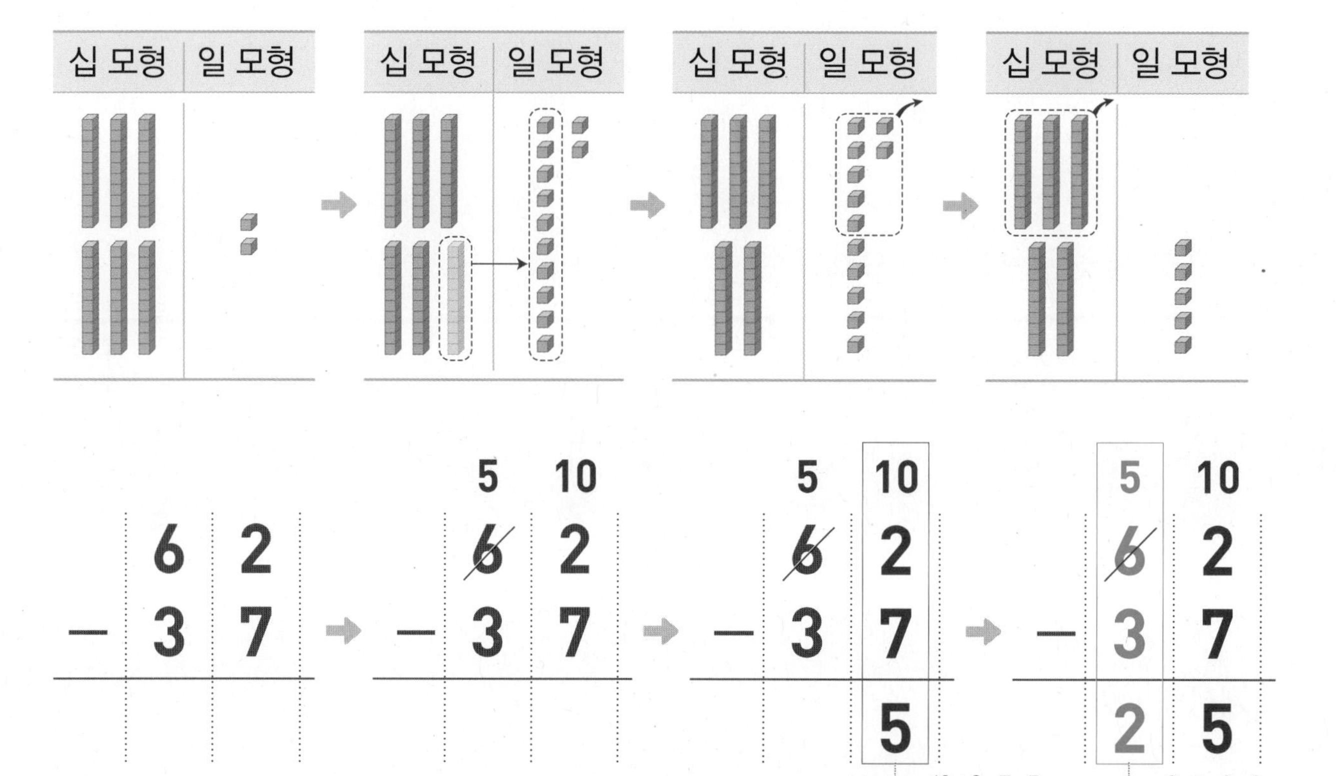

➡ 일의 자리 수끼리 뺄 수 없으면 십의 자리에서 10을 받아내림하여 계산합니다.

개념 다르게 보기

십의 자리 수끼리 뺀 값이 0일 때 십의 자리에 0을 쓰지 않아요!

	3	10
	~~4~~	5
－	3	8
	~~0~~	7

4－1－3=0

➡ 45－38=7

받아내림하고 남은 수가 실제로 나타내는 수를 알아보아요!

	[8]	10
	~~9~~	4
－	5	6
	3	8

□ 안의 수 8은 90에서 일의 자리로 10을 받아내림하고 남은 수이므로 실제로 나타내는 수는 80입니다.

➔ 정답과 풀이 17쪽

1 그림을 보고 뺄셈을 해 보세요.

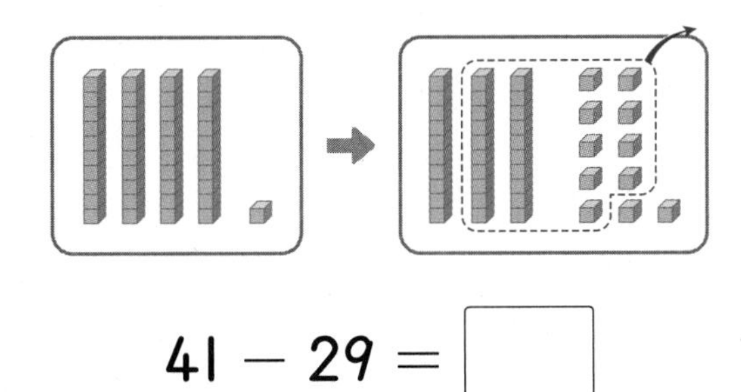

$41 - 29 = \square$

2 □ 안에 알맞은 수를 써넣으세요.

①
$$\begin{array}{r} \square\ \square \\ \not{8}\ \ 7 \\ -\ 3\ \ 9 \\ \hline \square\ \square \end{array}$$

②
$$\begin{array}{r} \square\ \square \\ \not{6}\ \ 3 \\ -\ 4\ \ 6 \\ \hline \square\ \square \end{array}$$

3 계산해 보세요.

①
$$\begin{array}{r} 65 \\ -27 \\ \hline \end{array}$$

②
$$\begin{array}{r} 54 \\ -45 \\ \hline \end{array}$$

③ $73 - 48$

④ $91 - 42$

십의 자리 수끼리 뺀 값이 0이면 계산 결과는 한 자리 수가 돼요.

4 □ 안에 알맞은 수를 써넣으세요.

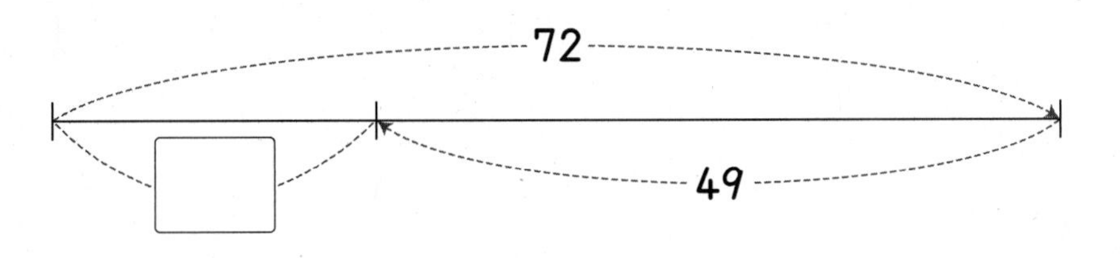

72만큼 갔다가 49만큼 되돌아왔어요.

STEP 1 교과 개념

7. 세 수의 계산

세 수의 계산 ······ 앞에서부터 두 수씩 차례로 계산합니다.

• 16+27+38의 계산 ······ 덧셈만 있는 계산은 순서를 바꾸어 계산할 수 있습니다.

$$16+27+38=81$$

① 16+27=43

② 43+38=81

$$\begin{array}{r} 16 \\ +\ 27 \\ \hline 43 \end{array} \quad \rightarrow \quad \begin{array}{r} 43 \\ +\ 38 \\ \hline 81 \end{array}$$

• 72−15−29의 계산 ······ 뺄셈이 있는 계산은 반드시 앞에서부터 차례로 계산해야 합니다.

$$72-15-29=28$$

① 72−15=57

② 57−29=28

$$\begin{array}{r} 72 \\ -\ 15 \\ \hline 57 \end{array} \quad \rightarrow \quad \begin{array}{r} 57 \\ -\ 29 \\ \hline 28 \end{array}$$

• 25+56−47의 계산

$$25+56-47=34$$

① 25+56=81

② 81−47=34

$$\begin{array}{r} 25 \\ +\ 56 \\ \hline 81 \end{array} \quad \rightarrow \quad \begin{array}{r} 81 \\ -\ 47 \\ \hline 34 \end{array}$$

• 80−33+14의 계산

$$80-33+14=61$$

① 80−33=47

② 47+14=61

$$\begin{array}{r} 80 \\ -\ 33 \\ \hline 47 \end{array} \quad \rightarrow \quad \begin{array}{r} 47 \\ +\ 14 \\ \hline 61 \end{array}$$

정답과 풀이 18쪽

1 계산 순서를 바르게 나타낸 것에 ○표 하세요.

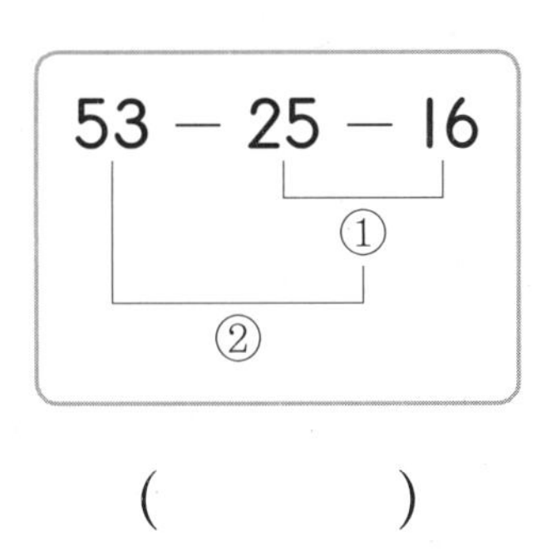

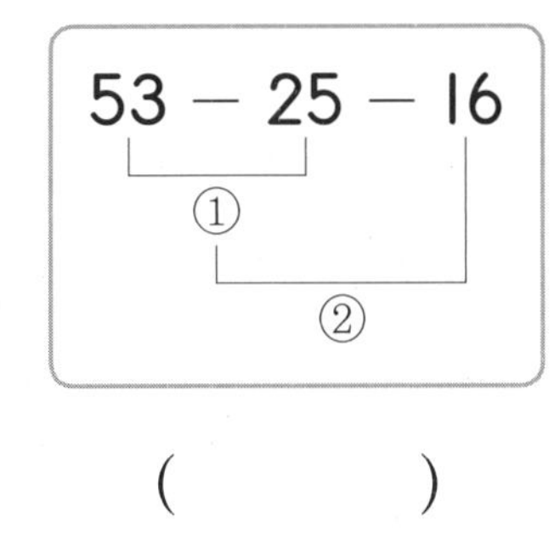

( ) ( )

2 □ 안에 알맞은 수를 써넣으세요.

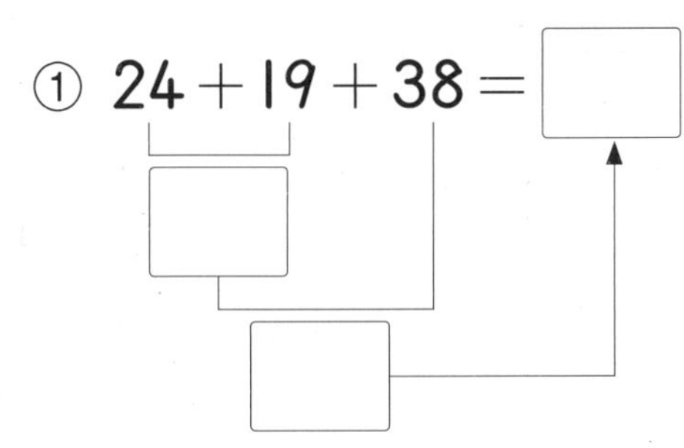

① $24+19+38=\square$ ② $71-36+47=\square$

3 □ 안에 알맞은 수를 써넣으세요.

① $18+54-36=\square$ ② $83-25-19=\square$

18 + 54 = □, □ − 36 = □

83 − 25 = □, □ − 19 = □

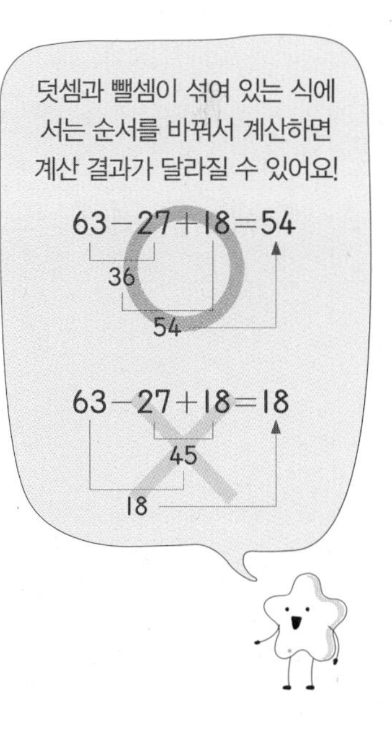

4 계산해 보세요.

① $27+8+55$ ② $19+63-45$

③ $50-35+67$ ④ $95-19-58$

3

STEP 1 교과 개념

8. 덧셈과 뺄셈의 관계를 식으로 나타내기

● **덧셈식과 뺄셈식으로 나타내기**

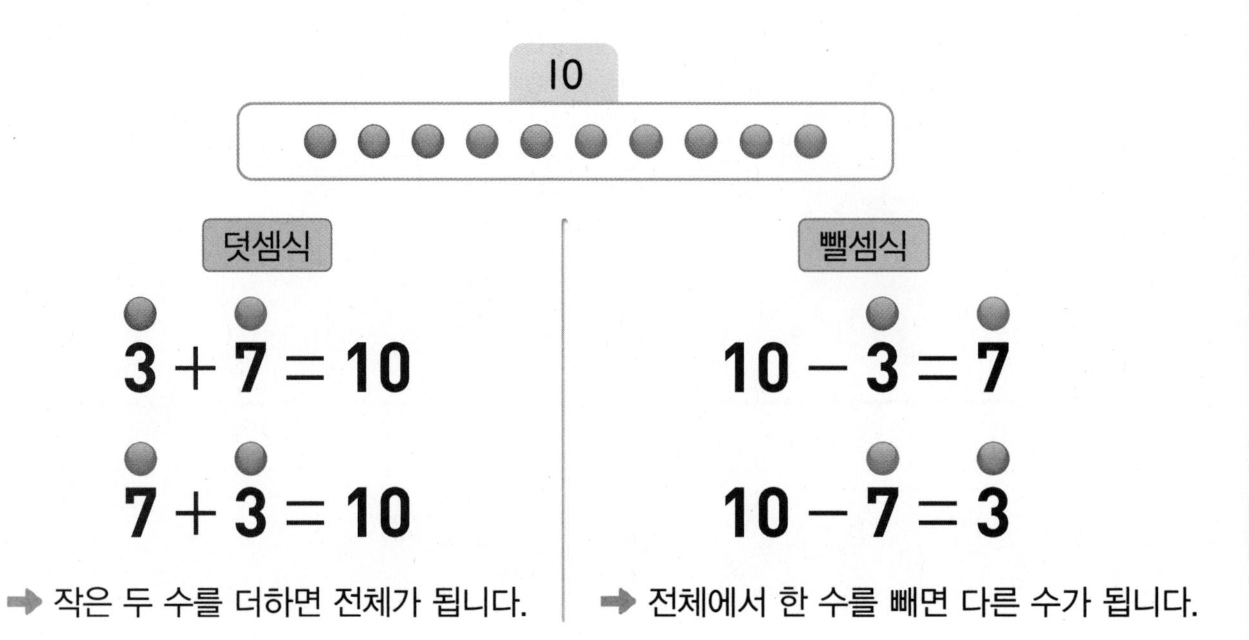

● **덧셈식을 뺄셈식으로 나타내기** ······• 하나의 덧셈식은 2개의 뺄셈식으로 나타낼 수 있습니다.

$$3+7=10 \rightarrow 10-3=7,\quad 10-7=3$$

● **뺄셈식을 덧셈식으로 나타내기** ······• 하나의 뺄셈식은 2개의 덧셈식으로 나타낼 수 있습니다.

$$10-3=7 \rightarrow 7+3=10,\quad 3+7=10$$

개념 자세히 보기

● **수직선을 보고 덧셈과 뺄셈의 관계를 알아보아요!**

정답과 풀이 18쪽

1 그림을 보고 덧셈식을 뺄셈식으로 나타내 보세요.

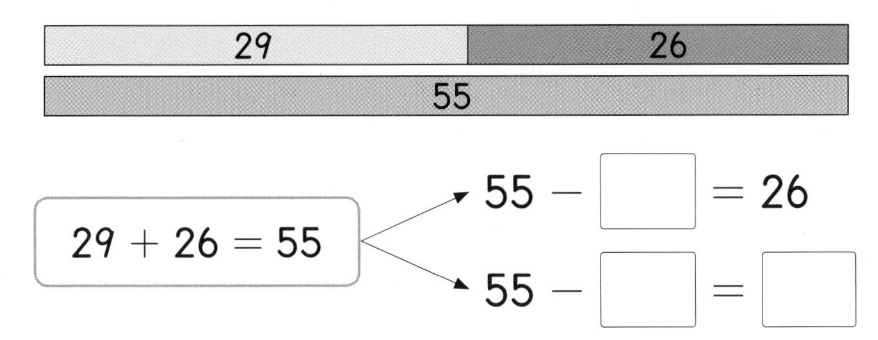

2 덧셈식을 뺄셈식으로 나타내 보세요.

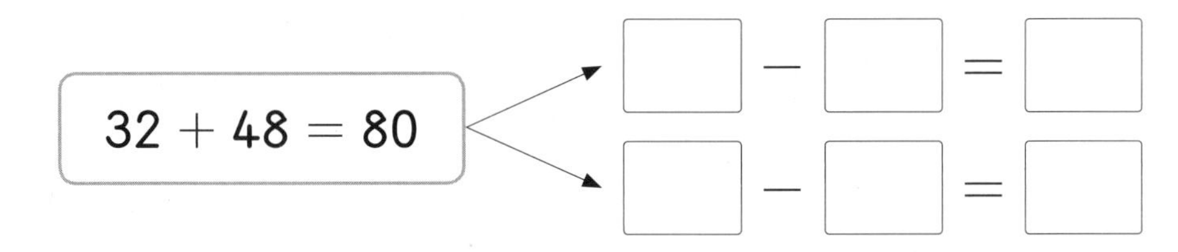

두 수의 합에서 한 수를 빼면 나머지 수가 돼요.

3 그림을 보고 뺄셈식을 덧셈식으로 나타내 보세요.

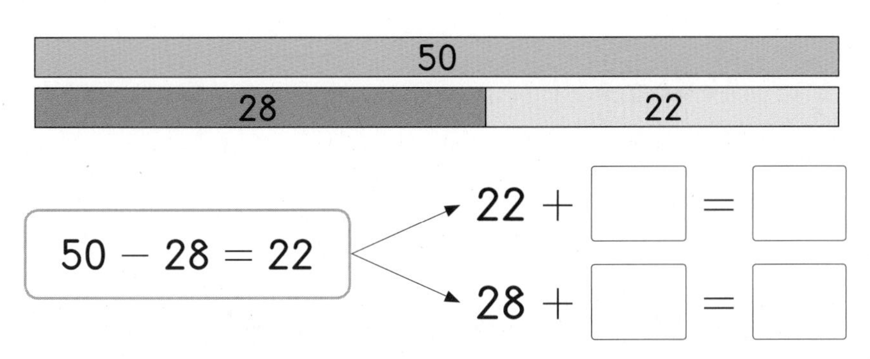

덧셈에서는 두 수를 바꾸어 더해도 결과가 같아요.

4 세 수를 이용하여 뺄셈식을 완성하고, 덧셈식으로 나타내 보세요.

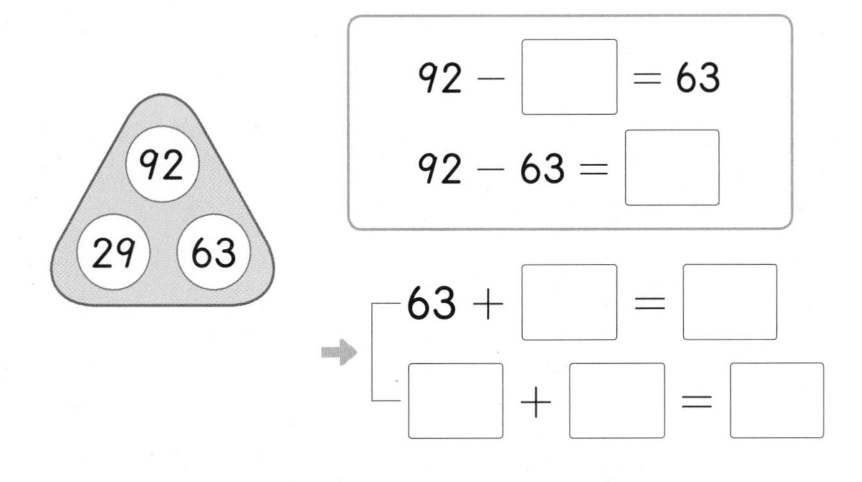

STEP 1 교과 개념

9. □의 값 구하기

□가 사용된 덧셈식을 만들고 □의 값 구하기

- 가져온 과자의 수 구하기

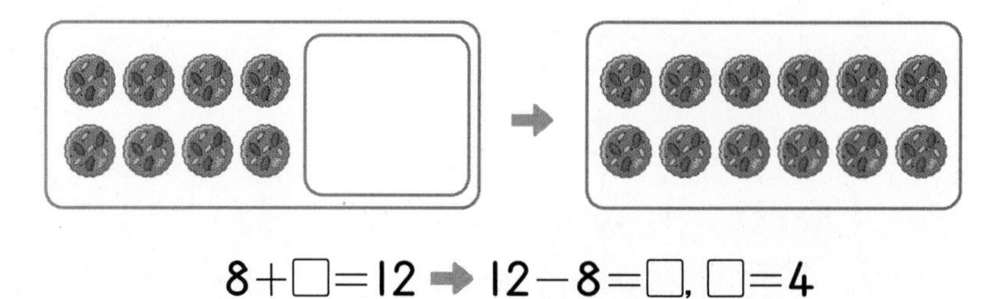

$8+\square=12 \Rightarrow 12-8=\square,\ \square=4$

- 처음에 있던 도넛의 수 구하기

$\square+6=15 \Rightarrow 15-6=\square,\ \square=9$

□가 사용된 뺄셈식을 만들고 □의 값 구하기

- 없어진 사과의 수 구하기

$14-\square=6 \Rightarrow 14-6=\square,\ \square=8$

- 처음에 있던 빵의 수 구하기

$\square-9=6 \Rightarrow 6+9=\square,\ \square=15$

➲ 정답과 풀이 18쪽

1 빈칸에 알맞은 수만큼 ○를 그리고 □ 안에 알맞은 수를 써넣으세요.

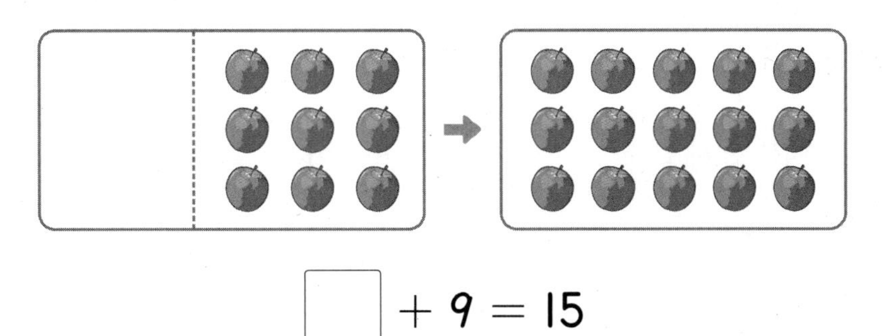

□ $+ 9 = 15$

2 그림을 보고 □를 사용하여 알맞은 덧셈식을 만들고, □의 값을 구해 보세요.

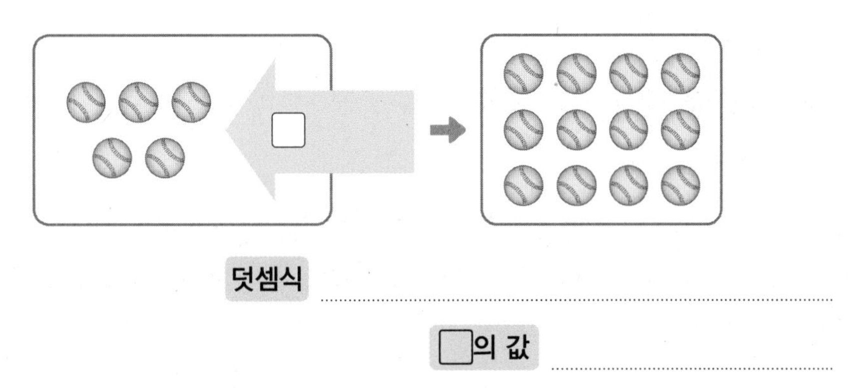

덧셈식 ....

□의 값 ....

3 남는 도넛이 5개가 되도록 ╱으로 지워 보고 □ 안에 알맞은 수를 써넣으세요.

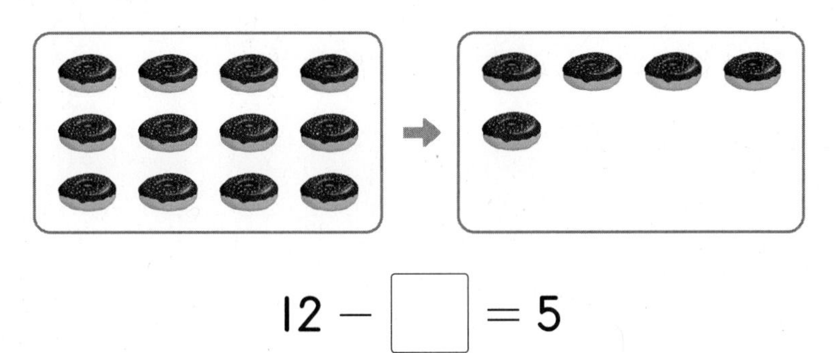

$12 -$ □ $= 5$

4 □를 사용하여 그림에 알맞은 뺄셈식을 만들고, □의 값을 구해 보세요.

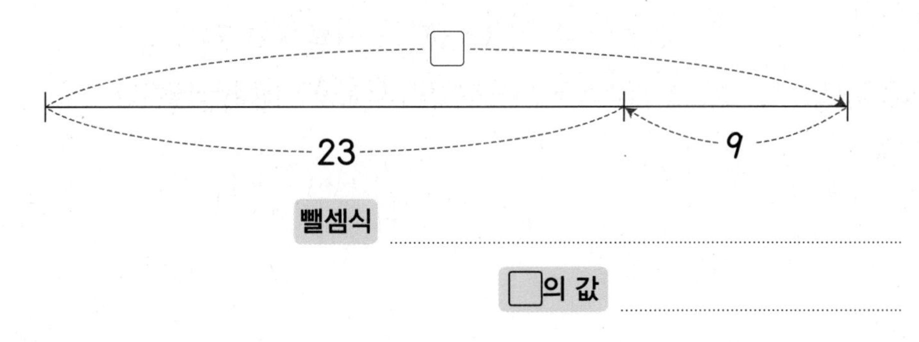

뺄셈식 ....

□의 값 ....

STEP 2 꼭 나오는 유형

1 받아올림이 있는 (두 자리 수)+(한 자리 수)

1 여러 가지 방법으로 덧셈을 하려고 합니다. □ 안에 알맞은 수를 써넣으세요.

(1) 이어 세기로 구하기

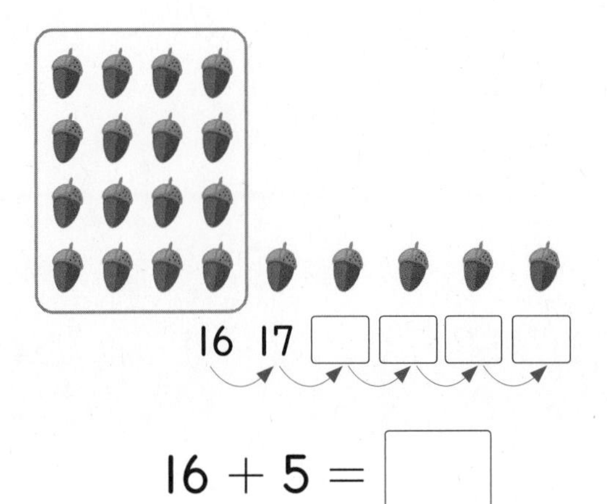

16 + 5 = □

(2) 더한 수만큼 △를 그려 구하기

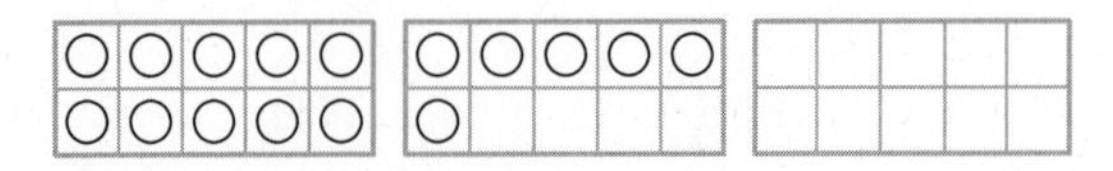

16 + 5 = □

2 계산해 보세요.

(1) $\begin{array}{r} 18 \\ +\ \ 5 \\ \hline \end{array}$

(2) $\begin{array}{r} 75 \\ +\ \ 6 \\ \hline \end{array}$

(3) 34 + 8

(4) 9 + 82

3 합이 더 작은 것에 ○표 하세요.

62 + 9	4 + 69

4 바닷가에서 규민이는 조개껍데기를 17개 주웠고 정아는 규민이보다 8개 더 많이 주웠습니다. 정아가 주운 조개껍데기는 몇 개일까요?

( )

서술형

5 계산에서 잘못된 곳을 찾아 까닭을 쓰고, 바르게 고쳐 보세요.

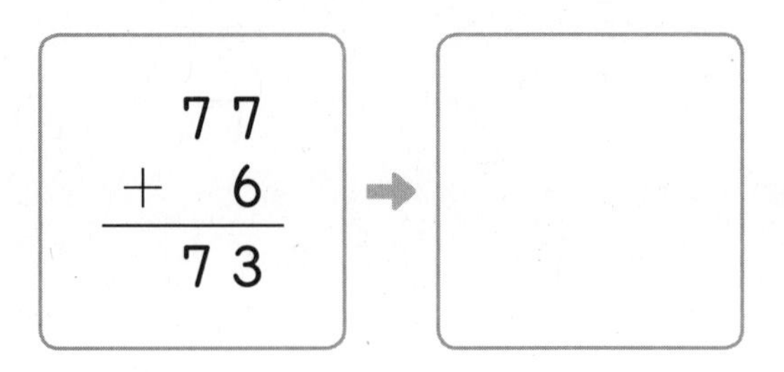

까닭

6 수 카드 중에서 2장을 골라 합이 62가 되는 식을 만들어 보세요.

2 5 6 54 57 59

□ + □ = 62

2 일의 자리에서 받아올림이 있는 (두 자리 수)+(두 자리 수)

7 그림을 보고 덧셈을 해 보세요.

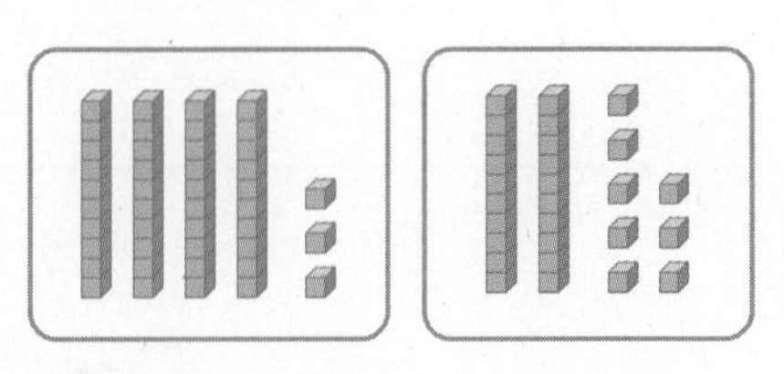

43 + 28 = □

8 주어진 설명대로 가르기하여 계산해 보세요.

(1) 26을 20과 6으로 가르기하여 48에 20을 먼저 더하고 6을 더하기

$48+26=48+\square+6$
$=\square+6$
$=\square$

(2) 29를 20과 9로, 14를 10과 4로 가르기하여 계산하기

$29+14=20+\square+10+\square$
$=30+\square$
$=\square$

9 계산해 보세요.

(1)
$$\begin{array}{r} 26 \\ +\ 44 \\ \hline \end{array}$$

(2)
$$\begin{array}{r} 78 \\ +\ 18 \\ \hline \end{array}$$

10 계산 결과가 같은 것끼리 이어 보세요.

34 + 29 ·	· 19 + 36
16 + 37 ·	· 48 + 15
28 + 27 ·	· 24 + 29

11 재활용할 우유갑을 소민이는 23개를 모았고, 희진이는 18개를 모았습니다. 두 사람이 모은 우유갑은 모두 몇 개인지 구해 보세요.

식 ....

답 ....

12 아래 칸의 두 수를 더해서 위 칸에 써넣으세요.

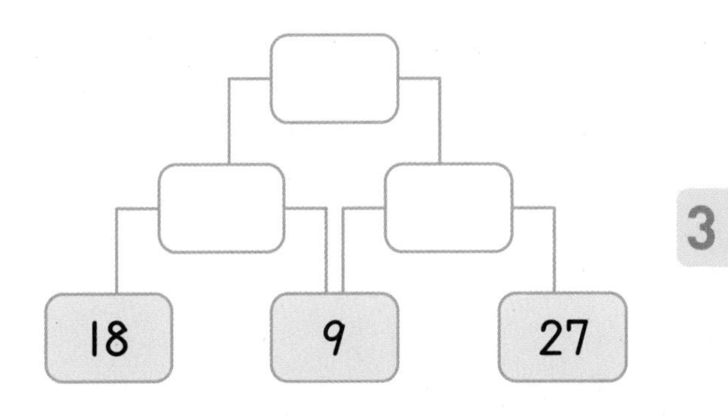

13 □ 안에 들어갈 수 있는 수를 모두 찾아 ○표 하세요.

$54+\square>71$

(15 , 17 , 19 , 21)

14 □ 안에 알맞은 수를 써넣으세요.

(1)
$$\begin{array}{r} 4\square \\ +\ 38 \\ \hline 80 \end{array}$$

(2)
$$\begin{array}{r} \square 6 \\ +\ 29 \\ \hline 85 \end{array}$$

3 십의 자리에서 받아올림이 있는 (두 자리 수)+(두 자리 수)

15 계산해 보세요.

(1)
$$\begin{array}{r} 57 \\ +\ 52 \\ \hline \end{array}$$

(2)
$$\begin{array}{r} 64 \\ +\ 96 \\ \hline \end{array}$$

16 계산해 보세요.

88 + 33 = □

88 + 43 = □

88 + 53 = □

17 오른쪽 계산에서 □ 안의 수 1이 실제로 나타내는 수는 얼마일까요?

$$\begin{array}{r} \boxed{1} \\ 82 \\ +\ 37 \\ \hline 119 \end{array}$$

(　　　　　　　)

서술형

18 강당에 남학생 48명과 여학생 53명이 있습니다. 강당에 있는 학생은 모두 몇 명인지 풀이 과정을 쓰고 답을 구해 보세요.

풀이 ....

답 ....

내가 만드는 문제

19 미소의 일기입니다. □ 안에 두 자리 수를 자유롭게 써넣어 일기를 완성해 보세요.

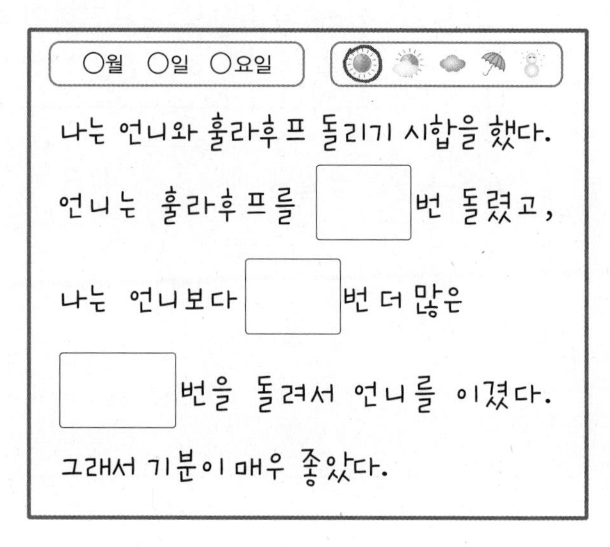

20 수 카드 3, 6, 9 중에서 2장을 골라 주어진 계산 결과가 나오도록 완성해 보세요.

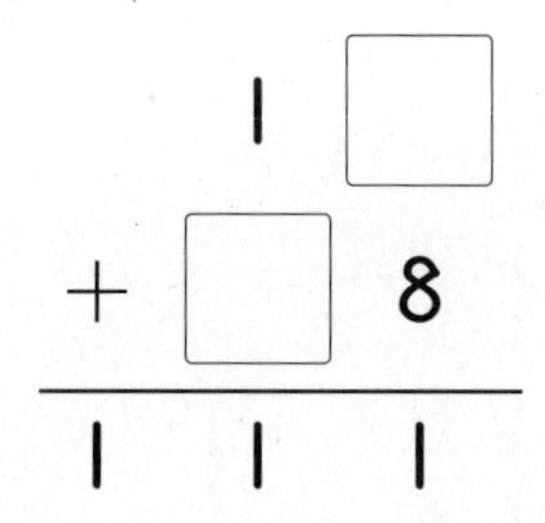

21 수 카드 7, 2, 4 중에서 2장을 골라 두 자리 수를 만들어 58과 더하려고 합니다. 계산 결과가 가장 큰 수가 되는 덧셈식을 완성해 보세요.

□ + 58 = □

4 받아내림이 있는 (두 자리 수)－(한 자리 수)

22 여러 가지 방법으로 뺄셈을 하려고 합니다. □ 안에 알맞은 수를 써넣으세요.

(1) 거꾸로 세기로 구하기

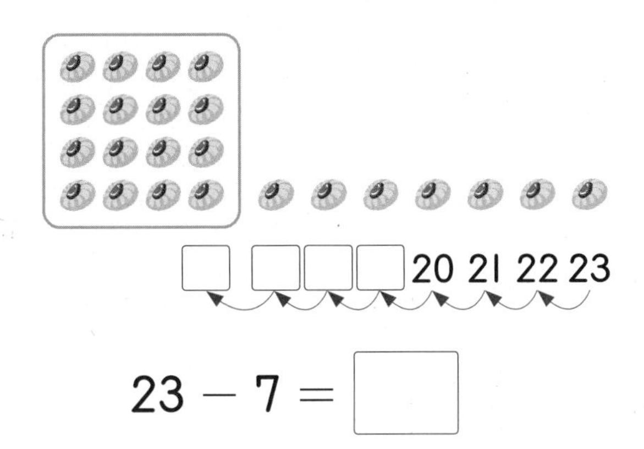

23 － 7 ＝ □

(2) 뺀 수만큼 /으로 지워 구하기

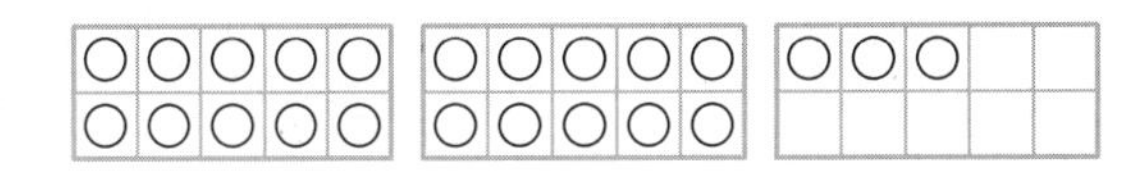

23 － 7 ＝ □

23 계산해 보세요.

(1)
$$\begin{array}{r} 61 \\ - \ \ 7 \\ \hline \end{array}$$

(2)
$$\begin{array}{r} 22 \\ - \ \ 4 \\ \hline \end{array}$$

24 계산해 보세요.

55 － 7 ＝ □

56 － 8 ＝ □

57 － 9 ＝ □

25 풍선이 25개 있었습니다. 그중에서 8개가 날아갔습니다. 남은 풍선은 몇 개일까요?

(　　　　　　)

26 □ 안에 알맞은 수를 써넣으세요.

(1)
$$\begin{array}{r} 8\square \\ - \ \ 7 \\ \hline 75 \end{array}$$

(2)
$$\begin{array}{r} 46 \\ - \ \ \square \\ \hline 38 \end{array}$$

내가 만드는 문제

27 수 카드 중에서 2장을 골라 두 자리 수를 만들어 9를 빼려고 합니다. 뺄셈식을 쓰고 계산해 보세요.

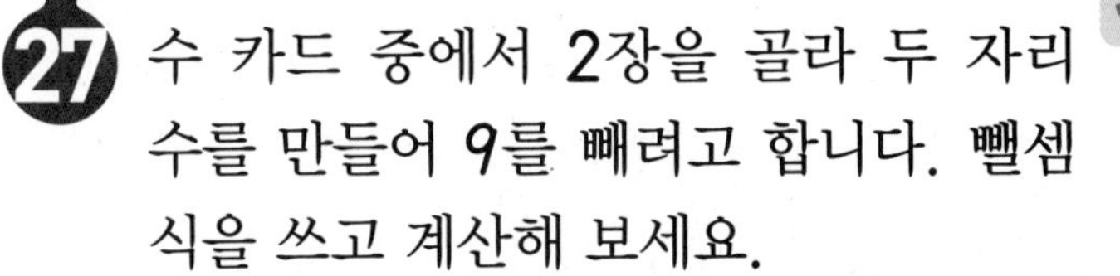

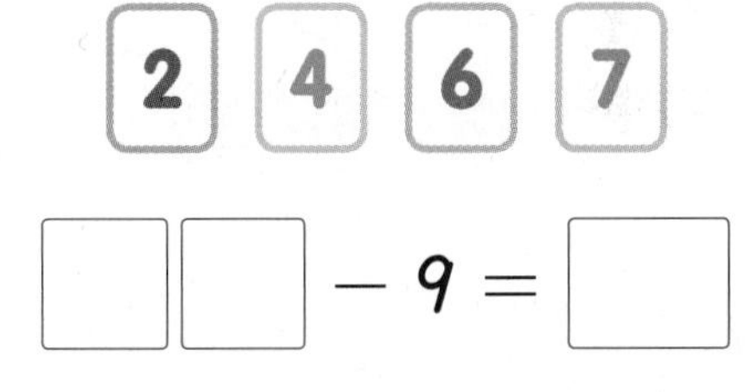

□□ － 9 ＝ □

5 받아내림이 있는 (몇십)－(두 자리 수)

28 그림을 보고 뺄셈을 해 보세요.

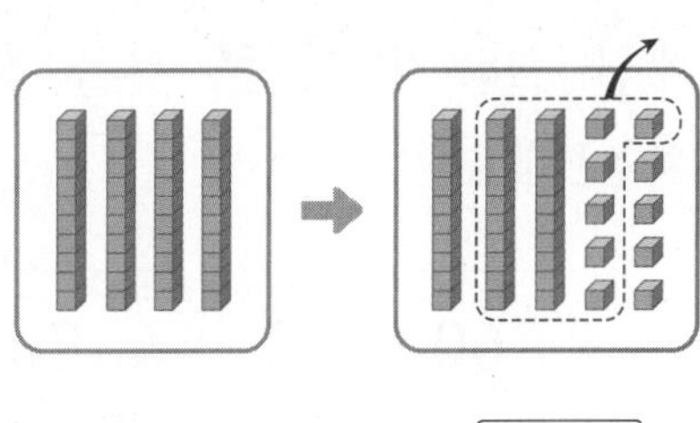

40 － 26 ＝ □

29 계산해 보세요.

(1)
$$\begin{array}{r} 30 \\ -\ 11 \\ \hline \end{array}$$

(2)
$$\begin{array}{r} 80 \\ -\ 76 \\ \hline \end{array}$$

30 계산에서 잘못된 곳을 찾아 바르게 고쳐 보세요.

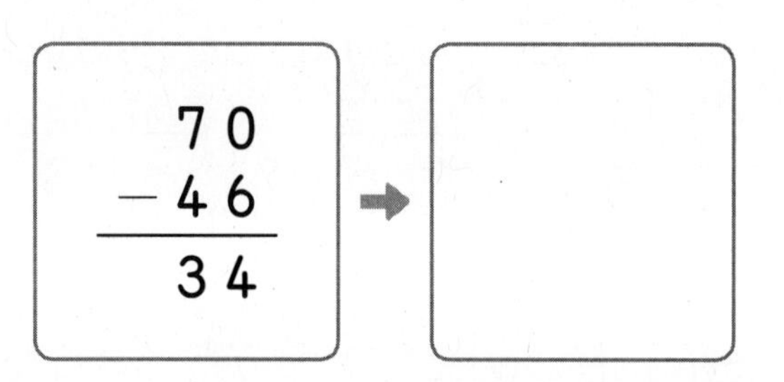

31 같은 것끼리 이어 보세요.

30 − 12 · 80 − 68 · 60 − 38

12 · 18 · 22

32 계산 결과가 더 큰 것을 찾아 기호를 써 보세요.

㉠ 60 − 32 ㉡ 90 − 64

( )

33 계산 결과가 17보다 작은 조각에 모두 색칠해 보세요.

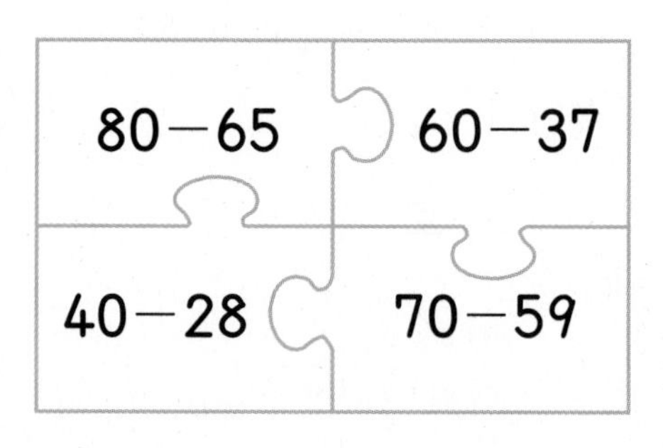

34 화살 두 개를 던져 맞힌 두 수의 차가 14입니다. 맞힌 두 수에 ○표 하세요.

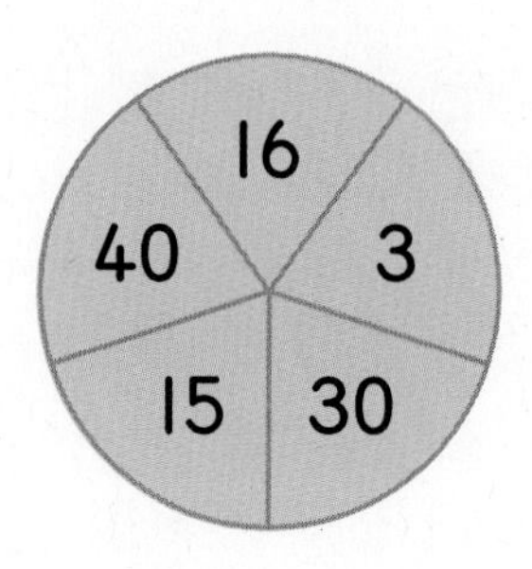

서술형

35 어느 마트에서 50명에게 사은품을 주려고 합니다. 지금까지 32명에게 사은품을 주었다면 앞으로 몇 명에게 더 줄 수 있는지 풀이 과정을 쓰고 답을 구해 보세요.

풀이

답

6 받아내림이 있는 (두 자리 수)－(두 자리 수)

36 오른쪽 계산에서 ㉠에 알맞은 수가 실제로 나타내는 수는 얼마일까요?

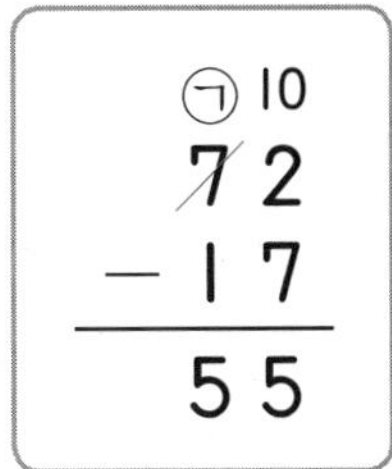

(　　　　　　　　)

37 보기 와 같은 방법으로 계산해 보세요.

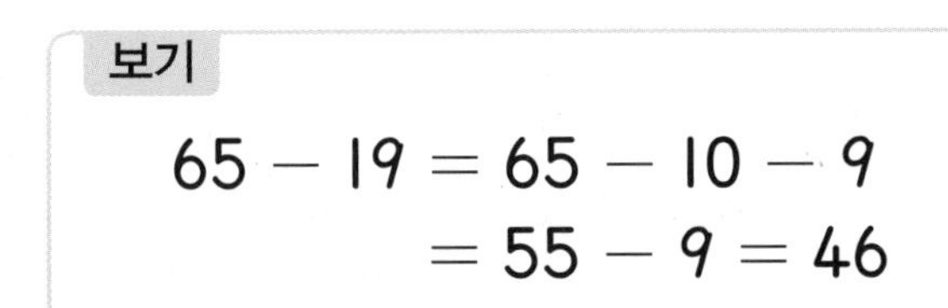

72 － 38 ....

....

38 가장 큰 수와 가장 작은 수의 차를 구해 보세요.

32	91	23	88

(　　　　　　　　)

39 계산 결과를 비교하여 ○ 안에 >, =, <를 알맞게 써넣으세요.

(1) 62 － 35 ○ 62 － 38

(2) 71 － 27 ○ 75 － 27

40 빈칸은 선으로 연결된 두 수의 차입니다. 빈칸에 알맞은 수를 써넣으세요.

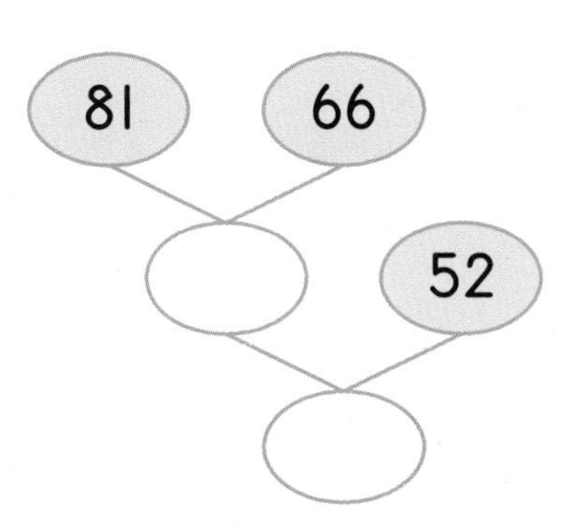

41 □ 안에 알맞은 수를 써넣으세요.

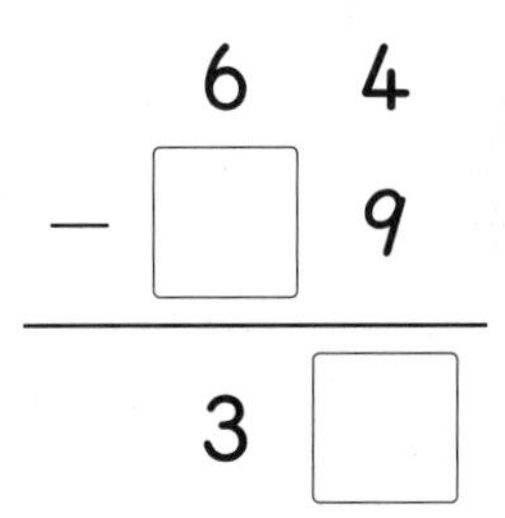

42 농장에 오리와 닭이 합하여 61마리 있습니다. 오리가 26마리 있다면 오리와 닭 중에서 어느 것이 몇 마리 더 많을까요?

(　　　　　　), (　　　　　　)

43 수 카드 2장을 골라 두 자리 수를 만들어 84에서 빼려고 합니다. 계산 결과가 가장 큰 수가 되도록 뺄셈식을 쓰고 계산해 보세요.

3　5　9

84 － □ = □

7 세 수의 계산

44 계산해 보세요.

$55 + 27 - 66 = \square$

$$\begin{array}{r} 55 \\ +\ 27 \\ \hline \square \end{array} \qquad \begin{array}{r} \square \\ -\ 66 \\ \hline \square \end{array}$$

45 다음 식을 계산하여 □ 안에 알맞은 수를 써넣고 각각의 글자를 빈칸에 알맞게 써넣으세요.

$28 + 9 + 7 =$ 44 — 아

$54 - 7 + 9 =$ □ — 학

$75 + 5 - 8 =$ □ — 이

$60 - 5 - 6 =$ □ — 수

$16 + 6 + 9 =$ □ — 좋

$41 - 12 + 5 =$ □ — 요

49	56	72	31	44	34
				아	

8 세 수의 계산의 활용

46 버스에 22명이 타고 있었습니다. 이번 정류장에서 7명이 내리고 16명이 탔습니다. 지금 버스에는 몇 명이 타고 있을까요?

식 ....

답 ....

내가 만드는 문제

47 □ 안에 두 자리 수를 자유롭게 써넣고, 문제를 해결해 보세요.

주차장에 차가 48대 주차되어 있었습니다. 차가 □대 더 들어오고 □대가 나갔습니다. 주차장에 남아 있는 차는 몇 대일까요?

식 ....

답 ....

서술형

48 민우는 색종이를 45장 가지고 있습니다. 혜주는 민우보다 7장 더 많이 가지고 있고, 규민이는 혜주보다 14장 더 적게 가지고 있습니다. 세 사람이 가지고 있는 색종이는 모두 몇 장인지 풀이 과정을 쓰고 답을 구해 보세요.

풀이 ....

답 ....

9 덧셈과 뺄셈의 관계를 식으로 나타내기

49 그림을 보고 덧셈식을 완성하고, 덧셈식을 뺄셈식으로 나타내 보세요.

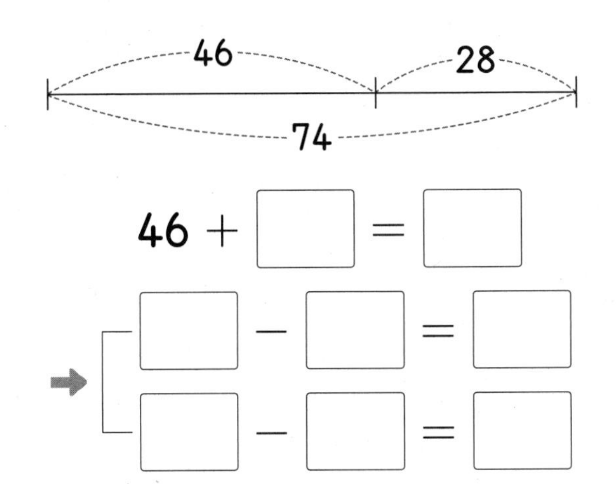

50 오른쪽 세 수를 이용하여 뺄셈식을 완성하고, 뺄셈식을 덧셈식으로 나타내 보세요.

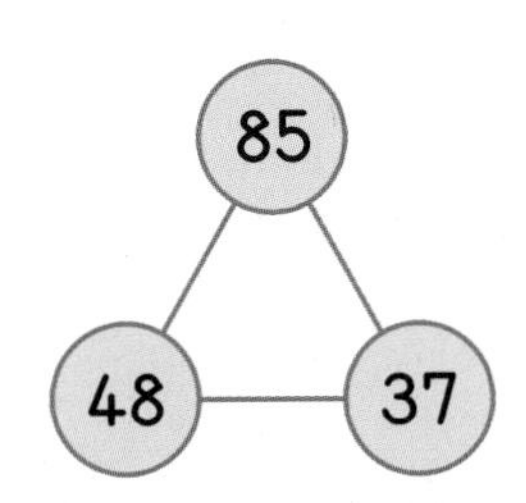

85 − □ = 37

➜ □ + □ = □

　 □ + □ = □

51 수 카드 세 장을 사용하여 덧셈식을 만들고, 만든 덧셈식을 뺄셈식으로 나타내 보세요.

10 □가 사용된 덧셈식을 만들고 □의 값 구하기

52 늘어난 사탕의 수를 □로 하여 덧셈식을 만들고, □의 값을 구해 보세요.

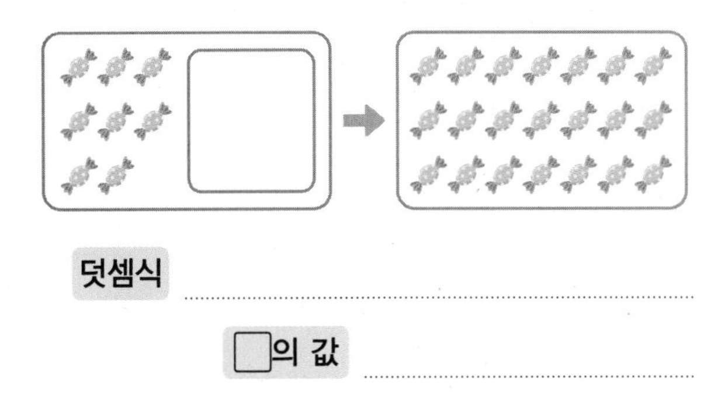

덧셈식 ....

□의 값 ....

53 □를 사용하여 그림에 알맞은 덧셈식을 만들고, □의 값을 구해 보세요.

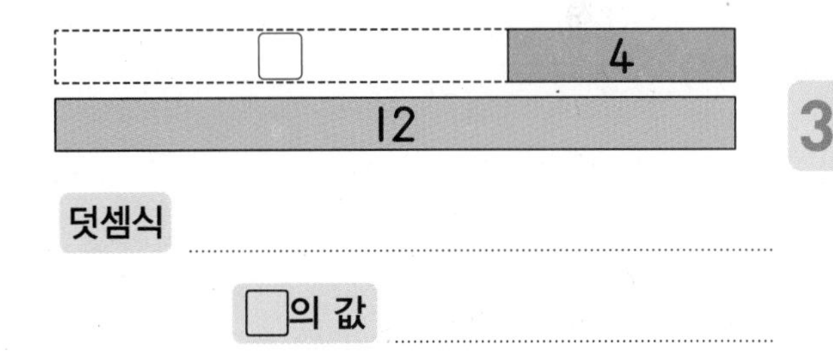

54 그림을 보고 □를 사용하여 알맞은 덧셈식을 만들고, □의 값을 구해 보세요.

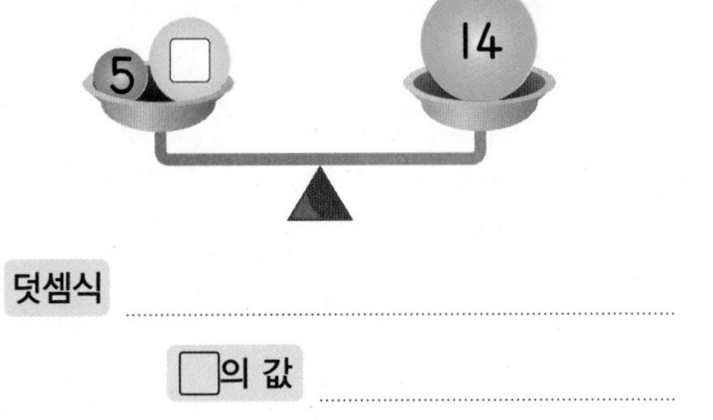

덧셈식 ....

□의 값 ....

55 □ 안에 알맞은 수를 써넣으세요.

(1) 45 + □ = 53

(2) □ + 74 = 90

56 □ 안에 알맞은 수가 같은 것끼리 이어 보세요.

48+□=65 ·　　· □+38=64

25+□=51 ·　　· □+29=46

11 □가 사용된 뺄셈식을 만들고 □의 값 구하기

57 복숭아가 16개 있었는데 몇 개를 먹었더니 9개가 남았습니다. 먹은 복숭아의 수를 □로 하여 뺄셈식을 만들고, □의 값을 구해 보세요.

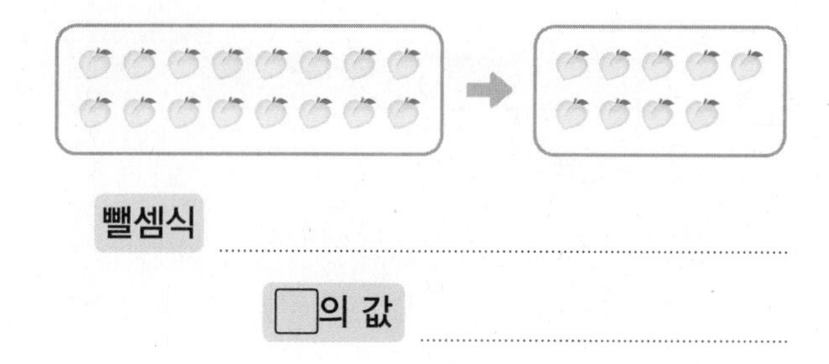

뺄셈식 ....

□의 값 ....

58 □를 사용하여 그림에 알맞은 뺄셈식을 만들고, □의 값을 구해 보세요.

13

□ 7

뺄셈식 ....

□의 값 ....

59 □ 안에 알맞은 수를 써넣으세요.

(1) 62 − □ = 39

(2) □ − 28 = 56

60 버스에 몇 명이 타고 있었는데 이번 정류장에서 8명이 내려서 15명이 남았습니다. 처음 버스에 타고 있던 사람 수를 □로 하여 뺄셈식을 만들고, □의 값을 구해 보세요.

뺄셈식 ....

□의 값 ....

61 □의 값이 작은 순서대로 기호를 써 보세요.

㉠ 12 − □ = 6　　㉡ □ − 3 = 9
㉢ □ − 11 = 3　　㉣ 15 − □ = 7

(　　　　　　　　)

서술형
62 건이는 연필을 24자루 가지고 있었습니다. 그중에서 몇 자루를 동생에게 주었더니 16자루가 남았습니다. 동생에게 준 연필의 수를 □로 하여 뺄셈식을 만들고, □의 값을 구하려고 합니다. 풀이 과정을 쓰고 답을 구해 보세요.

풀이 ....

....

....

□의 값 ....

STEP 3 자주 틀리는 유형

응용 유형 중 자주 틀리는 유형을 집중학습함으로써 실력을 한 단계 높여 보세요.

받아올림, 받아내림에 주의하자!

1 오른쪽 계산에서 □ 안의 수 1이 실제로 나타내는 수는 얼마일까요?

```
 [1]1
   7 2
 + 6 8
 -----
 1 4 0
```

( )

2 오른쪽 계산에서 □ 안의 수 3이 실제로 나타내는 수는 얼마일까요?

```
  [3]10
   4 0
 - 1 7
 -----
   2 3
```

( )

3 오른쪽 계산이 잘못된 까닭을 써 보세요.

```
   8 2
 - 4 8
 -----
   4 4
```

까닭 ....

4 계산에서 잘못된 곳을 찾아 바르게 고쳐 보세요.

```
   2 9
 + 8 6
 -----
 1 0 5
```

→ □

뺄셈의 가르기에 주의하자!

5 바르게 계산한 것을 찾아 기호를 써 보세요.

㉠ $30-22=30-20-2$
$=10-2=8$

㉡ $30-22=30-20+2$
$=10+2=12$

( )

6 □ 안에 알맞은 수를 써넣으세요.

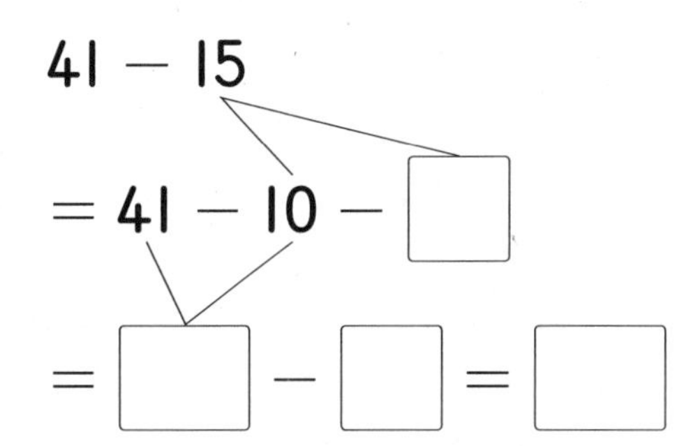

7 □ 안에 알맞은 수를 써넣으세요.

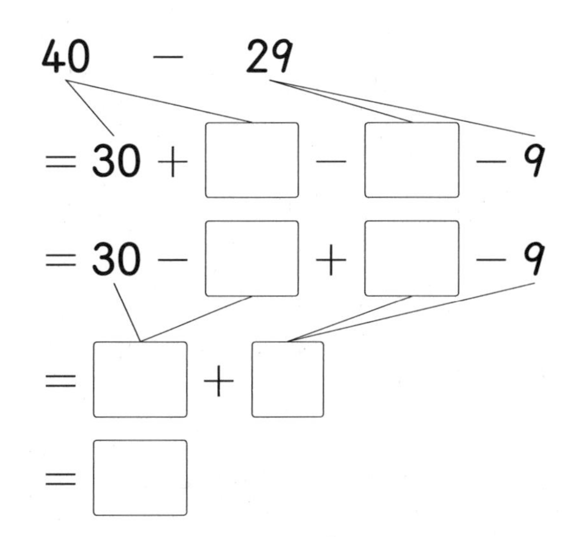

세 수의 계산은 앞에서부터 차례로 하자!

8 계산 순서를 나타내고 계산해 보세요.

46 + 19 − 37

9 계산이 잘못된 까닭을 써 보세요.

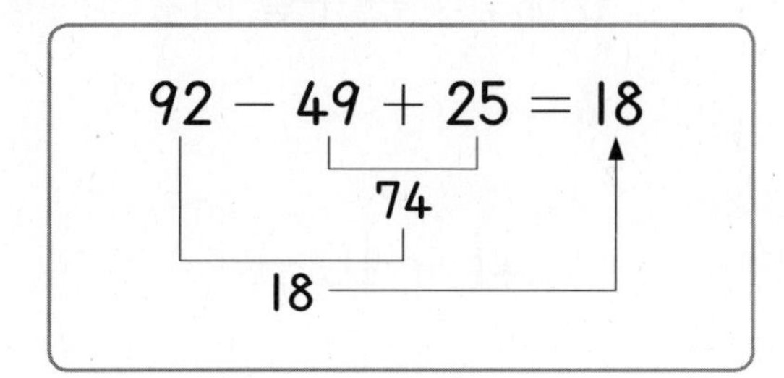

까닭

10 계산해 보세요.

(1) 60 + 15 + 37

(2) 60 − 15 + 37

(3) 60 + 15 − 37

(4) 60 − 15 − 37

어떤 수를 먼저 구하자!

11 어떤 수를 구해 보세요.

어떤 수에서 26을 빼면 55와 같습니다.

( )

12 어떤 수에 15를 더하면 72와 같습니다. 어떤 수를 구해 보세요.

( )

13 55에 어떤 수를 더했더니 90이 되었습니다. 어떤 수와 60의 차를 구해 보세요.

( )

14 37에 어떤 수를 더해야 할 것을 잘못하여 뺐더니 19가 되었습니다. 바르게 계산한 값을 구해 보세요.

( )

일의 자리부터 계산하자!

15 ㉠에 알맞은 수를 구해 보세요.

$$\begin{array}{r} 5㉠ \\ -\ 36 \\ \hline 15 \end{array}$$

(　　　　　　)

16 □ 안에 알맞은 수를 써넣으세요.

$$\begin{array}{r} 54 \\ +\ 7\square \\ \hline 130 \end{array}$$

17 ㉠, ㉡에 알맞은 수를 구해 보세요.

$$\begin{array}{r} ㉠4 \\ +\ 2㉡ \\ \hline 52 \end{array}$$

㉠ (　　　　　　)
㉡ (　　　　　　)

18 ㉠과 ㉡에 알맞은 수 중에서 더 큰 수는 어느 것인지 기호를 써 보세요.

$$\begin{array}{r} 90 \\ -\ ㉠3 \\ \hline 17 \end{array} \qquad \begin{array}{r} ㉡0 \\ -\ 22 \\ \hline 38 \end{array}$$

(　　　　　　)

일의 자리 수끼리의 합이나 차를 구하자!

19 수 카드 중에서 2장을 알맞게 골라 다음 덧셈식을 완성해 보세요.

19　41　32

□ + □ = 51

20 수 카드 중에서 2장을 알맞게 골라 다음 뺄셈식을 완성해 보세요.

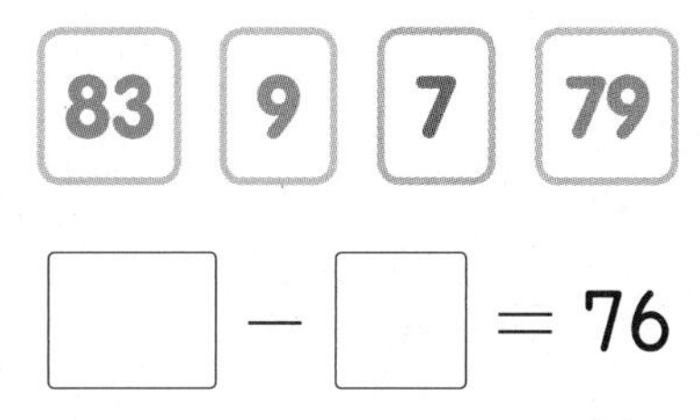

□ − □ = 76

21 화살 두 개를 던져 맞힌 두 수의 차는 ⬡ 안의 수와 같습니다. 맞힌 두 수를 큰 수부터 차례로 써 보세요.

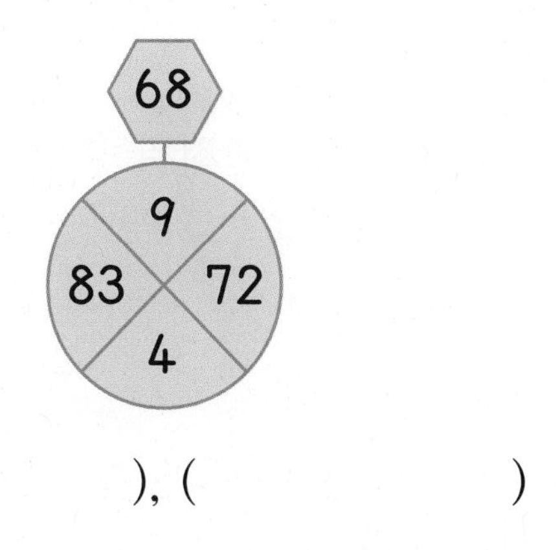

(　　　　　　), (　　　　　　)

□ 안에 들어갈 수 있는 수를 먼저 구하자!

22 □ 안에 들어갈 수 없는 수를 모두 고르세요. (　　　　)

$28 + □ > 42$

① 13　② 14
③ 15　④ 16
⑤ 17

23 □ 안에 들어갈 수 있는 수에 모두 ○표 하세요.

$49 + 63 < □$

(111 , 112 , 113 , 114)

24 1부터 9까지의 수 중에서 □ 안에 들어갈 수 있는 가장 큰 수를 구해 보세요.

$31 - 24 > □$

(　　　　　　　)

□가 없는 식을 먼저 계산하자!

25 □ 안에 알맞은 수를 써넣으세요.

(1) $□ - 39 = 70 - 25$

(2) $51 - 14 = 85 - □$

26 □ 안에 알맞은 수를 써넣으세요.

(1)

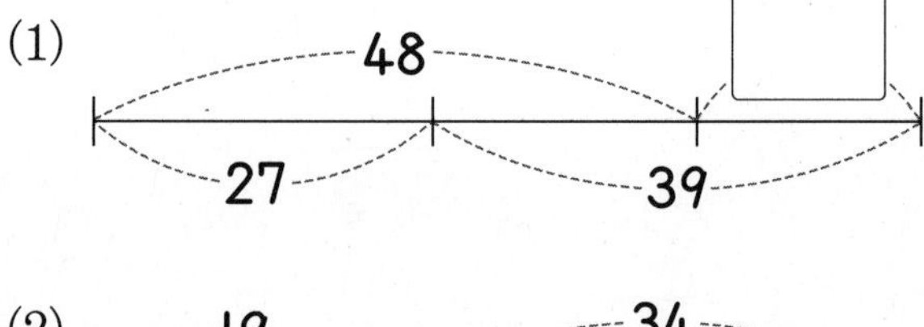

(2)

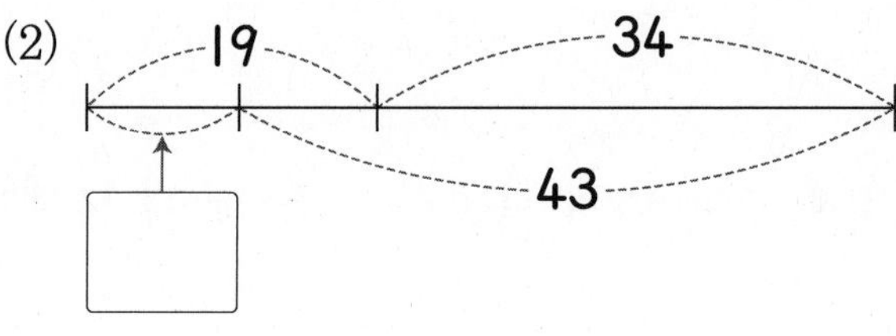

27 유미와 길호는 수 카드를 2장씩 가지고 있습니다. 두 사람이 가진 카드의 두 수의 합이 서로 같을 때 유미가 가지고 있는 수 카드 중 뒤집혀 있는 카드에 적힌 수를 구해 보세요.

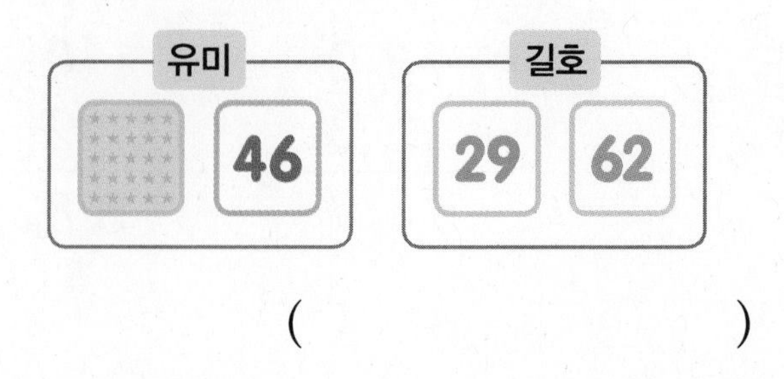

(　　　　　　　)

STEP 4

최상위 도전 유형

최상위 유형에 자주 나오는 문제로 학습함으로써 수학의 실력을 완성해 보세요.

도전1 조건을 만족하는 수 구하기

1 두 수의 합이 가장 크도록 두 수를 골라 □ 안에 써넣고 계산해 보세요.

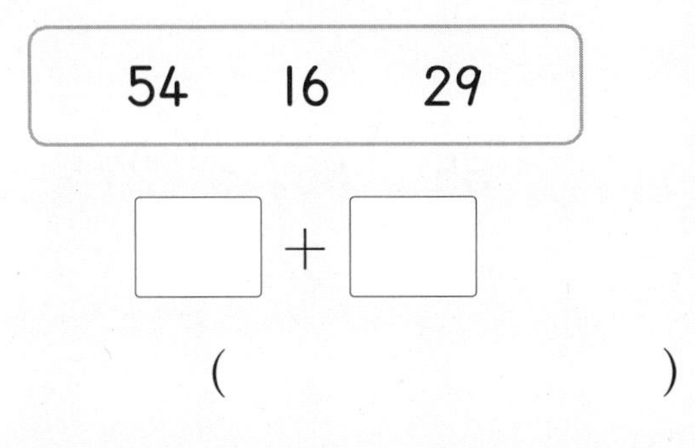

( )

핵심 NOTE

두 수의 합이 가장 크려면 가장 큰 수와 둘째로 큰 수를 더해야 합니다.

2 1번의 수에서 두 수의 합이 가장 작도록 하는 두 수를 골라 그 합을 구해 보세요.

( )

3 두 수의 차가 가장 크도록 두 수를 골라 □ 안에 써넣고 계산해 보세요.

54	71	17	29

□ − □

( )

도전2 식 완성하기

4 계산 결과가 71이 되도록 ○ 안에 + 또는 −를 알맞게 써넣으세요.

$$63 \bigcirc 8 = 71$$

핵심 NOTE

계산 결과가 63보다 커졌으면 덧셈을, 작아졌으면 뺄셈을 한 것입니다.

5 계산 결과가 62가 되도록 ○ 안에 + 또는 −를 알맞게 써넣으세요.

$$25 \bigcirc 18 \bigcirc 19 = 62$$

6 보기 와 같이 계산이 맞도록 필요 없는 수를 ×표 하세요.

보기

$36 + 9 + \not{8} + 7 = 52$

$$19 + 15 + 7 + 5 = 31$$

도전 최상위

7 다음 수 중에서 합이 40이 되는 세 수를 찾아 덧셈식을 만들어 보세요.

7	27	4	9

□ + □ + □ = 40

도전3 덧셈과 뺄셈의 관계 이용하기

8 ㉠ = 37일 때 ㉢의 값을 구해 보세요.

㉠ + ㉡ = 60
㉢ − ㉡ = 29

(　　　　　　　　)

핵심 NOTE

덧셈과 뺄셈의 관계를 이용하여 알 수 있는 것부터 차례로 구합니다.

9 같은 모양은 같은 수를 나타냅니다. ★ = 19일 때 ● + ▲의 값을 구해 보세요.

★ + ★ = ●, ▲ − ● = ★

(　　　　　　　　)

도전 최상위

10 같은 모양은 같은 수를 나타냅니다. ●의 값을 구해 보세요.

■ + ■ = 18
▲ − ■ = 8
▲ + ■ + ● = 80

(　　　　　　　　)

도전4 모르는 수 구하기

11 한 원 안에 있는 수의 합은 모두 같습니다. ㉠에 알맞은 수를 구해 보세요.

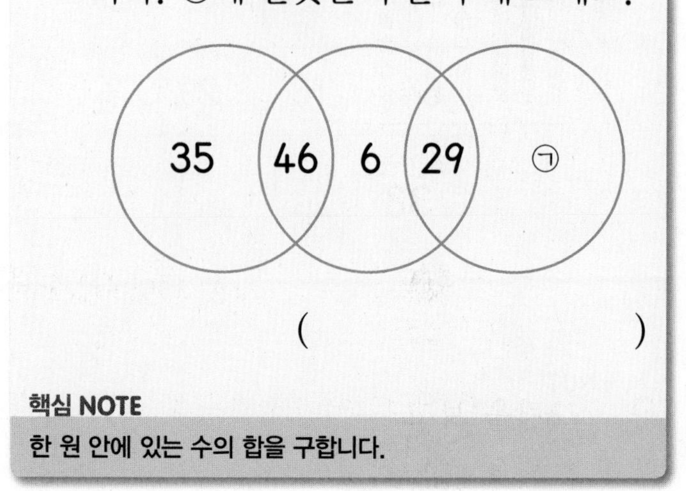

(　　　　　　　　)

핵심 NOTE

한 원 안에 있는 수의 합을 구합니다.

12 한 원 안에 있는 수의 합은 모두 같습니다. □ 안에 알맞은 수를 써넣으세요.

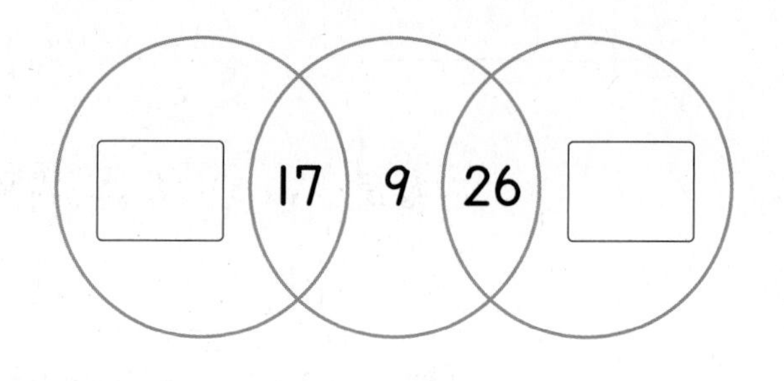

13 빨간색 카드에 적힌 두 수의 차와 초록색 카드에 적힌 두 수의 차가 같을 때 ㉠에 알맞은 수를 구해 보세요.

16　9　㉠　54

(　　　　　　　　)

수시 평가 대비 Level 1

점수

확인

1 그림을 보고 □ 안에 알맞은 수를 써넣으세요.

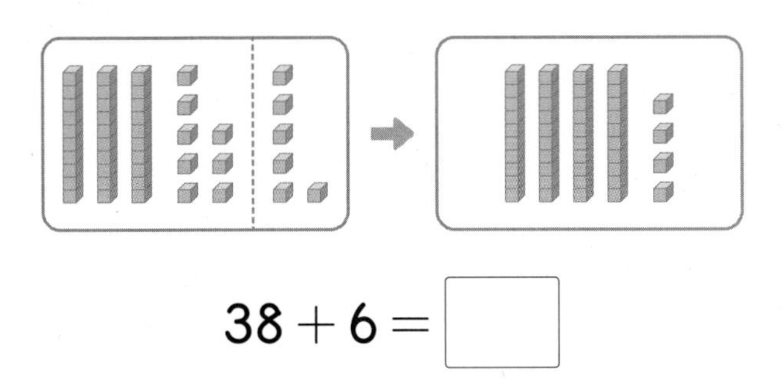

$38 + 6 = \square$

2 그림을 보고 □ 안에 알맞은 수를 써넣으세요.

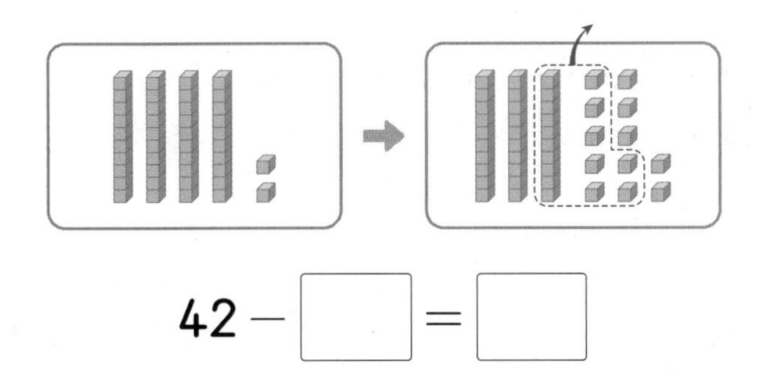

$42 - \square = \square$

3 계산해 보세요.

(1)
$$\begin{array}{r} 98 \\ +\ 59 \\ \hline \end{array}$$

(2)
$$\begin{array}{r} 60 \\ -\ 24 \\ \hline \end{array}$$

4 오른쪽 계산에서 □ 안의 수 1이 실제로 나타내는 수는 얼마일까요?

$$\begin{array}{r} \boxed{1}\ \ \\ 64 \\ +\ 18 \\ \hline 82 \end{array}$$

(　　　　　　　　　)

5 빈칸에 두 수의 합을 써넣으세요.

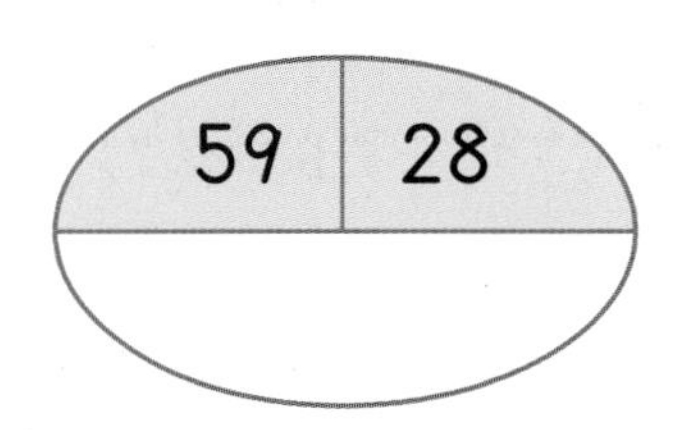

6 93 − 27을 다음과 같은 방법으로 계산하려고 합니다. □ 안에 알맞은 수를 써넣으세요.

93 − 27을 93에서 20을 뺀 후 7을 더 빼는 방법으로 계산합니다.

$93 - 27 = 93 - 20 - \square$

$= 73 - \square$

$= \square$

7 계산이 잘못된 곳을 찾아 바르게 고쳐 보세요.

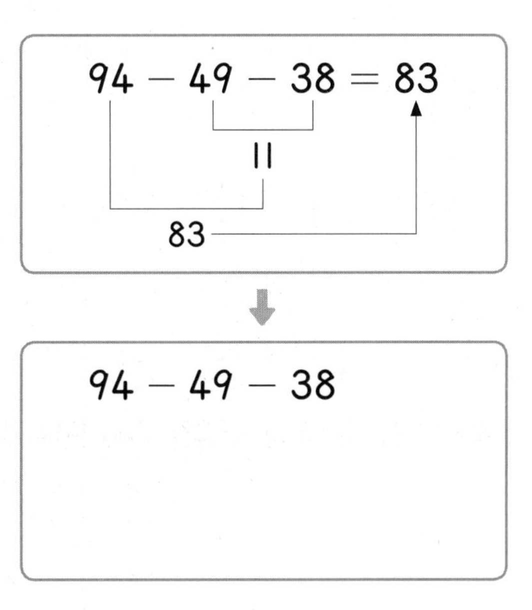

3

8 뺄셈식을 덧셈식으로 나타내려고 합니다. □ 안에 알맞은 수를 써넣으세요.

$73 - 49 = 24$

➡ $24 + \square = \square$

　 $49 + \square = \square$

9 가장 큰 수와 가장 작은 수의 차를 구해 보세요.

7	48	9	63	15

(　　　　　　　　)

10 빈칸에 알맞은 수를 써넣으세요.

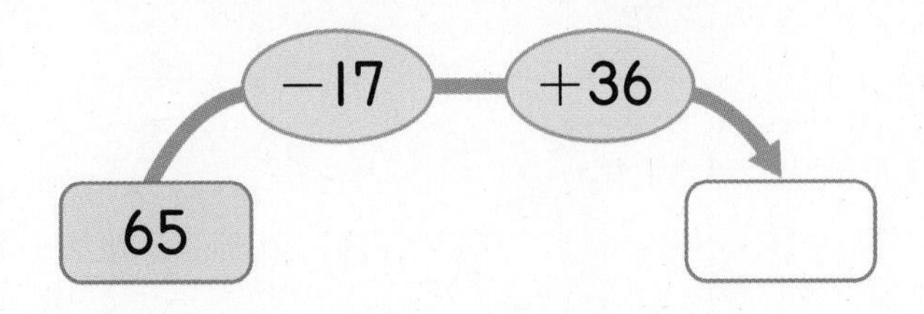

11 □ 안에 알맞은 수를 써넣으세요.

$79 + \square = 85$

12 명선이는 동화책을 어제는 47쪽 읽었고, 오늘은 74쪽 읽었습니다. 명선이가 어제와 오늘 읽은 동화책은 모두 몇 쪽일까요?

(　　　　　　　　)

13 과일 가게에 사과가 42개, 배가 19개 있습니다. 사과와 배 중 어느 것이 몇 개 더 많을까요?

(　　　　　　), (　　　　　　)

14 계산 결과를 비교하여 ○ 안에 $>$, $=$, $<$를 알맞게 써넣으세요.

$23 + 27$ ○ $71 - 25$

15 ●+▲를 구해 보세요.

$43 - 19 + 25 =$ ●

$43 + 19 - 25 =$ ▲

(　　　　　　　　)

정답과 풀이 24쪽

16 4장의 수 카드를 한 번씩 사용하여 다음 식을 완성하려고 합니다. □ 안에 알맞은 수를 써넣으세요.

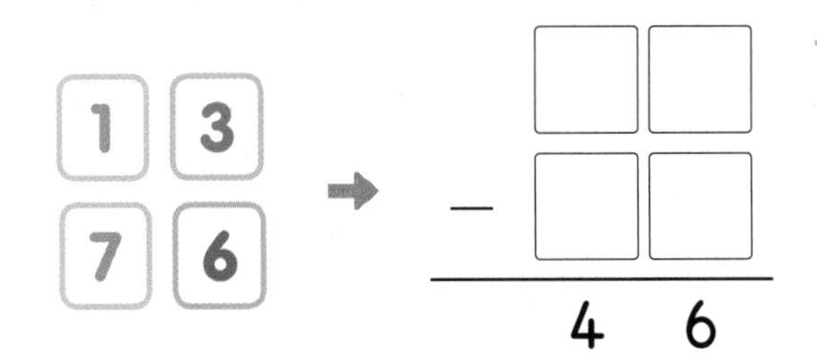

17 선영이는 색연필 40자루를 가지고 있었습니다. 그중에서 동생에게 몇 자루를 주었더니 28자루가 남았습니다. 선영이가 동생에게 준 색연필의 수를 □로 하여 식을 만들고 □의 값을 구해 보세요.

식 ______________________

□의 값 ______________________

18 버스에 28명이 타고 있었습니다. 이번 정류장에서 9명이 내리고 15명이 탔다면 지금 버스에 타고 있는 사람은 몇 명일까요?

(   )

19 어떤 수에서 18을 빼야 할 것을 잘못하여 더했더니 75가 되었습니다. 바르게 계산한 값은 얼마인지 풀이 과정을 쓰고 답을 구해 보세요.

풀이 ______________________

답 ______________________

20 4장의 수 카드를 한 번씩 사용하여 두 자리 수를 만들려고 합니다. 만들 수 있는 수 중에서 가장 큰 수와 가장 작은 수의 합은 얼마인지 풀이 과정을 쓰고 답을 구해 보세요.

7 2 8 3

풀이 ______________________

답 ______________________

수시 평가 대비 Level 2

점수

확인

1 계산해 보세요.

(1)
$$\begin{array}{r} 37 \\ +\ \ 7 \\ \hline \end{array}$$

(2)
$$\begin{array}{r} 64 \\ +16 \\ \hline \end{array}$$

(3) 57 + 28

(4) 75 + 49

2 □ 안에 알맞은 수를 써넣으세요.

36 + 28 = □

28 + 36 = □

3 계산에서 잘못된 곳을 찾아 바르게 고쳐 보세요.

$$\begin{array}{r} 81 \\ -26 \\ \hline 65 \end{array}$$ ➜ □

4 □ 안에 알맞은 수를 써넣으세요.

71 − 15 + 38 = □

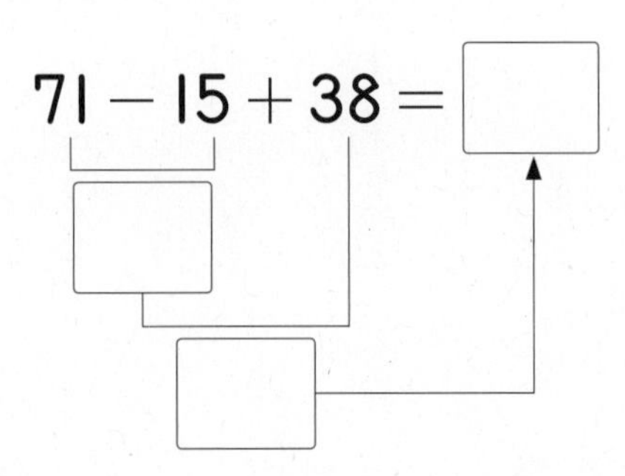

5 16 + 37을 2가지 방법으로 계산한 것입니다. □ 안에 알맞은 수를 써넣으세요.

(1) 16 + 37

= 16 + 30 + □

= 46 + □ = □

(2) 16 + 37

= 16 + 4 + □

= 20 + □ = □

6 덧셈식을 뺄셈식으로 나타내 보세요.

16 + 39 = 55

➜ □ − □ = □

□ − □ = □

7 계산 결과가 다른 하나를 찾아 ○표 하세요.

23 + 29 − 15 (　　)

65 − 46 + 14 (　　)

84 − 28 − 19 (　　)

정답과 풀이 25쪽

8 지민이의 나이는 7살입니다. 지민이는 오빠보다 6살 더 적습니다. 오빠의 나이를 □로 하여 식을 만들고, □의 값을 구해 보세요.

식 ______________________

□의 값 ______________________

9 계산 결과를 비교하여 ○ 안에 $>$, $=$, $<$를 알맞게 써넣으세요.

$$90 - 57 \bigcirc 92 - 57$$

10 55에 어떤 수를 더했더니 90이 되었습니다. 어떤 수를 구해 보세요.

(　　　　　　　　)

11 □ 안에 알맞은 수를 써넣으세요.

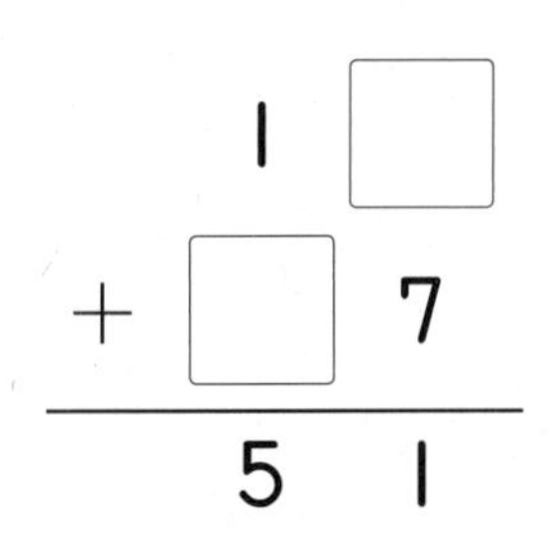

12 보기 의 계산을 보고 □ 안에 알맞은 수를 써넣으세요.

보기

$$26 + 36 - 19 = 43$$
$$26 + 37 - 20 = 43$$

$$26 + 38 - \square = 43$$

13 소연이는 줄넘기를 했습니다. 어제는 49번 넘었고 오늘은 어제보다 8번 더 많이 넘었습니다. 소연이는 어제와 오늘 줄넘기를 모두 몇 번 넘었을까요?

(　　　　　　　　)

14 정후네 반 학생은 남학생이 16명, 여학생이 15명입니다. 이 중에서 8명이 안경을 썼다면 안경을 쓰지 않은 학생은 몇 명일까요?

(　　　　　　　　)

15 수 카드 중에서 2장씩 골라 합이 43이 되는 식을 만들어 보세요.

35　36　7　8　9

$\square + \square = 43$

$\square + \square = 43$

3

서술형 문제

정답과 풀이 25쪽

16 세 수를 이용하여 계산 결과가 가장 큰 세 수의 계산식을 만들려고 합니다. ○ 안에 알맞은 수를 써넣고 답을 구해 보세요.

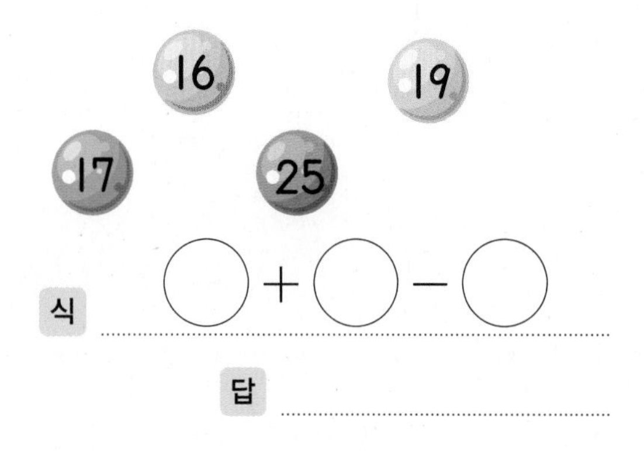

식 ○＋○－○

답

17 수 카드를 한 번씩만 사용하여 만들 수 있는 두 자리 수 중에서 가장 큰 수와 가장 작은 수의 합을 구해 보세요.

2 9 4 7

(　　　　　　　)

18 빨간색 카드에 적힌 두 수의 합과 파란색 카드에 적힌 두 수의 합이 같을 때 ㉠에 알맞은 수를 구해 보세요.

56 27 34 ㉠

(　　　　　　　)

19 동화책을 효주는 어제와 오늘 26쪽씩 읽었고, 병호는 어제 39쪽, 오늘 9쪽을 읽었습니다. 효주와 병호 중 어제와 오늘 누가 동화책을 몇 쪽 더 많이 읽었는지 풀이 과정을 쓰고 답을 구해 보세요.

풀이

답 　　　　,

20 1부터 9까지의 수 중에서 □ 안에 들어갈 수 있는 수는 모두 몇 개인지 풀이 과정을 쓰고 답을 구해 보세요.

$46 + \square < 51$

풀이

답

4 길이 재기

이번 단원에서
꼭 짚어야 할
핵심 개념을 알아보자.

핵심 1 여러 가지 단위로 길이 재기

길이를 잴 때 사용할 수 있는 단위에는 여러 가지가 있다.

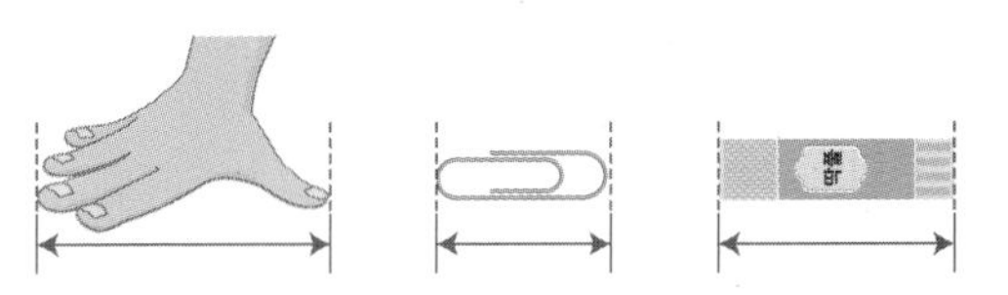

핵심 2 I cm 알아보기

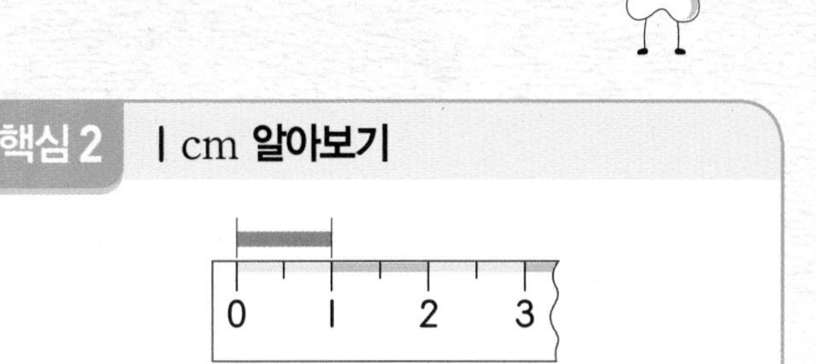

▬의 길이를 ☐(이)라 쓰고 ☐(이)라고 읽는다.

핵심 3 자로 길이 재는 방법

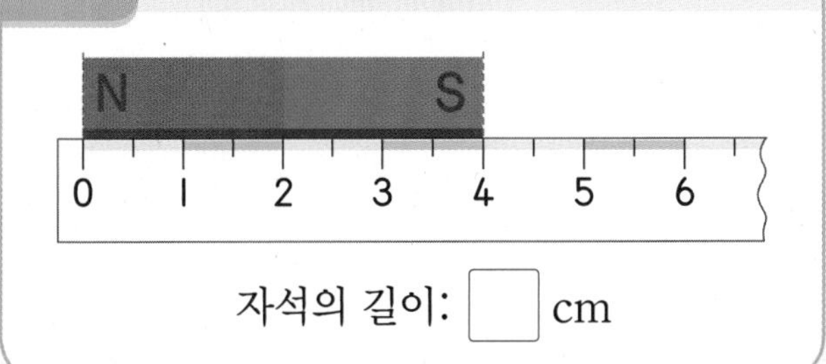

자석의 길이: ☐ cm

핵심 4 자로 길이 재기

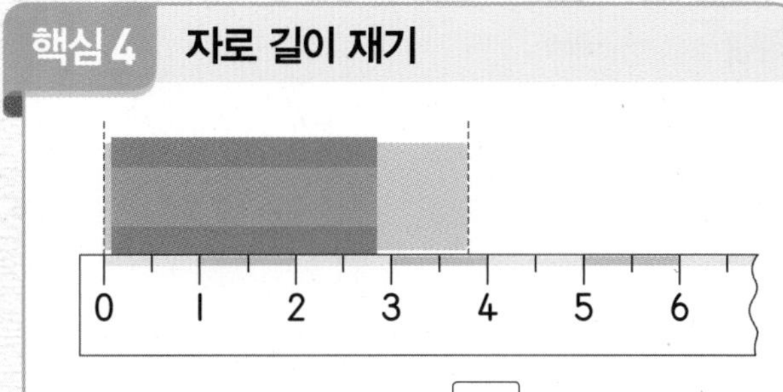

- 지우개의 오른쪽 끝이 ☐ cm에 가깝다.
- 지우개의 길이는 약 ☐ cm이다.

핵심 5 길이 어림하기

▬ I cm

어림한 길이	약 ☐ cm
자로 잰 길이	☐ cm

답 2. I cm, I 센티미터 3. 4 4. 4, 4 5. 예 5, 5

STEP 1 교과 개념

1. 길이를 비교하는 방법 알아보기

● 직접 맞대어 비교할 수 없는 길이 비교하기

종이띠를 이용하여 길이를 **본뜬** 다음 서로 **맞대어** 길이를 비교합니다.

• 종이띠 외에도 털실, 막대 등을 이용하여 길이를 비교할 수 있습니다.

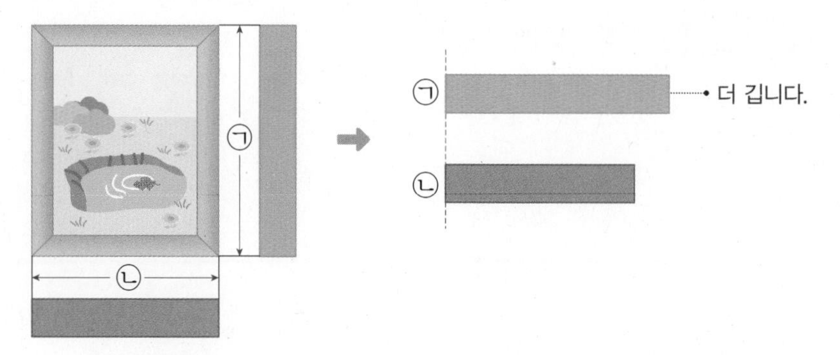

➡ 액자에서 ㉠의 길이가 ㉡의 길이보다 더 깁니다.

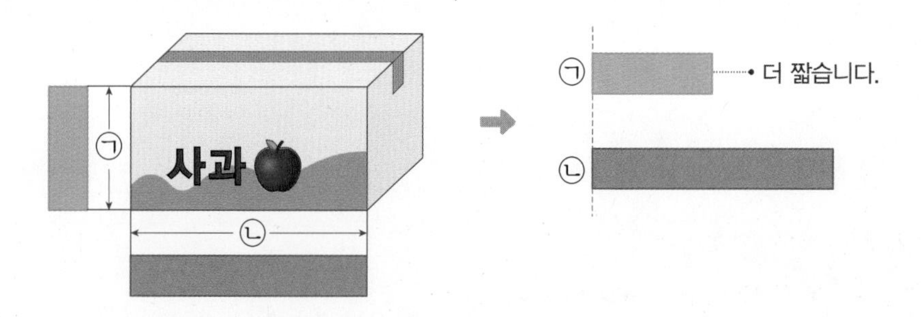

➡ 상자에서 ㉠의 길이가 ㉡의 길이보다 더 짧습니다.

개념 자세히 보기

● 하나의 종이띠로 길이를 비교할 수 있어요!

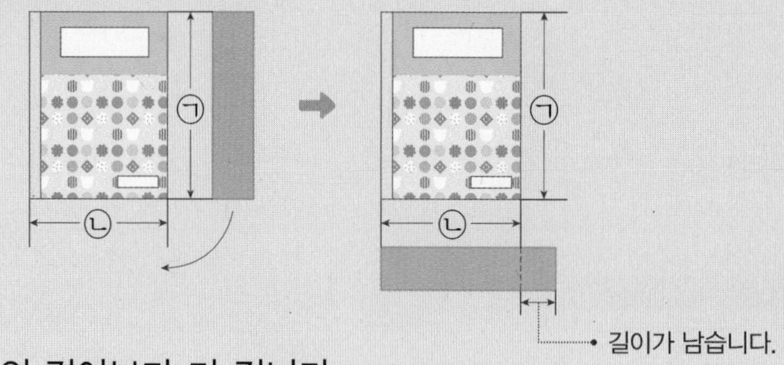

➡ 공책에서 ㉠의 길이가 ㉡의 길이보다 더 깁니다.

➡ 정답과 풀이 27쪽

1 스케치북의 길이를 비교하여 더 짧은 쪽에 ○표 하세요.

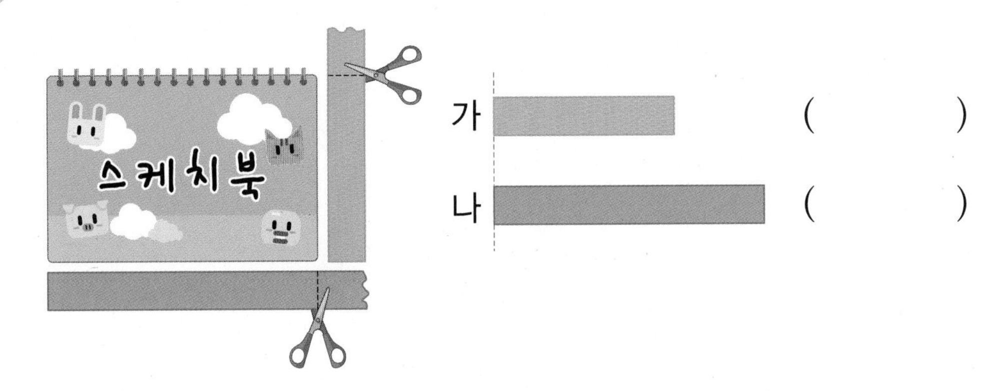

가 (　　　　)
나 (　　　　)

2 ㉠과 ㉡의 길이를 비교하려고 합니다. 어떻게 비교하면 좋을지 올바른 방법에 ○표 하세요.

직접 비교할 수 있는지, 없는지 알아봐요.

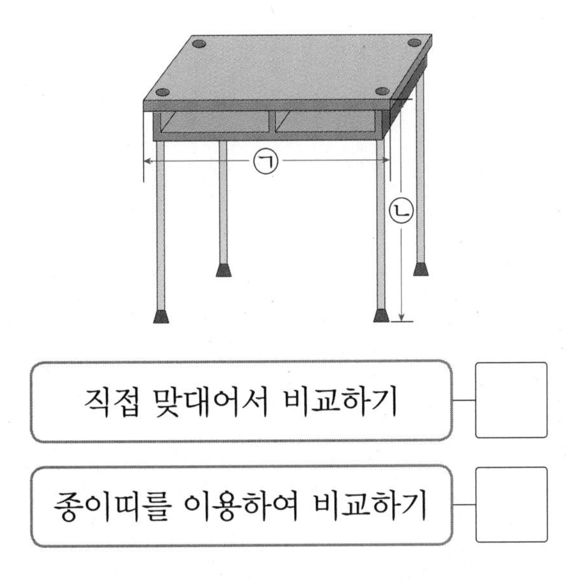

직접 맞대어서 비교하기 □

종이띠를 이용하여 비교하기 □

3 길이를 비교하여 □ 안에 알맞은 기호를 써넣으세요.

직접 비교할 수 없는 길이는 구체물을 이용하여 비교해요.

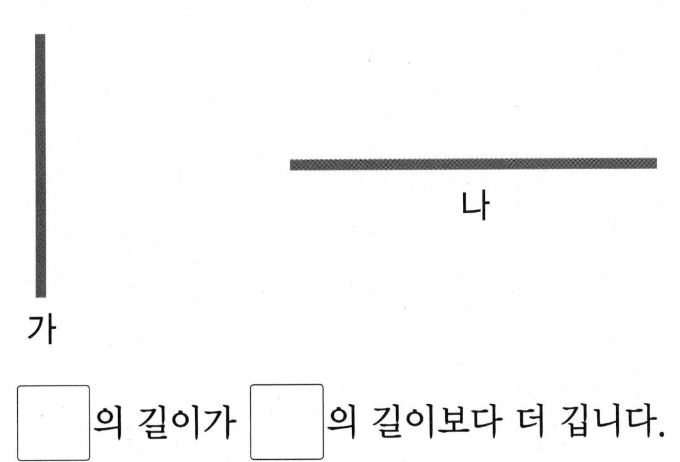

□의 길이가 □의 길이보다 더 깁니다.

2. 여러 가지 단위로 길이 재기

길이를 잴 때 사용할 수 있는 여러 가지 단위

다른 물건들을 단위로 하여 길이를 재도 됩니다.

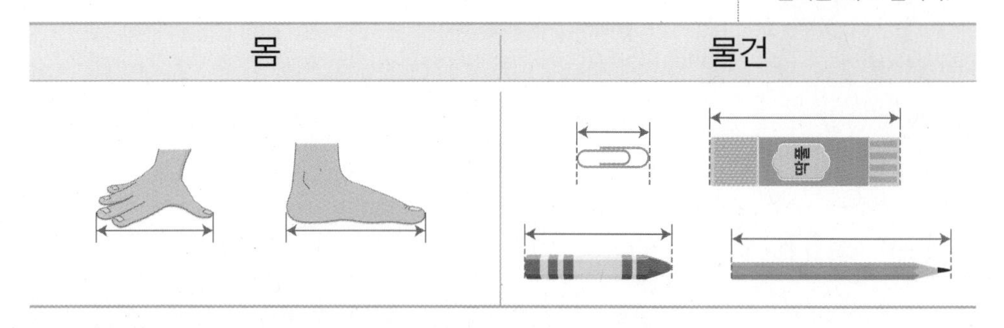

- 어떤 길이를 재는 데 기준이 되는 길이를 단위길이라고 합니다.
- 길이를 잴 때 사용할 수 있는 단위에는 여러 가지가 있습니다.

여러 가지 단위로 색 테이프의 길이 재기

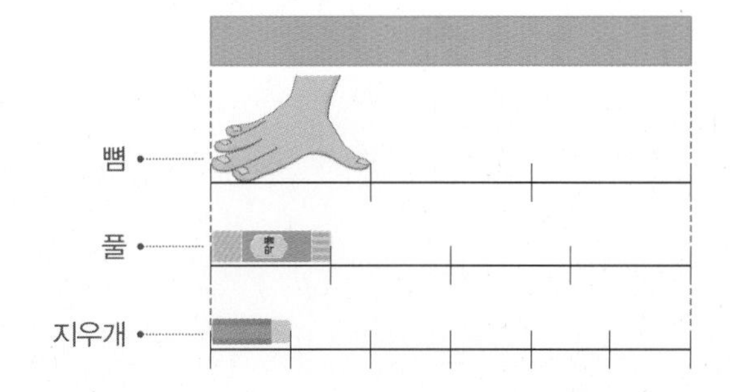

단위	재어 보기
뼘	3번
풀	4번
지우개	6번

단위의 길이를 비교하면 **뼘 > 풀 > 지우개**이지만

잰 횟수는 **뼘 < 풀 < 지우개**입니다.

➡ 단위의 길이가 길수록 잰 횟수가 적고, 단위의 길이가 짧을수록 잰 횟수가 많습니다.

개념 자세히 보기

뼘은 여러 가지 방법으로 잴 수 있어요!

- 뼘: 엄지손가락과 다른 손가락을 완전히 펴서 벌렸을 때의 두 끝 사이의 거리

뼘으로 길이를 잴 때에는 손가락을 한껏 벌려서 잽니다.

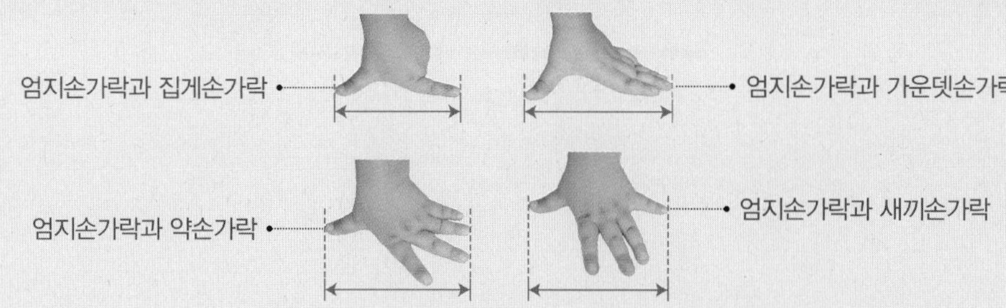

➔ 정답과 풀이 27쪽

1 뼘으로 색 테이프의 길이를 잰 것입니다. □ 안에 알맞은 수를 써넣으세요.

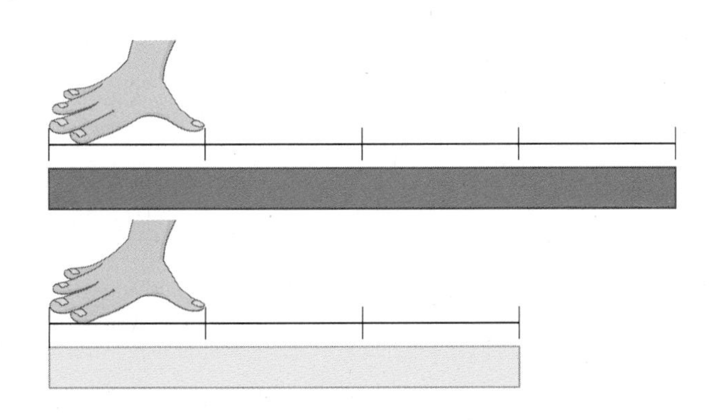

① 빨간색 테이프의 길이는 □뼘입니다.

② 노란색 테이프의 길이는 □뼘입니다.

2 옷핀과 크레파스를 단위로 하여 색연필의 길이를 재어 보세요.

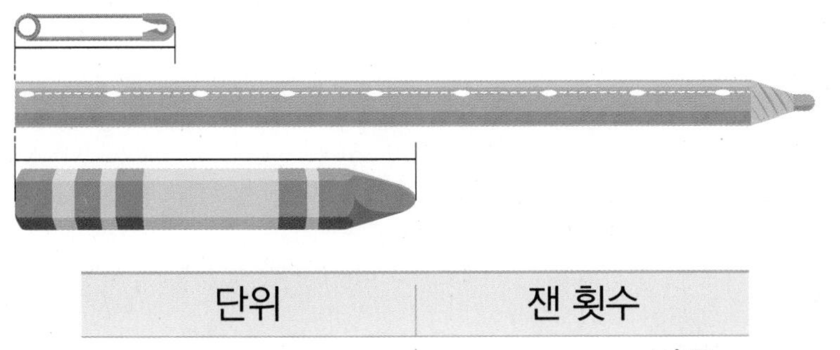

단위	잰 횟수
	번쯤
	번쯤

같은 물건이라도 단위의 길이에 따라서 잰 횟수가 다르게 나타나요.

3 동화책의 긴 쪽의 길이를 재었습니다. 잰 횟수가 더 많은 친구에 ○표 하세요.

단위길이가 짧을수록 잰 횟수는 많아요.

(　　　)　　(　　　)

STEP 1 교과 개념

3. 1 cm 알아보기

뼘으로 길이 재기

• 예원이와 아버지의 뼘으로 막대의 길이 재기

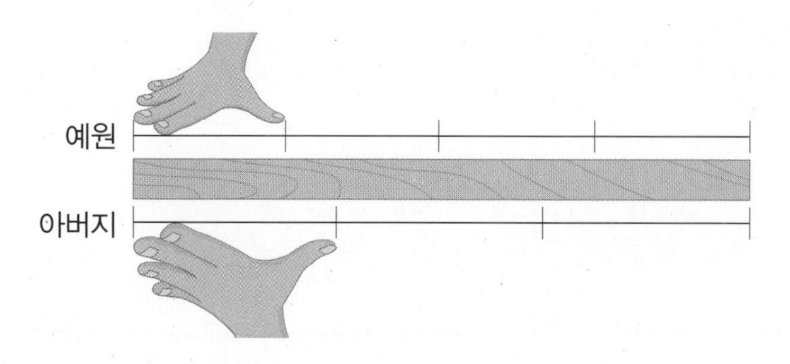

막대의 길이는 예원이의 뼘으로 4뼘입니다.

막대의 길이는 아버지의 뼘으로 3뼘입니다.

➡ 뼘의 길이가 사람마다 달라서 잰 횟수가 다르므로 정확한 길이를 알 수 없습니다.

• 똑같은 길이의 단위가 필요합니다.

1 cm 알아보기

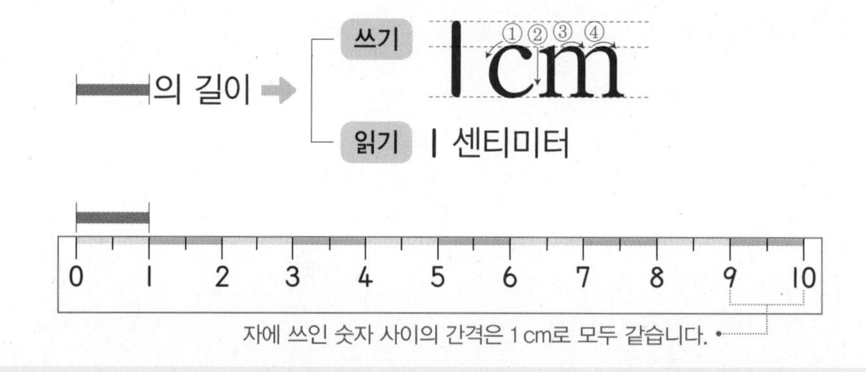

자에 쓰인 숫자 사이의 간격은 1 cm로 모두 같습니다.

개념 자세히 보기

물건의 길이를 cm로 나타내면 좋은 점을 알아보아요!

• 누가 길이를 재어도 똑같은 길이가 나옵니다.
• 길이를 정확하게 나타낼 수 있습니다.

길이를 읽고 써 보아요!

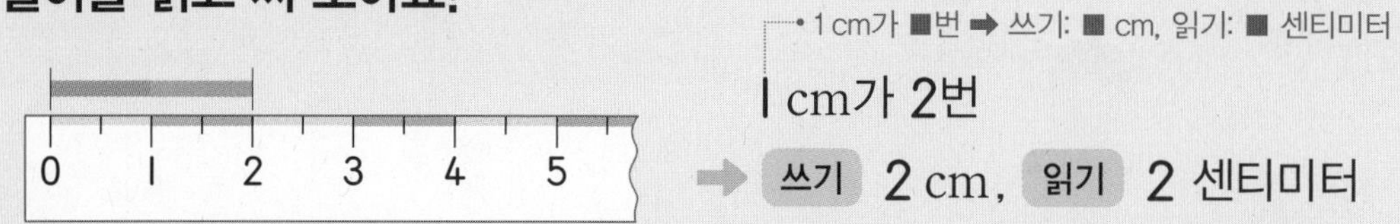

• 1 cm가 ■번 ➡ 쓰기: ■ cm, 읽기: ■ 센티미터

1 cm가 2번

➡ 쓰기 2 cm, 읽기 2 센티미터

정답과 풀이 27쪽

1 상엽이와 지은이가 뼘으로 2번 재어 끈을 잘랐더니 끈의 길이가 달랐습니다. 왜 길이가 다른지 알맞은 말에 ○표 하세요.

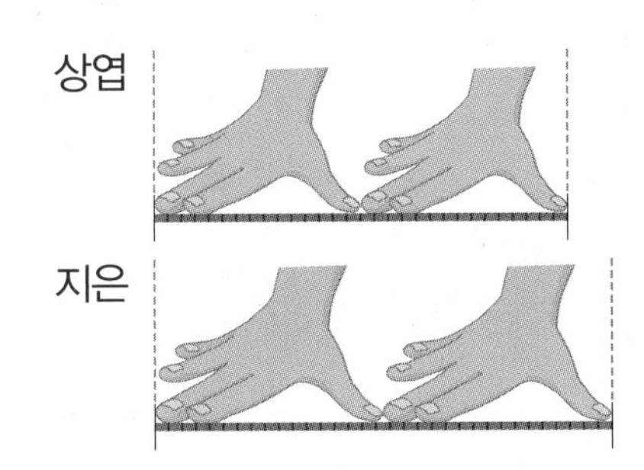

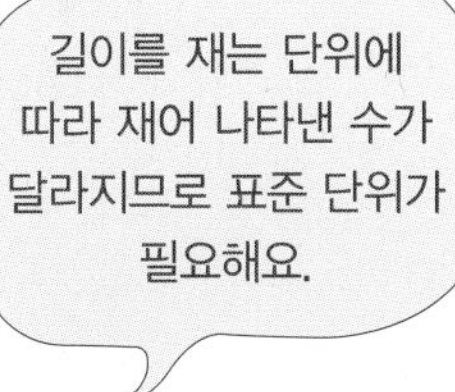

➡ 두 사람의 뼘의 길이가 (같기 , 다르기) 때문입니다.

2 바르게 써 보세요.

① 1 cm

② 2 cm

3 1 cm가 몇 번인지 세고, 길이를 쓰고 읽어 보세요.

① 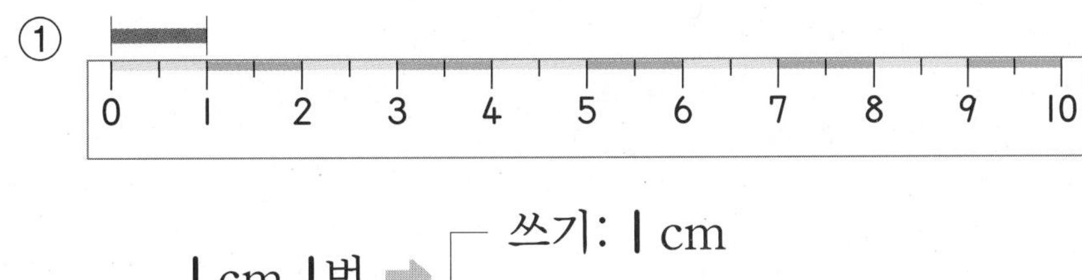

1 cm 1번 ➡ 쓰기: 1 cm
읽기: ....

② 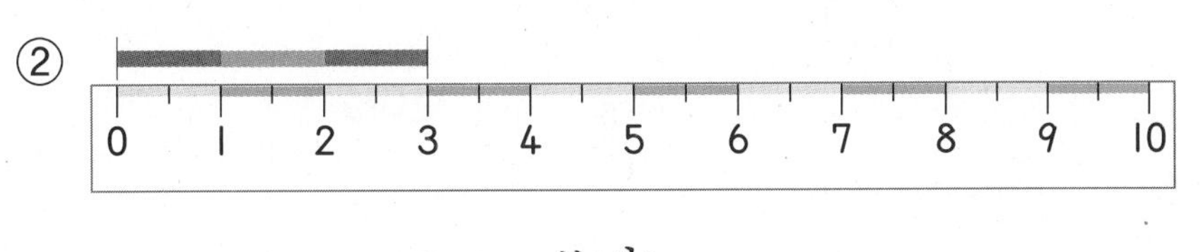

1 cm ☐번 ➡ 쓰기: ....
읽기: ....

③ 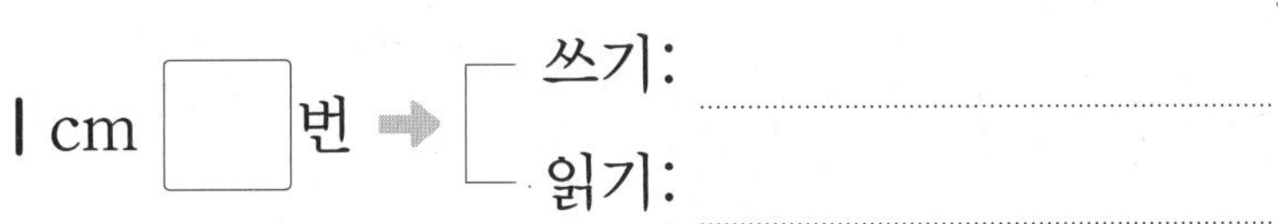

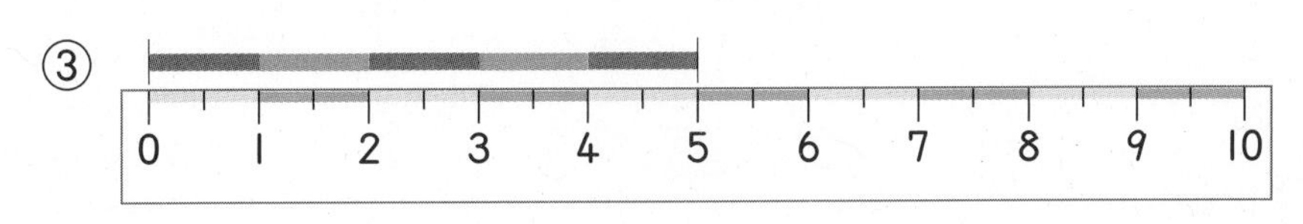

1 cm ☐번 ➡ 쓰기: ....
읽기: ....

STEP 1 교과 개념

4. 자로 길이를 재는 방법 알아보기

자를 사용하여 길이 재는 방법(1)

• 물건의 한쪽 끝을 눈금 0에 맞추어 길이 재기

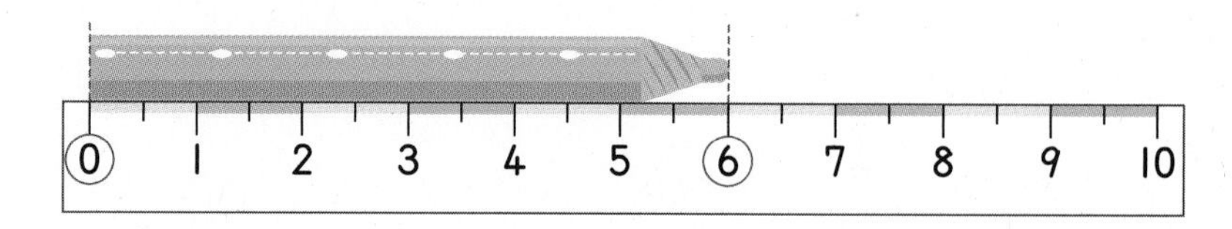

① 색연필의 한쪽 끝을 자의 눈금 0에 맞춥니다.

② 색연필의 다른 쪽 끝에 있는 자의 눈금을 읽습니다.

➡ 색연필의 길이는 6 cm입니다.

• 색연필의 길이는 눈금 0에서 시작하여 오른쪽 끝이 눈금 6에 있으므로 6 cm입니다.

자를 사용하여 길이 재는 방법(2)

• 물건의 한쪽 끝을 0이 아닌 눈금에 맞추어 길이 재기

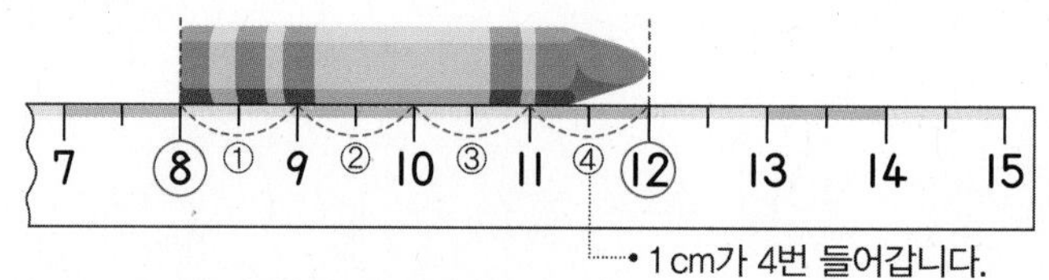

• 1 cm가 4번 들어갑니다.

① 크레파스의 한쪽 끝을 자의 한 눈금에 맞춥니다.

② 크레파스의 한쪽 끝에서 다른 쪽 끝까지 1 cm가 몇 번 들어가는지 셉니다.

➡ 크레파스의 길이는 4 cm입니다.

• 8부터 12까지 1 cm가 4번 들어가므로 4 cm입니다.

개념 자세히 보기

물건의 한쪽 끝을 0이 아닌 눈금에 맞추었을 때의 길이를 재어 보아요!

오른쪽 눈금 숫자에서 왼쪽 눈금 숫자를 뺍니다.

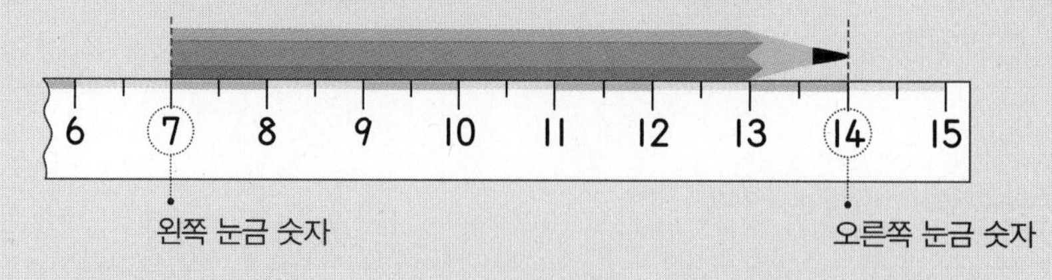

➡ 연필의 길이는 $14-7=7$ (cm)입니다.

➔ 정답과 풀이 27쪽

1 □ 안에 알맞은 수를 써넣어 자를 완성해 보세요.

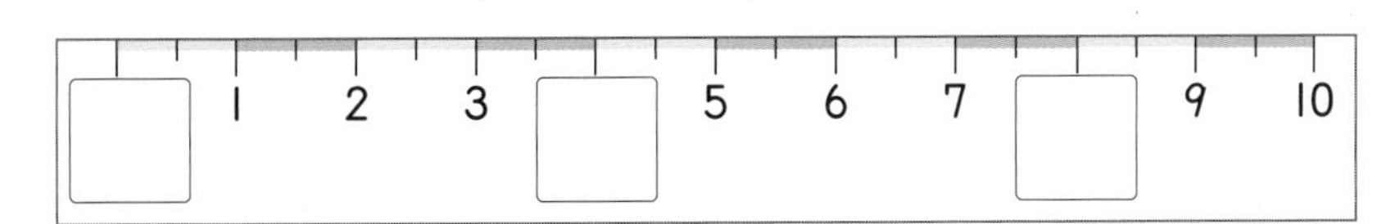

자에는 똑같은 간격으로 눈금이 있고 숫자가 0부터 차례로 있어요.

2 자로 길이를 바르게 잰 것에 ○표 하세요.

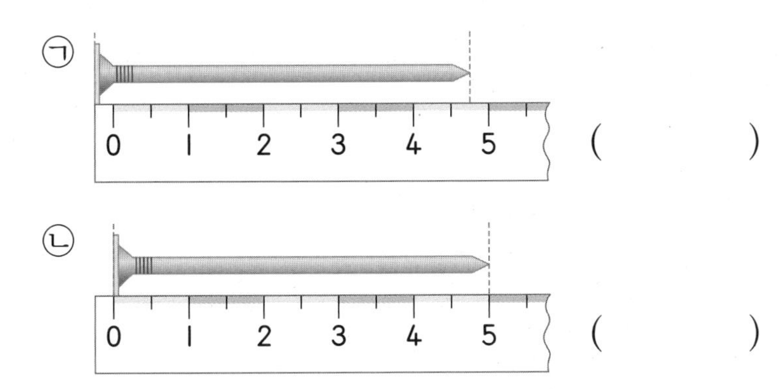

㉠ (　　　)

㉡ (　　　)

3 색 테이프의 길이는 몇 cm인지 구해 보세요.

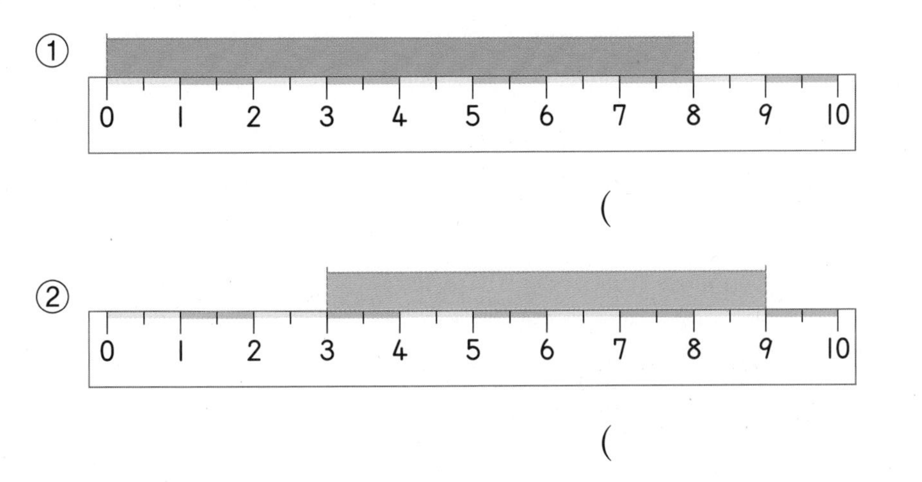

① (　　　　　)

② (　　　　　)

자의 눈금에 주의하여 길이를 알아봐요.

4 자로 길이를 재어 보세요.

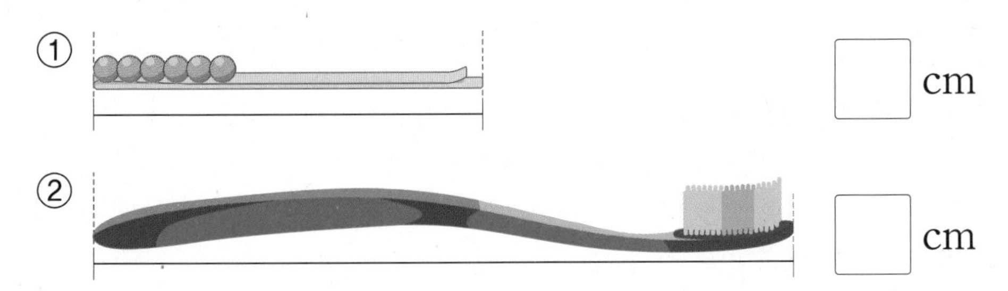

① □ cm

② □ cm

5. 자로 길이 재기, 길이 어림하기

● 자로 길이 재기

• 길이가 자의 눈금 사이에 있을 때는 눈금과 가까운 쪽의 숫자를 읽으며, 숫자 앞에 약을 붙여 말합니다.

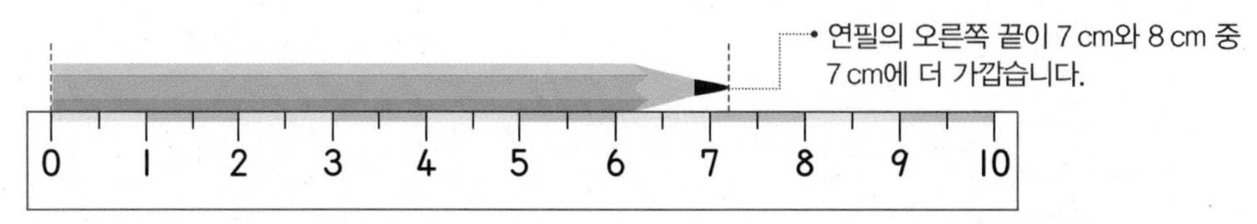

연필의 길이는 7 cm에 가깝기 때문에 약 7 cm입니다.

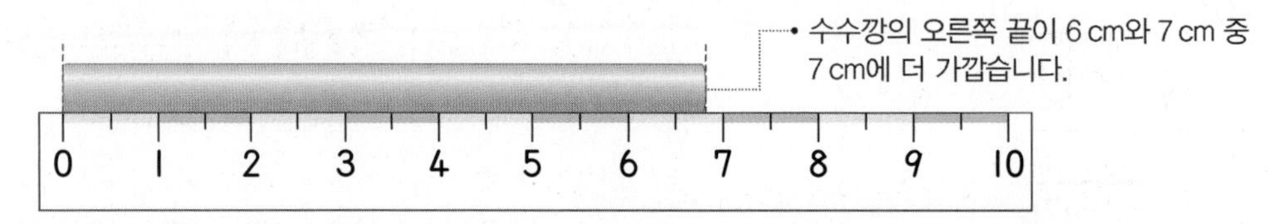

수수깡의 길이는 7 cm에 가깝기 때문에 약 7 cm입니다.

물건의 한쪽 끝이 눈금 사이에 있을 때 '약 □ cm'라고 씁니다.

참고 연필과 수수깡은 어림한 길이가 약 7 cm로 같지만 실제 길이는 다릅니다.
➡ 어림한 길이가 같더라도 실제 길이는 다를 수 있습니다.

● 길이 어림하기

• 자를 사용하지 않고 물건의 길이가 얼마쯤인지 어림할 수 있습니다. 어림한 길이를 말할 때는 '약 □ cm'라고 합니다.
• 머리핀의 길이를 어림하고 자로 재어 확인하기

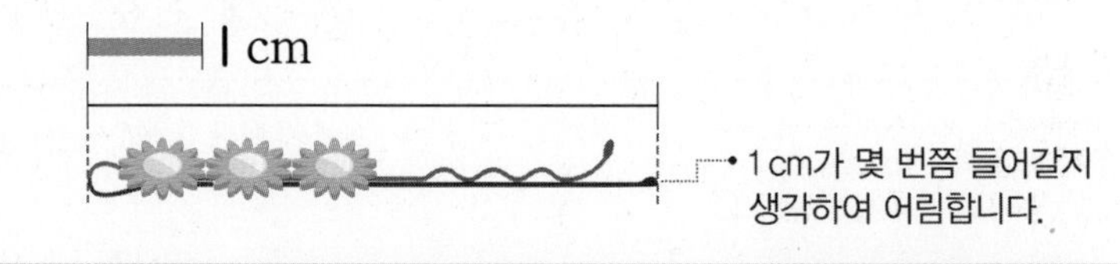

이름	어림한 길이	자로 잰 길이	어림한 길이와 자로 잰 길이의 차
효주	약 4 cm	5 cm	1 cm (5−4=1 (cm))
재호	약 7 cm	5 cm	2 cm (7−5=2 (cm))

➡ 실제 길이와 더 가깝게 어림한 사람은 효주입니다.

어림한 길이와 자로 잰 길이의 차가 작을수록 더 가깝게 어림한 것입니다.

정답과 풀이 27쪽

1 물건의 길이를 알아보세요.

①

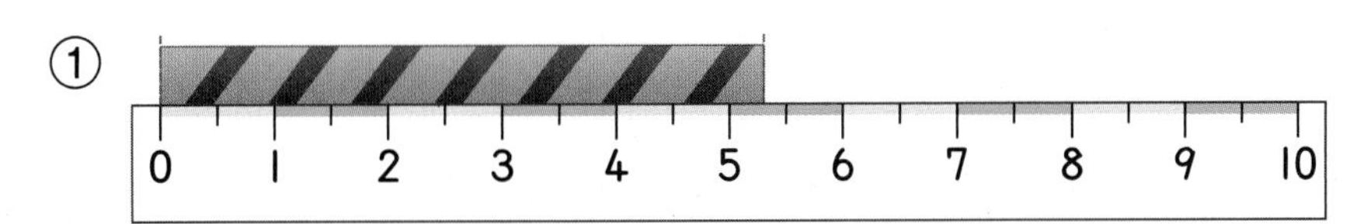

과자의 오른쪽 끝이 ☐ cm에 가까우므로 과자의 길이는 약 ☐ cm입니다.

②

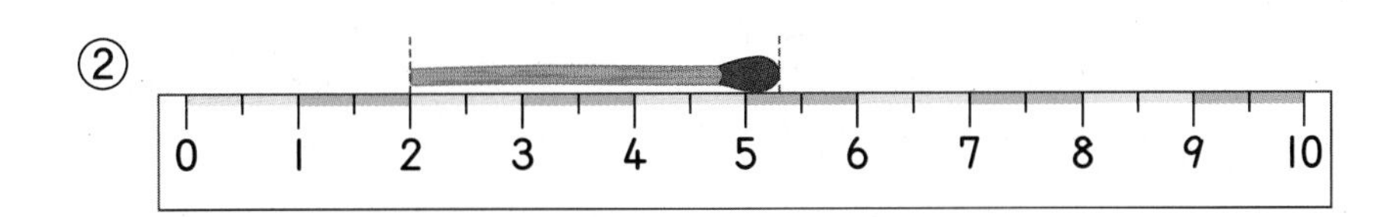

성냥개비의 길이는 1 cm가 ☐ 번쯤 되므로 약 ☐ cm입니다.

2 끈의 길이를 자로 재어 보세요.

①

약 (　　　　　　)

②

약 (　　　　　　)

길이가 자의 눈금 사이에 있으면 더 가까운 쪽의 숫자를 읽어 약 ■ cm로 나타내요.

3 리본의 길이를 어림하고 자로 재어 확인해 보세요.

리본	어림한 길이	자로 잰 길이
	약 　　cm	cm
	약 　　cm	cm
	약 　　cm	cm

1 cm가 몇 번쯤 들어갈지 생각하여 어림해요.

STEP 2 꼭 나오는 유형

1 길이를 비교하는 방법 알아보기

1 길이를 비교하여 더 긴 쪽에 ○표 하세요.

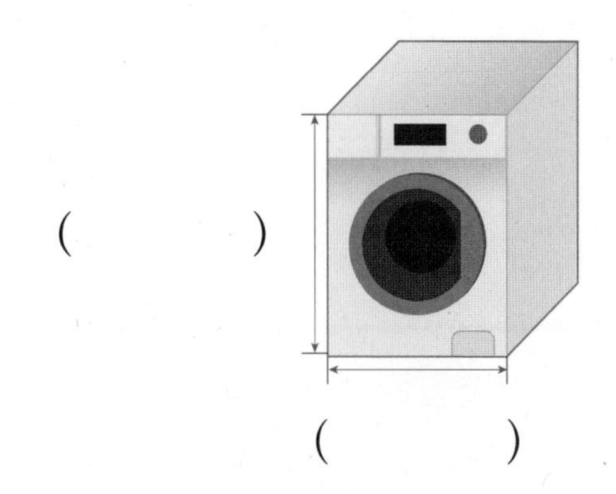

(　　　)

(　　　)

2 ㉠과 ㉡의 길이를 비교할 수 있는 올바른 방법을 찾아 색칠하고 알맞은 말에 ○표 하세요.

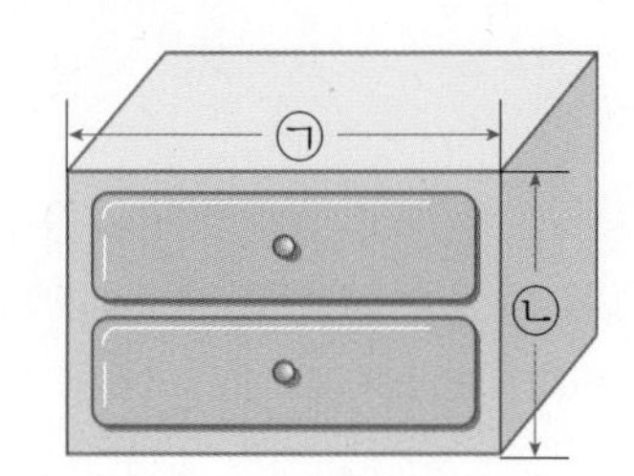

털실을 이용하여 비교하기

직접 맞대어서 비교하기

㉠이 ㉡보다 더 (깁니다 , 짧습니다).

3 길이가 긴 리본부터 순서대로 기호를 써 보세요.

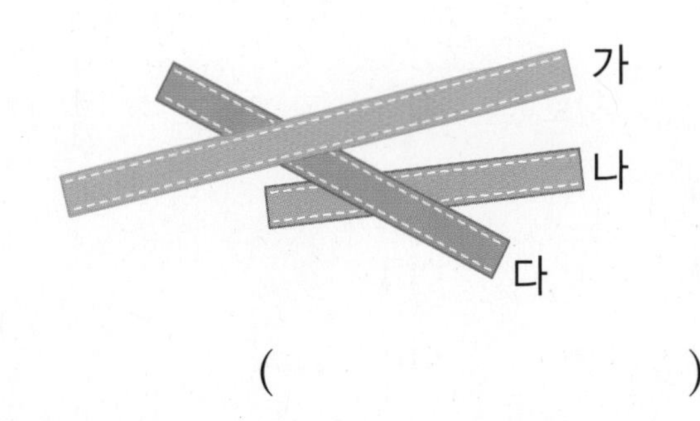

(　　　　　)

4 빨간색 막대보다 키가 작은 사람을 찾아 ○표 하세요.

(　　　)(　　　)(　　　)

5 길이를 비교하는 방법으로 알맞은 것을 보기 에서 골라 기호를 써 보세요.

보기
㉠ 직접 맞대어서 비교하기
㉡ 막대나 끈을 이용하여 비교하기

(1) 식탁의 긴 쪽의 길이와 높이를 비교할 때 — □

(2) 친구와 나의 엄지손가락의 길이를 비교할 때 — □

6 책꽂이에 책을 크기별로 정리하여 세워서 꽂으려고 합니다. 책꽂이의 위쪽 칸에 꽂을 수 없는 책을 찾아 기호를 써 보세요.

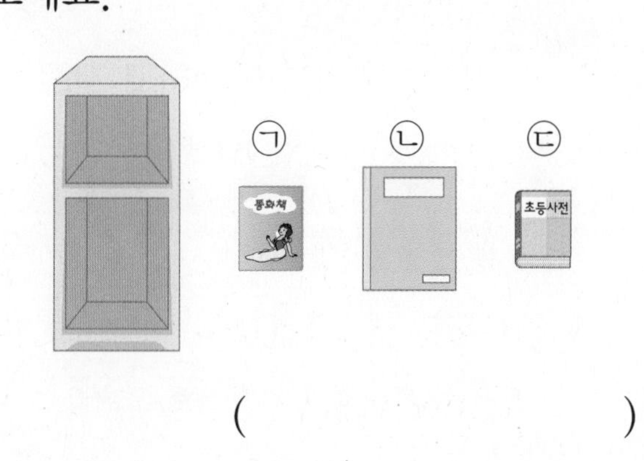

(　　　　　)

2 여러 가지 단위로 길이 재기

7 리코더의 길이는 지우개로 몇 번일까요?

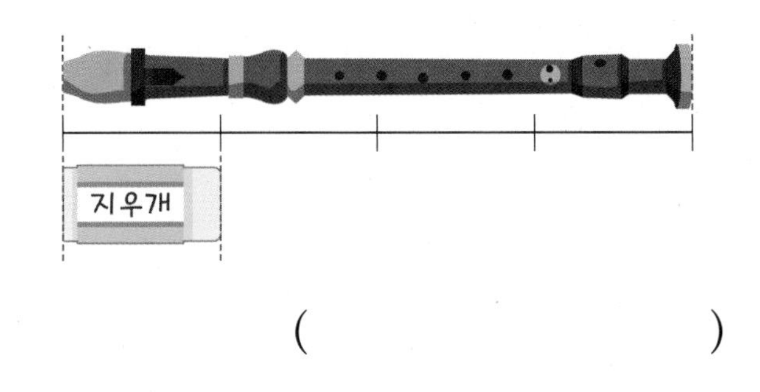

(　　　　　　)

8 수현이와 아버지는 끈의 길이를 재었습니다. 끈의 길이는 수현이와 아버지의 뼘으로 각각 몇 뼘일까요?

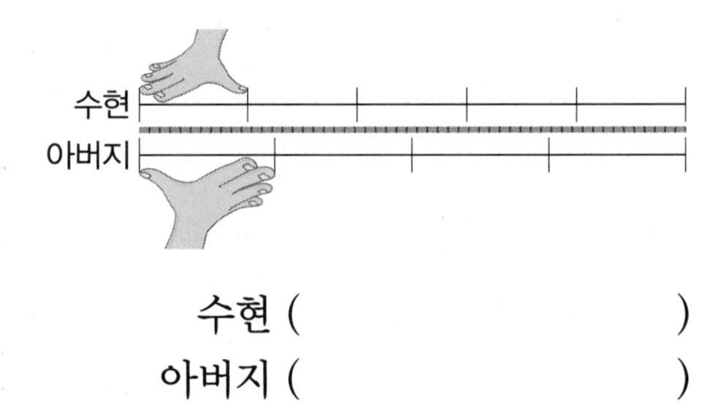

수현 (　　　　　　)
아버지 (　　　　　　)

9 을 단위로 색연필의 길이를 재어 보세요.

(1) 파란색 색연필은 으로 ☐번쯤입니다.

(2) 노란색 색연필은 으로 ☐번쯤입니다.

10 길이를 잴 때 사용되는 단위입니다. 가장 긴 것에 ○표 하세요.

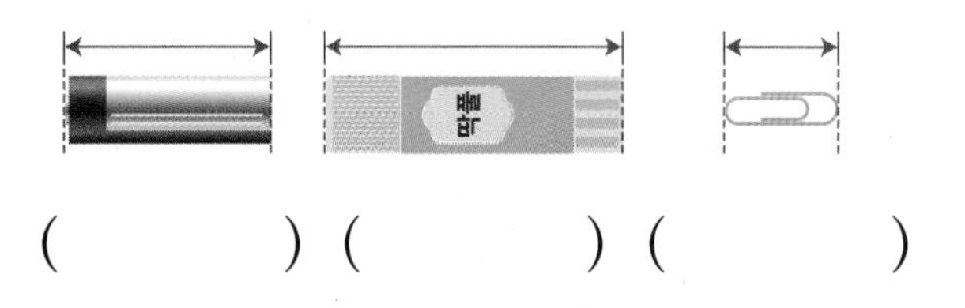

(　　　) (　　　) (　　　)

[11~12] 과자의 길이를 클립과 지우개로 잰 것입니다. 물음에 답하세요.

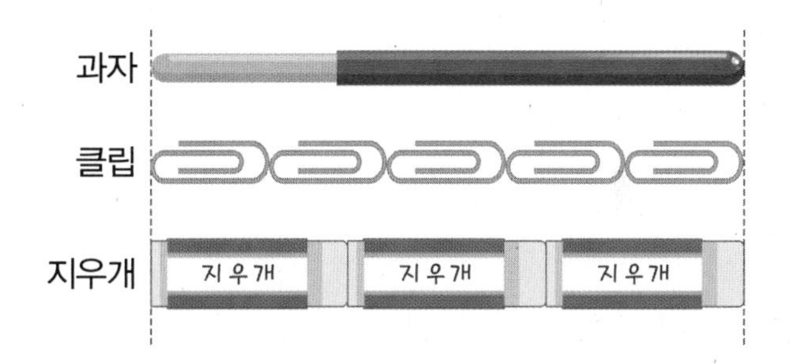

11 과자의 길이는 클립으로 몇 번일까요?

(　　　　　　)

12 과자의 길이는 지우개로 몇 번일까요?

(　　　　　　)

13 가장 긴 끈을 가지고 있는 사람은 누구일까요?

> 정후: 내 끈은 지우개로 5번쯤이야.
> 세희: 내 끈은 수학책의 긴 쪽으로 5번쯤이야.
> 하성: 내 끈은 뼘으로 5번쯤이야.

(　　　　　　)

14 연결 모형으로 모양 만들기를 하였습니다. 가장 길게 연결한 것을 찾아 기호를 써 보세요.

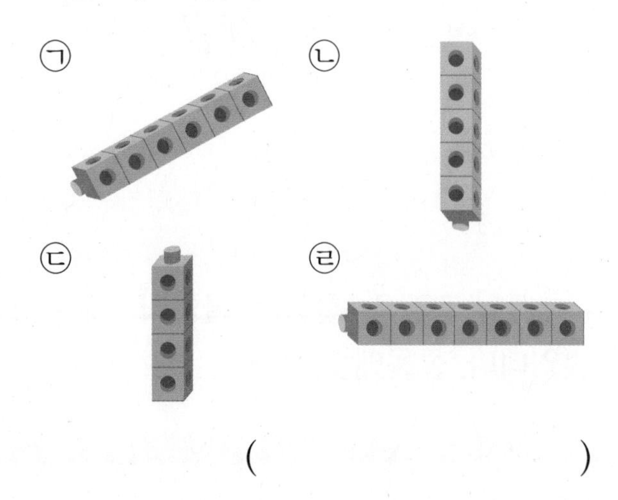

( )

15 창문의 긴 쪽의 길이를 재었습니다. 잰 횟수가 적은 친구부터 순서대로 1, 2, 3을 써 보세요.

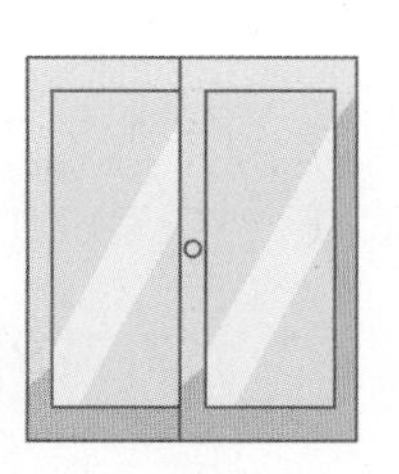

( ) ( ) ( )

16 사인펜의 길이는 클립으로 몇 번인지 구해 보세요.

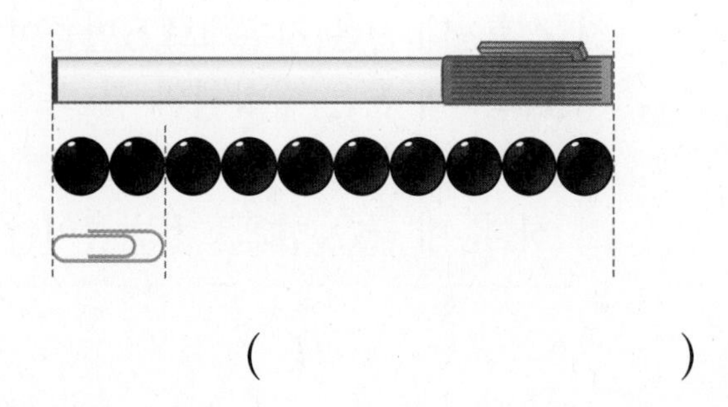

( )

3 뼘의 불편한 점 알아보기

[17~18] 종욱이와 슬기가 끈을 각자의 뼘으로 3번씩 재어 자른 것입니다. 물음에 답하세요.

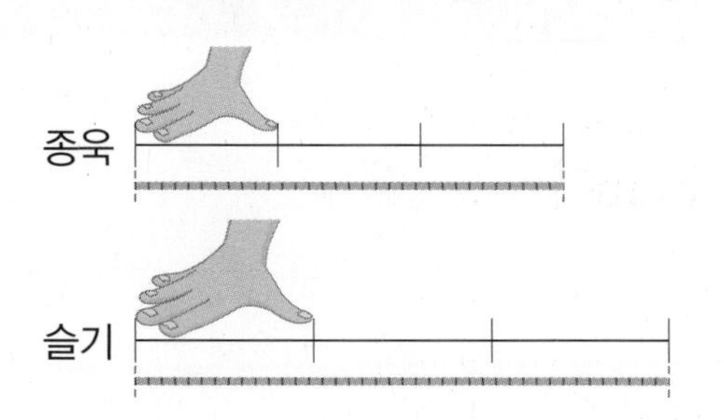

17 뼘의 길이가 더 긴 사람은 누구일까요?

( )

18 두 사람이 자른 끈의 길이는 서로 같을까요, 다를까요?

( )

서술형

19 뼘으로 길이를 재면 불편한 점을 써 보세요.

4 1 cm 알아보기

20 의 길이는 몇 cm인지 써 보세요.

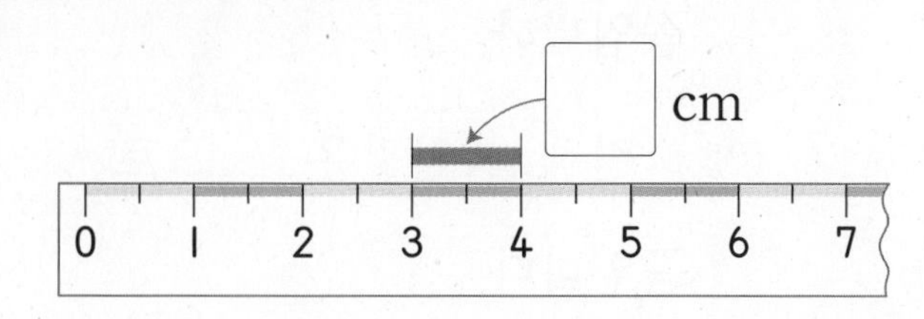

21 1 cm가 몇 번인지 세고, 길이를 쓰고 읽어 보세요.

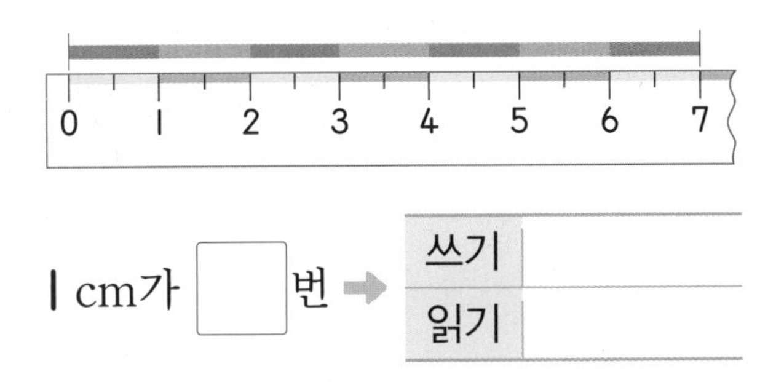

1 cm가 ☐ 번 ➡ 쓰기 / 읽기

22 ☐ 안에 알맞은 수를 써넣으세요.

(1) 4 cm는 1 cm가 ☐ 번입니다.

(2) 1 cm로 ☐ 번은 12 cm입니다.

내가 만드는 문제

23 길이를 정한 다음 1 cm의 길이를 보고 정한 길이만큼 점선을 따라 선을 그어 보세요.

☐ cm

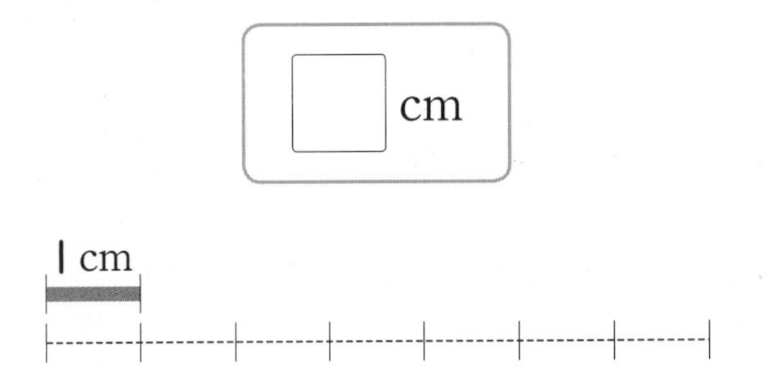

24 길이가 더 긴 것을 찾아 기호를 써 보세요.

㉠ 7 cm
㉡ 1 cm로 3번인 길이

( )

25 그림에서 작은 사각형의 한 변의 길이는 1 cm로 모두 같습니다. 길이가 가장 긴 것을 찾아 기호를 써 보세요.

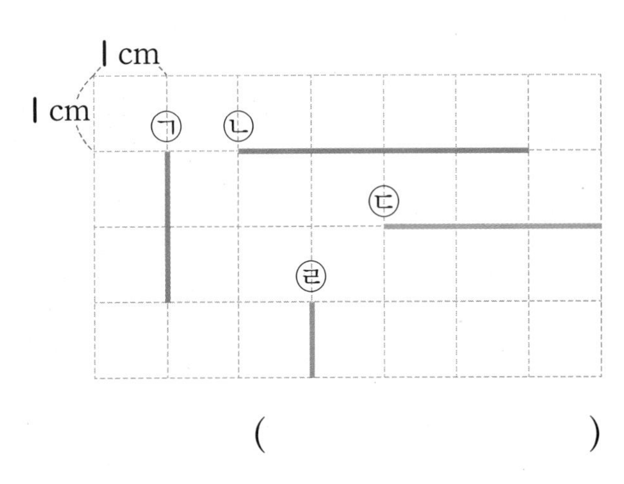

( )

5 자를 사용하여 길이 재기 – 물건의 한쪽 끝을 눈금 0에 맞출 때

26 바늘의 길이는 몇 cm일까요?

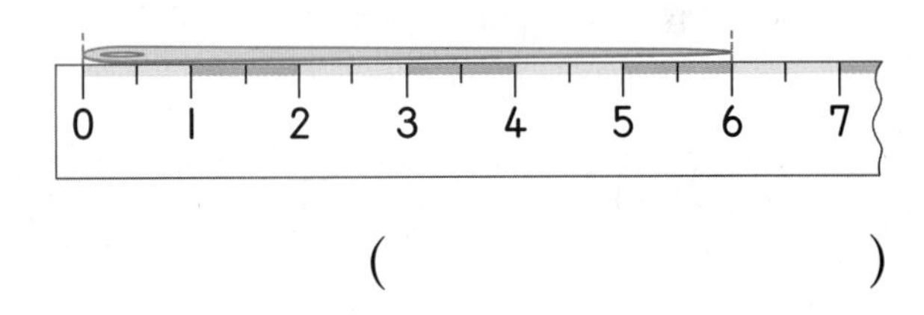

( )

27 건전지의 길이는 몇 cm인지 자로 재어 보세요.

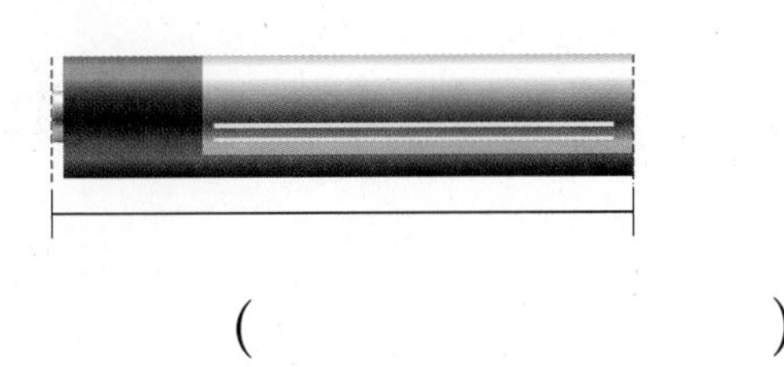

( )

28 색 테이프의 길이를 바르게 잰 것을 찾아 기호를 써 보세요.

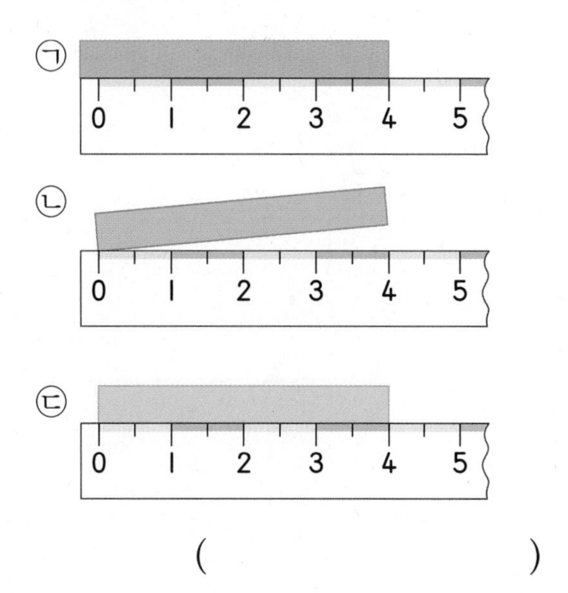

( )

29 길이가 7 cm인 끈을 찾아 기호를 써 보세요.

㉠

㉡

㉢

( )

내가 만드는 문제

30 만들고 싶은 색연필의 길이를 □ 안에 쓰고, 길이만큼 색연필이 완성되도록 색칠해 보세요.

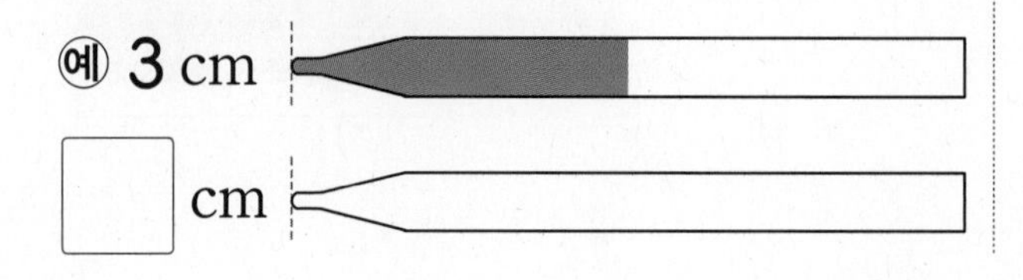

31 빨간색 점에서 더 가깝게 있는 점을 찾아 기호를 써 보세요.

㉠ ㉡

( )

32 막대의 길이를 재어 막대의 길이만큼 점선을 따라 선을 그어 보세요.

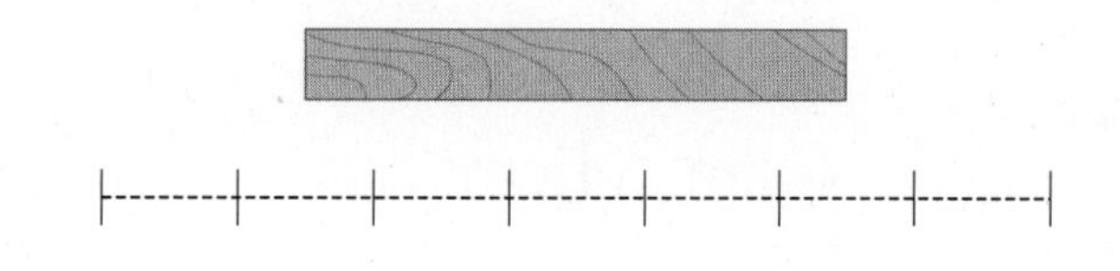

서술형

33 수지의 장래 희망은 옷 만드는 사람입니다. 옷 만드는 사람은 길이 재기가 필요한 직업입니다. 길이 재기가 필요한 까닭을 써 보세요.

까닭

6 자를 사용하여 길이 재기
– 물건의 한쪽 끝을 0이 아닌 눈금에 맞출 때

34 □ 안에 알맞은 수를 써넣으세요.

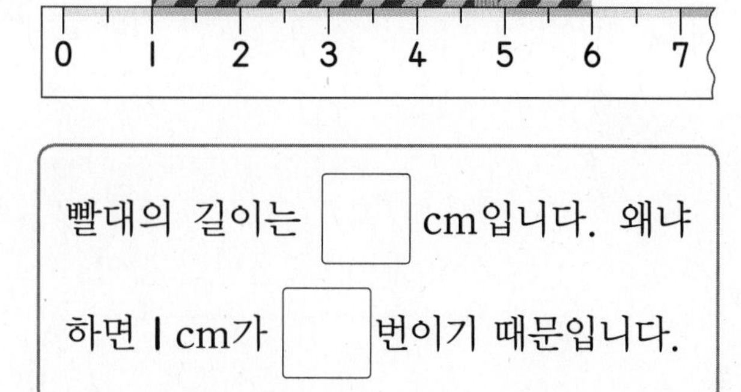

빨대의 길이는 □ cm입니다. 왜냐하면 1 cm가 □ 번이기 때문입니다.

35 성냥개비의 길이를 잰 것입니다. 잘못 잰 사람은 누구일까요?

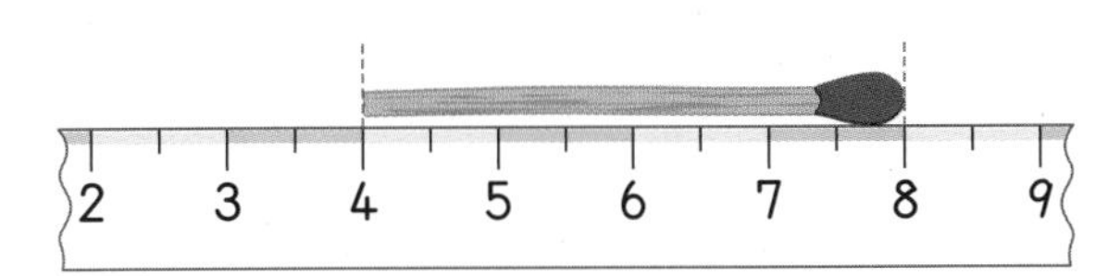

민주: 성냥개비의 길이는 4부터 8까지 1 cm가 4번이므로 4 cm입니다.
규민: 성냥개비의 오른쪽 끝에 있는 자의 눈금이 8이므로 8 cm입니다.

( )

36 자석의 길이는 몇 cm일까요?

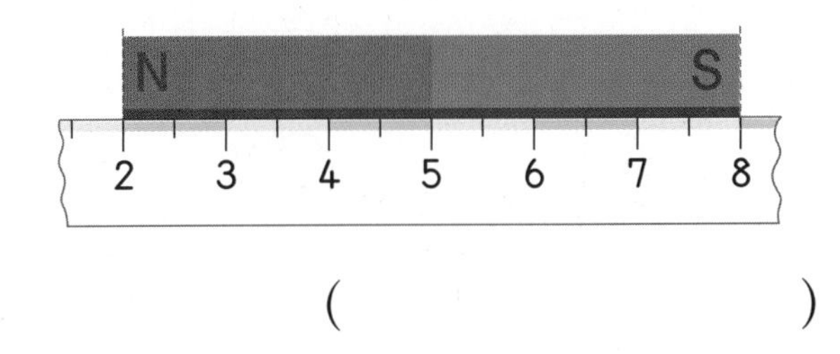

( )

7 자를 사용하여 길이 재기 – 길이가 자의 눈금 사이에 있을 때

37 길이를 잘못 잰 것을 찾아 기호를 써 보세요.

㉠

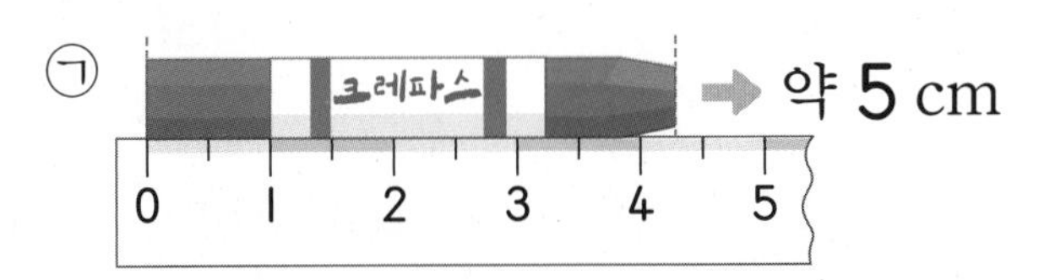

㉡

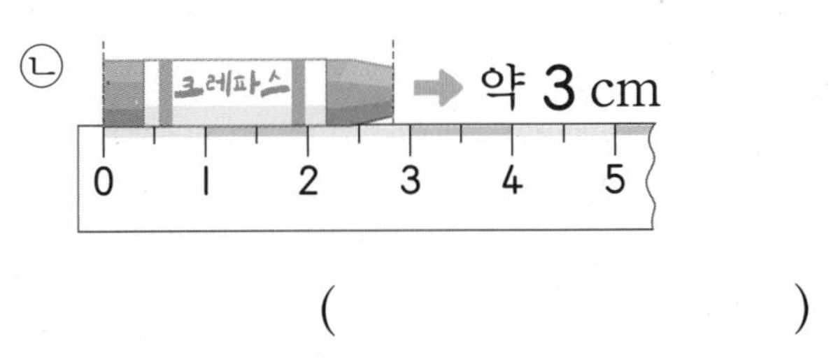

( )

서술형

38 연필의 길이를 우찬이는 약 5 cm라고 잘못 재었습니다. 연필의 길이는 약 몇 cm인지 쓰고 어떻게 재어야 하는지 설명해 보세요.

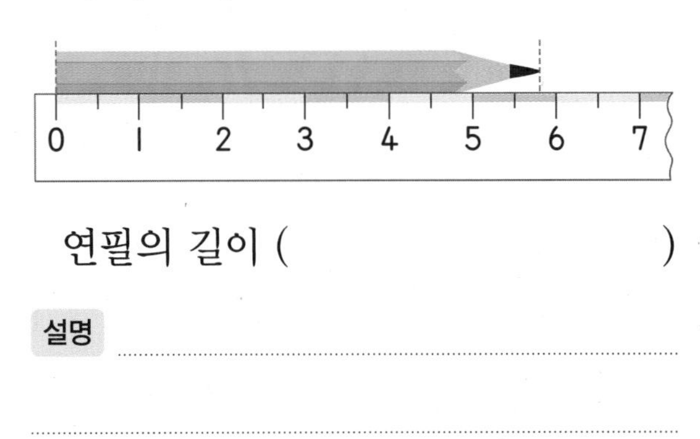

연필의 길이 ( )

설명 ....

39 색 테이프의 길이는 약 몇 cm일까요?

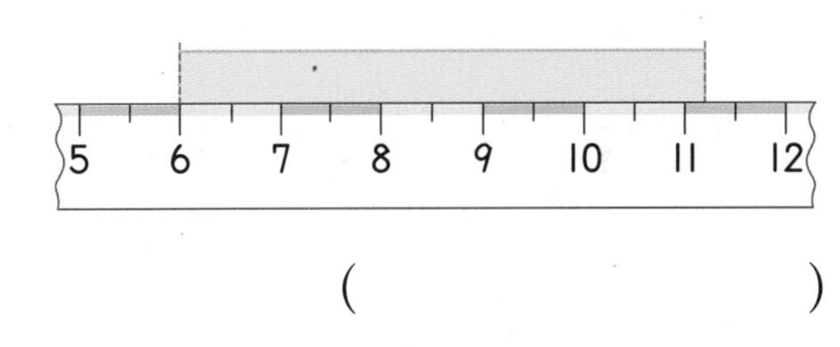

( )

40 도장의 길이는 약 몇 cm인지 자로 재어 보세요.

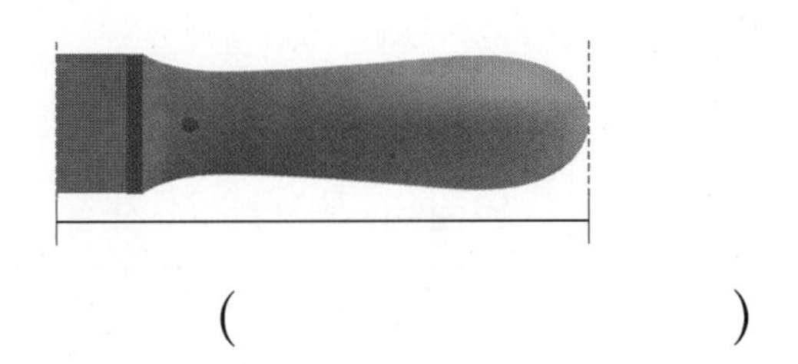

( )

8 길이 어림하기

41 1 cm, 4 cm를 어림하여 선을 긋고 자로 재어 확인해 보세요.

1 cm

4 cm

42 면봉의 길이를 어림하고 자로 재어 확인해 보세요.

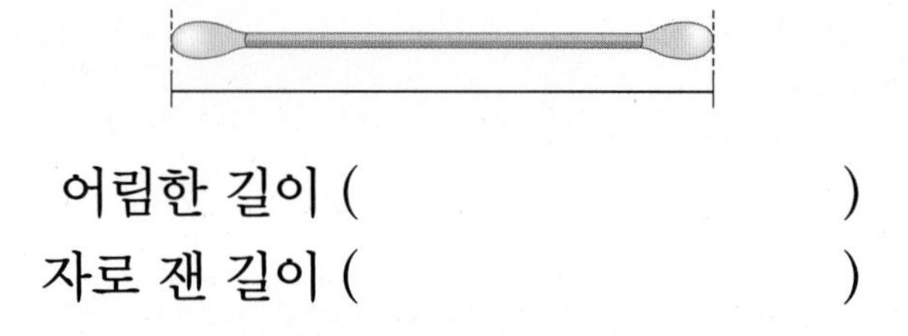

어림한 길이 (　　　　　)
자로 잰 길이 (　　　　　)

43 알맞은 길이를 찾아 이어 보세요.

옷핀의 길이 •	• 3 cm
볼펜의 길이 •	• 60 cm
책상의 긴 쪽 길이 •	• 15 cm

44 연필의 길이를 수연이는 약 5 cm, 광호는 약 8 cm라고 어림하였습니다. 알맞은 것에 ○표 하세요.

연필의 길이를 자로 재어 보면 (6 cm , 7 cm)입니다. 따라서 연필의 길이를 더 가깝게 어림한 사람은 (수연 , 광호)입니다.

45 해인이와 정훈이는 3 cm를 어림하여 다음과 같이 색 테이프를 잘랐습니다. 3 cm에 더 가깝게 어림하여 자른 사람은 누구일까요?

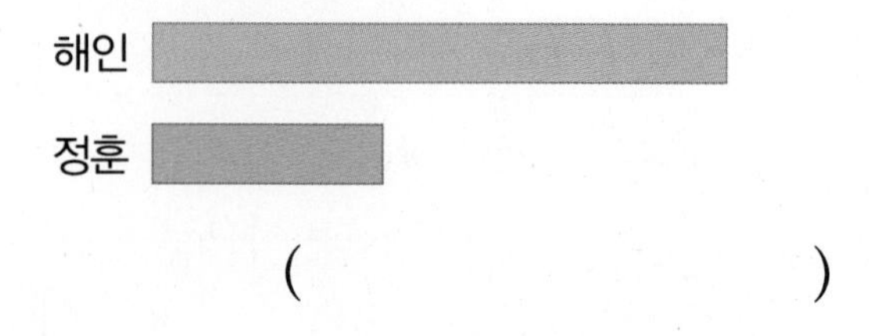

(　　　　　)

[46~47] ㉮와 ㉯의 길이를 어림하고 비교하여 자로 재어 비교해 보세요.

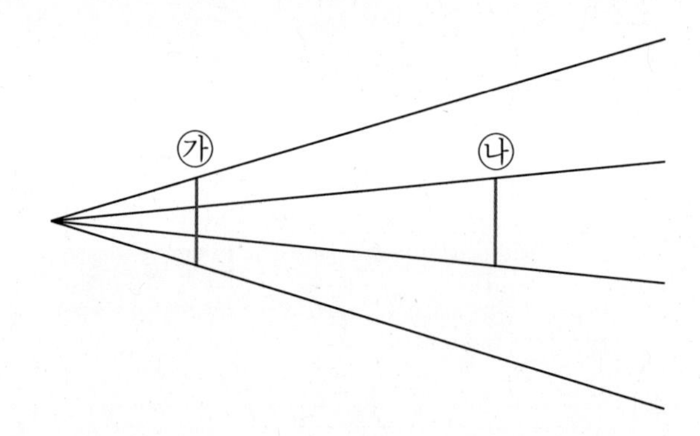

46 ㉮와 ㉯의 길이 중 더 짧아 보이는 것의 기호를 써 보세요.

(　　　　　)

47 자로 재어 길이를 비교해 보세요.

(　　　　　)

48 길이가 2 cm, 5 cm인 선이 있습니다. 자를 사용하지 않고 7 cm에 가깝게 선을 긋고, 자로 재어 확인해 보세요.

2 cm

5 cm

STEP 3 # 자주 틀리는 유형

응용 유형 중 자주 틀리는 유형을 집중학습함으로써 실력을 한 단계 높여 보세요.

물건의 양 끝이 가리키는 자의 눈금을 확인하자!

1 크레파스의 길이는 몇 cm일까요?

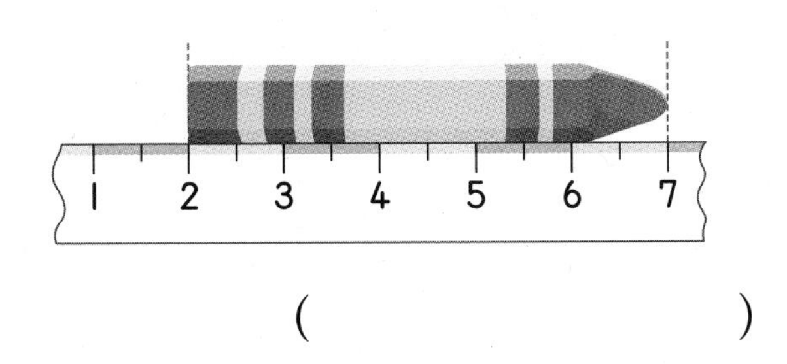

( )

2 리본의 길이가 가장 긴 것을 찾아 기호를 써 보세요.

㉠

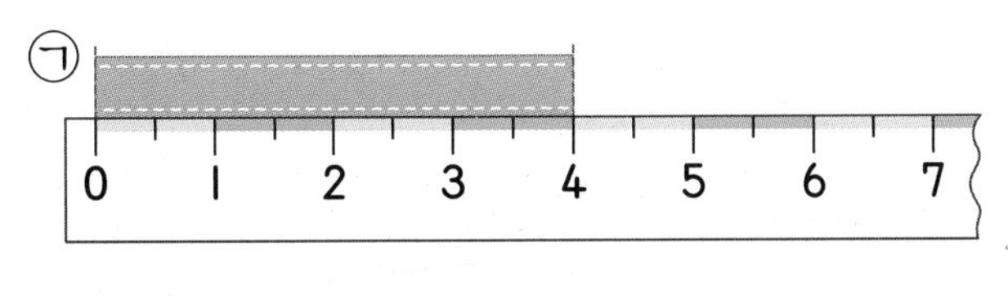

㉡

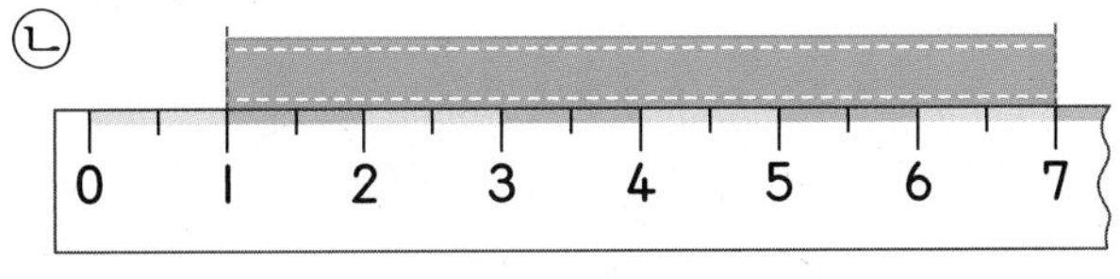

㉢

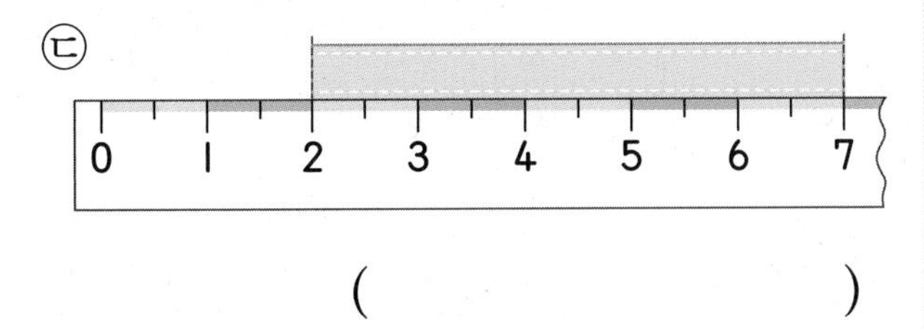

( )

3 색 테이프 ㉮와 ㉯를 겹치지 않게 길게 이으면 몇 cm가 될까요?

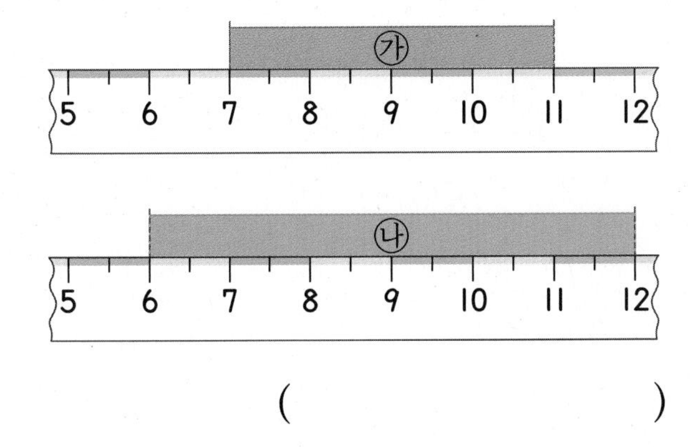

( )

길이 재는 방법을 확인하자!

4 지환이가 막대의 길이를 잰 것입니다. 바르게 재었으면 ○표, 잘못 재었으면 ×표 하세요.

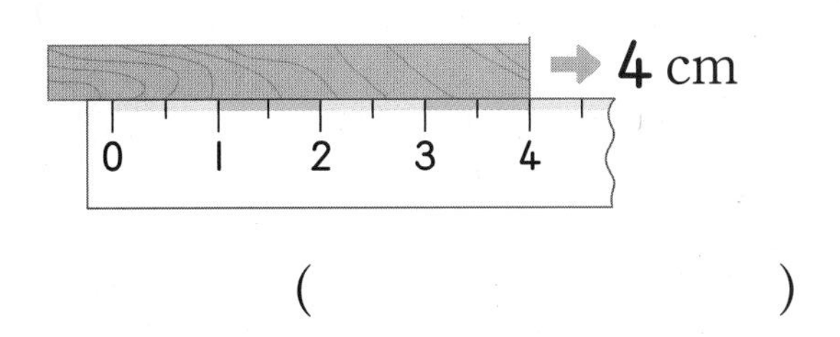

( )

5 옷핀의 길이를 잰 것입니다. 바르게 잰 사람은 누구일까요?

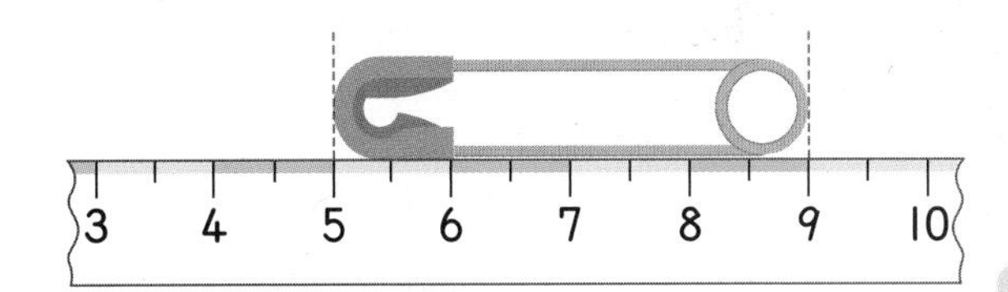

선빈: 옷핀의 오른쪽 끝에 있는 자의 눈금이 9이므로 9 cm입니다.

혜성: 옷핀의 길이에는 1 cm가 4번 들어가므로 4 cm입니다.

( )

6 색연필의 길이를 바르게 잰 것에 ○표 하세요.

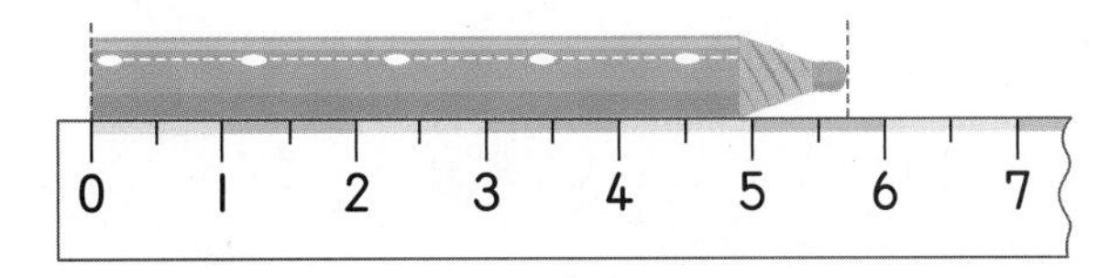

- 오른쪽 끝이 5 cm와 6 cm 사이에 있으므로 약 5 cm입니다. ( )
- 오른쪽 끝이 6 cm에 가까우므로 약 6 cm입니다. ( )

단위의 길이와 잰 횟수의 관계를 알아보자!

7 옷핀과 풀로 우산의 길이를 재려고 합니다. 어느 것으로 잴 때 더 많이 재어야 할까요?

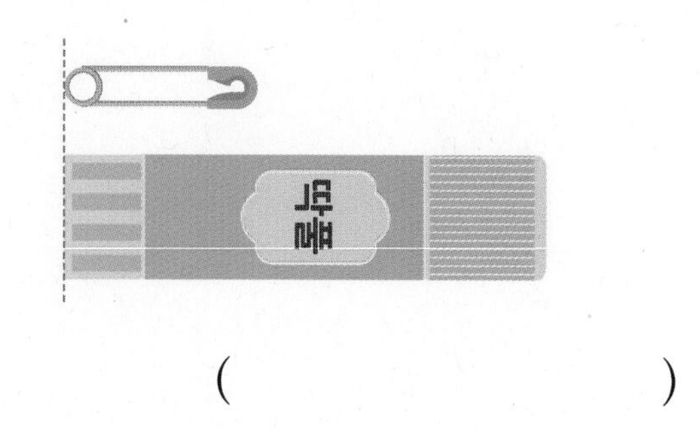

(　　　　　　　　)

8 빨대의 길이를 가, 나, 다 3개의 막대로 재어 보았습니다. 잰 횟수가 적은 것부터 차례로 기호를 써 보세요.

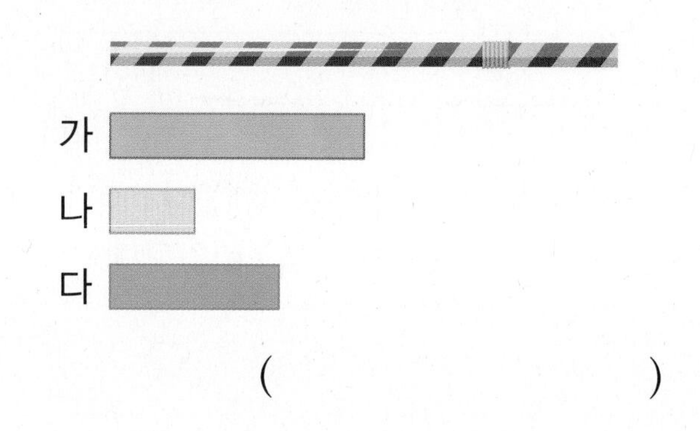

(　　　　　　　　)

9 다음과 같은 여러 가지 단위로 같은 줄넘기의 길이를 재어 보았습니다. 잰 횟수가 가장 많은 것을 찾아 기호를 써 보세요.

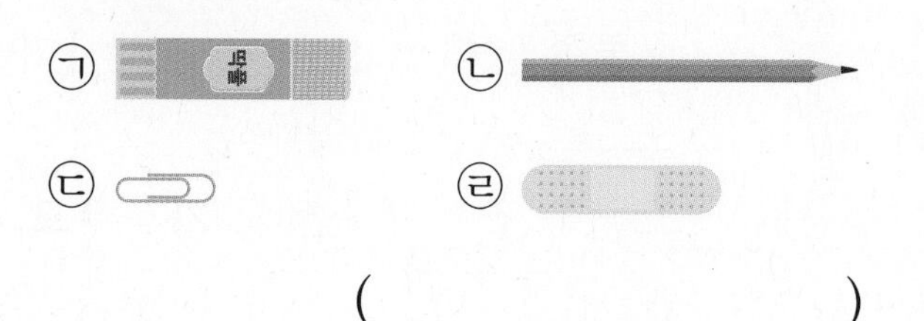

(　　　　　　　　)

잰 횟수로 단위의 길이를 비교해 보자!

10 승철이와 예원이가 각자의 뼘으로 같은 칠판의 긴 쪽의 길이를 잰 것입니다. 뼘의 길이가 더 긴 사람은 누구일까요?

승철	예원
9뼘쯤	10뼘쯤

(　　　　　　　　)

11 같은 막대의 길이를 소희, 지운, 한준 세 사람이 각자의 뼘으로 재어 나타낸 것입니다. 뼘의 길이가 가장 긴 사람은 누구일까요?

소희	지운	한준
7뼘쯤	5뼘쯤	6뼘쯤

(　　　　　　　　)

12 현수네 교실의 긴 쪽의 길이는 현수의 걸음으로 20걸음쯤, 나영이의 걸음으로 19걸음쯤 됩니다. 현수와 나영이 중 한 걸음의 길이가 더 짧은 사람은 누구일까요?

(　　　　　　　　)

변에 맞춰 자를 기울여서 재야지!

13 삼각형에서 길이가 긴 변부터 순서대로 ( ) 안에 1, 2, 3을 써넣으세요.

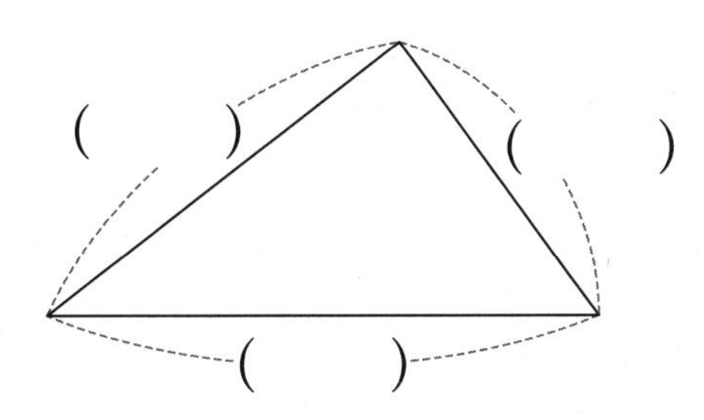

14 사각형에서 길이가 가장 긴 변에 ○표 하고 그 길이를 써 보세요.

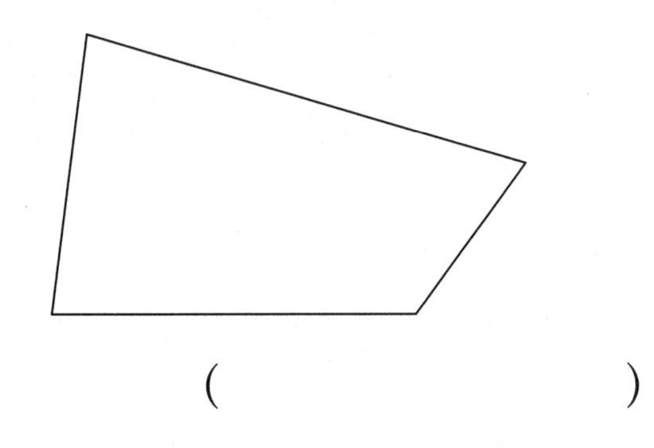

( )

15 삼각형에서 길이가 가장 긴 변과 가장 짧은 변의 길이의 차는 몇 cm일까요?

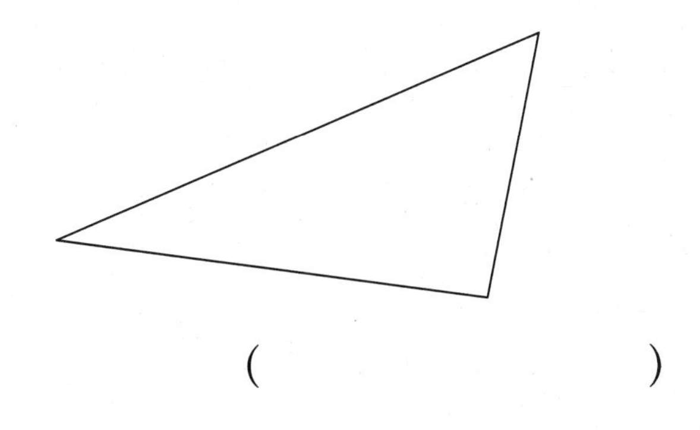

( )

실제 길이에 가깝게 어림을 해야지!

16 정호는 막대 사탕의 길이를 약 6 cm로 어림하였습니다. 정호가 어림한 길이와 자로 잰 길이의 차는 몇 cm일까요?

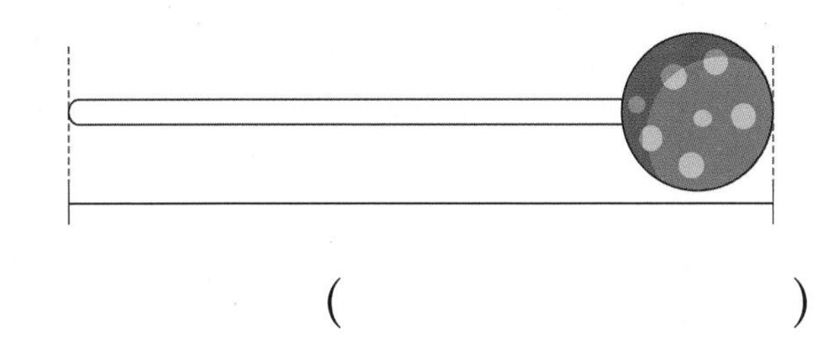

( )

17 정음이와 원태가 길이가 30 cm인 리코더의 길이를 어림한 것입니다. 실제 길이에 더 가깝게 어림한 사람은 누구일까요?

이름	어림한 길이
정음	약 28 cm
원태	약 31 cm

( )

18 청하, 성우, 소혜는 약 5 cm를 어림하여 다음과 같이 끈을 잘랐습니다. 5 cm에 가장 가깝게 어림한 사람은 누구일까요?

청하

성우

소혜

( )

STEP 4 최상위 도전 유형

도전1 선의 길이 구하기

1 작은 사각형의 한 변의 길이는 1 cm로 모두 같습니다. 선을 따라 다음과 같이 빨간색으로 선을 그었을 때 그은 선의 길이는 모두 몇 cm일까요?

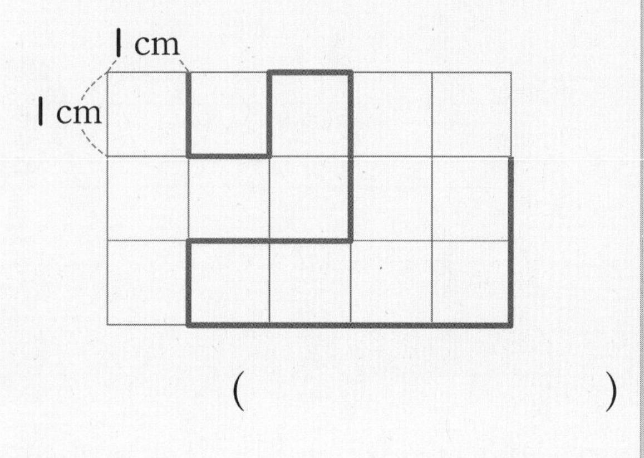

( )

핵심 NOTE

1 cm가 몇 번인지 세어 봅니다.

도전 최상위

2 작은 사각형의 한 변의 길이는 1 cm로 모두 같습니다. ㉮에서 ㉯까지 작은 사각형의 변을 따라 길을 만들 때, 가장 가까운 길은 몇 cm일까요?

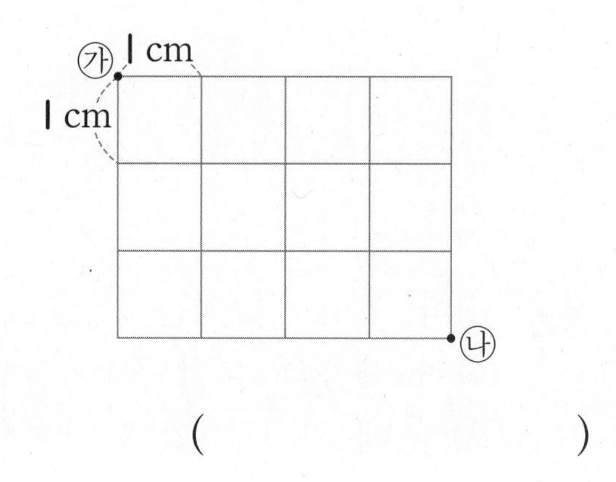

( )

도전2 단위의 길이로 나타내기

3 지팡이와 연필의 길이가 다음과 같을 때 지팡이로 2번 잰 끈의 길이는 연필로 몇 번 잰 길이와 같을까요?

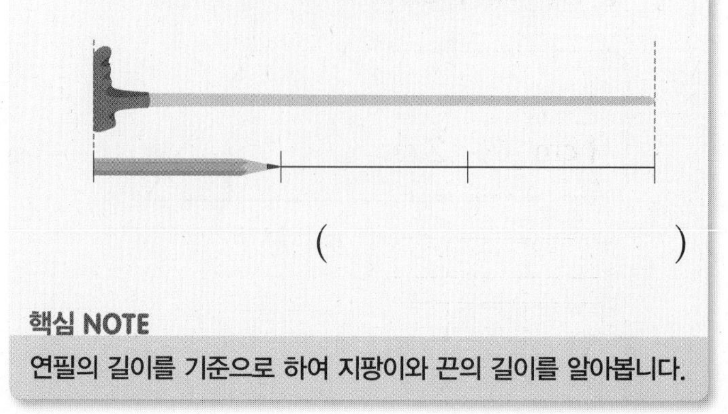

( )

핵심 NOTE

연필의 길이를 기준으로 하여 지팡이와 끈의 길이를 알아봅니다.

4 연필의 길이는 지우개로 4번 잰 길이와 같고, 지우개의 길이는 클립으로 2번 잰 길이와 같습니다. 연필의 길이는 클립으로 몇 번 잰 길이와 같을까요?

( )

5 효상이는 텔레비전의 긴 쪽의 길이를 재어 보았습니다. 텔레비전의 긴 쪽의 길이는 리코더로 재면 3번이고, 필통으로 재면 6번입니다. 리코더의 길이는 필통으로 몇 번 잰 길이와 같을까요?

( )

도전3 서로 다른 방법으로 색칠하기

6 1 cm, 2 cm, 3 cm 막대가 있습니다. 이 막대들을 여러 번 사용하여 3가지 방법으로 7 cm를 색칠해 보세요.

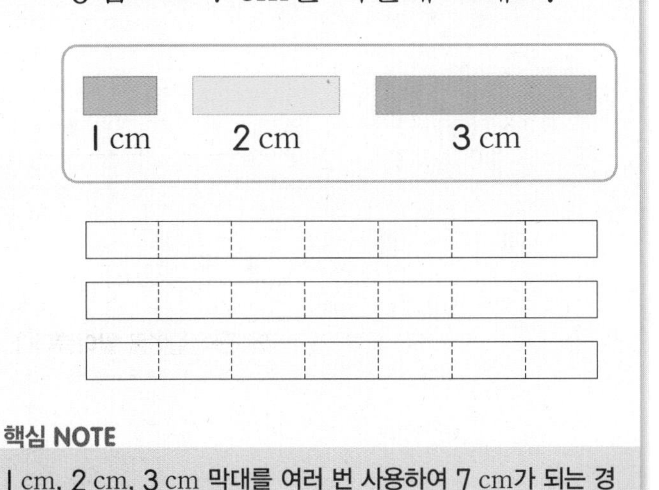

핵심 NOTE
1 cm, 2 cm, 3 cm 막대를 여러 번 사용하여 7 cm가 되는 경우를 찾아 색칠합니다.

7 막대의 길이를 재어 보고 이 막대들을 여러 번 사용하여 주어진 길이를 색칠하려고 합니다. 물음에 답하세요.

(1) 주어진 막대의 길이를 자로 재어 보세요.

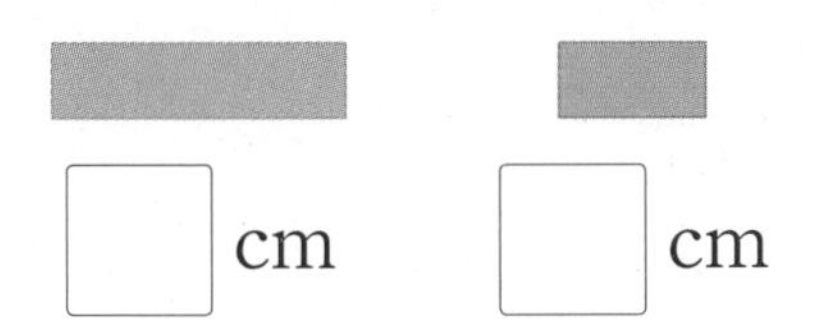

□ cm □ cm

(2) 5 cm를 2가지 방법으로 색칠해 보세요.

5 cm
5 cm

(3) 6 cm를 2가지 방법으로 색칠해 보세요.

6 cm
6 cm

도전4 이은 선의 길이 재기

8 선의 길이는 모두 몇 cm일까요?

( )

핵심 NOTE
각각의 선의 길이를 재어 더합니다.

9 철사 3개를 이은 것입니다. 이은 철사의 길이는 모두 몇 cm일까요?

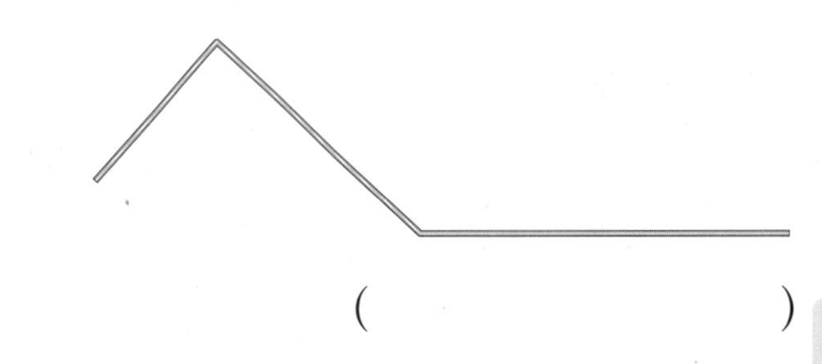

( )

10 선의 길이는 모두 몇 cm일까요?

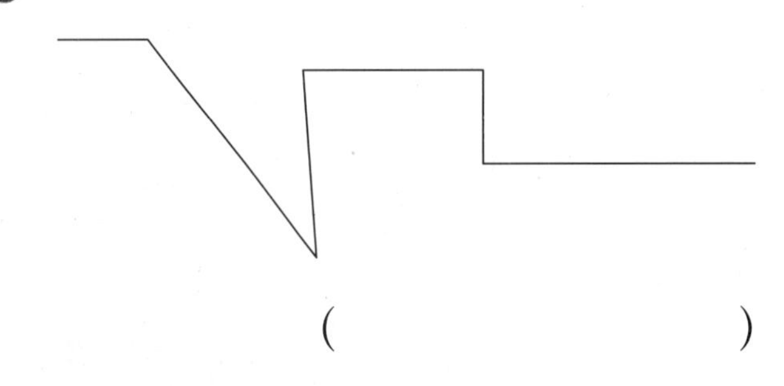

( )

수시 평가 대비 Level 1

점수

확인

1 더 짧은 쪽에 ○표 하세요.

( ) ( )

2 길이를 잴 때 사용되는 단위가 긴 것부터 순서대로 1, 2, 3을 써 보세요.

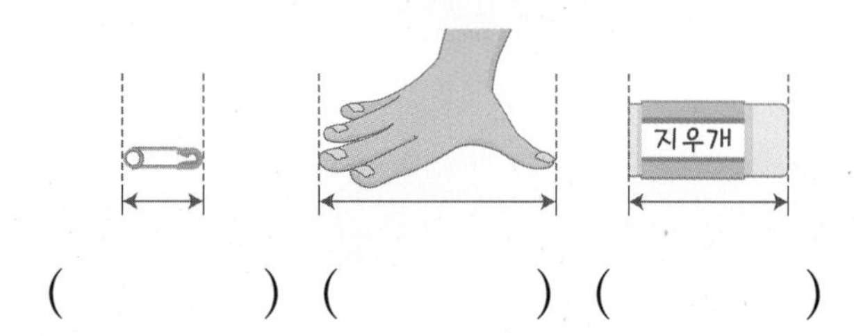

( ) ( ) ( )

3 일 센티미터를 바르게 쓴 것을 찾아 ○표 하세요.

1CM 1Cm 1cm

( ) ( ) ( )

4 책꽂이의 긴 쪽의 길이는 몇 뼘일까요?

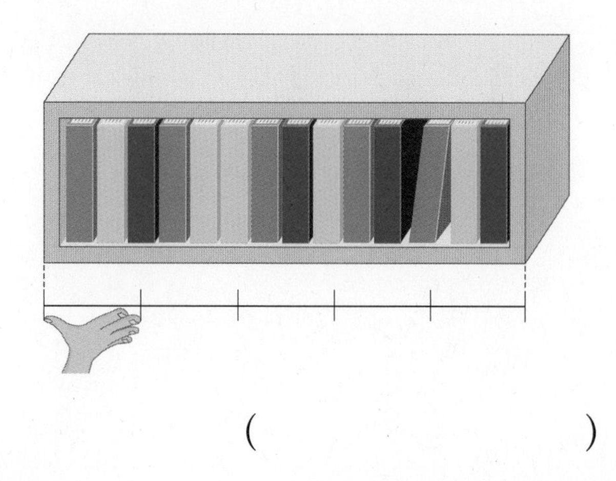

( )

5 길이를 바르게 잰 것을 찾아 기호를 써 보세요.

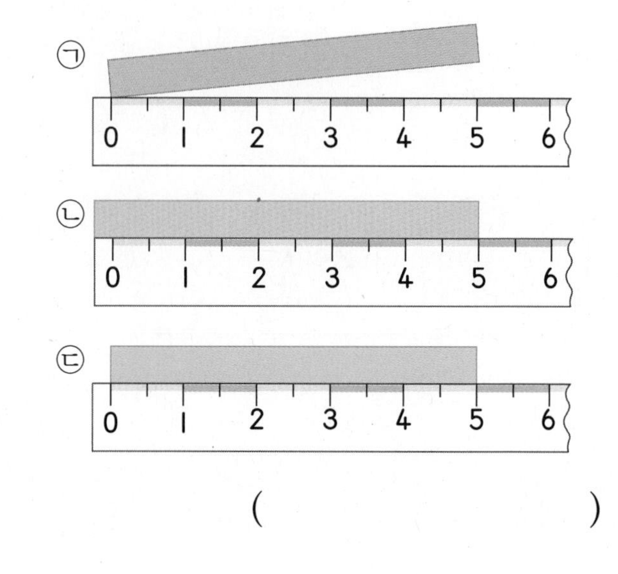

( )

6 □ 안에 알맞은 수를 써넣으세요.

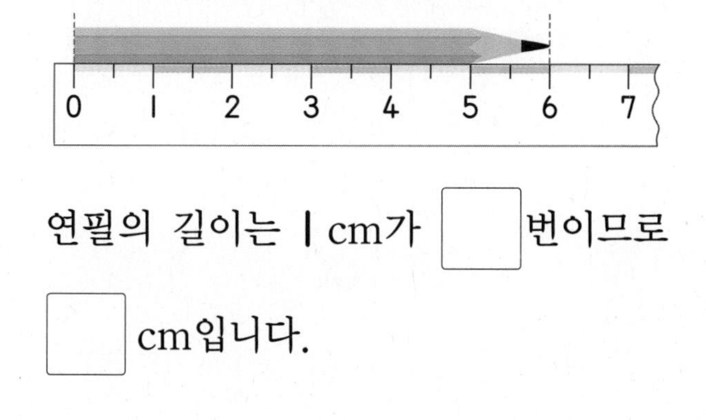

연필의 길이는 1 cm가 □번이므로 □cm입니다.

7 가장 짧은 것을 찾아 기호를 써 보세요.

㉠ ㉡ ㉢

( )

정답과 풀이 32쪽

[8~9] 연필, 풀, 지우개를 단위로 하여 리코더의 길이를 재었습니다. 물음에 답하세요.

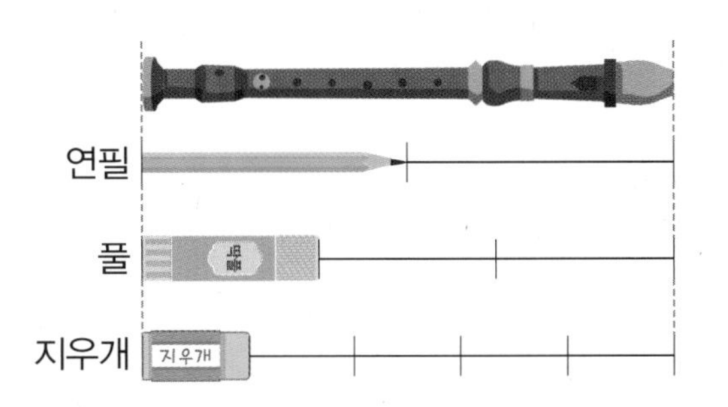

8 리코더의 길이는 지우개로 몇 번일까요?

( )

9 어느 단위로 잰 횟수가 가장 적을까요?

( )

10 자를 사용하여 주어진 길이만큼 점선을 따라 선을 그어 보세요.

5 cm

11 칫솔의 길이를 어림하고, 자로 재어 확인해 보세요.

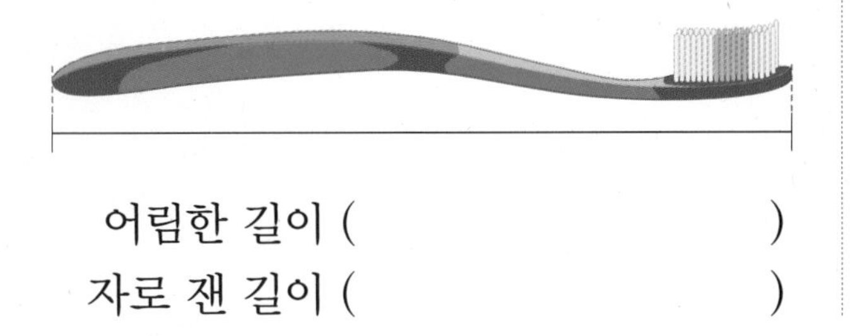

어림한 길이 ( )

자로 잰 길이 ( )

12 과자의 길이는 약 몇 cm일까요?

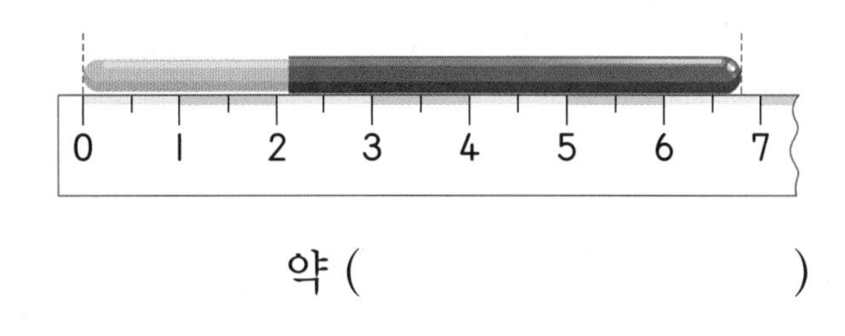

약 ( )

13 도형의 변의 길이를 자로 재어 □ 안에 알맞은 수를 써넣으세요.

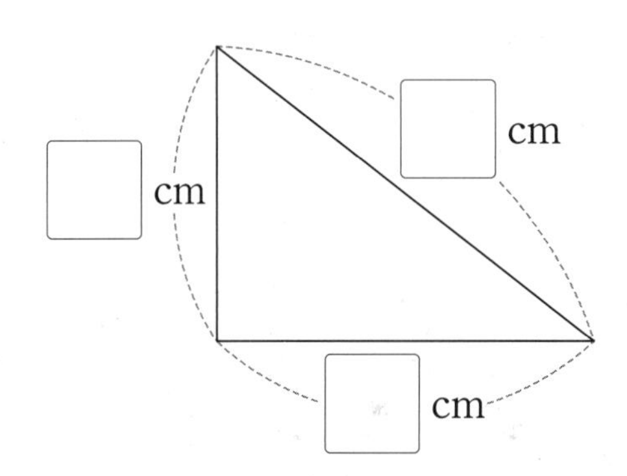

14 길이가 더 긴 것의 기호를 써 보세요.

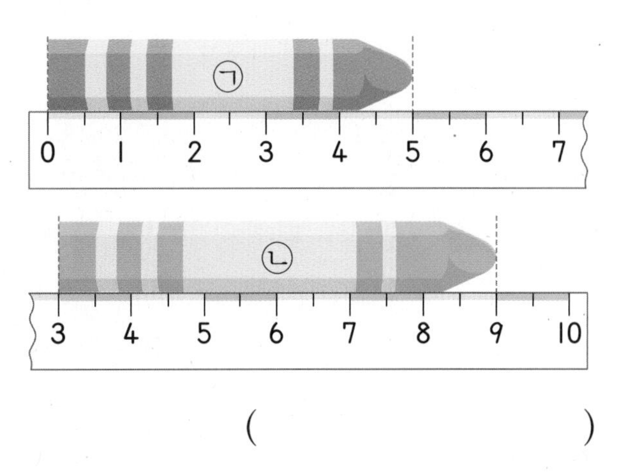

( )

서술형 문제

정답과 풀이 32쪽

15 가장 작은 사각형은 한 변이 1 cm로 모두 같습니다. 굵은 선의 길이는 몇 cm일까요?

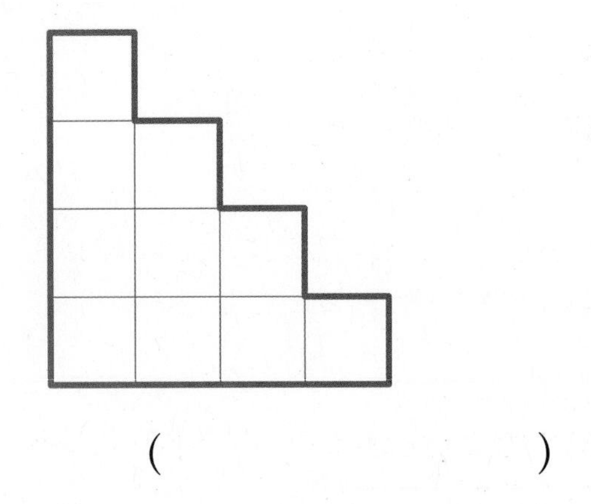

( )

16 효진이가 뼘으로 빗자루, 지팡이, 우산의 길이를 각각 재었습니다. 물건의 길이가 가장 긴 것은 무엇일까요?

빗자루	지팡이	우산
4뼘쯤	6뼘쯤	5뼘쯤

( )

17 ㉮의 길이가 5 cm이면 ㉯의 길이는 몇 cm일까요?

㉮

㉯

( )

18 의자의 높이를 경민이와 세호가 뼘으로 재어 보았습니다. 경민이가 5뼘쯤, 세호가 7뼘쯤이었다면 두 사람 중에서 뼘의 길이가 더 긴 사람은 누구일까요?

( )

19 승우가 색 테이프의 길이를 잘못 구하였습니다. 색 테이프의 길이를 바르게 구하고, 승우가 색 테이프의 길이를 잘못 구한 까닭을 써 보세요.

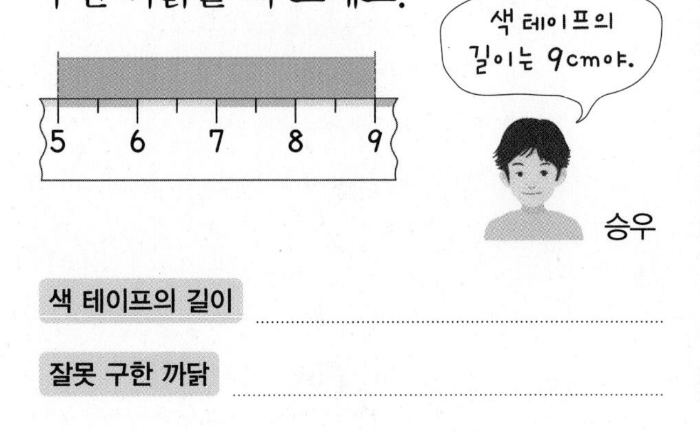

색 테이프의 길이

잘못 구한 까닭

20 ㉮와 ㉯ 막대를 겹치지 않게 이어 붙이면 몇 cm가 되는지 풀이 과정을 쓰고 답을 구해 보세요.

풀이

답

수시 평가 대비 Level 2

점수

확인

1 길이를 비교하는 방법으로 알맞은 것을 보기 에서 골라 기호를 써 보세요.

보기
㉠ 종이띠나 털실을 이용하여 비교하기
㉡ 직접 맞대어 비교하기

(1) 동생과 나의 발 길이를 비교할 때

( )

(2) 방문의 높이와 현관문의 높이를 비교할 때

( )

2 우산의 길이는 뼘으로 몇 번일까요?

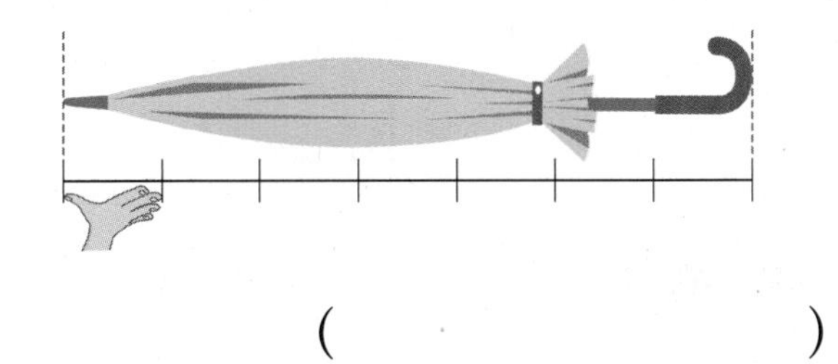

( )

3 길이를 잴 때 사용되는 단위입니다. 가장 긴 것에 ○표, 가장 짧은 것에 △표 하세요.

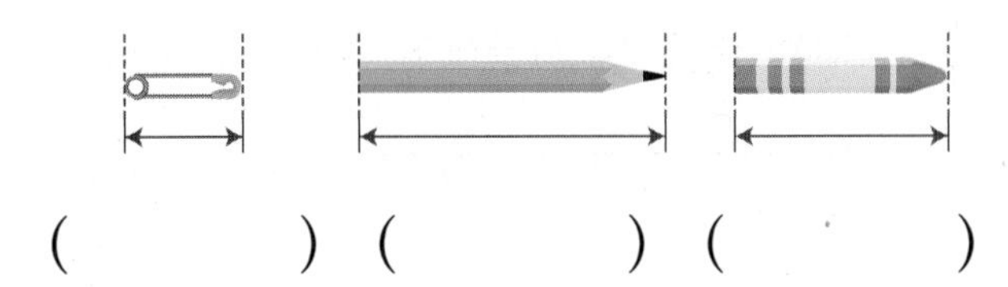

( ) ( ) ( )

4 주어진 길이를 쓰고 읽어 보세요.

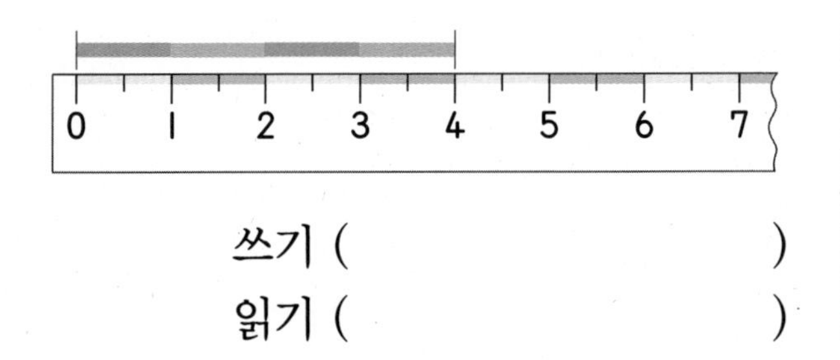

쓰기 ( )

읽기 ( )

5 고추의 길이는 몇 cm인지 자로 재어 보세요.

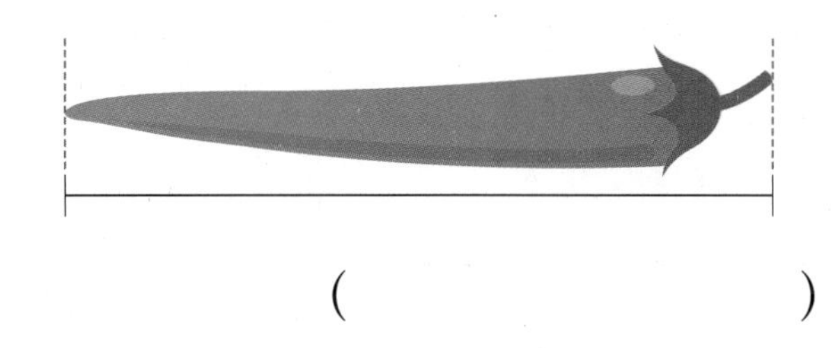

( )

6 선의 길이를 어림하고 자로 재어 확인해 보세요.

어림한 길이	약 cm
자로 잰 길이	cm

7 크레파스의 길이만큼 점선을 따라 선을 그어 보세요.

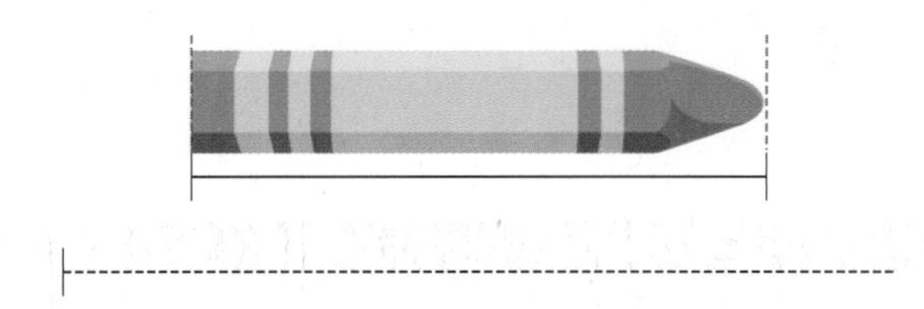

8 수지와 태훈이 중 머리핀의 길이를 바르게 나타낸 사람은 누구일까요?

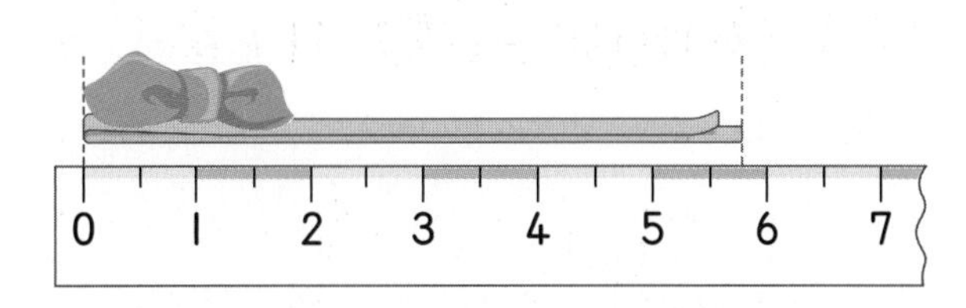

수지	태훈
약 5 cm	약 6 cm

( )

4

9 연결 모형으로 만든 모양 중에서 가장 짧게 연결한 것을 찾아 기호를 써 보세요.

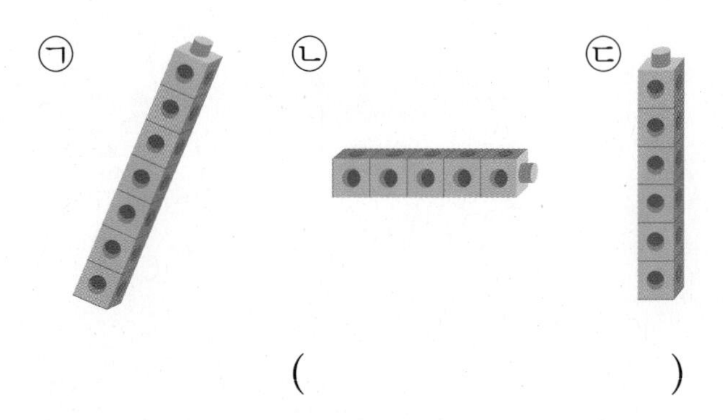

( )

10 옷핀의 길이가 3 cm일 때 색 테이프의 길이를 어림해 보세요.

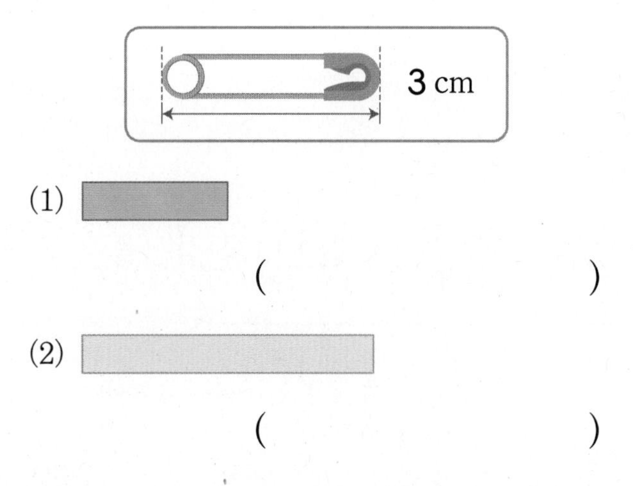

( )

( )

11 색 테이프의 길이가 약 4 cm가 아닌 것을 찾아 기호를 써 보세요.

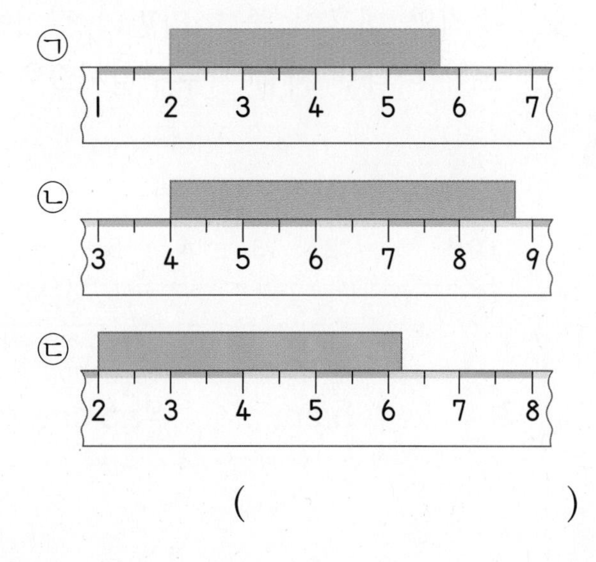

( )

12 두 색 테이프의 길이의 합은 몇 cm일까요?

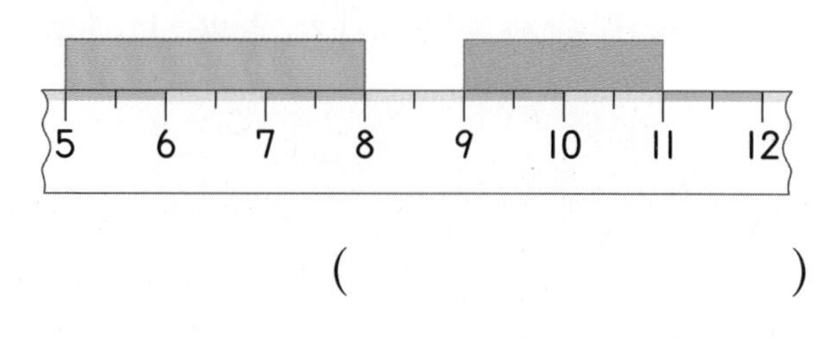

( )

13 빨간색 점에서 3 cm 거리에 있는 점은 모두 몇 개일까요?

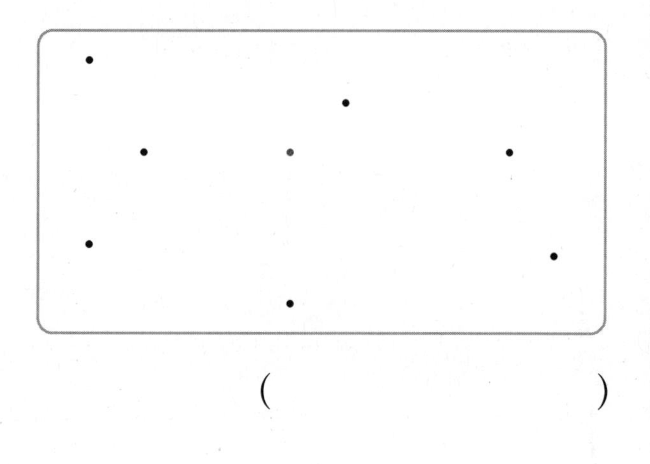

( )

14 1 cm, 2 cm, 3 cm 막대가 있습니다. 이 막대들을 여러 번 사용하여 주어진 길이를 색칠해 보세요.

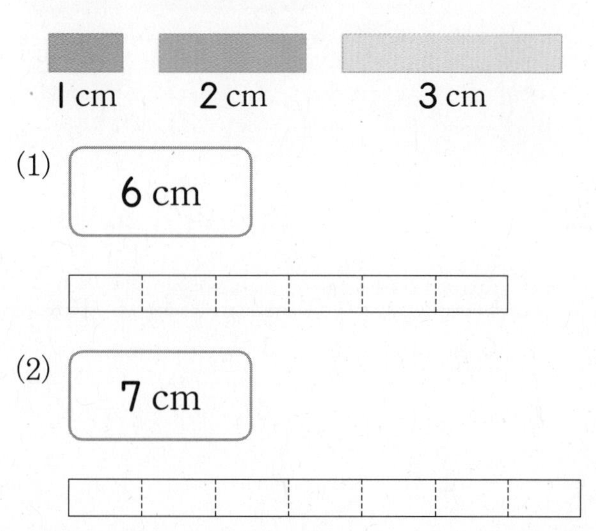

서술형 문제

정답과 풀이 33쪽

15 연준이는 가지고 있는 철사를 구부려서 겹치지 않게 이어 다음과 같은 사각형을 만들었습니다. 사각형을 만드는 데 사용한 철사는 모두 몇 cm인지 자로 재어 구해 보세요.

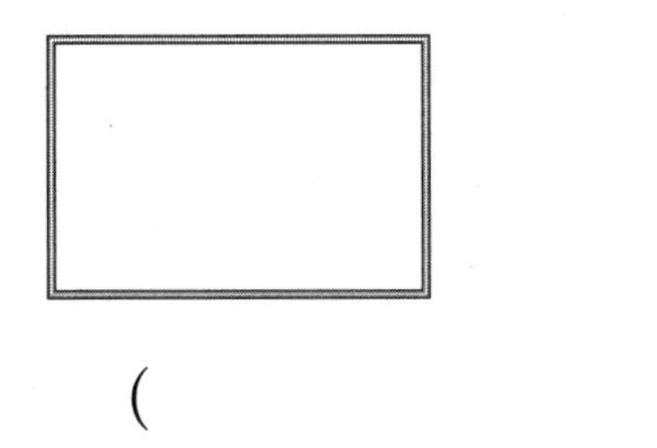

( )

16 줄 ㉮와 ㉯의 길이를 재어 보았더니 줄 ㉮는 옷핀으로 10번, 줄 ㉯는 칫솔로 10번이었습니다. 줄 ㉮와 ㉯ 중에서 길이가 더 긴 것의 기호를 써 보세요.

( )

17 길호가 뼘으로 막대 가, 나, 다의 길이를 각각 재어 나타낸 것입니다. 길이가 긴 막대부터 차례로 기호를 써 보세요.

가	나	다
7번쯤	5번쯤	6번쯤

( )

18 서아는 냉장고의 긴 쪽의 길이를 재어 보았습니다. 냉장고의 긴 쪽의 길이는 우산으로 재면 3번이고, 리모컨으로 재면 9번입니다. 우산의 길이는 리모컨으로 몇 번 잰 길이와 같을까요?

( )

19 원태와 지영이가 각각 뼘으로 칠판의 긴 쪽의 길이를 재었더니 다음과 같았습니다. 원태와 지영이가 길이를 잰 뼘의 횟수가 다른 까닭을 써 보세요.

원태: 내 뼘으로는 10뼘쯤이야.
지영: 내 뼘으로는 12뼘쯤이야.

까닭

20 세 사람이 길이가 15 cm인 연필의 길이를 어림한 것입니다. 실제 길이에 가장 가깝게 어림한 사람은 누구인지 풀이 과정을 쓰고 답을 구해 보세요.

정협	연주	정인
약 17 cm	약 20 cm	약 14 cm

풀이

답

4

사고력이 반짝

- 4개의 구슬이 꿰어 있는 팔찌가 있습니다. 보기 와 같은 팔찌를 찾아 ○표 하세요.

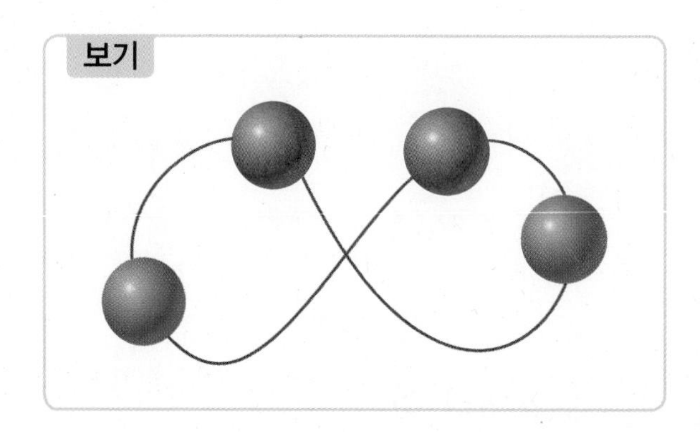

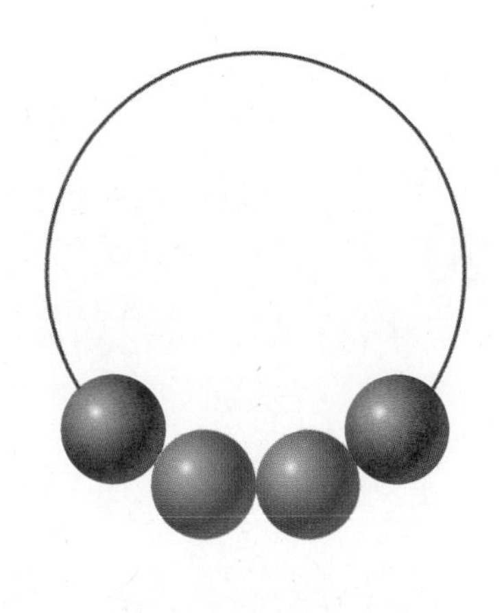

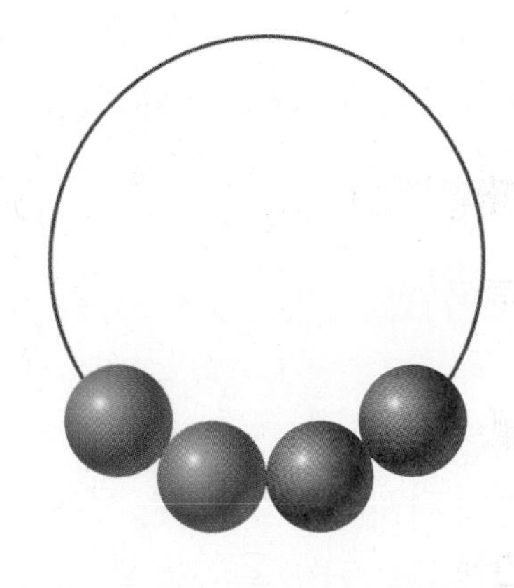

5 분류하기

이번 단원에서
꼭 짚어야 할
핵심 개념을 알아보자.

핵심 1 분류하는 방법 알아보기

- 분류: 기준에 따라 나누는 것
- 모양에 따라 분류하기

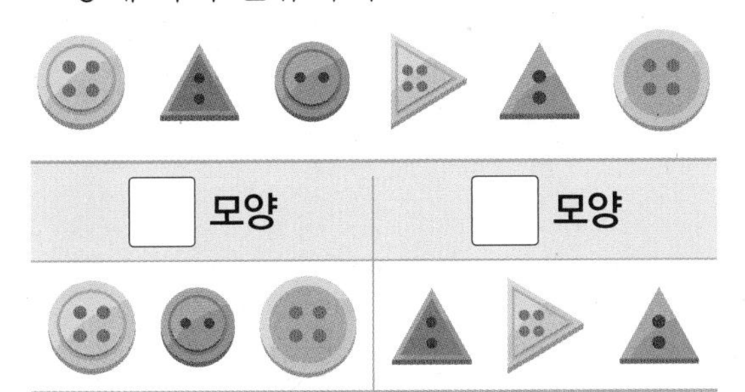

□ 모양	□ 모양

핵심 2 분명한 기준으로 분류하기

분류할 때는 분명한 기준을 정해야 한다.

윗옷	아래옷

분류 기준: 윗옷과 □

핵심 3 기준에 따라 분류하기

색깔에 따라 분류하기

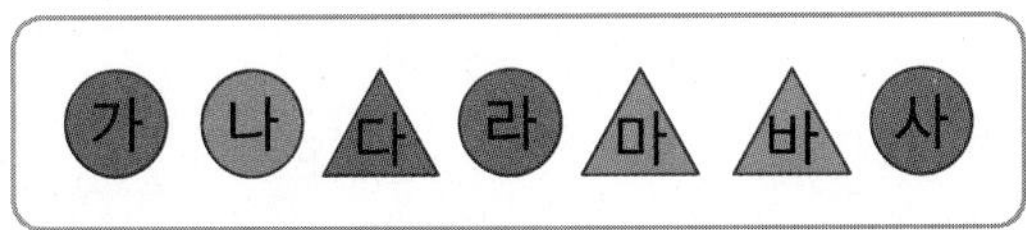

색깔	빨간색	초록색
기호		

핵심 4 분류하고 세어 보기

종류	축구공	야구공	농구공
세면서 표시하기	/////		
공 수(개)	3		

핵심 5 분류한 결과 말해 보기

맛	초코	딸기	우유
사탕 수(개)	7	12	6

- 가장 많은 사탕은 □ 맛 사탕이다.
- 가장 적은 사탕은 □ 맛 사탕이다.

답 1. ○, △ 2. 아래옷 3. 가, 다, 라, 사 / 나, 마, 바 4. (위에서부터) ////, // / 5, 2 5. 딸기 / 우유

1. 분류하는 방법 알아보기

분류하는 방법 알아보기

- 분류: 기준에 따라 나누는 것
- 동물을 여러 가지 기준으로 분류하기

① 다리의 수로 분류하기

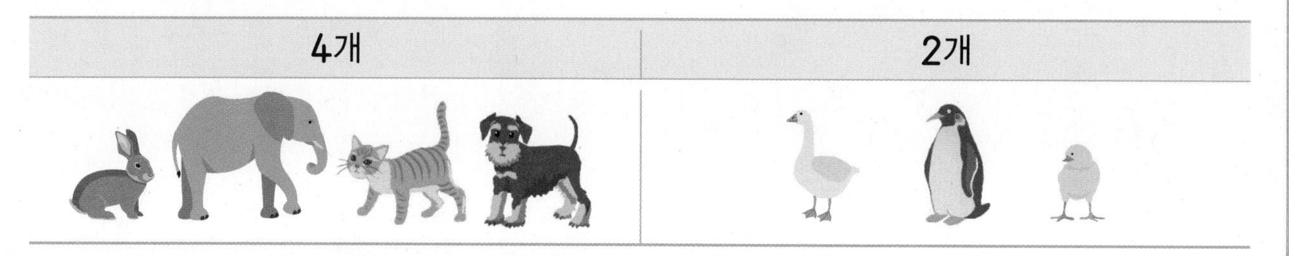

4개	2개

➡ 분류 기준이 분명합니다. ···• 누가 분류하더라도 결과가 같습니다.

② 귀여운 것과 귀엽지 않은 것으로 분류하기

• 분류하는 사람에 따라 결과가 다를 수 있습니다.

친구 1

귀여운 것	귀엽지 않은 것

친구 2

귀여운 것	귀엽지 않은 것

➡ 분류 기준이 분명하지 않습니다.

분류할 때는 분명한 기준을 정하여 누가 분류하더라도 같은 결과가 나오도록 해야 합니다.

분명한 기준으로 분류하면 좋은 점

① 누가 분류하더라도 결과가 같습니다.

② 분류한 기준으로 물건을 찾을 때 정확하게 찾을 수 있습니다.

1 분류 기준으로 알맞은 것에 ○표 하세요.

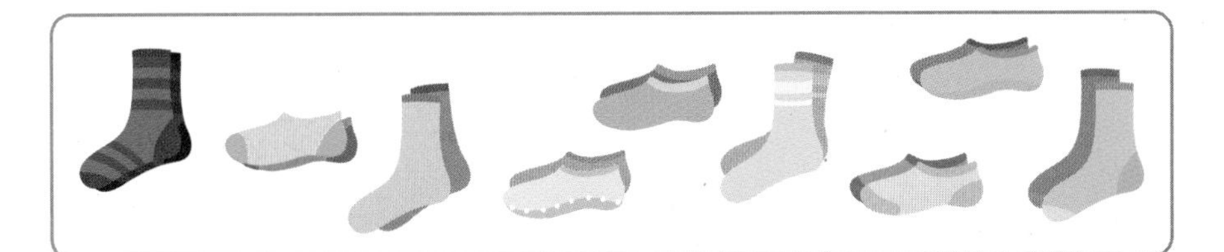

누가 분류해도 결과가 같은 분명한 분류 기준을 찾아보아요.

예쁜 양말과 예쁘지 않은 양말	긴 양말과 짧은 양말
(　　　)	(　　　)

2 분류 기준으로 알맞은 것을 모두 찾아 ○표 하세요.

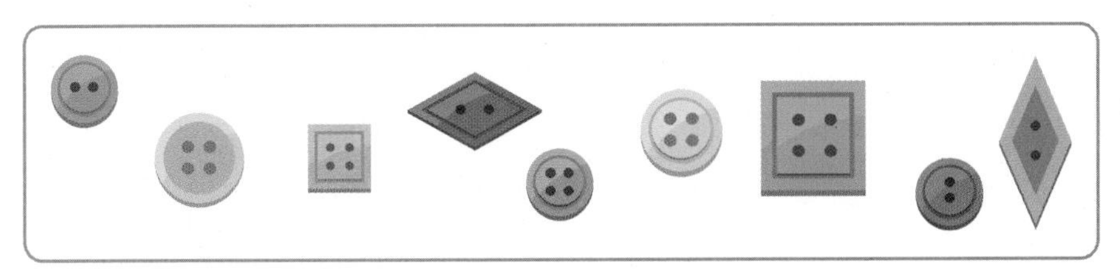

- 구멍이 2개인 것과 4개인 것 (　　　)
- 좋아하는 것과 좋아하지 않는 것 (　　　)
- 원 모양인 것과 사각형 모양인 것 (　　　)

3 과일을 다음과 같이 분류하였습니다. 분류 기준으로 알맞지 않은 까닭을 찾아 기호를 써 보세요.

맛있는 과일	맛없는 과일

내가 맛있다고 생각하는 과일을 다른 사람은 맛없다고 생각할 수 있어요.

㉠ 포도는 맛있는 과일입니다.
㉡ 분류 기준이 분명하지 않습니다.
㉢ 누가 분류해도 결과가 같습니다.

(　　　　　　)

2. 기준에 따라 분류하기

단추를 정해진 기준에 따라 분류하기

• 분류한 것을 쓸 때에는 같은 것을 두 번 쓰거나 빠뜨리지 않도록 주의합니다.

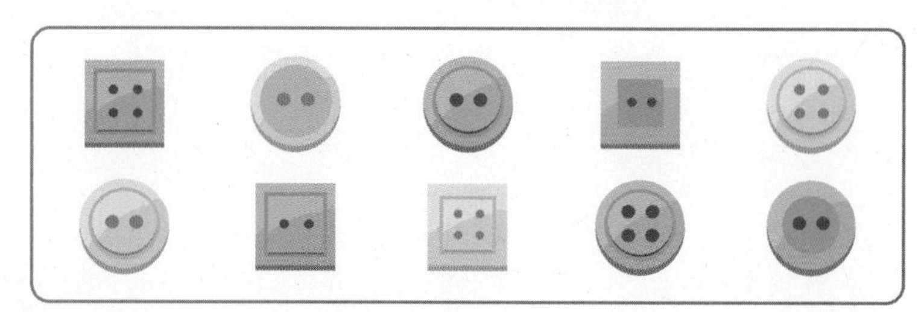

① 색깔에 따라 분류하기

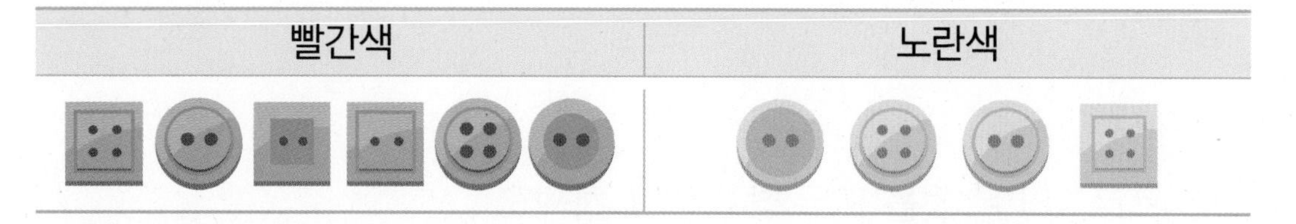

② 모양에 따라 분류하기

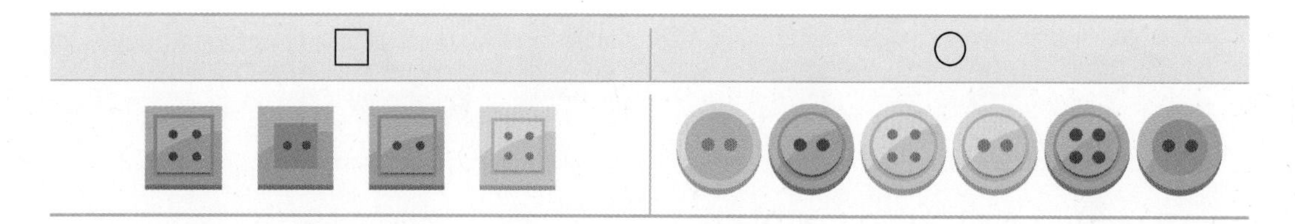

③ 구멍 수에 따라 분류하기

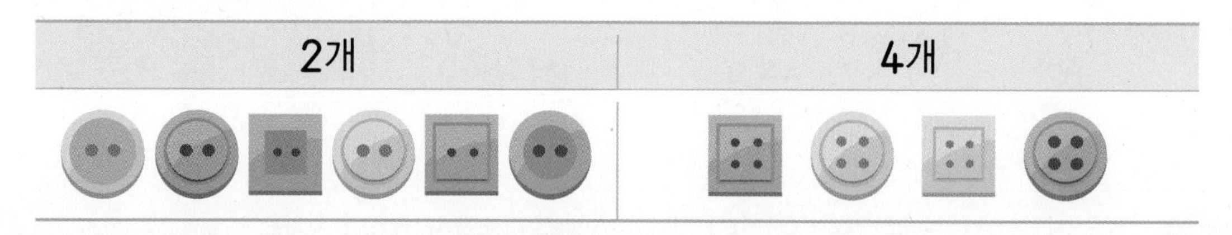

개념 자세히 보기

두 가지 기준으로 분류해 보아요!

• 색깔과 모양에 따라 분류하기

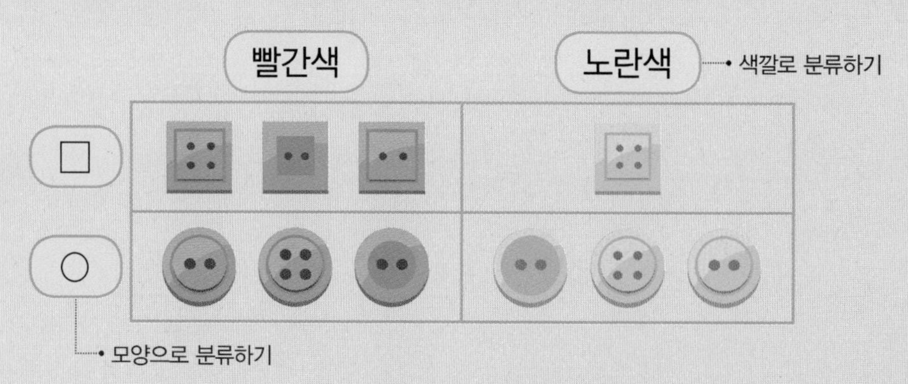

정답과 풀이 34쪽

1 동물을 정해진 기준에 따라 분류하여 기호를 써 보세요.

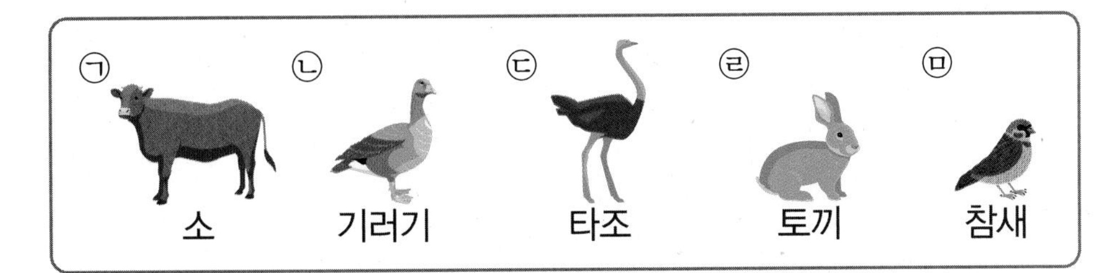

① 다리의 수에 따라 분류해 보세요.

다리가 2개인 동물	
다리가 4개인 동물	

② 이동하는 방법에 따라 분류해 보세요.

날아서 이동하는 동물	
걸어서 이동하는 동물	

2 기준을 정하여 젤리를 분류하려고 합니다. 물음에 답하세요.

① 분류 기준을 2가지 써 보세요.

분류 기준 1 ....

분류 기준 2 ....

② ①에서 정한 분류 기준 중에서 한 가지를 선택하여 분류하고 번호를 써 보세요.

분류 기준	

STEP 1 교과 개념

3. 분류하고 세어 보기

● 컵을 분류하여 세어 보기

하나씩 셀 때마다 종류별로 V, /, ○ 표시 등을 하면 자료를 빠뜨리지 않고 셀 수 있습니다.

분류 기준	모양

센 것의 수만큼 차례로 /, //, ///, ////, 𝍸로 표시합니다.

모양	(손잡이 있는 컵)	(손잡이 없는 컵)	(둥근 컵)
세면서 표시하기	𝍸 //	////	𝍸
컵 수(개)	7	4	5

7: V 표시한 수 / 4: / 표시한 수 / 5: ○ 표시한 수

➡ (손잡이 있는 컵) 모양 컵이 7개로 가장 많고, (손잡이 없는 컵) 모양 컵이 4개로 가장 적습니다.

분류 기준	색깔

색깔	회색	연두색	분홍색
세면서 표시하기	𝍸 ///	𝍸	///
컵 수(개)	8	5	3

➡ 회색 컵이 8개로 가장 많고, 분홍색 컵이 3개로 가장 적습니다.

분류 기준	손잡이

손잡이	없음	있음
세면서 표시하기	////	𝍸 𝍸 //
컵 수(개)	4	12

➡ 손잡이가 있는 컵이 12개로 더 많습니다.

➔ 정답과 풀이 35쪽

1 여러 가지 탈 것입니다. 정해진 기준에 따라 분류하고 그 수를 세어 보세요.

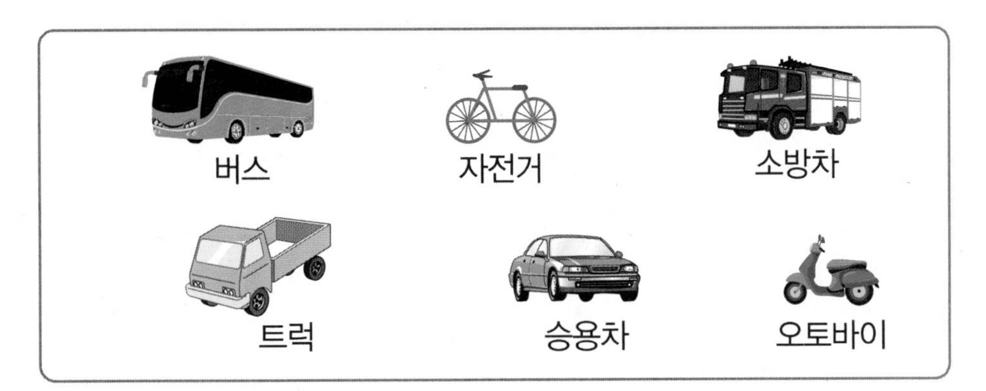

반대쪽에도 바퀴가 있는지 생각해 봐요.

분류 기준	바퀴의 수

바퀴의 수	2개	4개
탈 것의 이름		
탈 것의 수(대)		

2 재활용품을 모아 분리배출을 하려고 합니다. 기준에 따라 재활용품을 분류하고 그 수를 세어 보세요.

플라스틱	비닐	캔	플라스틱	병	플라스틱
캔	플라스틱	캔	플라스틱	캔	비닐
캔	플라스틱	병	캔	병	플라스틱

분류 기준	종류

종류	플라스틱	비닐	캔	병
세면서 표시하기				
재활용품의 수(개)				

재활용품별로 V, /, O 등의 표시를 하면 두 번 세거나 빠뜨리지 않고 수를 셀 수 있어요.

5

4. 분류한 결과 말해 보기

● 학생들이 좋아하는 색깔을 분류하고 분류한 결과 말해 보기

빨간색	노란색	빨간색	파란색	분홍색	파란색
분홍색	파란색	파란색	빨간색	파란색	파란색
노란색	빨간색	파란색	분홍색	빨간색	파란색

① 색깔에 따라 분류하고 그 수를 세어 보기

색깔	빨간색	노란색	파란색	분홍색
세면서 표시하기	##	//	## ///	///
학생 수(명)	5	2	8	3

분류한 결과를 보고 많고 적음을 비교할 수 있습니다.

② 분류한 결과 말해 보기

- 가장 많은 학생들이 좋아하는 색깔은 파란색입니다.
  ➡ 체육 대회에서 입을 단체복의 색을 정할 때 파란색으로 정하는 것이 좋겠습니다.
- 가장 적은 학생들이 좋아하는 색깔은 노란색입니다.

분류한 결과를 보고 필요한 것들을 예상할 수 있습니다.

● 학생들이 가고 싶어 하는 곳을 분류한 결과 말해 보기

장소	놀이공원	동물원	박물관
학생 수(명)	15	4	2

- 가장 많은 학생들이 가고 싶어 하는 곳은 놀이공원입니다.
  ➡ 현장 체험 학습 장소를 정할 때 놀이공원으로 정하는 것이 좋겠습니다.
- 가장 적은 학생들이 가고 싶어 하는 곳은 박물관입니다.

➔ 정답과 풀이 35쪽

1 석진이네 반 학생들이 좋아하는 운동입니다. 물음에 답하세요.

야구	축구	야구	농구	축구	야구
축구	농구	야구	축구	배구	농구
야구	배구	농구	야구	축구	야구

① 운동의 종류에 따라 분류하고 그 수를 세어 보세요.

종류	야구	축구	농구	배구
세면서 표시하기				
학생 수(명)				

분류한 결과를 보고 많고 적음을 비교해 보세요.

② 가장 많은 학생들이 좋아하는 운동을 써 보세요.

( )

③ 가장 적은 학생들이 좋아하는 운동을 써 보세요.

( )

2 효민이네 반 학생들이 가지고 있는 색연필입니다. 색깔에 따라 분류하여 그 수를 세어 보고, 알맞은 말에 ○표 하세요.

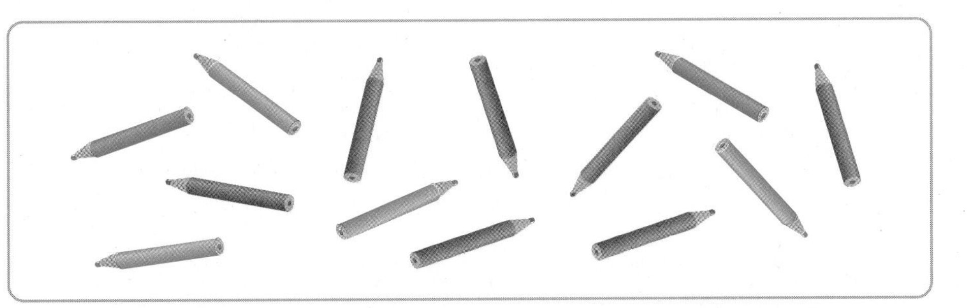

색깔	파란색	빨간색	초록색
학생 수(명)	4		

➡ 학교 앞 문방구에서는 (파란색 , 빨간색 , 초록색) 색연필을 가장 많이 준비하는 것이 좋겠습니다.

가장 많은 학생들이 가지고 있는 색연필을 알아보아요.

STEP 2 꼭 나오는 유형

1 분류하기

1 신발을 다음과 같이 분류하였습니다. 분류 기준을 찾아 ○표 하세요.

(색깔 , 모양)

2 손수건의 분류 기준으로 알맞지 않은 것에 ○표 하세요.

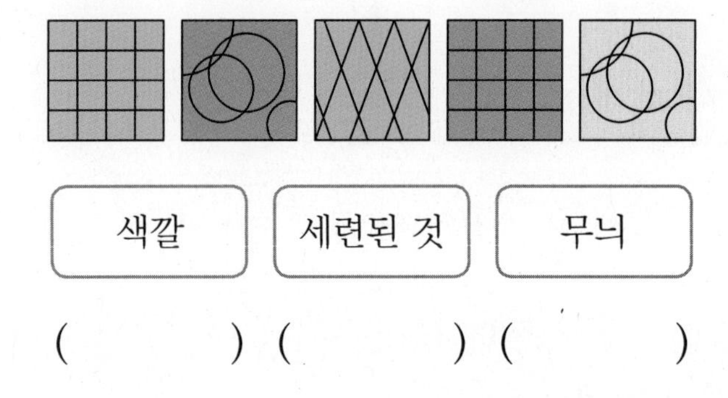

색깔	세련된 것	무늬
(　　)	(　　)	(　　)

3 컵을 분류할 수 있는 기준을 모두 찾아 기호를 써 보세요.

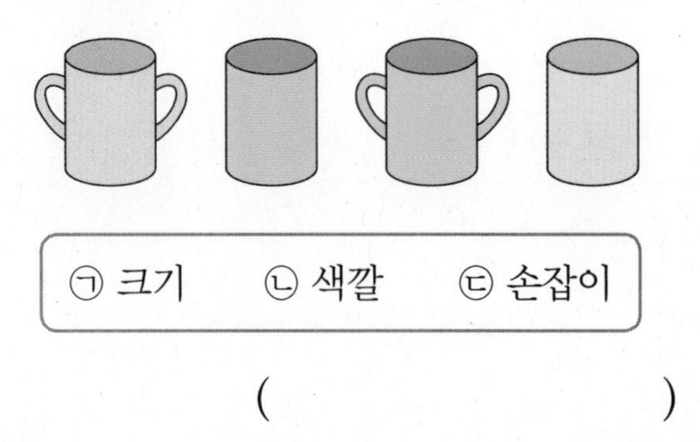

㉠ 크기 ㉡ 색깔 ㉢ 손잡이

(　　　　　)

4 옷을 두 개의 서랍에 나누어 정리하려고 합니다. 어떻게 분류하여 정리하면 좋을지 바르게 설명한 사람의 이름을 써 보세요.

지영: 편한 옷과 불편한 옷
정후: 윗옷과 아래옷
해진: 비싼 옷과 비싸지 않은 옷

(　　　　　)

서술형

5 탈 것들을 아래 기준으로 분류하려고 합니다. 분류 기준으로 알맞지 않은 까닭을 쓰고 어떻게 분류하면 좋을지 분류 기준을 써 보세요.

편한 것 | 불편한 것

까닭 ………………………………

분류 기준 ………………………………

2 기준에 따라 분류하기

6 색깔에 따라 분류해 보세요.

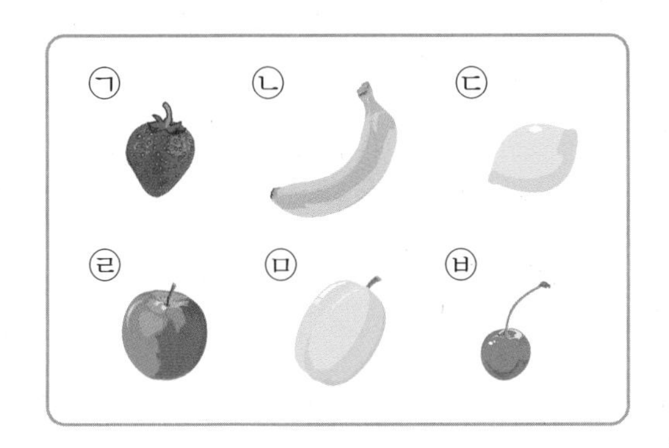

색깔	빨간색	노란색
기호		

[7~8] 정해진 기준에 따라 깃발을 분류하여 번호를 써 보세요.

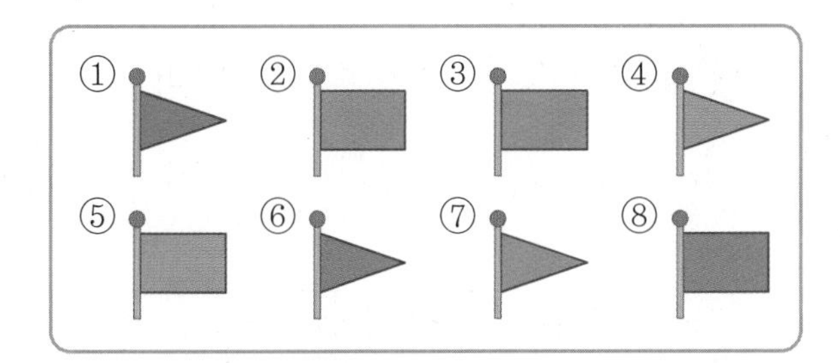

7

분류 기준	색깔

색깔	빨간색	초록색	보라색
번호			

8

분류 기준	모양

모양	삼각형	사각형
번호		

서술형

9 냉장고에서 잘못 분류되어 있는 칸을 쓰고, 바르게 고쳐 보세요.

잘못 분류되어 있는 칸 ....

바르게 고치기 ....

[10~11] 칠판에 여러 가지 자석이 붙어 있습니다. 물음에 답하세요.

10 자석을 분류할 수 있는 기준을 2가지 써 보세요.

분류 기준 1 ....

분류 기준 2 ....

11 10번에서 정한 분류 기준 중에서 한 가지를 선택하여 자석을 분류해 보세요.

분류 기준	

자석		

3 분류하고 세어 보기

12 학생들이 좋아하는 동물입니다. 동물을 종류에 따라 분류하고 그 수를 세어 보세요.

강아지	고양이	강아지	고양이	닭
펭귄	고양이	고양이	강아지	고양이
고양이	강아지	강아지	닭	고양이

종류	강아지	고양이	닭	펭귄
세면서 표시하기				
학생 수(명)				

[13~14] 정원이는 서랍에 있는 양말을 분류하려고 합니다. 물음에 답하세요.

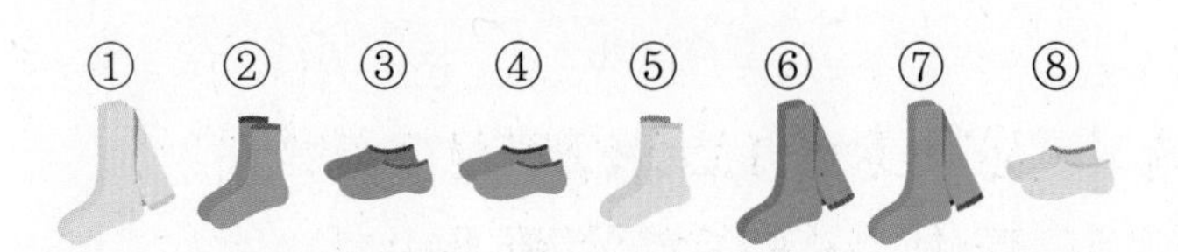

13 모양에 따라 분류하고 그 수를 세어 보세요.

모양			
번호			
양말 수 (켤레)			

14 색깔에 따라 분류하고 그 수를 세어 보세요.

색깔	노란색	파란색	빨간색
번호			
양말 수 (켤레)			

내가 만드는 문제

15 보기 와 같이 기준을 만들고, 기준에 따라 화분을 분류하여 그 수를 세어 보세요.

보기
분류 기준 화분이 초록색입니다.
➡ 2개

분류 기준 ....

➡ (   )

서술형

16 색종이를 색깔에 따라 분류하려고 합니다. 어떤 색깔의 색종이가 더 많은지 풀이 과정을 쓰고 답을 구해 보세요.

풀이 ....

답 ....

4 분류한 결과 말해 보기

[17~19] 학생들이 배우고 싶은 악기입니다. 물음에 답하세요.

북	기타	기타	하모니카	기타
기타	북	하모니카	북	하모니카
하모니카	기타	하모니카	기타	기타

17 배우고 싶은 악기를 종류에 따라 분류하고 그 수를 세어 보세요.

종류	북	기타	하모니카
세면서 표시하기			
학생 수(명)			

18 가장 많은 학생들이 배우고 싶은 악기는 무엇일까요?

( )

19 가장 적은 학생들이 배우고 싶은 악기는 무엇일까요?

( )

20 책상 위의 물건을 종류에 따라 분류하여 그 수를 세어 보고 결과를 써 보세요.

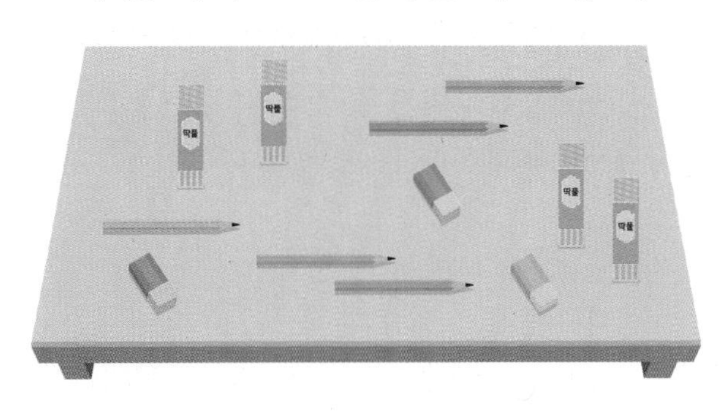

종류			
물건 수(개)			

가장 많은 물건은 ☐이고,

가장 적은 물건은 ☐입니다.

[21~22] 지아네 교실에 있는 우산입니다. 물음에 답하세요.

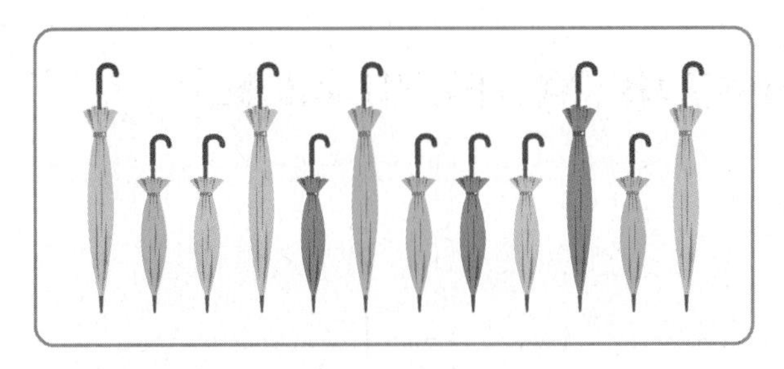

21 우산을 길이에 따라 분류하고 그 수를 세어 보세요.

우산의 길이	긴 것	짧은 것
우산의 수(개)		

22 ☐ 안에 알맞은 말을 써넣으세요.

교실에 ☐ 우산꽂이를 ☐ 우산꽂이보다 더 많이 준비하면 좋습니다.

5

STEP 3 자주 틀리는 유형

분류할 때에는 분명한 기준을 정하자!

1 바둑돌의 분류 기준으로 알맞은 것에 ○표 하세요.

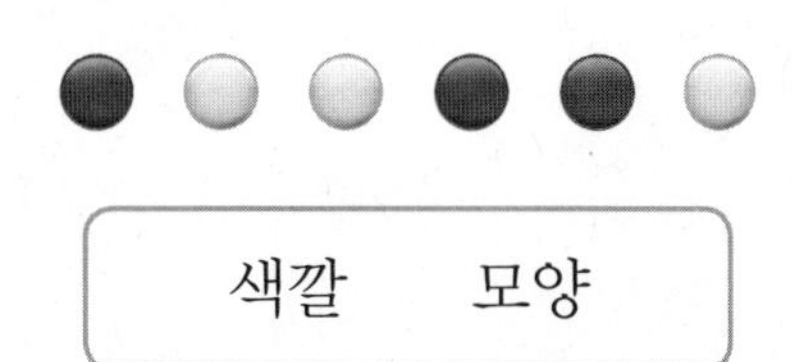

색깔 모양

2 분류 기준으로 알맞지 않은 것을 찾아 기호를 써 보세요.

㉠ 바퀴가 2개인 것과 4개인 것
㉡ 타고 싶은 것과 타기 싫은 것
㉢ 파란색인 것과 빨간색인 것

( )

3 누름 못의 분류 기준으로 알맞은 것을 모두 찾아 기호를 써 보세요.

㉠ 색깔 ㉡ 크기
㉢ 모양 ㉣ 예쁜 것과 예쁘지 않은 것

( )

분류 기준에 따라 분류하자!

[4~5] 도형을 정해진 기준에 따라 분류하여 번호를 써 보세요.

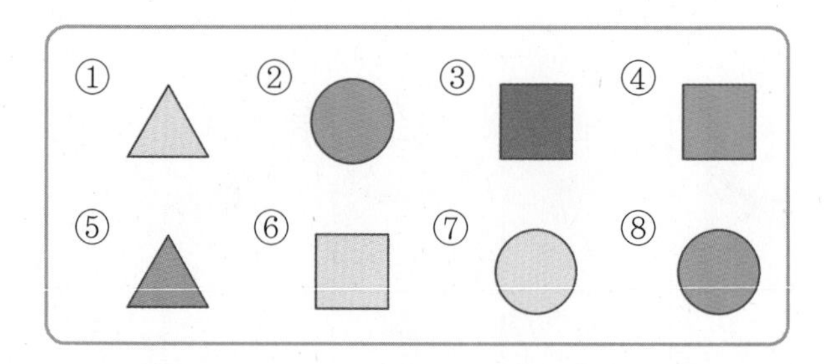

4 색깔에 따라 분류해 보세요.

색깔	노란색	초록색	빨간색
번호			

5 모양에 따라 분류해 보세요.

모양	삼각형	원	사각형
번호			

6 단추를 분류할 수 있는 기준을 2가지 써 보세요.

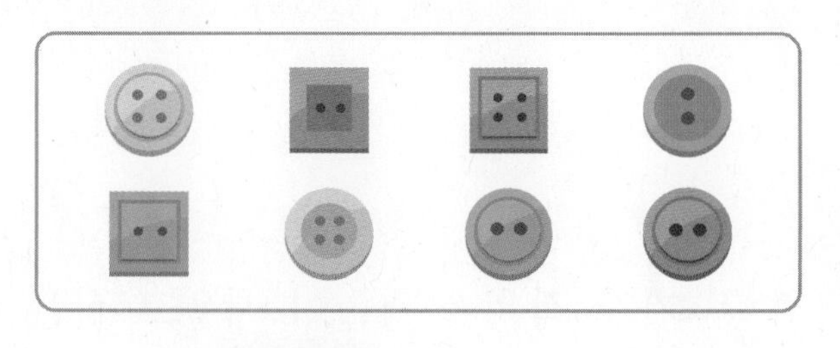

분류 기준 1 ....

분류 기준 2 ....

잘못 분류된 것을 찾아보자!

7 주방에 있는 그릇을 종류에 따라 분류하여 정리했습니다. 잘못 분류된 그릇을 찾아 ○표 하고 ○표 한 그릇을 몇째 칸으로 옮겨야 하는지 써 보세요.

셋째 칸	
둘째 칸	
첫째 칸	

( )

8 집 안의 물건을 쓰이는 계절에 따라 상자에 분류하였습니다. 잘못 분류된 상자를 찾아 기호를 쓰고, 바르게 고쳐 보세요.

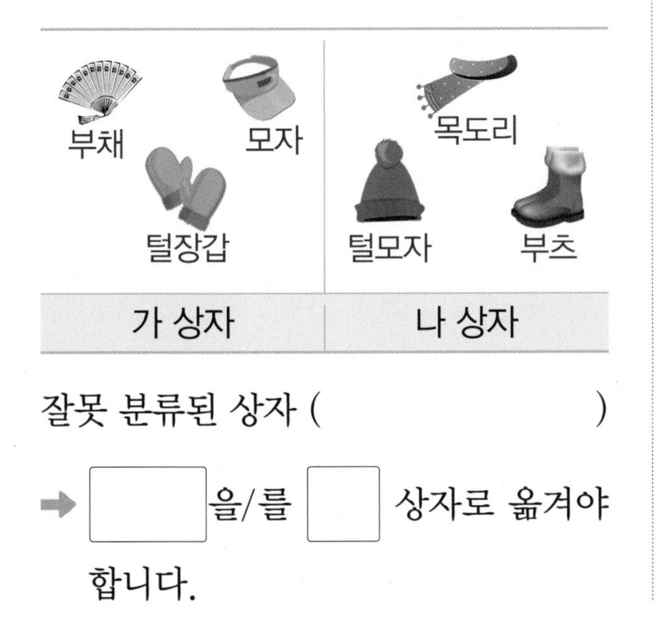

잘못 분류된 상자 ( )

➡ ☐ 을/를 ☐ 상자로 옮겨야 합니다.

분류 기준을 모두 만족해야지!

9 분류 기준 을 모두 만족하는 붙임 딱지는 몇 개일까요?

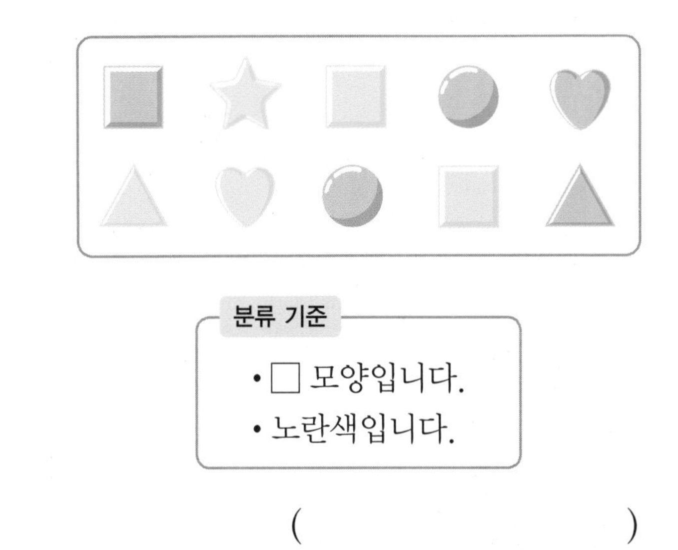

분류 기준
- □ 모양입니다.
- 노란색입니다.

( )

10 보기 와 같이 기준을 만들고, 기준에 따라 동물을 분류하여 그 수를 세어 보세요.

보기
분류 기준 다리가 4개입니다. ➡ 5마리

(1) 분류 기준 ....
➡ ( )

(2) 분류 기준 ....
➡ ( )

여러 기준으로 분류하자!

[11~13] 그림 카드를 보고 물음에 답하세요.

11 모양에 따라 분류하고 그 수를 세어 보세요.

모양	⬯	□
번호		
카드 수(장)		

12 뿔의 수에 따라 분류하고 그 수를 세어 보세요.

뿔의 수	0개	1개
세면서 표시하기		
카드 수(장)		

13 눈의 수에 따라 분류하고 그 수를 세어 보세요.

눈의 수	1개	2개
카드 수(장)		

분류한 결과를 알아보자!

[14~17] 학교 앞 가게에서 어제 팔린 우유입니다. 물음에 답하세요.

14 팔린 우유를 맛에 따라 분류하고 그 수를 세어 보세요.

맛	초코	딸기	바나나
세면서 표시하기			
개수(개)			

15 어제 가장 많이 팔린 우유는 어떤 우유일까요?

( )

16 어제 가장 적게 팔린 우유는 어떤 우유일까요?

( )

17 가게 주인이 우유를 많이 팔기 위해서는 어떤 우유를 가장 많이 준비하는 것이 좋을까요?

( )

STEP **4** 최상위 도전 유형

최상위 유형에 자주 나오는 문제로 학습함으로써 수학의 실력을 완성해 보세요.

➔ 정답과 풀이 37쪽

도전1 두 가지 기준에 따라 분류하기

1 여러 가지 우유를 모양과 맛에 따라 분류해 보세요.

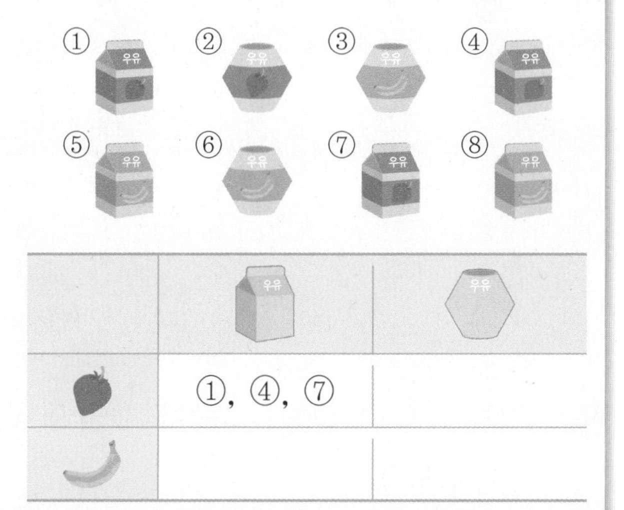

	(우유갑)	(육각형 우유)
(딸기)	①, ④, ⑦	
(바나나)		

핵심 NOTE

① 한 가지 기준으로 분류하기
② ①의 결과를 나머지 기준으로 분류하기

2 세호네 반 친구들이 가지고 있는 장갑입니다. 모양과 색깔에 따라 분류하고 그 수를 세어 보세요.

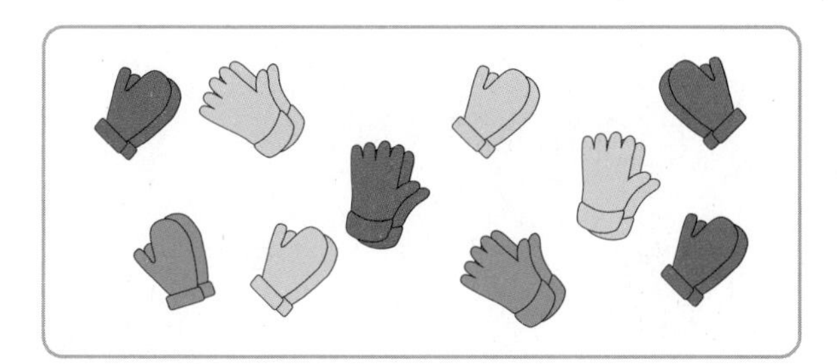

	벙어리장갑 (켤레)	손가락장갑 (켤레)
노란색		
초록색		
빨간색		

도전2 조건에 따라 분류하고 세어 보기

3 의진이네 집에 있는 컵입니다. 손잡이가 1개이고 뚜껑이 있는 컵은 몇 개일까요?

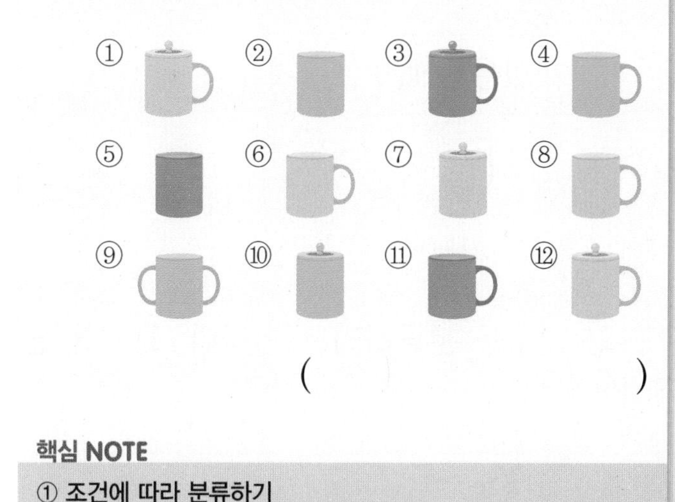

( )

핵심 NOTE

① 조건에 따라 분류하기
② ①의 결과를 보고 수를 세어 보기

4 3번의 컵들을 보고 **보기** 와 같이 기준을 2가지 만들고, 만든 기준에 알맞은 컵은 몇 개인지 써 보세요.

> **보기**
> 분류 기준 1 노란색입니다.
> 분류 기준 2 뚜껑이 있습니다.
> ➔ 3개

(1) 분류 기준 1 ....

분류 기준 2 ....

➔ ( )

(2) 분류 기준 1 ....

분류 기준 2 ....

➔ ( )

5

수시 평가 대비 Level 1

5. 분류하기

점수

확인

1 분류 기준으로 알맞은 것에 ○표 하세요.

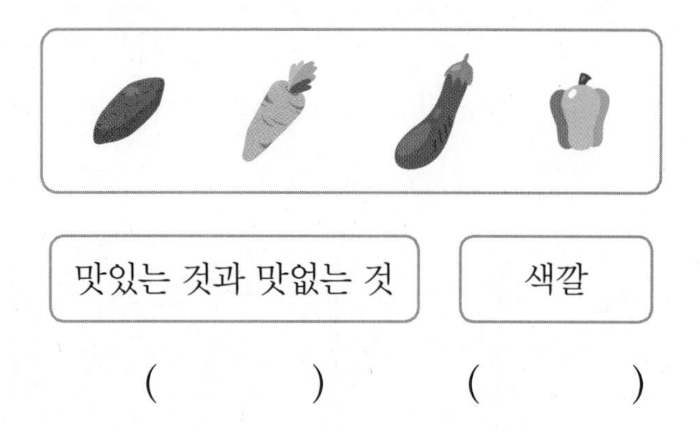

맛있는 것과 맛없는 것	색깔
( )	( )

[2~4] 단추를 분류하려고 합니다. 물음에 답하세요.

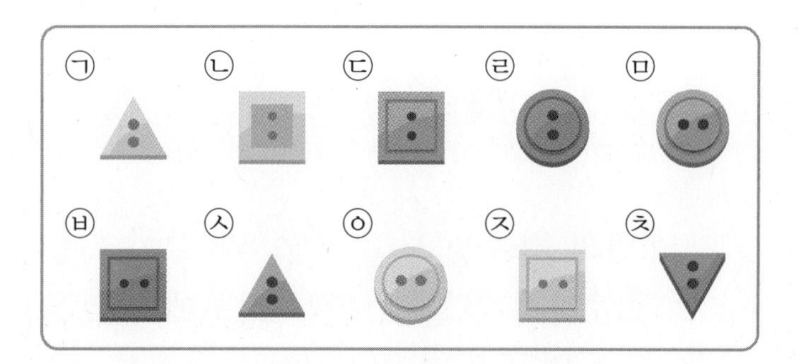

2 분류할 수 있는 기준이 되는 것을 2가지 찾아 ○표 하세요.

(모양 , 크기 , 무게 , 색깔)

3 모양에 따라 분류하여 기호를 써 보세요.

모양	삼각형	사각형	원
기호			

4 색깔에 따라 분류하여 기호를 써 보세요.

색깔	노란색	빨간색	보라색
기호			

[5~7] 장난감을 보고 물음에 답하세요.

5 장난감을 분류할 수 있는 기준을 2가지 써 보세요.

분류 기준 1 ....

분류 기준 2 ....

6 장난감을 종류에 따라 분류하고 그 수를 세어 보세요.

종류	인형	로봇	탈 것
수(개)			

7 장난감을 종류별로 분류하였을 때 가장 많은 종류의 장난감은 무엇일까요?

( )

정답과 풀이 38쪽

[8~10] 여러 가지 도형을 보고 물음에 답하세요.

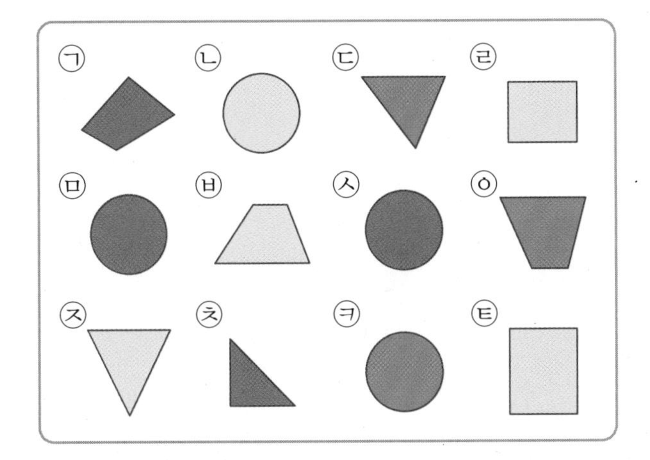

8 도형을 색깔에 따라 분류하고 그 수를 세어 보세요.

색깔	빨간색	노란색	파란색
도형 수(개)			

9 도형을 변의 수에 따라 분류하고 그 수를 세어 보세요.

변의 수	0개	3개	4개
도형 수(개)			

10 빨간색이면서 변이 있는 도형을 모두 찾아 기호를 써 보세요.

( )

[11~14] 여러 가지 바구니를 보고 물음에 답하세요.

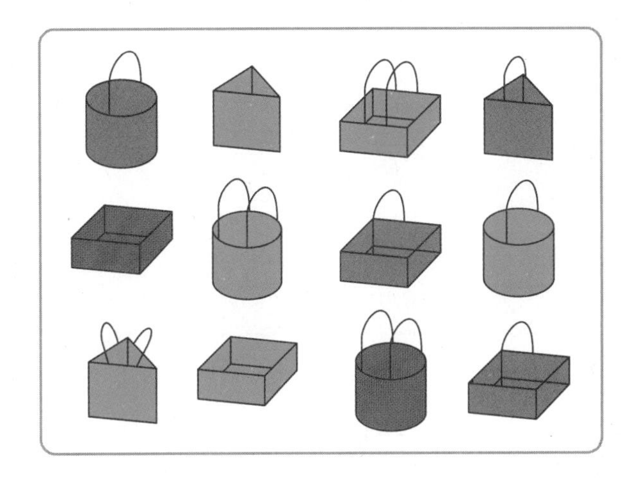

11 바구니를 모양에 따라 분류하고 그 수를 세어 보세요.

모양			
바구니 수(개)			

12 바구니를 손잡이 수에 따라 분류하고 그 수를 세어 보세요.

손잡이 수	0개	1개	2개
바구니 수(개)			

13 □ 안에 알맞은 수를 써넣으세요.

가장 많은 바구니는 손잡이가 □개인 바구니입니다.

14 □ 안에 알맞은 말을 써넣으세요.

가장 많은 바구니는 색깔이 □색인 바구니입니다.

서술형 문제

정답과 풀이 38쪽

[15~17] 어느 해 6월의 날씨입니다. 물음에 답하세요.

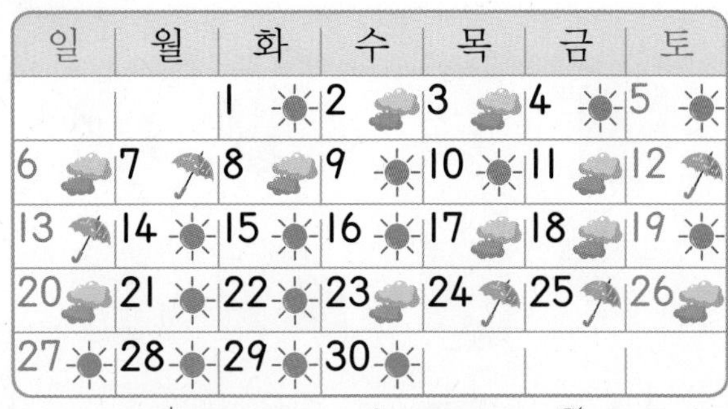

맑은 날, 흐린 날, 비 온 날

15 날씨를 분류하고 그 수를 세어 보세요.

날씨	맑은 날	흐린 날	비 온 날
날수(일)			

16 6월에는 어떤 날씨가 가장 많았을까요?

( )

17 6월에는 맑은 날이 흐린 날보다 며칠 더 많았을까요?

( )

18 진아네 반 친구들이 생일 선물로 받고 싶은 선물입니다. 가장 많은 친구들이 받고 싶은 선물을 써 보세요.

로봇	게임기	인형	게임기	블록
블록	로봇	블록	로봇	게임기
블록	게임기	게임기	블록	게임기

( )

[19~20] 민호네 집에 있는 컵입니다. 물음에 답하세요.

19 민호가 다음 분류 기준에 따라 컵을 분류하려고 합니다. 분류 기준이 알맞은지, 알맞지 않은지 쓰고, 그 까닭을 써 보세요.

예쁜 것과 예쁘지 않은 것

답

까닭

20 다음 기준에 알맞은 컵은 모두 몇 개인지 풀이 과정을 쓰고 답을 구해 보세요.

기준
- 손잡이가 1개입니다.
- 무늬가 있습니다.

풀이

답

수시 평가 대비 Level 2

점수

확인

1 꽃을 분류한 것입니다. 어떤 기준으로 분류하였는지 알맞은 것에 ○표 하세요.

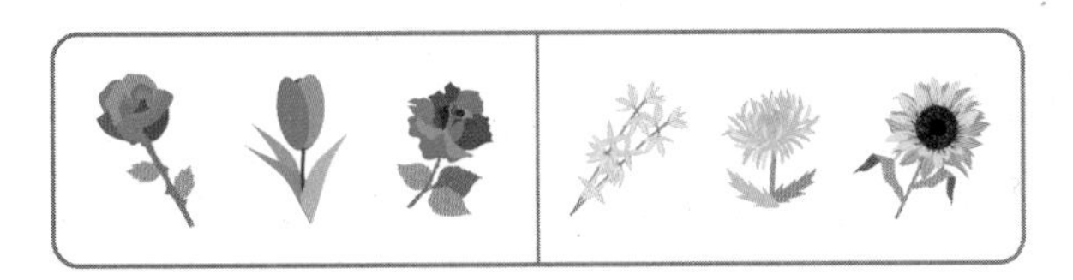

(종류 , 모양 , 색깔)

[2~3] 동물을 보고 물음에 답하세요.

2 분류 기준으로 알맞지 않은 것을 찾아 기호를 써 보세요.

㉠ 다리가 있는 동물과 다리가 없는 동물
㉡ 새끼를 낳는 동물과 알을 낳는 동물
㉢ 무서운 동물과 무섭지 않은 동물

( )

3 동물을 다음과 같이 분류하였습니다. 분류 기준을 써 보세요.

( )

4 잘못 분류된 옷을 찾아 바르게 분류하려고 합니다. □ 안에 알맞은 기호를 써넣고, 알맞은 말에 ○표 하세요.

□을 (윗옷 , 아래옷) 상자로 옮겨야 합니다.

[5~7] 건우네 반 학생들이 좋아하는 과일입니다. 물음에 답하세요.

사과	귤	망고	포도	포도
망고	포도	망고	포도	사과

5 과일을 분류할 수 있는 기준을 써 보세요.

분류 기준	

6 과일을 종류에 따라 분류하고 그 수를 세어 보세요.

종류	사과	귤	망고	포도
학생 수(명)	2			

7 가장 많은 학생들이 좋아하는 과일은 무엇일까요?

( )

5

[8~11] 체육 대회 날에 지솔이네 반 학생들이 먹은 아이스크림입니다. 물음에 답하세요.

●초코 맛 ●딸기 맛

8 맛에 따라 아이스크림을 분류하고 그 수를 세어 보세요.

맛	초코	딸기
학생 수(명)		

9 모양에 따라 아이스크림을 분류하고 그 수를 세어 보세요.

모양		
학생 수(명)		

10 딸기 맛 모양 아이스크림을 좋아하는 학생은 몇 명일까요?

( )

11 아이스크림 가게에서 어떤 아이스크림을 더 준비하면 좋을지 ○표 하세요.

모양 아이스크림 ( )

딸기 맛 아이스크림 ( )

[12~14] 단추를 보고 물음에 답하세요.

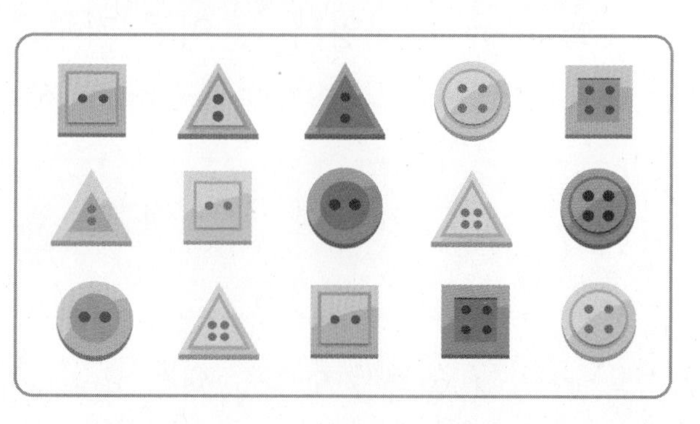

12 단추를 다음과 같이 분류하였습니다. 분류 기준을 써 보세요.

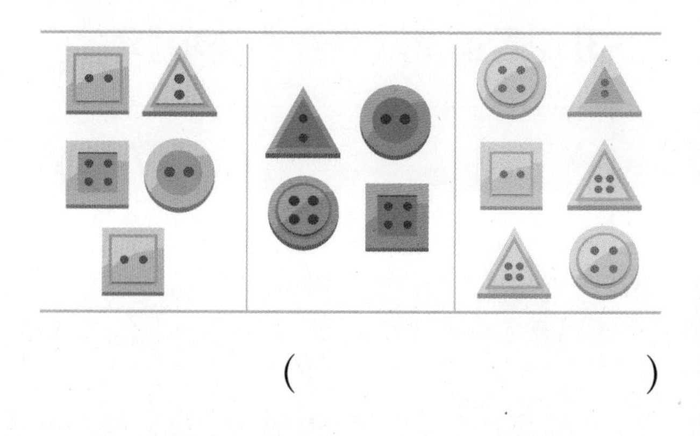

( )

13 12번의 분류 기준 외에 단추를 분류할 수 있는 기준을 2가지 더 써 보세요.

분류 기준 1 ....

분류 기준 2 ....

14 단추를 색깔과 모양에 따라 분류하여 그 수를 세어 보세요.

	초록색	빨간색	노란색
□			
△			
○			

[15~18] 그림 카드를 보고 물음에 답하세요.

15 그림 카드를 색깔에 따라 분류하고 그 수를 세어 보세요.

색깔	빨간색	파란색
카드 수(장)		

16 보기 와 같이 기준을 만들고, 기준에 따라 그림 카드를 분류하여 그 수를 세어 보세요.

보기
분류 기준 털이 있습니다. ➡ 5장

분류 기준

➡ (　　　　　　　　)

17 빨간색이면서 털이 있는 그림 카드의 번호를 모두 써 보세요.

(　　　　　　　　)

18 구멍이 1개이면서 털이 없는 그림 카드는 몇 장일까요?

(　　　　　　　　)

서술형 문제

정답과 풀이 39쪽

19 성종이는 동물들을 먹는 음식에 따라 다음과 같이 분류하였습니다. 잘못 분류한 것을 찾아 ○표 하고, 그렇게 생각한 까닭을 써 보세요.

까닭

20 원태네 반 학생들이 사용하는 연필입니다. 지우개가 달린 빨간색 연필은 지우개가 달리지 않은 파란색 연필보다 몇 자루 더 많은지 풀이 과정을 쓰고 답을 구해 보세요.

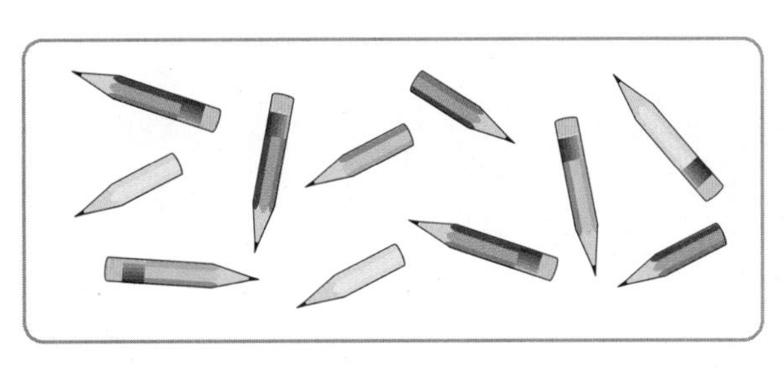

풀이

답

사고력이 반짝

● 은지는 주어진 스티커로 티셔츠를 꾸미려고 합니다. 은지가 꾸민 티셔츠를 찾아 ○표 하세요.

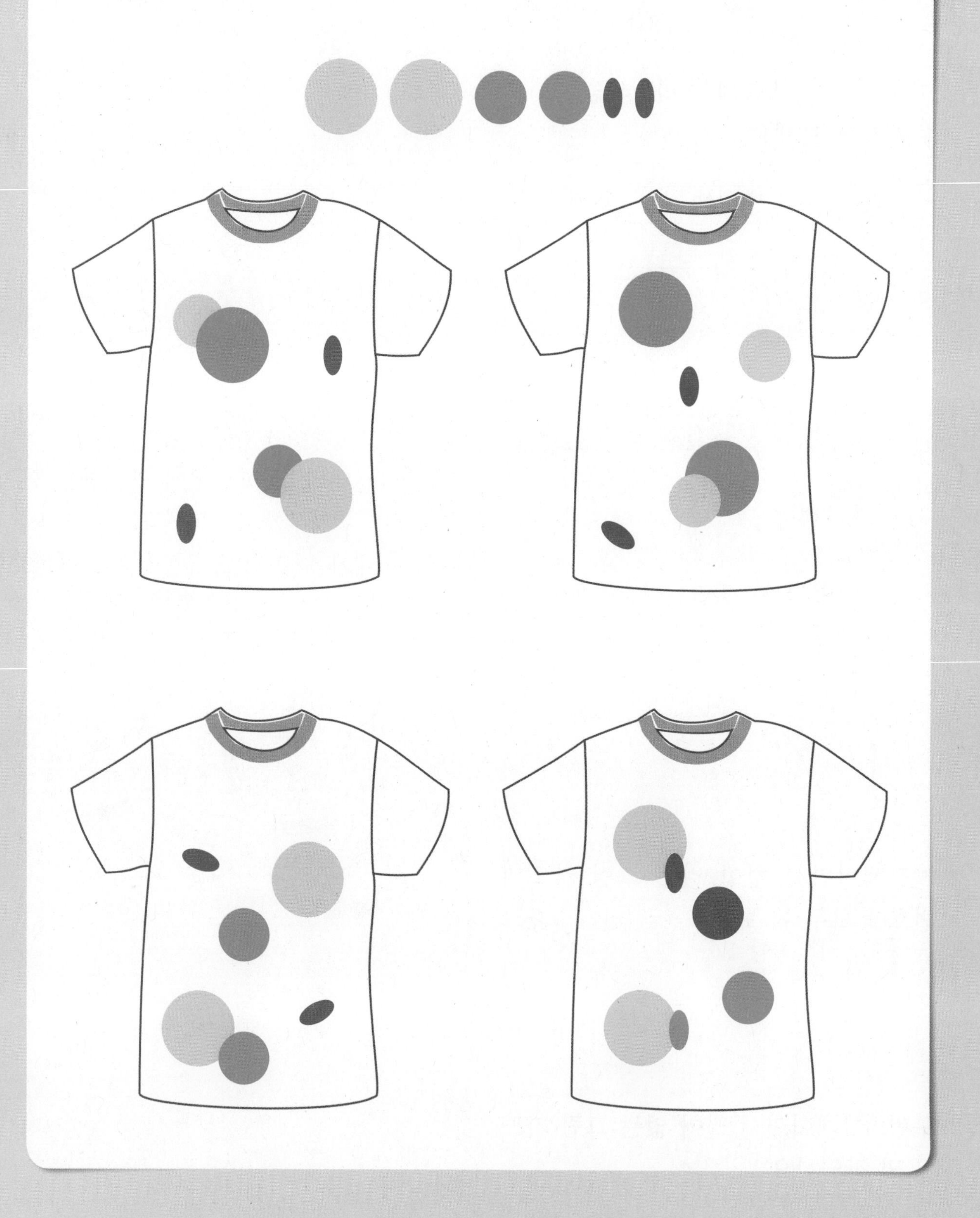

6 곱셈

이번 단원에서
꼭 짚어야 할
핵심 개념을 알아보자.

핵심 1 여러 가지 방법으로 세어 보기

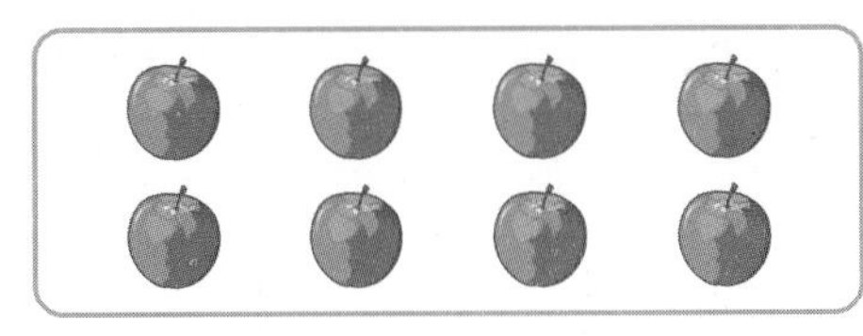

• 사과를 하나씩 세어 보면 1, 2, 3, 4, ..., ☐이므로 ☐개이다.

• 사과를 2씩 묶으면 ☐묶음이므로 사과는 ☐개이다.

핵심 2 묶어 세어 보기

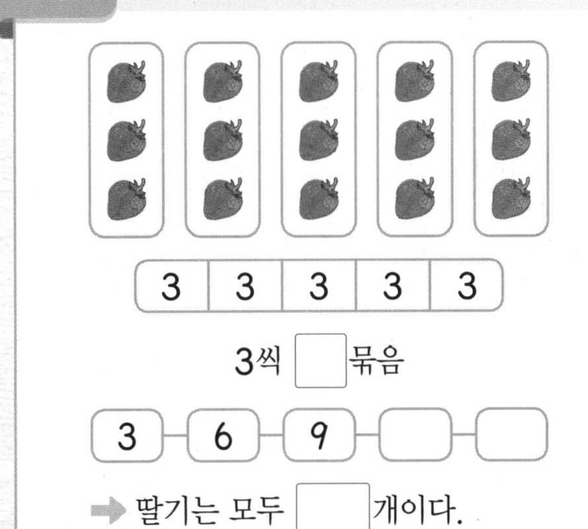

3	3	3	3	3

3씩 ☐묶음

3 – 6 – 9 – ☐ – ☐

➡ 딸기는 모두 ☐개이다.

핵심 3 몇의 몇 배

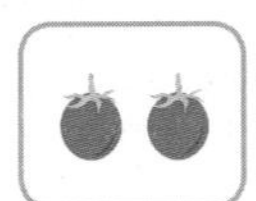
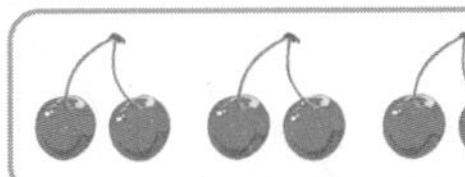

• 2씩 4묶음은 2의 ☐배이다.

• 체리의 수는 토마토의 수의 ☐배이다.

핵심 4 곱셈 알아보기

• $5+5+5+5$는 $5\times$☐와/과 같다.

• $5\times4=$☐

• 5와 4의 곱은 ☐이다.

핵심 5 곱셈식으로 나타내기

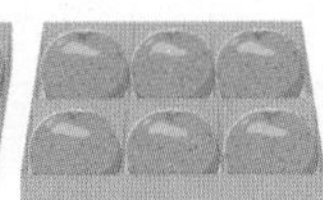

6의 ☐배

➡ $6+$☐$+$☐$=$☐

➡ $6\times$☐$=$☐

답 1. 8, 8 / 4, 8 2. 5 / 12, 15 / 15 3. 4 / 4 4. 4 / 20 / 20 5. 3 / 6, 6, 18 / 3, 18

STEP 1 교과 개념

1. 여러 가지 방법으로 세어 보기

구슬의 수를 여러 가지 방법으로 세어 보기

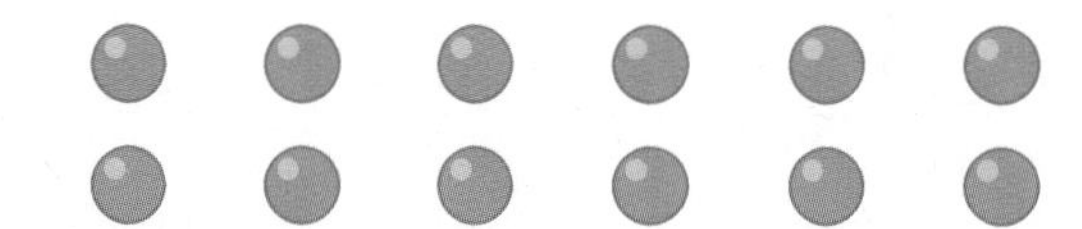

방법 1 하나씩 세어 보기

구슬을 하나씩 세면 **1, 2, 3, ..., 11, 12**이므로 구슬은 모두 12개입니다.

방법 2 뛰어 세어 보기

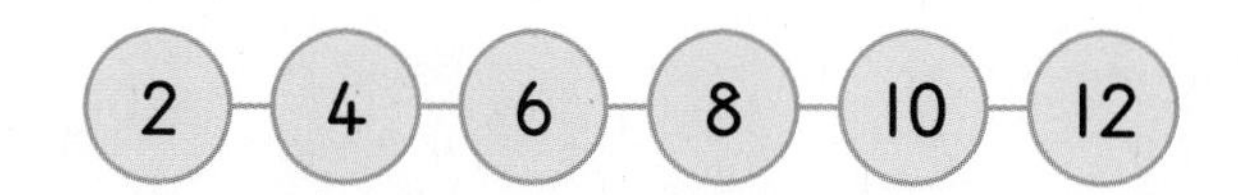

구슬을 **2, 4, 6, 8, 10, 12**로 2씩 뛰어 세면 구슬은 모두 12개입니다.

방법 3 묶어 세어 보기 — 10개씩 묶고 낱개를 더할 수도 있습니다.

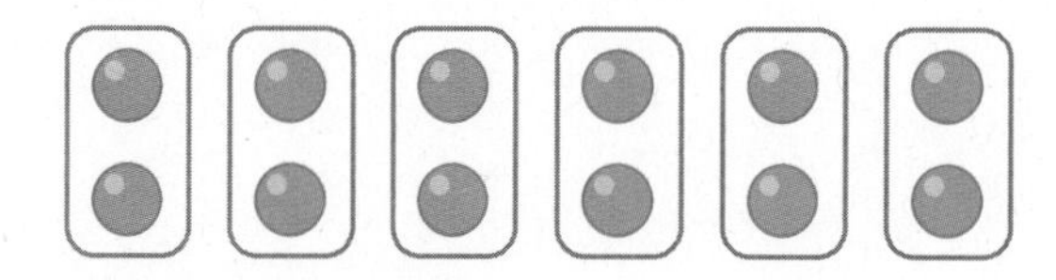

구슬을 2개씩 묶어 세면 6묶음입니다.

2씩 6번 묶어 세면 **2, 4, 6, 8, 10, 12**이므로 구슬은 모두 12개입니다.
(6묶음)

➡ 물건의 수가 많을 때에는 묶어 세는 방법이 더 편리합니다.

개념 자세히 보기

수직선에서 뛰어 세어 보아요!

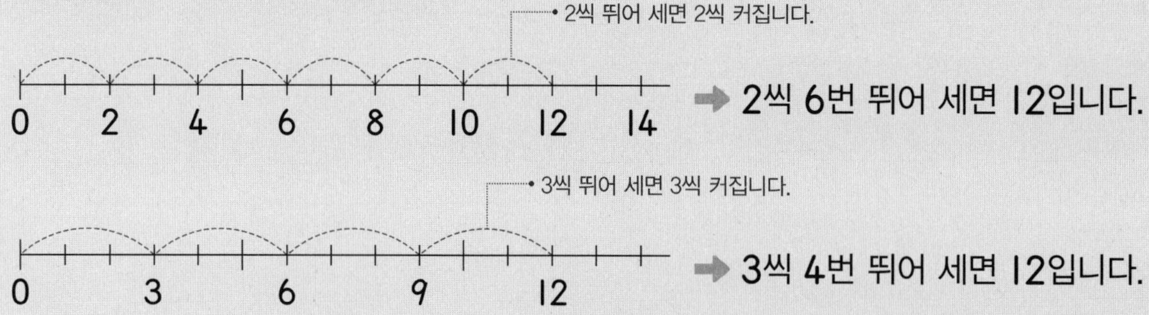

➡ 2씩 6번 뛰어 세면 12입니다.

➡ 3씩 4번 뛰어 세면 12입니다.

➡ 정답과 풀이 41쪽

1 테니스공은 모두 몇 개인지 세어 보세요.

① 하나씩 세어 보세요.

1 - 2 - 3 - ☐ - ☐ - ☐ - ☐ - ☐

② 2씩 뛰어 세어 보세요.

2 - 4 - ☐ - ☐

③ 테니스공은 모두 몇 개일까요?

(　　　　　　)

2 풍선은 모두 몇 개인지 4개씩 묶어 세어 보세요.

물건의 수가 많은 것은 묶어 세면 편리해요.

(　　　　　　)

3 사탕은 모두 몇 개인지 세어 보세요.

사탕을 7개씩, 3개씩 묶어 보아요.

① 사탕은 모두 몇 개일까요?

(　　　　　　)

② 사탕의 수를 몇씩 몇 묶음으로 세었는지 써 보세요.

7씩 ☐ 묶음, 3씩 ☐ 묶음

STEP 1 교과 개념

2. 묶어 세어 보기

● 사과의 수를 묶어 세어 보기

방법 1 3씩 묶어 세어 보기

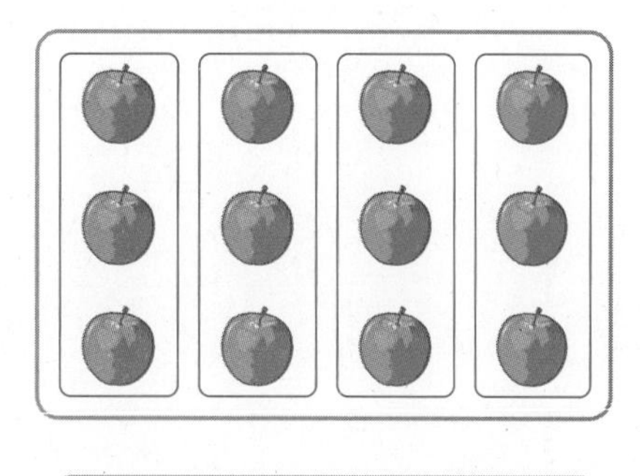

3	3	3	3

3씩 **4**묶음

방법 2 4씩 묶어 세어 보기

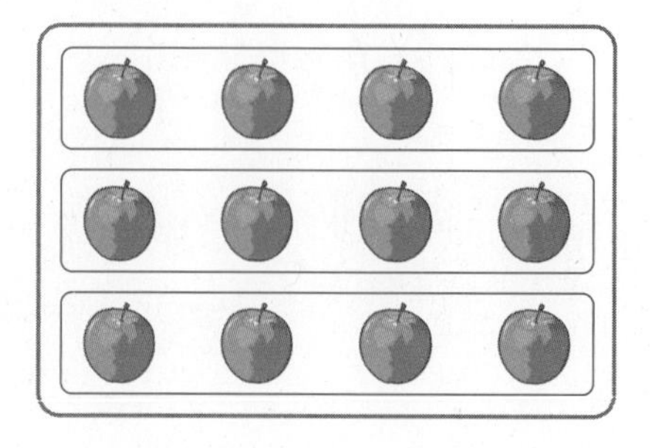

4	4	4

4씩 **3**묶음

4 - 8 - 12

➡ 사과는 모두 12개입니다.

개념 자세히 보기

● 다른 방법으로 묶어 세어 보아요!

2씩 6묶음

6씩 2묶음

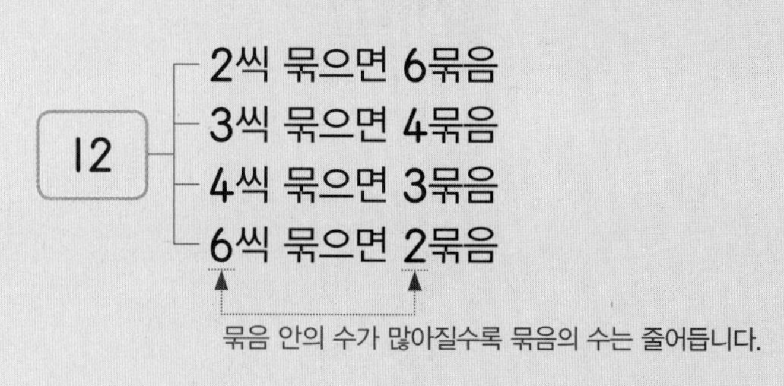

1씩 ■묶음 또는 ■씩 1묶음으로는 나타내지 않아요.

➔ 정답과 풀이 41쪽

1

몇 개인지 묶어 세어 보세요.

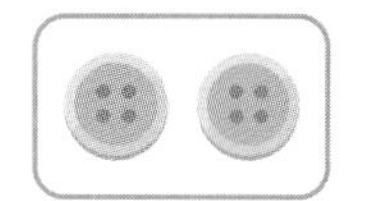 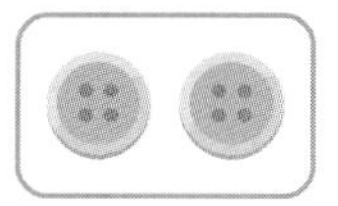 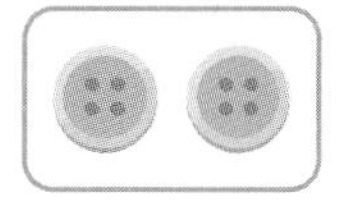 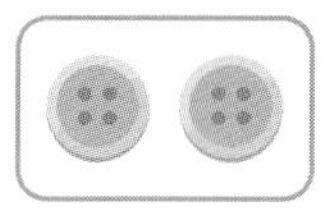 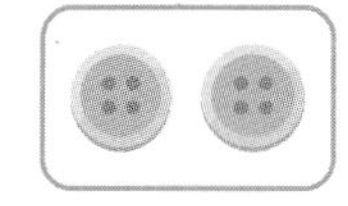

2씩 몇 묶음인지 알아보아요.

① 2씩 묶어 세어 보세요.

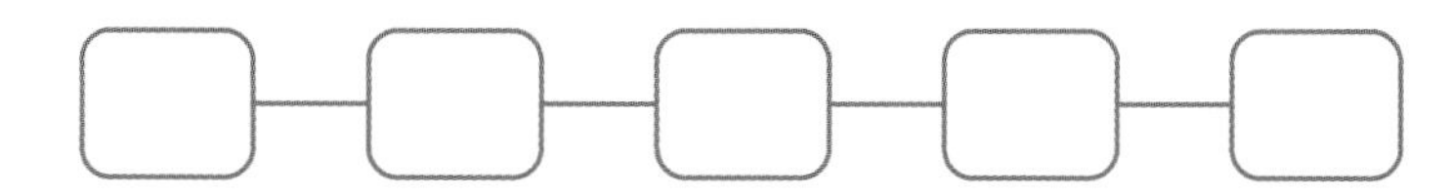

② 모두 몇 개일까요?

( )

2

컵케이크는 모두 몇 개인지 묶어 세어 보려고 합니다. 물음에 답하세요.

① 컵케이크를 3개씩 묶은 후 빈칸에 알맞은 수를 써넣으세요.

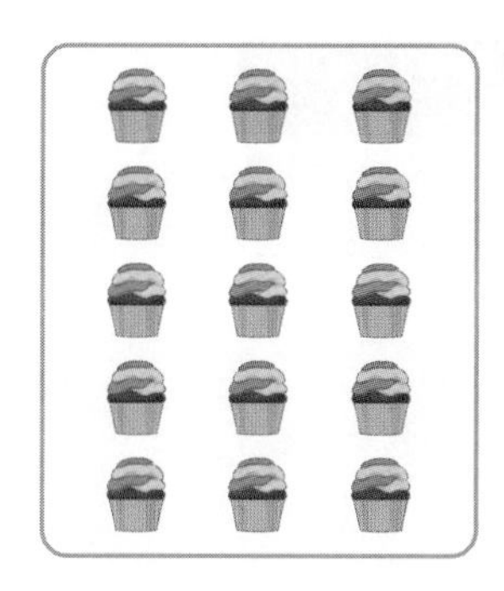

3	3	3		

3씩 □ 묶음

② 컵케이크는 모두 몇 개일까요?

( )

③ 다른 방법으로 묶어 세어 보세요.

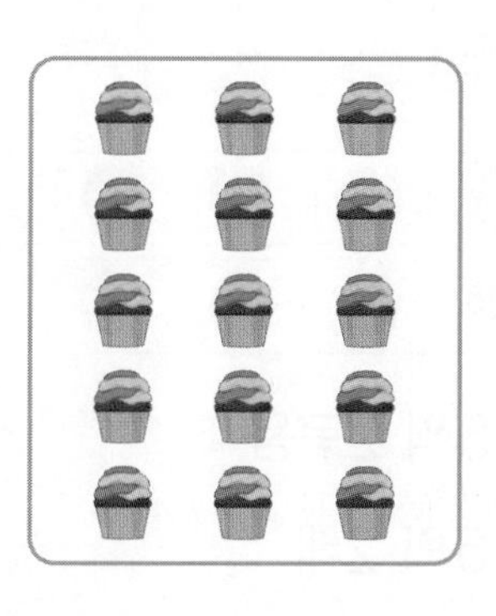

□씩 □묶음

같은 수라도
몇씩 묶어 세는지에 따라
묶음의 수가 달라져요.

STEP 1 교과 개념

3. 몇의 몇 배

몇의 몇 배 알아보기

■씩 ●묶음 → ■의 ●배

몇의 몇 배로 나타내기

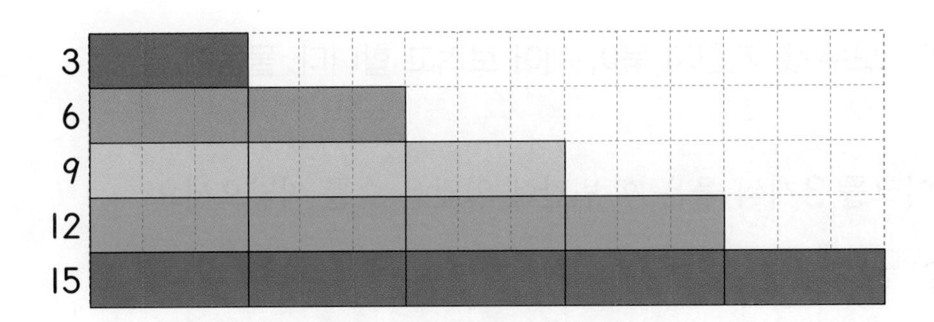

6은 3의 2배입니다.

9는 3의 3배입니다.

12는 3의 4배입니다.

15는 3의 5배입니다.

개념 자세히 보기

구슬의 수를 여러 가지 방법으로 몇의 몇 배로 나타낼 수 있어요!

정답과 풀이 41쪽

1 그림을 보고 □ 안에 알맞은 수를 써넣으세요.

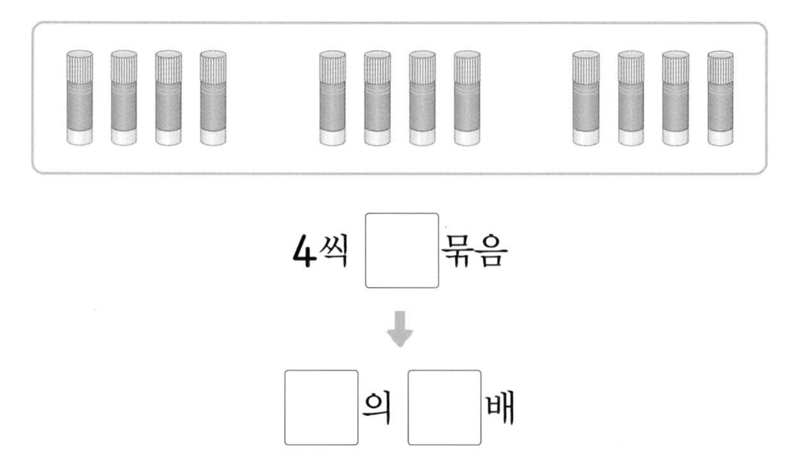

4씩 □ 묶음

↓

□의 □배

2 □ 안에 알맞은 수를 써넣으세요.

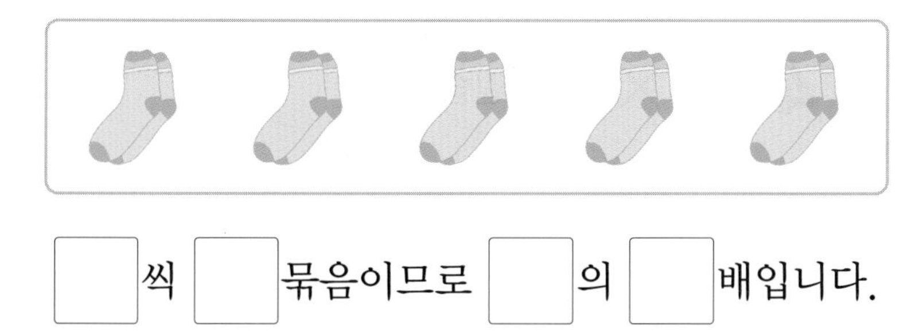

□씩 □묶음이므로 □의 □배입니다.

3 그림을 보고 □ 안에 알맞은 수를 써넣으세요.

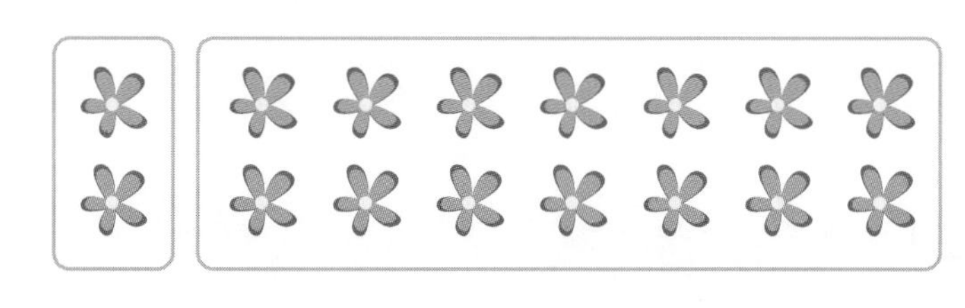

14는 2의 □배입니다.

4 쿠키의 수를 몇의 몇 배로 나타내 보세요.

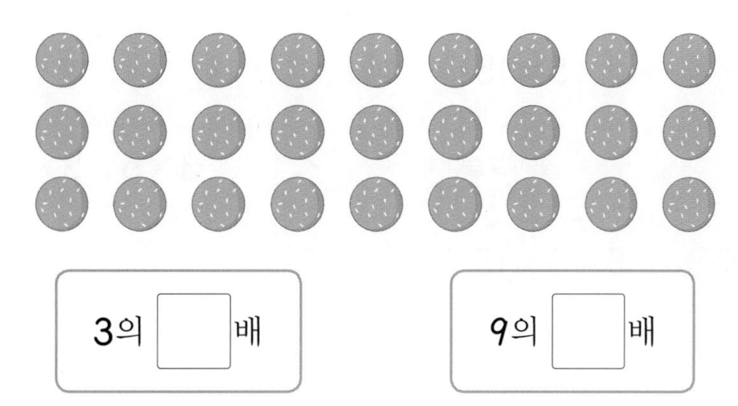

3의 □배

9의 □배

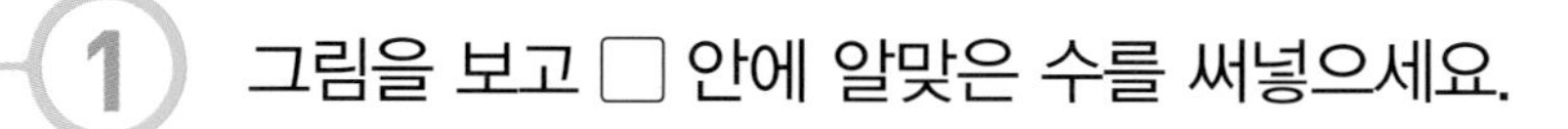

STEP 1 교과 개념

4. 곱셈 알아보기

● **곱셈 알아보기**

4씩 5묶음 ➡ 4의 5배

· **4**의 **5**배를 **4 × 5**라고 씁니다.

· **4 × 5**는 **4 곱하기 5**라고 읽습니다.

● **곱셈식 알아보기**

· **4 + 4 + 4 + 4 + 4**는 **4 × 5**와 같습니다.

· **4 × 5 = 20**

· **4 × 5 = 20**은 **4 곱하기 5는 20과 같습니다**라고 읽습니다.

· 4와 5의 곱은 20입니다.

개념 자세히 보기

● **덧셈을 곱셈으로 바꿀 수 있어요!**

$7+7+7+7+7+7=7\times6$

6번

● **두 수를 바꾸어 곱해도 곱은 같아요!**

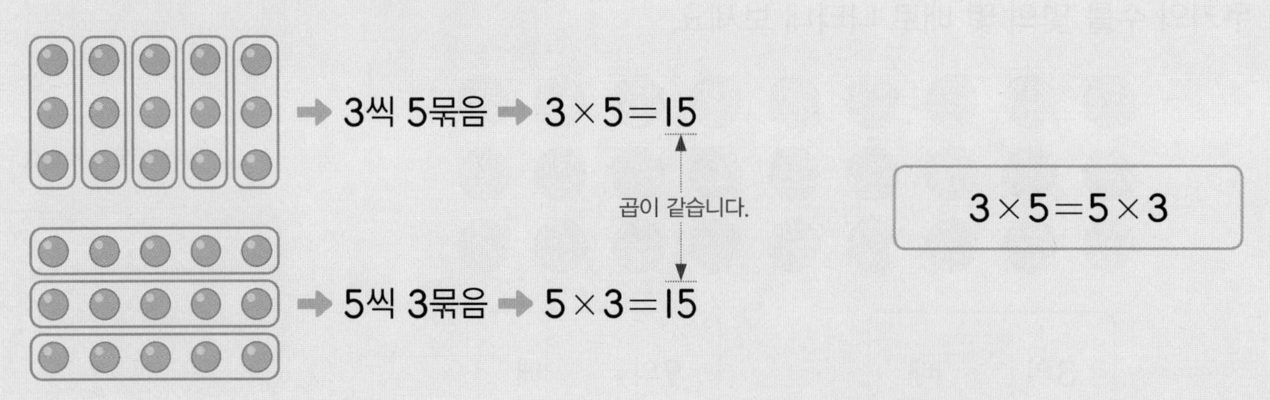

정답과 풀이 41쪽

1 그림을 보고 □ 안에 알맞은 수를 써넣으세요.

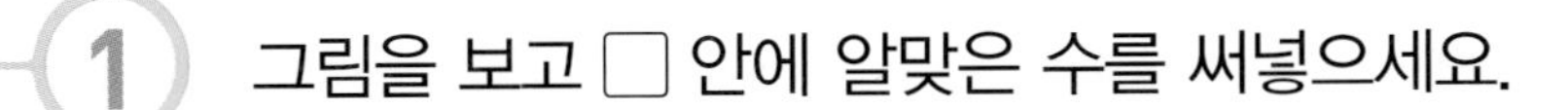

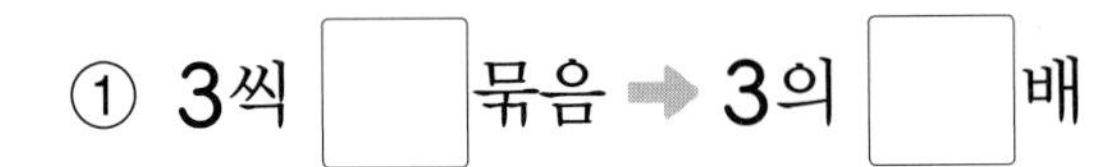

① 3씩 □ 묶음 ➡ 3의 □ 배

② 3의 □ 배는 □ × □ (이)라고 씁니다.

2 □ 안에 알맞은 수를 써넣으세요.

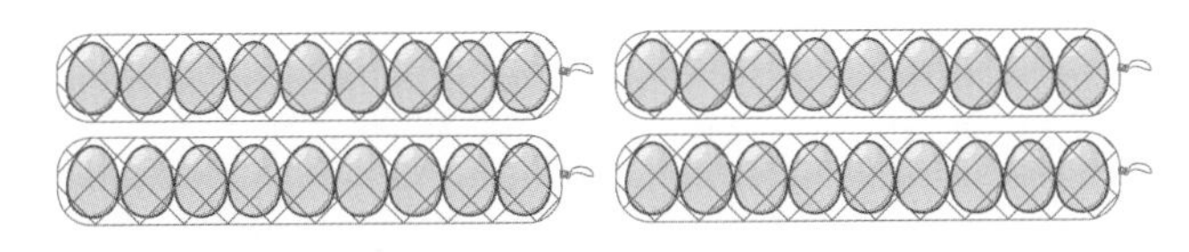

➡ $9+9+9+9$는 □ × □ 와/과 같습니다.

3 연필은 모두 몇 자루인지 알아보세요.

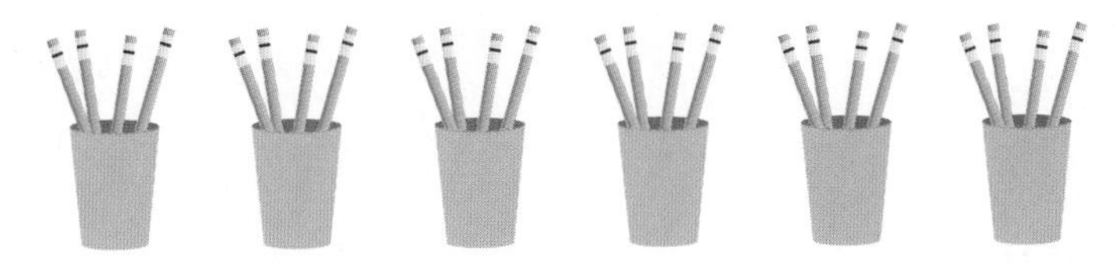

① 연필의 수를 덧셈식으로 나타내 보세요.

$4+4+4+$ □ $+$ □ $+$ □ $=$ □

② 연필의 수를 곱셈식으로 나타내 보세요.

$4\times$ □ $=$ □

③ 연필은 모두 몇 자루일까요?

(　　　　　　　)

STEP 1 교과 개념

5. 곱셈식으로 나타내기

● 구슬의 수 알아보기

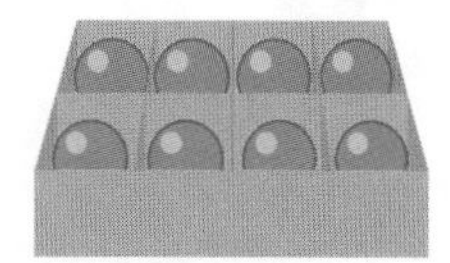
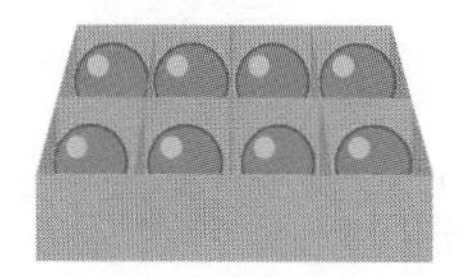
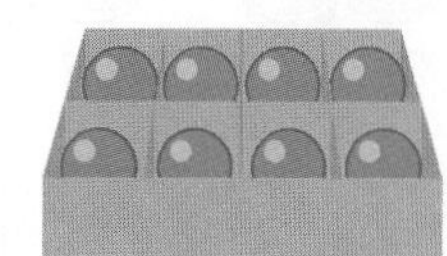

① 몇의 몇 배인지 알아보기

8씩 3묶음 ➔ 8의 3배

② 덧셈식과 곱셈식으로 나타내기

덧셈식 $8 + 8 + 8 = 24$

곱셈식 $8 \times 3 = 24$

③ 구슬의 수는 **24개**입니다.

● 곱셈식으로 나타내기

8씩 3묶음
8의 3배
8과 3의 곱
8 곱하기 3

➔ $8 \times 3 = 24$

개념 자세히 보기

● 다양한 곱셈식으로 나타내 보아요!

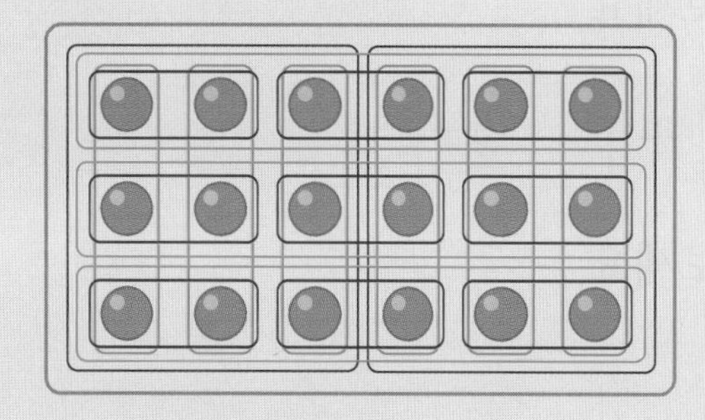

2씩 9묶음 ➔ $2 \times 9 = 18$
3씩 6묶음 ➔ $3 \times 6 = 18$
6씩 3묶음 ➔ $6 \times 3 = 18$
9씩 2묶음 ➔ $9 \times 2 = 18$

묶는 방법에 따라 다양한 곱셈식으로 나타낼 수 있습니다.

정답과 풀이 41쪽

1

4상자에 들어 있는 토마토는 모두 몇 개인지 알아보려고 합니다. 물음에 답하세요.

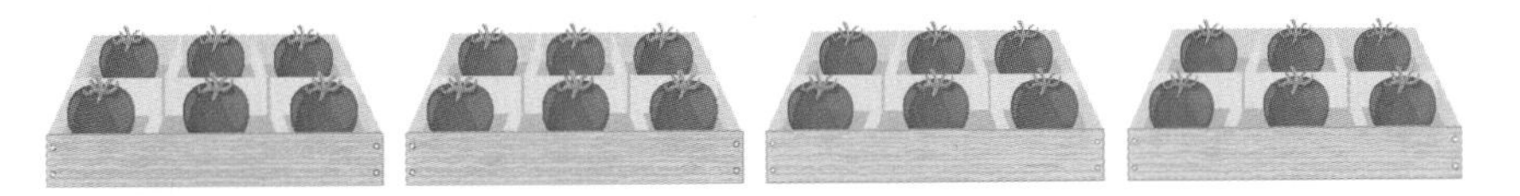

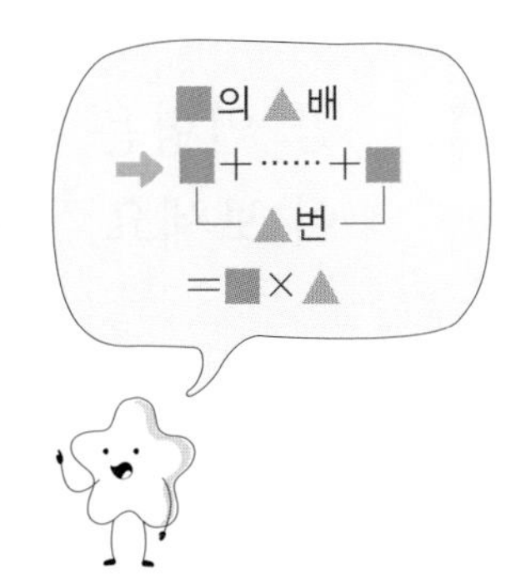

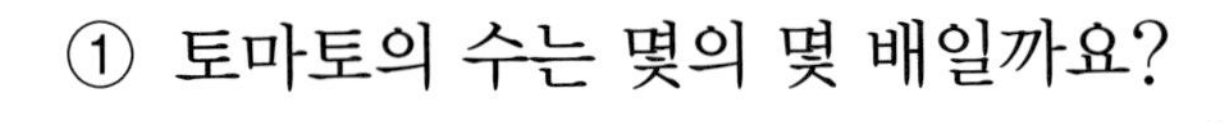

① 토마토의 수는 몇의 몇 배일까요?

(   )

② 토마토의 수를 덧셈식으로 나타내 보세요.

□ + □ + □ + □ = □

③ 토마토의 수를 곱셈식으로 나타내 보세요.

□ × □ = □

2

사과는 모두 몇 개인지 곱셈식으로 나타내 보세요.

4씩 □ 묶음 ➡ □ × □ = □

3

잠자리는 모두 몇 마리인지 알아보세요.

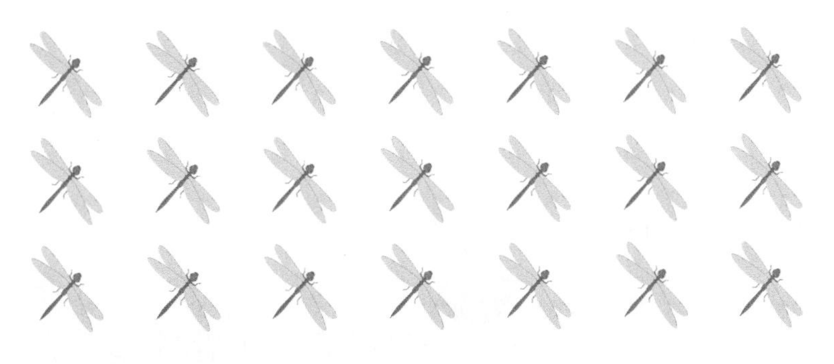

묶는 방법에 따라
여러 곱셈식으로
나타낼 수 있어요.

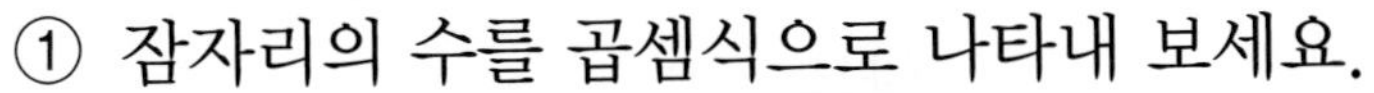

① 잠자리의 수를 곱셈식으로 나타내 보세요.

식 ....

② 잠자리의 수를 다른 곱셈식으로 나타내 보세요.

식 ....

STEP 2

꼭 나오는 유형

1 여러 가지 방법으로 세어 보기

1 곰 인형은 모두 몇 개인지 하나씩 세어 보세요.

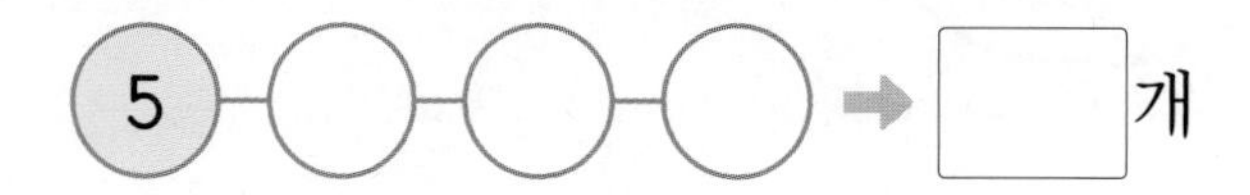

(　　　　　　　　)

[2~3] 호두는 모두 몇 개인지 여러 가지 방법으로 세어 보세요.

2 호두의 수를 5씩 뛰어 세어 보세요.

5 - ◯ - ◯ - ◯ ➡ □개

3 호두의 수를 4씩 묶어 세어 보세요.

4씩 □ 묶음 ➡ □개

4 나비는 모두 몇 마리인지 쓰고, 어떻게 세었는지 써 보세요.

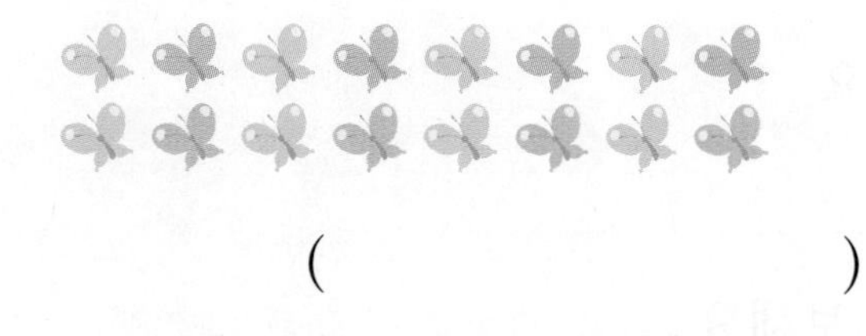

(　　　　　　　　)

□씩 □ 묶음으로 세었습니다.

5 공깃돌은 모두 몇 개인지 3씩 뛰어 세어 구해 보세요.

➡ 공깃돌은 모두 □개입니다.

6 키위는 모두 몇 개인지 여러 가지 방법으로 세어 보았습니다. 잘못된 방법으로 센 사람은 누구일까요?

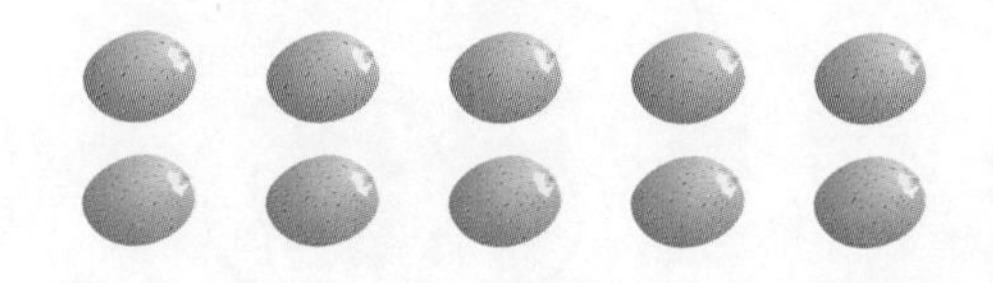

정후: 1, 2, 3, ..., 10으로 하나씩 세었습니다.
현수: 2, 4, 6, 8, 10으로 2씩 뛰어 세었습니다.
지훈: 3개씩 묶어서 세었더니 3묶음입니다.

(　　　　　　　　)

내가 만드는 문제

7 접시에 같은 수의 사과를 ○로 각각 그리고, □ 안에 알맞은 수를 써넣으세요.

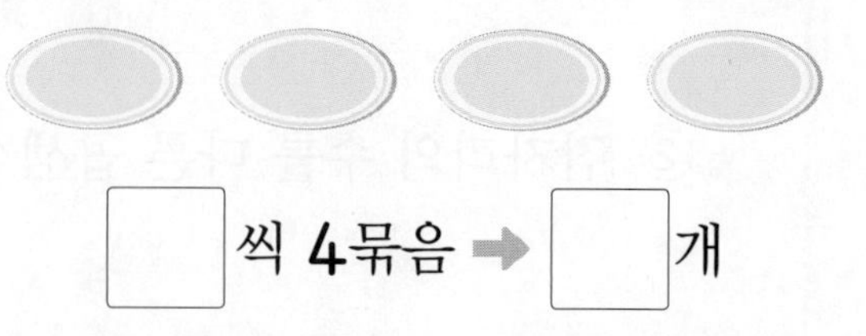

□씩 4묶음 ➡ □개

2 묶어 세어 보기

8 □ 안에 알맞은 수를 써넣으세요.

(1) □ 씩 □ 묶음입니다.

(2) 9 — □ — □

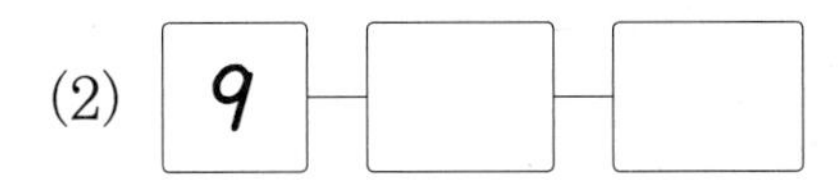

(3) 사탕은 모두 □ 개입니다.

9 우유는 모두 몇 개인지 묶어 세어 보세요.

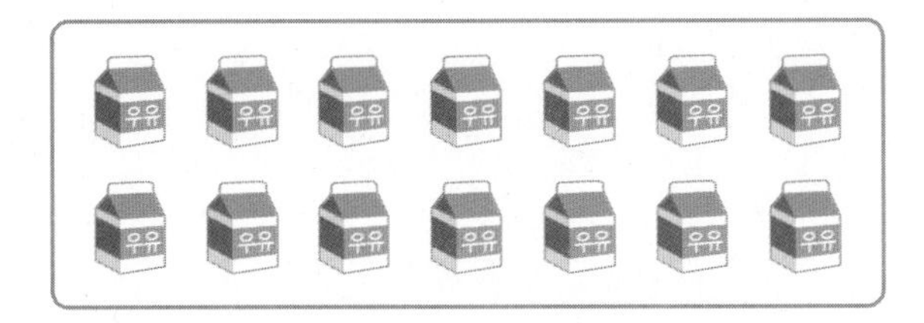

(1) 7씩 몇 묶음일까요?

( )

(2) 모두 몇 개일까요?

( )

(3) 다른 방법으로 묶으면 몇씩 몇 묶음일까요?

( )

10 ● 모양 8개를 몇씩 몇 줄로 묶어서 나타내 보세요.

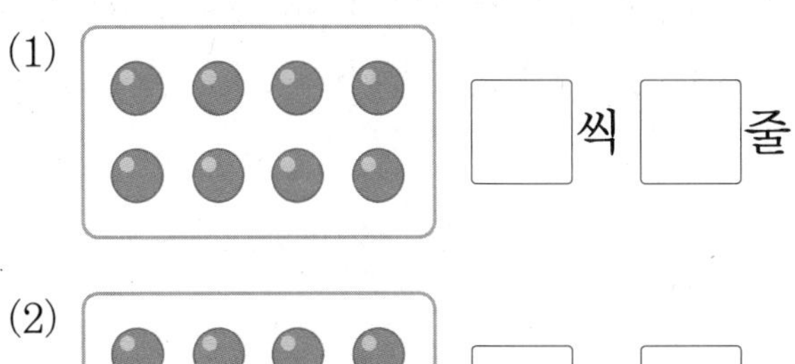

(1) □ 씩 □ 줄

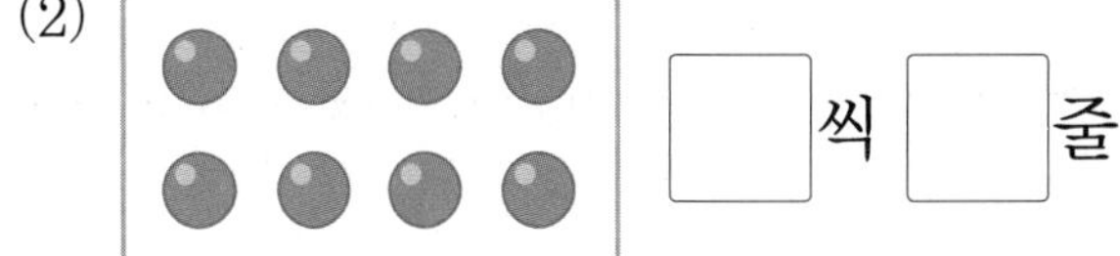

(2) □ 씩 □ 줄

11 바르게 설명한 것을 찾아 기호를 써 보세요.

㉠ 우산을 2개씩 묶으면 5묶음입니다.
㉡ 우산의 수는 4씩 4묶음입니다.
㉢ 우산의 수는 3, 6, 9, 12로 세어 볼 수 있습니다.

( )

서술형
12 야구공은 모두 몇 개인지 서로 다른 2가지 방법으로 묶어 세어 보세요.

방법 1

방법 2

3 몇의 몇 배 알아보기

13 □ 안에 알맞은 수를 써넣으세요.

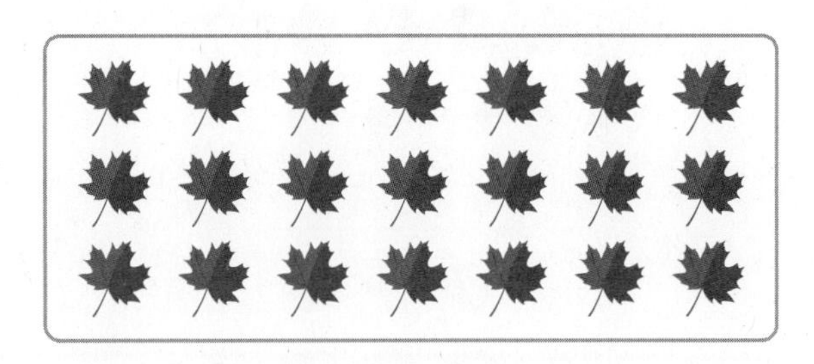

7씩 □ 묶음은 7의 □ 배입니다.

14 □ 안에 알맞은 수를 쓰고 이어 보세요.

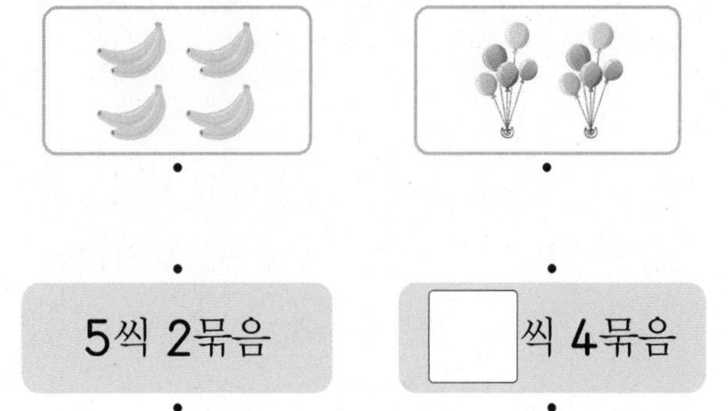

4 몇의 몇 배로 나타내기

15 파란색 구슬 수는 빨간색 구슬 수의 몇 배일까요?

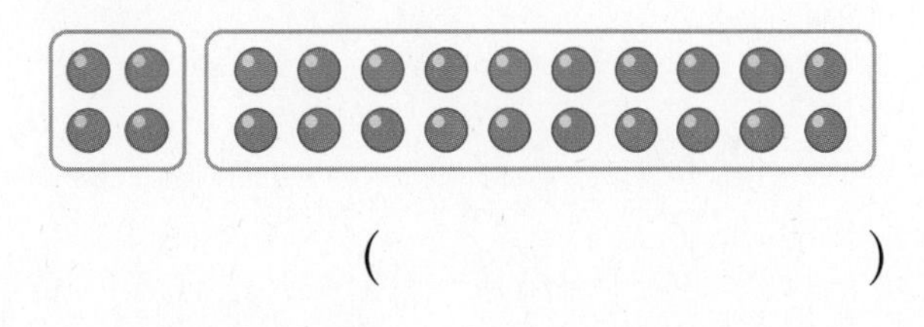

(　　　　　　　)

16 근후가 쌓은 연결 모형의 수는 지영이가 쌓은 연결 모형의 수의 몇 배일까요?

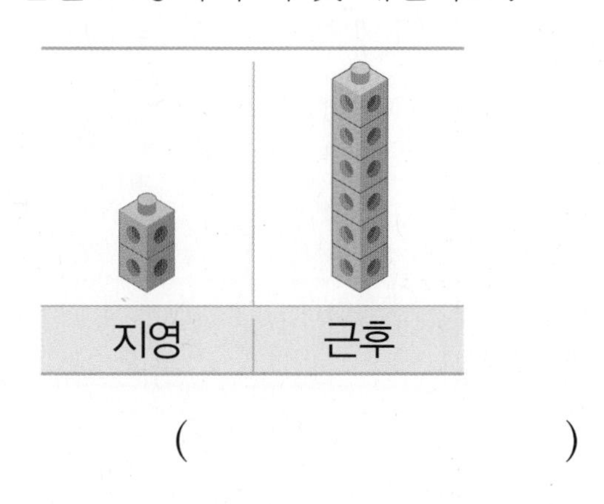

(　　　　　　　)

17 □ 안에 알맞은 수를 써넣으세요.

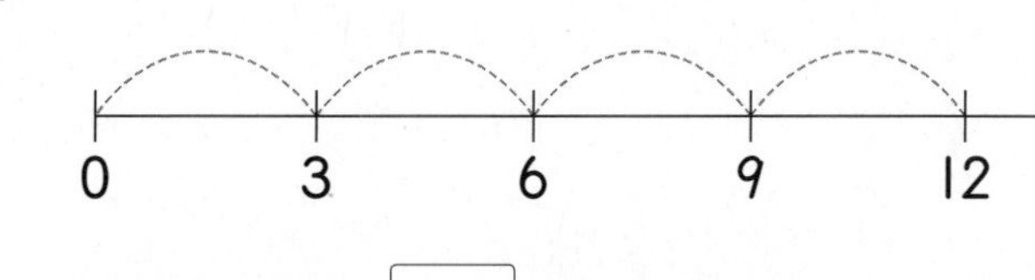

- 12는 3씩 □ 묶음입니다.
- 12는 3의 □ 배입니다.

5 곱셈 알아보기

18 사과의 수를 곱셈식으로 알아보세요.

$3 + 3 + 3 = \square$

➜ $\square \times \square = \square$

19 연필의 수를 덧셈식과 곱셈식으로 나타내 보세요.

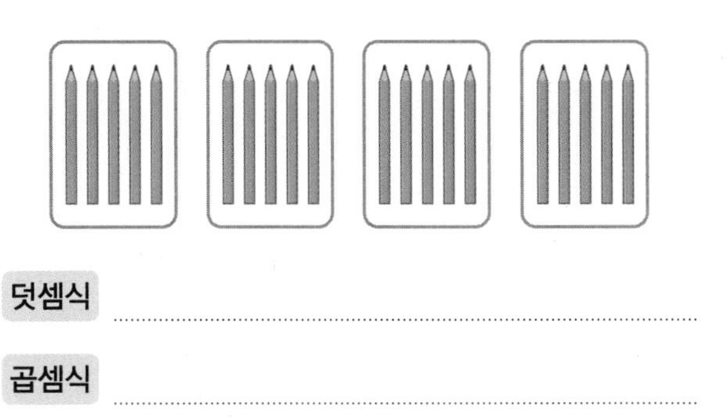

덧셈식 ....

곱셈식 ....

20 벌의 수를 곱셈식으로 바르게 설명하지 못한 것의 기호를 써 보세요.

㉠ $8+8+8+8+8$은 8×5와 같습니다.
㉡ 8과 5의 곱은 35입니다.
㉢ $8\times5=40$은 "8 곱하기 5는 40과 같습니다."라고 읽습니다.

( )

21 단추의 수를 여러 가지 곱셈식으로 나타내 보세요.

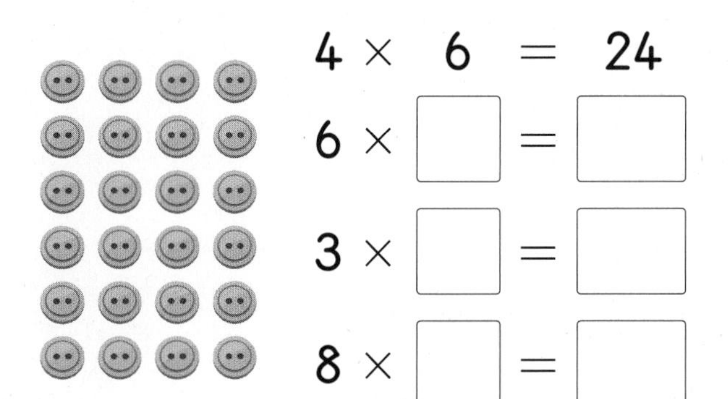

$4\times6=24$
$6\times\square=\square$
$3\times\square=\square$
$8\times\square=\square$

6 곱셈식으로 나타내기

22 한 상자에 사탕이 9개씩 들어 있습니다. 사탕의 수를 곱셈식으로 나타내 보세요.

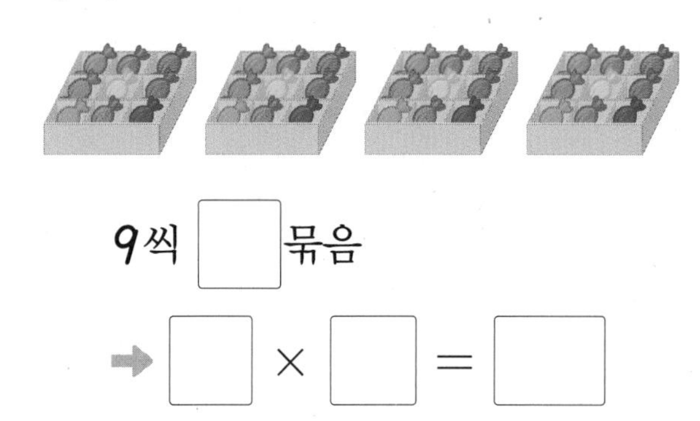

9씩 □ 묶음
➡ $\square\times\square=\square$

23 컵이 5개씩 포개어져 있습니다. 컵의 수를 곱셈식으로 나타내 보세요.

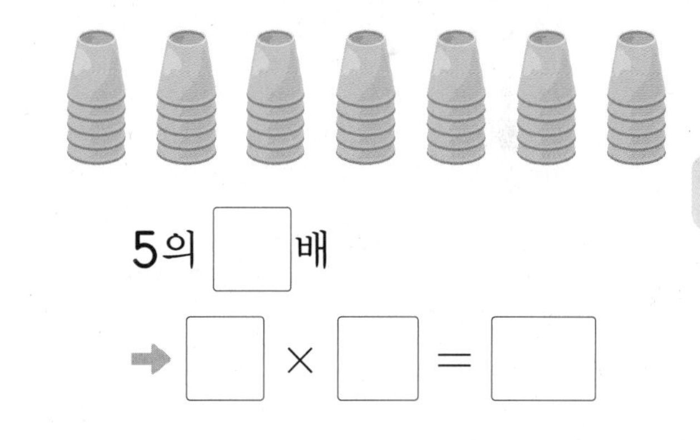

5의 □ 배
➡ $\square\times\square=\square$

24 과자는 모두 몇 개일까요?

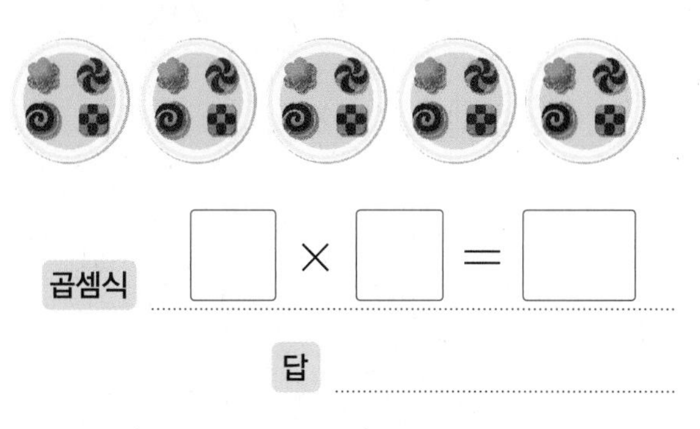

곱셈식 $\square\times\square=\square$

답 ....

7 곱셈의 활용

25 수수깡을 이용하여 다음과 같은 방법으로 삼각형 6개를 만들려고 합니다. 필요한 수수깡은 모두 몇 개일까요?

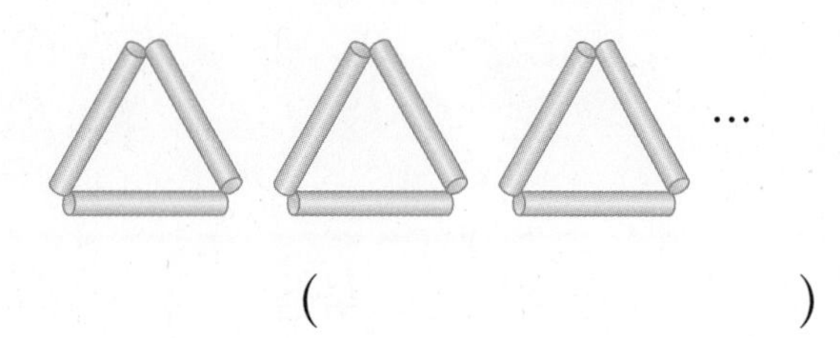

( )

26 진영이가 수학 문제를 하루에 6개씩 풀었을 때 푼 날에 ○표 하여 나타낸 것입니다. 진영이가 푼 수학 문제 수를 곱셈식으로 나타내 보세요.

월요일	화요일	수요일	목요일	금요일
○	×	○	○	×

곱셈식 ....

내가 만드는 문제

27 그림에 알맞은 곱셈식 문제를 만들고, 해결해 보세요.

문제 ....

곱셈식 ....

답 ....

서술형

28 지솔이는 오른쪽 쌓기나무의 5배만큼 쌓기나무를 가지고 있습니다. 지솔이가 가지고 있는 쌓기나무는 모두 몇 개인지 풀이 과정을 쓰고 답을 구해 보세요.

풀이 ....

답 ....

29 과자가 한 상자에 9개씩 2줄 들어 있습니다. 이 중에서 5개를 먹었습니다. 남은 과자는 몇 개일까요?

( )

서술형

30 농장에 오리 2마리와 돼지 3마리가 있습니다. 농장에 있는 오리와 돼지의 다리는 모두 몇 개인지 풀이 과정을 쓰고 답을 구해 보세요.

풀이 ....

답 ....

●를 ■번 더하면 ●의 ■배야!

[1~2] 덧셈식은 곱셈식으로, 곱셈식은 덧셈식으로 나타내 보세요.

1

$6+6+6+6+6+6+6=42$

곱셈식 ....

2

$8 \times 5 = 40$

덧셈식 ....

3 곱셈식을 덧셈식으로 잘못 나타낸 것을 찾아 기호를 쓰고, 덧셈식으로 바르게 나타내 보세요.

㉠ $7 \times 2 = 14$ ➡ $7+7=14$
㉡ $4 \times 3 = 12$ ➡ $3+3+3=12$

( )

....

4 빈칸에 알맞은 수만큼 ○를 그리고, 덧셈식이나 곱셈식으로 나타내 보세요.

	●●● ●●●	
덧셈식	$3+3=6$	
곱셈식		$3 \times 3 = 9$

몇씩 몇 묶음으로 묶을 수 있는지 알아보자!

5 버섯의 수를 나타낼 수 있는 곱셈식을 모두 고르세요. ( )

① $6 \times 6 = 36$ ② $3 \times 8 = 24$
③ $5 \times 7 = 35$ ④ $4 \times 9 = 36$
⑤ $6 \times 4 = 24$

6 그림을 보고 ○ 안에 >, =, <를 알맞게 써넣으세요.

8×3 ○ 3×8

7 세발자전거가 7대 있습니다. 바퀴는 모두 몇 개인지 곱셈식으로 나타내고 답을 구해 보세요.

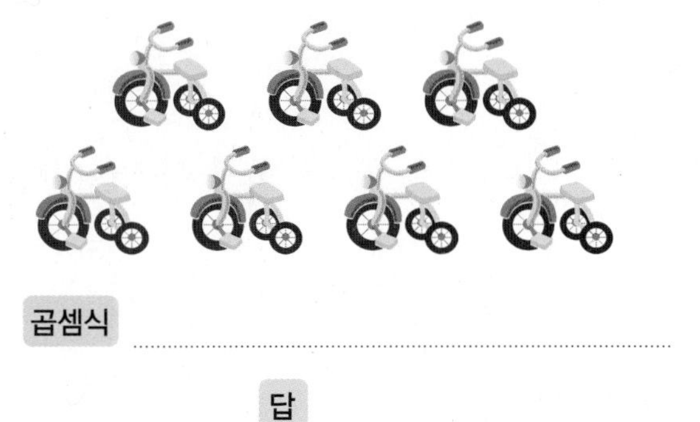

곱셈식 ....

답 ....

6

곱셈은 여러 가지로 표현할 수 있어!

8 개미는 다리가 6개입니다. 개미 3마리의 다리는 모두 몇 개일까요?

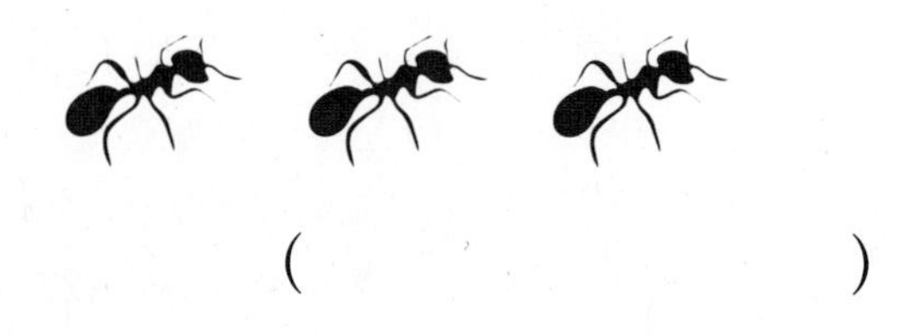

(　　　　　　)

9 사탕이 한 봉지에 8개씩 들어 있습니다. 사탕 4봉지에 들어 있는 사탕은 모두 몇 개일까요?

(　　　　　　)

10 구멍이 2개인 단추가 6개, 구멍이 4개인 단추가 3개 있습니다. 단추 구멍은 모두 몇 개일까요?

(　　　　　　)

11 꽃병에 꽃잎이 5장인 꽃 3송이와 꽃잎이 6장인 꽃 4송이가 꽂혀 있습니다. 꽃병에 꽂힌 꽃의 꽃잎은 모두 몇 장일까요?

(　　　　　　)

곱셈을 2번 하는 경우도 있어!

12 한 상자에 도넛이 3개씩 2줄 들어 있습니다. 5상자에 들어 있는 도넛은 모두 몇 개인지 구해 보세요.

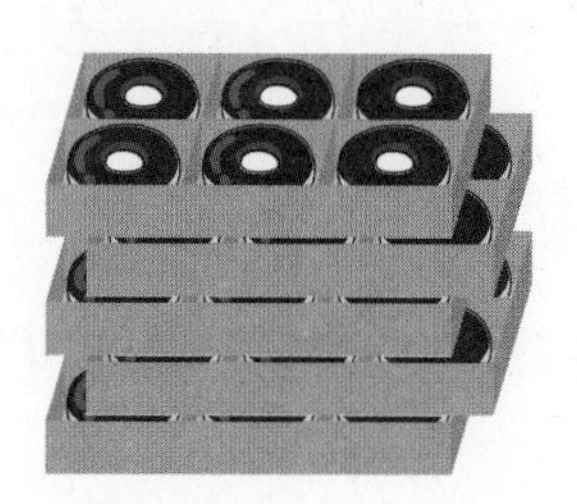

(1) 한 상자에 들어 있는 도넛은 몇 개일까요?

(　　　　　　)

(2) 5상자에 들어 있는 도넛은 모두 몇 개일까요?

(　　　　　　)

13 정아 동생의 나이는 4살이고 정아의 나이는 동생 나이의 2배입니다. 아버지의 나이가 정아 나이의 5배일 때 아버지의 나이는 몇 살인지 구해 보세요.

(1) 빈칸에 알맞은 수를 써넣으세요.

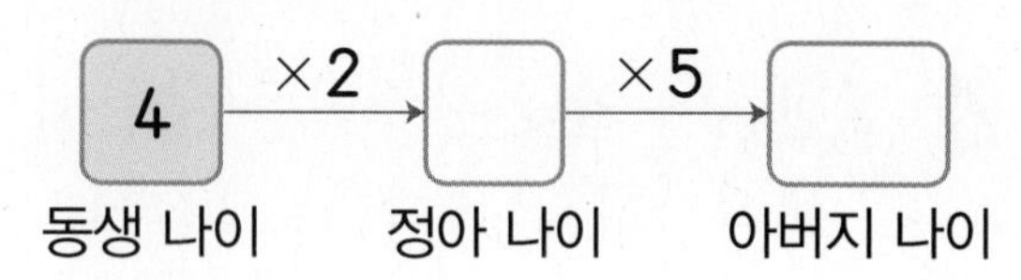

(2) 아버지의 나이는 몇 살일까요?

(　　　　　　)

곱해지는 수가 같을 때 곱하는 수가 클수록 크지!

14 그림을 보고 ○ 안에 >, =, <를 알맞게 써넣으세요.

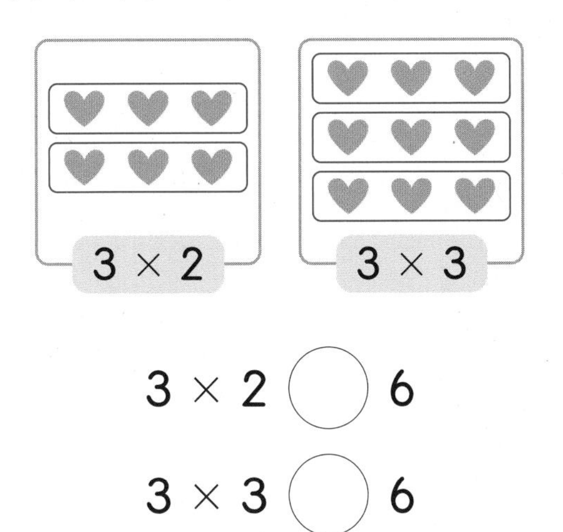

3×2 ○ 6

3×3 ○ 6

15 □ 안에 알맞은 수를 써넣으세요.

$2 \times 3 =$ □ ⟶ $+2$

$2 \times 4 =$ □ ⟶ $+$□

$2 \times 5 =$ □

16 가장 큰 수를 나타내는 것을 찾아 기호를 써 보세요.

㉠ 5×5	㉡ $5+5+5$
㉢ 5의 4배	㉣ 5를 2번 더한 수

( )

일부분이 보이지 않을 때 규칙을 찾아 전체 수를 구해 보자!

17 별 모양이 규칙적으로 그려진 포장지 위에 컵이 놓여 있습니다. 포장지에 그려진 별 모양은 모두 몇 개일까요?

(1) 포장지에 그려진 별 모양은 6개씩 몇 줄일까요?

( )

(2) 포장지에 그려진 별 모양은 모두 몇 개일까요?

( )

18 ♥ 모양이 규칙적으로 그려진 이불 위에 얼룩이 묻었습니다. 이불에 그려져 있던 ♥ 모양은 모두 몇 개일까요?

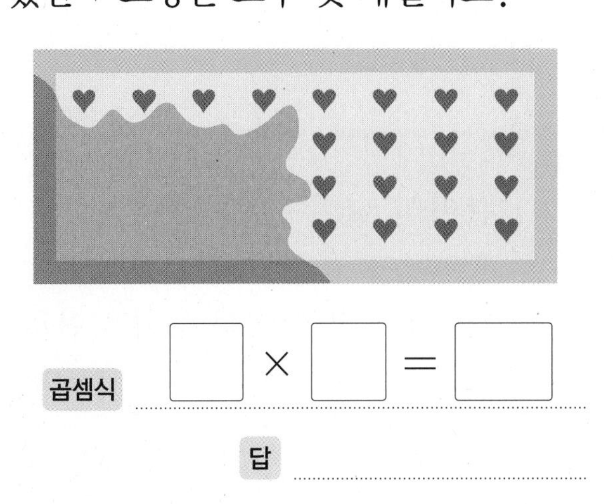

곱셈식 □ × □ = □

답

STEP 4

최상위 도전 유형

도전1 몇 배 알아보기

1 다음을 보고 4의 2배와 4의 3배의 합은 4의 몇 배인지 구해 보세요.

4의 2배 ➡ $4+4$
4의 3배 ➡ $4+4+4$

(　　　　　　　)

핵심 NOTE
■의 ▲배는 ■를 ▲번 더한 것과 같습니다.

2 ㉠과 ㉡의 차는 5의 몇 배일까요?

㉠ 5의 6배　　㉡ 5의 4배

(　　　　　　　)

3 ㉠은 7의 4배입니다. ㉠과 ㉡의 합이 7의 7배일 때 ㉡은 7의 몇 배일까요?

(　　　　　　　)

4 연준이 동생의 나이는 3살입니다. 연준이의 나이는 연준이 동생의 나이의 3배이고 형의 나이는 연준이 동생의 나이의 4배입니다. 형은 연준이보다 몇 살 더 많을까요?

(　　　　　　　)

도전2 곱하는 수 알아보기

5 나타내는 수를 9씩 묶으면 몇 묶음이 될까요?

6씩 3묶음

(　　　　　　　)

핵심 NOTE
●씩 □묶음 ➡ ●×□=●+●+…+● (□번)

6 □ 안에 알맞은 수를 써넣으세요.

$2\times\square=14$

7 어항 한 개에 물고기가 3마리씩 있습니다. 이 물고기를 작은 어항 한 개에 2마리씩 다시 담으려면 작은 어항은 몇 개 필요할까요?

(　　　　　　　)

8 ㉡에 알맞은 수를 구해 보세요.

$3\times$㉠$=12$,　㉠$\times$㉡$=20$

(　　　　　　　)

도전3 여러 가지 곱셈식으로 나타내기

9 보기 와 같이 빈칸에 알맞은 수를 써넣고 곱셈식으로 나타내 보세요.

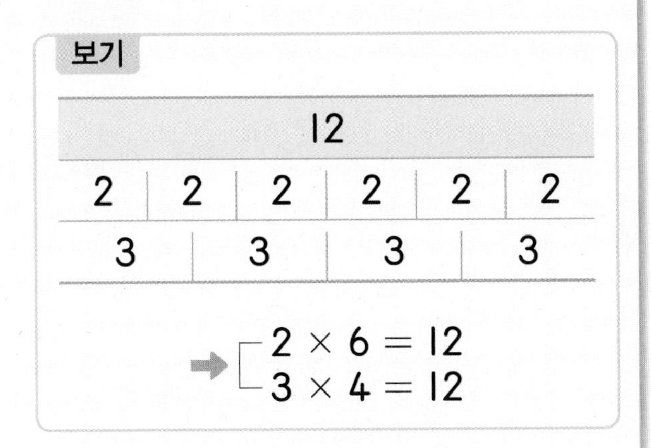

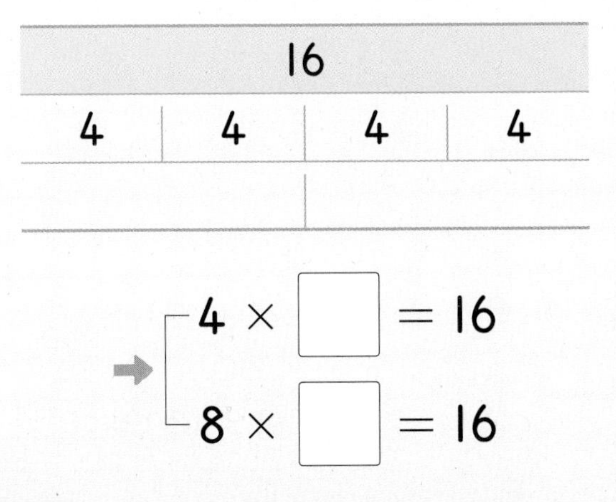

핵심 NOTE

같은 수를 더해서 16이 되는 경우를 찾습니다.

도전 최상위

10 곱이 12인 곱셈식을 만들려고 합니다. □ 안에 알맞은 수를 써넣으세요. (단, □ 안에 알맞은 수는 1보다 큽니다.)

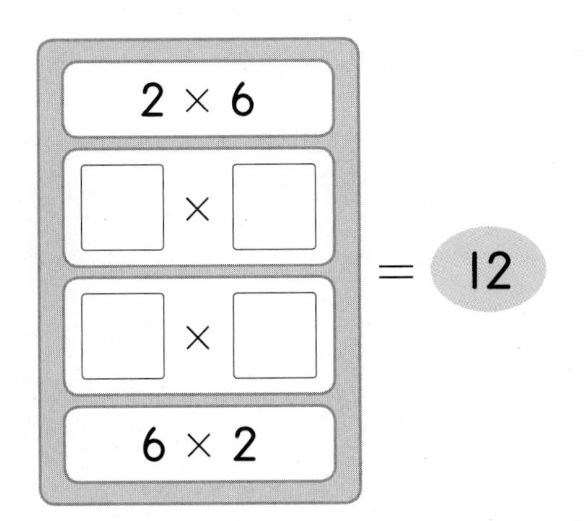

도전4 짝 짓는 방법의 수 알아보기

11 티셔츠와 바지를 입으려고 합니다. 어떻게 입을 수 있는지 티셔츠와 바지를 이어 보세요.

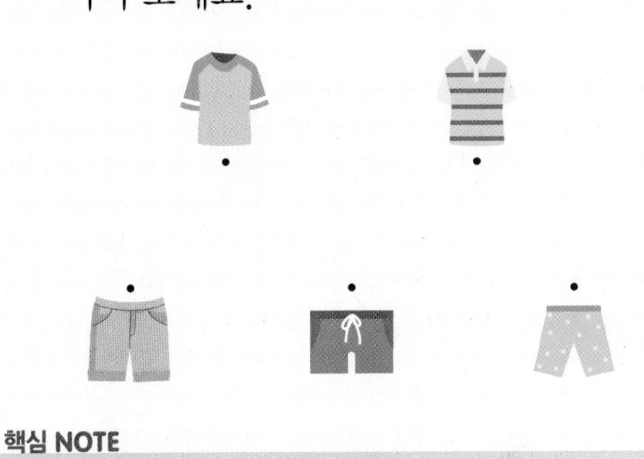

핵심 NOTE

티셔츠 1개에 입을 수 있는 바지는 3가지입니다.

12 위 11번에서 티셔츠와 바지를 입을 수 있는 방법은 모두 몇 가지일까요?

( )

13 양말과 신발을 한 켤레씩 골라 신으려고 합니다. 어떻게 신을 수 있는지 이어 보고, 모두 몇 가지 방법인지 구해 보세요.

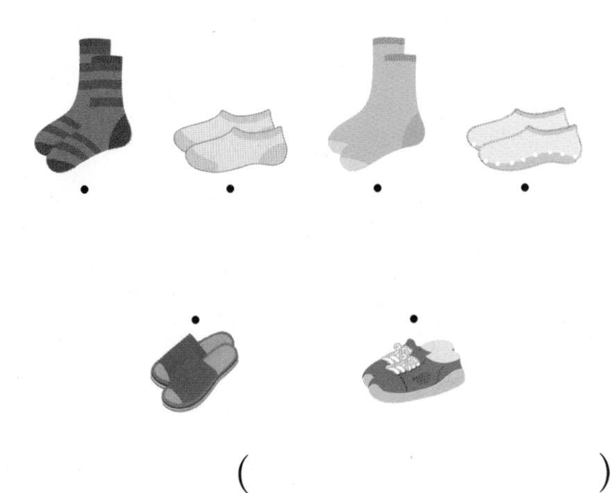

( )

수시 평가 대비 Level 1

6. 곱셈

점수

확인

1 막대 사탕은 모두 몇 개인지 하나씩 세어 보세요.

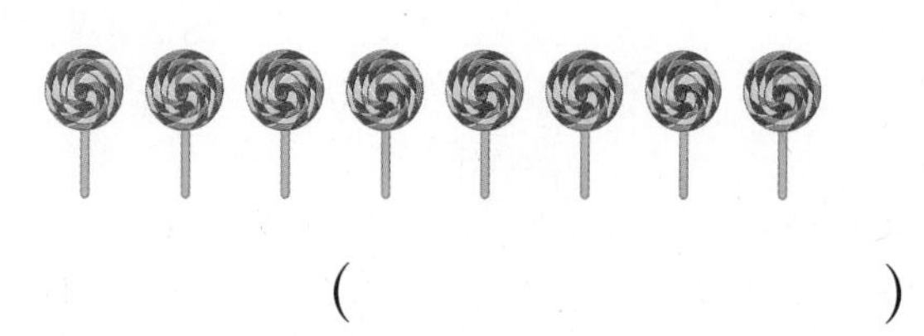

(　　　　　　)

[2~3] 지우개는 모두 몇 개인지 여러 가지 방법으로 세어 보세요.

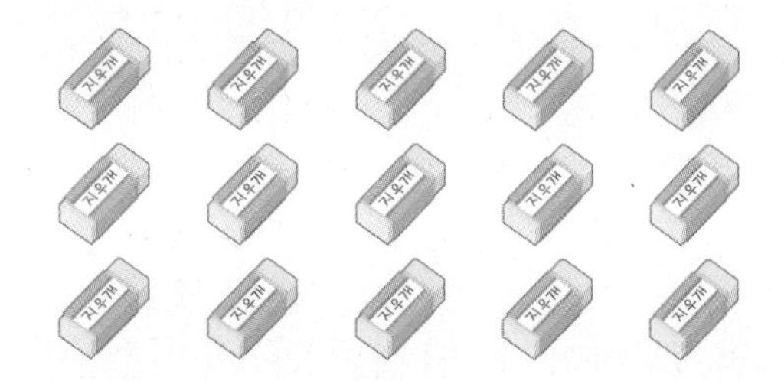

2 지우개의 수를 5씩 뛰어 세어 보세요.

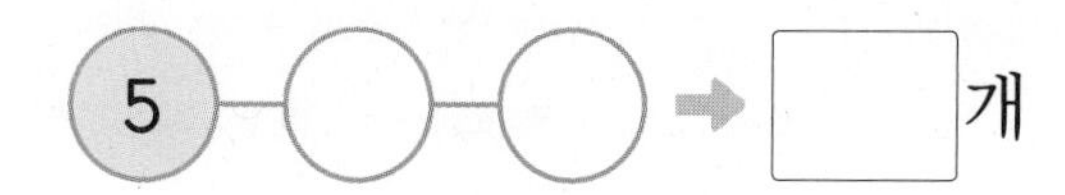

3 지우개의 수를 3씩 묶어 세어 보세요.

3씩 □ 묶음 ➡ □ 개

4 관계있는 것끼리 이어 보세요.

3씩 7묶음 ·	· 5×6
7의 6배 ·	· 7×6
5 곱하기 6 ·	· 3×7

5 그림을 보고 □ 안에 알맞은 수를 써넣으세요.

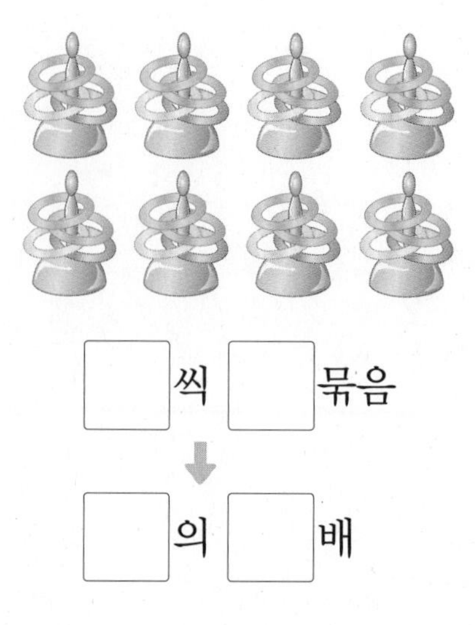

□씩 □묶음

⬇

□의 □배

6 다음을 곱셈식으로 나타내 보세요.

2씩 9묶음은 18입니다.

곱셈식 ....

7 쌓기나무를 6개씩 쌓은 것입니다. □ 안에 알맞은 수를 써넣으세요.

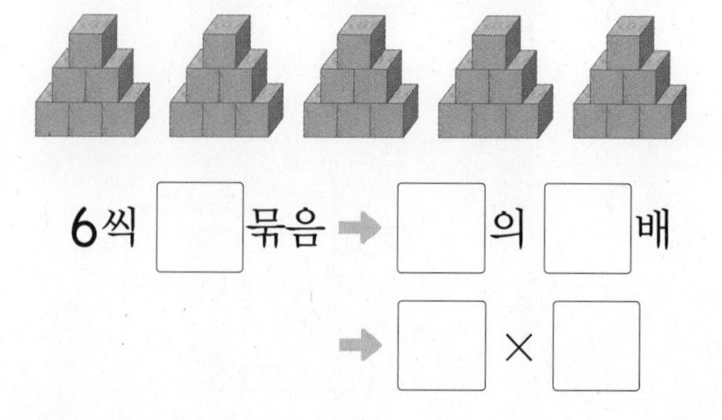

6씩 □ 묶음 ➡ □의 □배

➡ □ × □

정답과 풀이 45쪽

8 곱셈식 $7 \times 4 = 28$을 잘못 읽은 것을 찾아 기호를 써 보세요.

㉠ 7 곱하기 4는 28과 같습니다.
㉡ 7과 4를 곱하면 28입니다.
㉢ 7과 4의 합은 28입니다.
㉣ 7 곱하기 4는 28입니다.

( )

9 수직선을 보고 4씩 6번 뛰어 센 수를 구해 보세요.

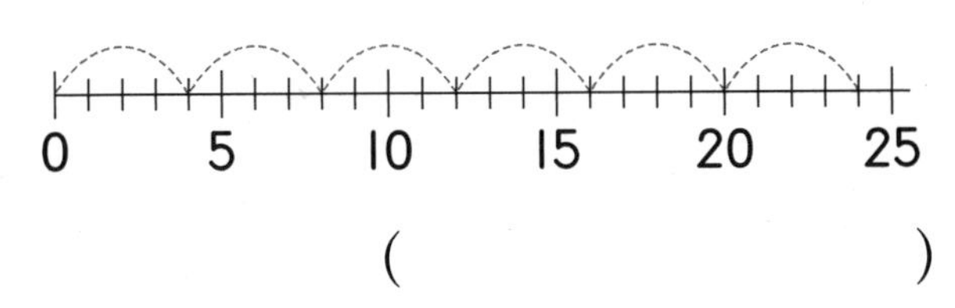

( )

10 9씩 6묶음과 나타내는 수가 다른 하나는 어느 것일까요? ( )

① 9의 6배 ② 9 곱하기 6
③ 9개씩 6줄 ④ 9와 6의 곱
⑤ 9보다 6만큼 더 큰 수

11 주어진 쌓기나무 수의 7배만큼 쌓기나무를 쌓으려고 합니다. 쌓으려는 쌓기나무는 모두 몇 개인지 덧셈식과 곱셈식으로 나타내 보세요.

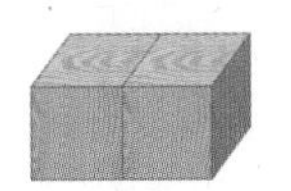

덧셈식 ....

곱셈식 ....

12 □ 안에 알맞은 수를 써넣으세요.

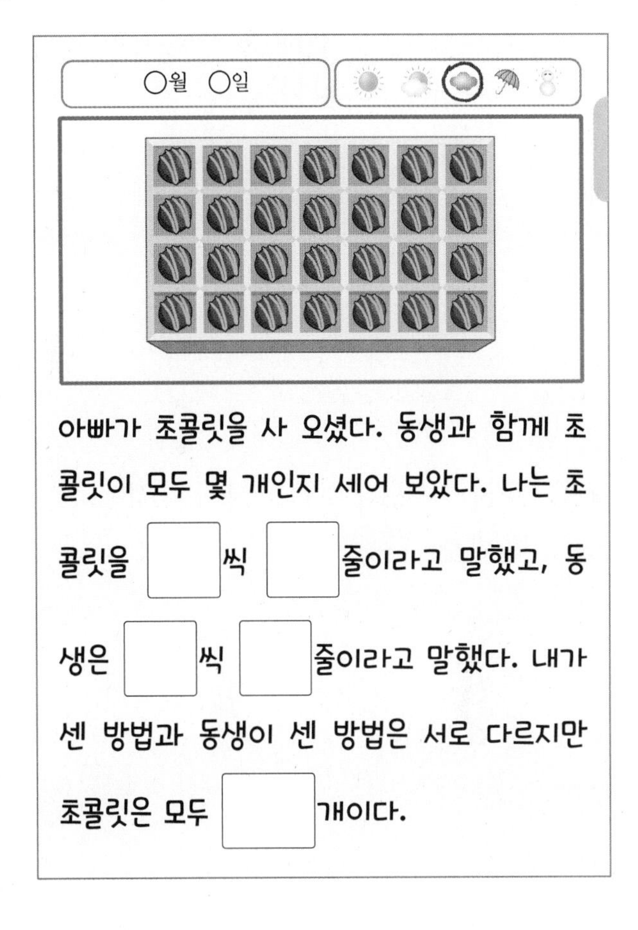

13 나타내는 수가 더 작은 것에 ○표 하세요.

8의 5배	7씩 6묶음
( )	( )

14 제과점에서 크림빵을 오전에 3개씩 4묶음을 만들었습니다. 제과점에서 오전에 만든 크림빵은 모두 몇 개일까요?

( )

정답과 풀이 45쪽

15 농장에 염소는 8마리 있고, 닭의 수는 염소의 수의 6배입니다. 농장에 있는 닭은 몇 마리일까요?

( )

16 계산 결과가 40보다 큰 것을 모두 고르세요. ( )

① 3×7　② 4×8
③ 6×7　④ 8×5
⑤ 9×6

17 경수네 반 학생들이 운동장에 줄을 섰더니 9명씩 3줄이었습니다. 경수네 반 학생은 모두 몇 명일까요?

( )

18 주차장에 바퀴가 4개인 승용차가 4대, 바퀴가 2개인 오토바이가 7대 있습니다. 주차장에 있는 승용차와 오토바이의 바퀴는 모두 몇 개일까요?

( )

서술형 문제

19 ㉠과 ㉡의 합을 구하려고 합니다. 풀이 과정을 쓰고 답을 구해 보세요.

- 7의 9배는 ㉠입니다.
- 8 곱하기 7은 ㉡입니다.

풀이

답

20 사탕이 45개 있습니다. 사탕의 수는 9의 몇 배인지 풀이 과정을 쓰고 답을 구해 보세요.

풀이

답

수시 평가 대비 Level 2

점수

확인

1 3개씩 묶어 보고 빈칸에 알맞은 수를 써넣으세요.

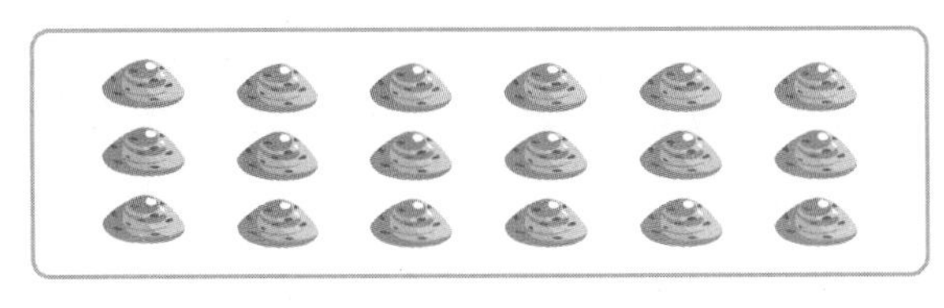

2 □ 안에 알맞은 수를 써넣으세요.

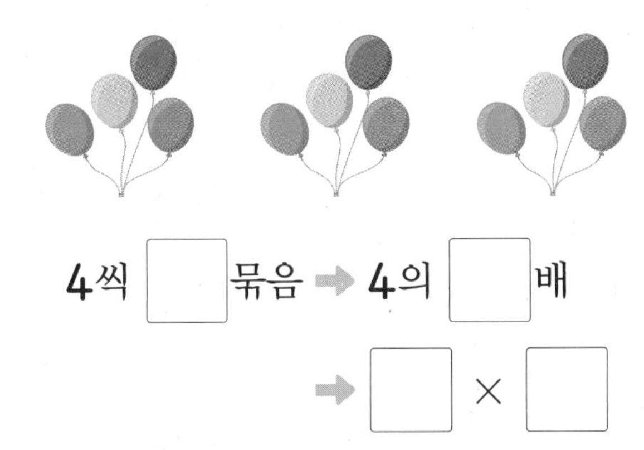

4씩 □ 묶음 ➡ 4의 □배

➡ □ × □

3 □ 안에 알맞은 수를 써넣으세요.

• 8씩 2묶음은 □의 □배입니다.

• 8의 2배는 $8 + 8 =$ □입니다.

➡ 16은 8의 □배입니다.

4 보기 와 같이 나타내 보세요.

보기

3의 4배 ➡ $3 + 3 + 3 + 3 = 12$

➡ $3 \times 4 = 12$

7의 3배 ➡ ....

➡ ....

5 구슬의 수를 덧셈식과 곱셈식으로 나타내 보세요.

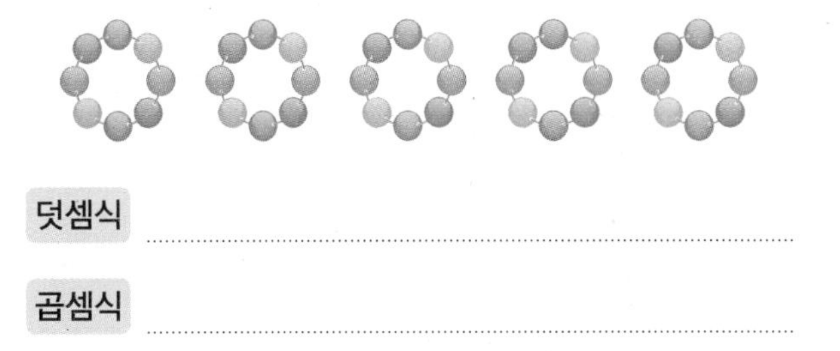

덧셈식 ....

곱셈식 ....

6 색 막대를 보고 □ 안에 알맞은 수를 써넣으세요.

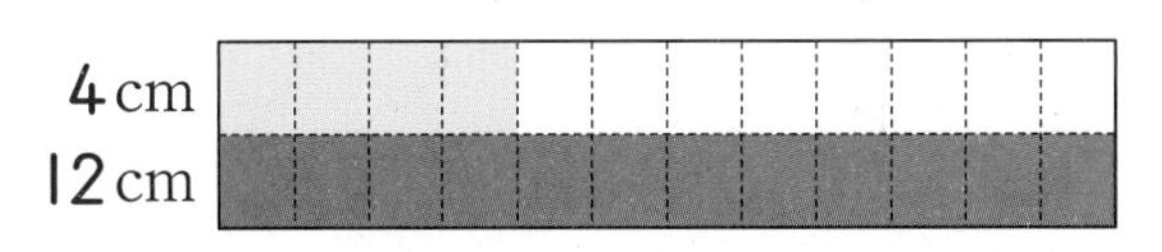

빨간색 막대의 길이는 노란색 막대의 길이의 □배입니다.

7 수직선을 보고 □ 안에 알맞은 수를 써넣으세요.

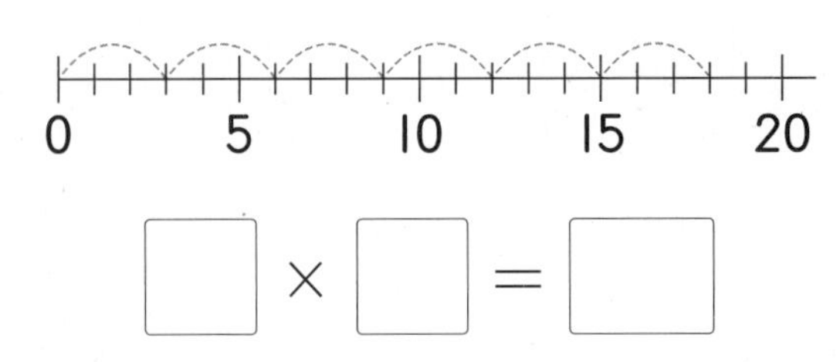

□ × □ = □

8 사과의 수는 귤의 수의 몇 배일까요?

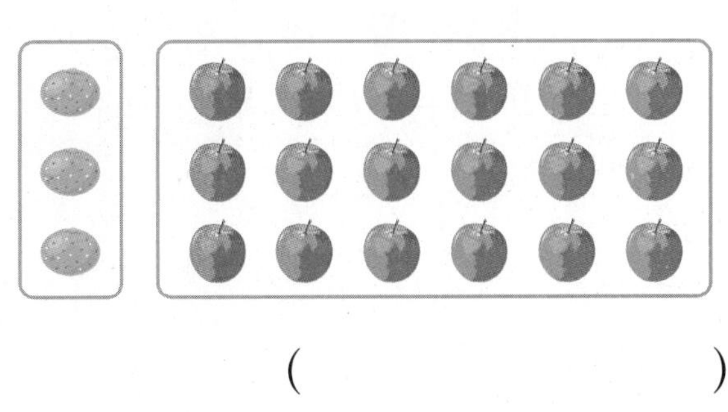

(　　　　　　　　)

6

9 땅콩이 16개 있습니다. 잘못 말한 사람의 이름을 써 보세요.

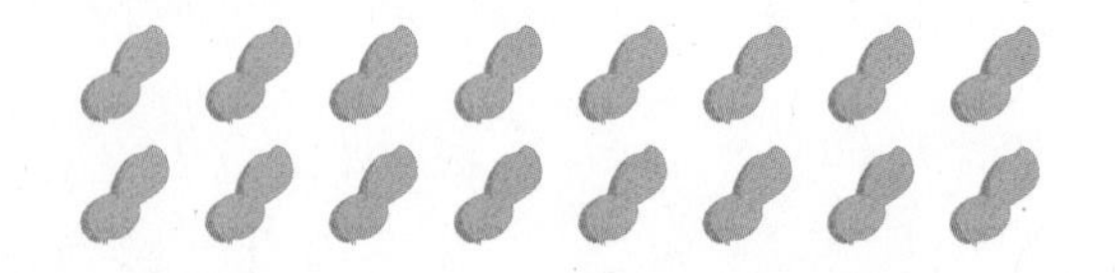

재호: 땅콩을 2개씩 묶으면 8묶음입니다.
효주: 땅콩의 수는 4의 3배입니다.
종욱: 땅콩의 수는 4, 8, 12, 16으로 세어 볼 수 있습니다.

(　　　　　　　　)

10 꽃잎이 5장인 꽃이 있습니다. 꽃잎의 수를 곱셈식으로 알아보세요.

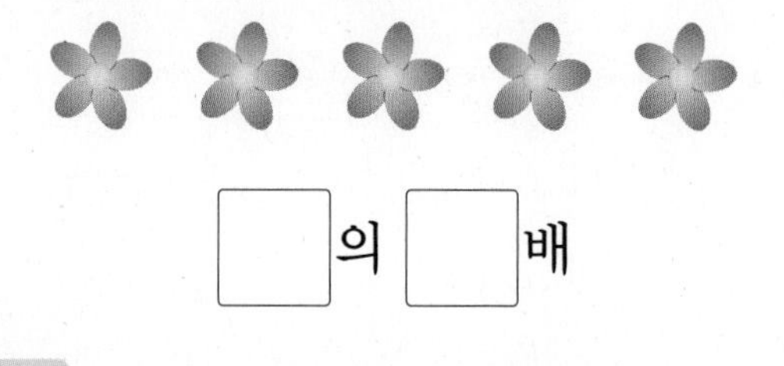

□의 □배

곱셈식 ....

11 오른쪽 쌓기나무 수의 3배만큼 쌓기나무를 쌓으려고 합니다. 쌓으려고 하는 쌓기나무는 모두 몇 개일까요?

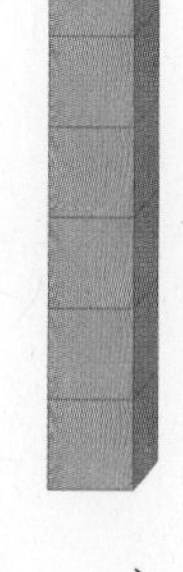

(　　　　　　　　)

12 그림을 보고 □ 안에 알맞은 수를 써넣으세요.

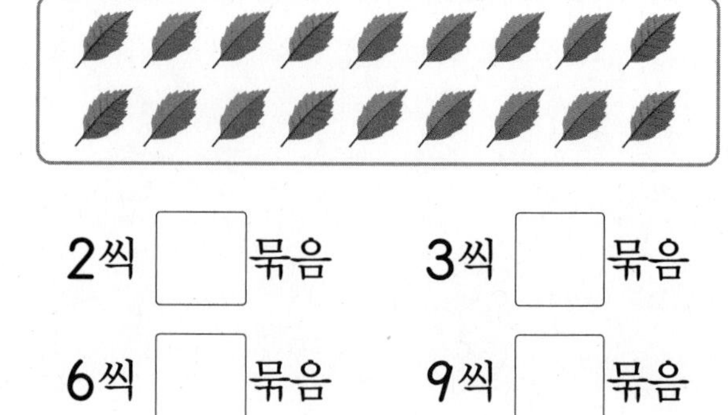

2씩 □ 묶음　　3씩 □ 묶음

6씩 □ 묶음　　9씩 □ 묶음

13 민주의 나이는 9살이고 선생님의 나이는 민주의 나이의 4배입니다. 선생님의 나이는 몇 살일까요?

(　　　　　　　　)

14 크기를 비교하여 ○ 안에 >, =, <를 알맞게 써넣으세요.

6×7 ○ 42

6×6 ○ 42

6×8 ○ 42

15 나타내는 수가 큰 것부터 차례로 기호를 써 보세요.

㉠ 3의 5배
㉡ 4씩 4묶음
㉢ 7과 2의 곱

(　　　　　　　　)

16 ㉠과 ㉡의 합은 2의 몇 배일까요?

㉠ 2의 3배
㉡ 2의 2배

(　　　　　　　　)

17 귤이 한 봉지에 8개씩 3봉지 있습니다. 이 귤을 한 봉지에 6개씩 다시 담으면 몇 봉지가 될까요?

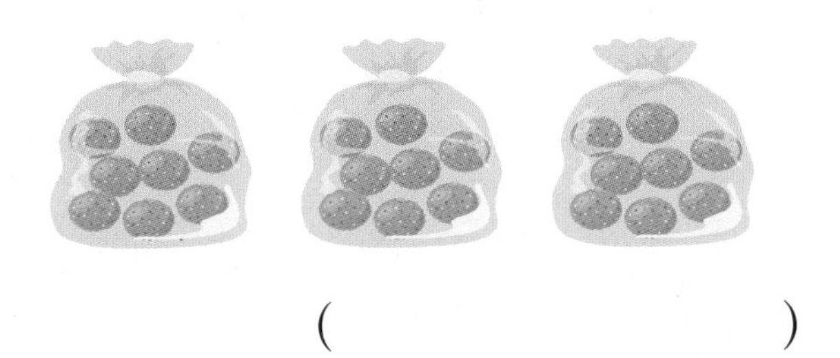

(　　　　　　　　)

18 마트에 날개가 3개인 선풍기 3대와 날개가 5개인 선풍기 2대가 진열되어 있습니다. 진열되어 있는 선풍기의 날개는 모두 몇 개일까요?

(　　　　　　　　)

서술형 문제

정답과 풀이 46쪽

19 그림에 알맞은 곱셈식 이야기 문제를 완성하고, 문제에 알맞은 답을 구해 보세요.

문제 바퀴가 2개인 두발자전거가 ....

....

....

....

답 ....

20 방학 동안 서호는 책을 3권 읽었고 미란이는 서호의 5배만큼 읽었습니다. 방학 동안 서호와 미란이가 읽은 책은 모두 몇 권인지 풀이 과정을 쓰고 답을 구해 보세요.

풀이 ....

....

....

....

답 ....

사고력이 반짝

- 노노그램은 위와 옆에 적힌 수만큼 각 줄의 칸을 연속해서 색칠하여 완성하는 퍼즐입니다. 노노그램을 완성해 보세요.

	0	3	2	2	0
0					
1					
3					
3					
0					

계산이 아닌 개념을 깨우치는

수학을 품은 연산

디딤돌 연산은 수학이다.

1~6학년(학기용)

수학 공부의 새로운 패러다임

상위권의 기준

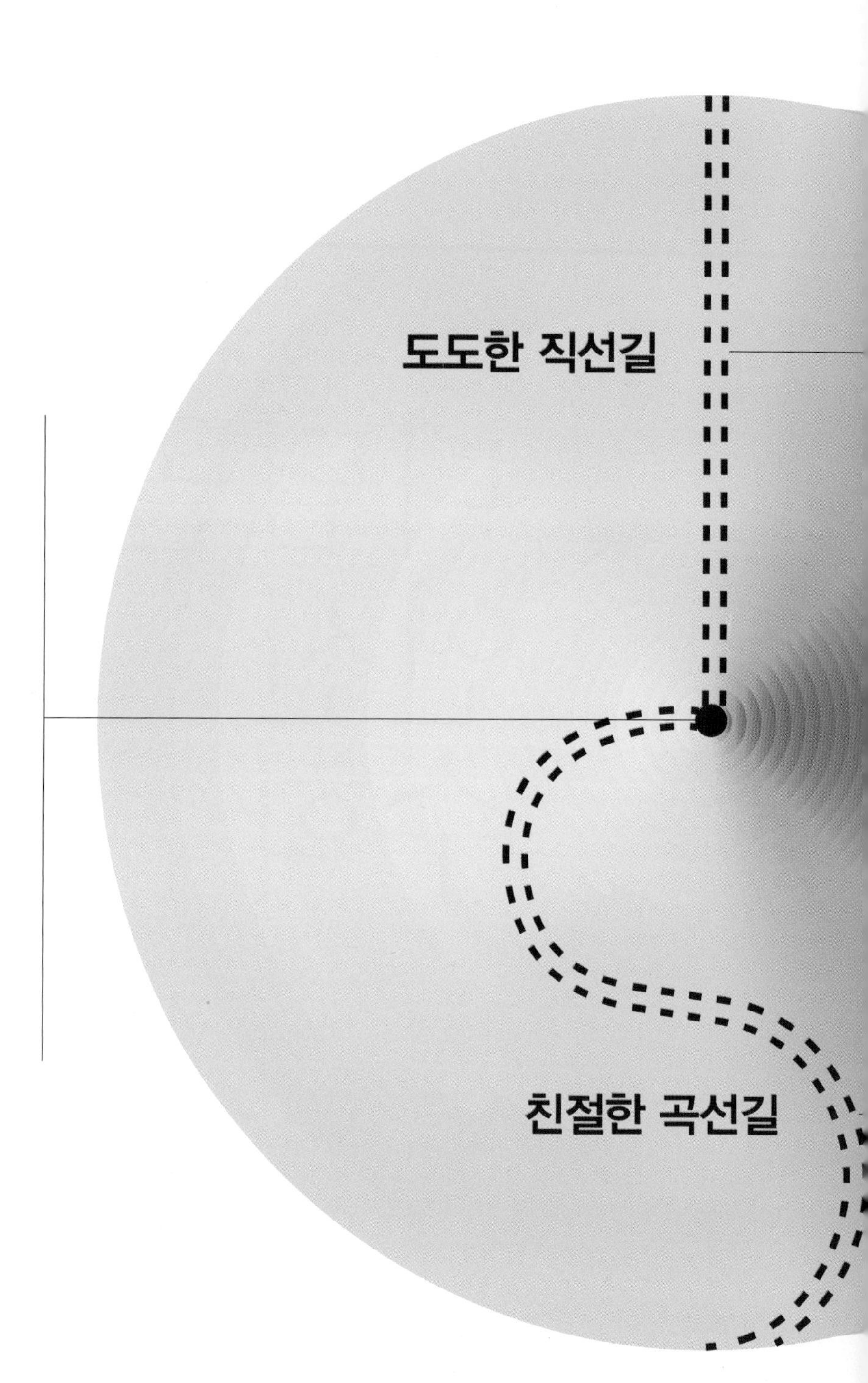

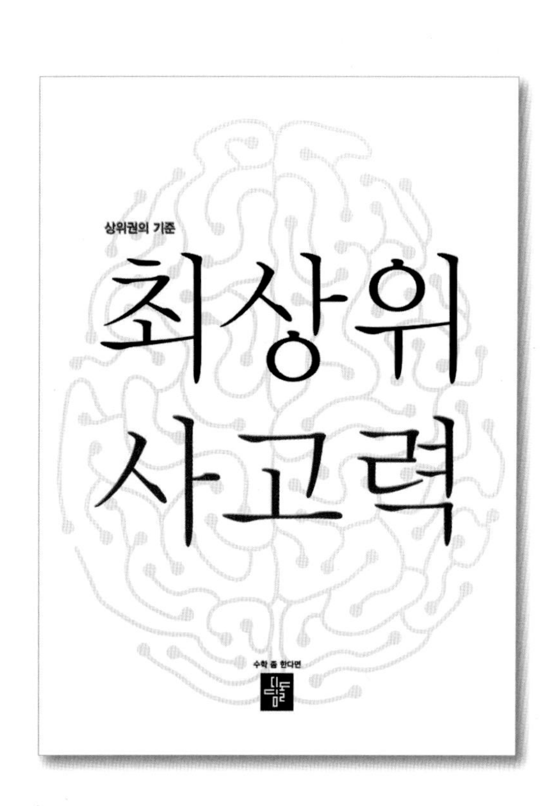

수학 좀 한다면 디딤돌

수시 평가 자료집

2-1

수학 좀 한다면

디딤돌

초등수학 기본+유형

수시평가 자료집

2-1

서술형 50% 수시 평가 대비

점수

확인

1 100에 대한 설명으로 잘못된 것을 모두 고르세요. (   )

① 백이라고 읽습니다.
② 10이 10개인 수입니다.
③ 90보다 1만큼 더 큰 수입니다.
④ 80보다 20만큼 더 큰 수입니다.
⑤ 세 자리 수 중 가장 큰 수입니다.

2 관계있는 것끼리 이어 보세요.

칠백 •	• 300
100이 5개인 수 •	• 500
10이 30개인 수 •	• 700

3 수를 읽거나 수로 써 보세요.

(1) 728 (   )

(2) 육백삼 (   )

4 숫자 9가 90을 나타내는 수를 모두 고르세요. (   )

① 169　② 293
③ 429　④ 916
⑤ 597

5 보기 와 같이 주어진 수를 각 자리 숫자가 나타내는 수의 합으로 나타내 보세요.

보기

$937 = 900 + 30 + 7$

$528 = \square + \square + \square$

6 100씩 뛰어 세어 보세요.

469 - 569 - □ - □ - 869

정답과 풀이 48쪽

7 더 큰 수에 ○표 하세요.

719	721
(　　)	(　　)

8 다음이 나타내는 세 자리 수는 얼마인지 풀이 과정을 쓰고 답을 구해 보세요.

100이 4개, 10이 0개, 1이 5개인 수

풀이

답

9 □ 안에 알맞은 수를 써넣으세요.

296보다

- 1만큼 더 큰 수는 □
- 10만큼 더 큰 수는 □
- 100만큼 더 큰 수는 □

10 숫자 5가 나타내는 수가 가장 큰 것을 찾아 기호를 쓰려고 합니다. 풀이 과정을 쓰고 답을 구해 보세요.

5 5 5
↑ ↑ ↑
㉠㉡㉢

풀이

답

11 달걀이 한 상자에 10개씩 들어 있습니다. 50상자에 들어 있는 달걀은 모두 몇 개인지 풀이 과정을 쓰고 답을 구해 보세요.

풀이

답

1

12 수 모형 4개 중 3개를 사용하여 나타낼 수 있는 세 자리 수를 모두 고르세요. (   )

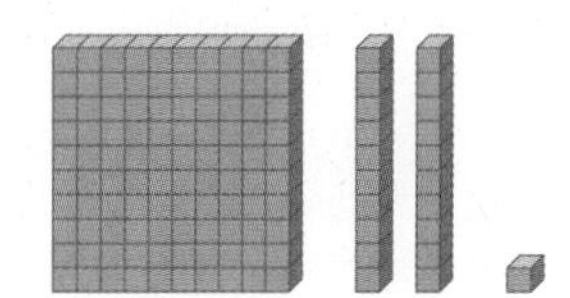

① 121 ② 120
③ 111 ④ 110
⑤ 101

13 261을 보기 와 같은 방법으로 나타내 보세요.

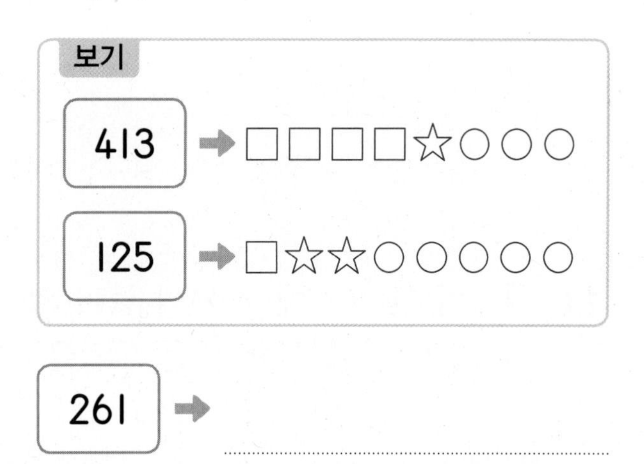

14 저금통에 550원이 들어 있습니다. 이 저금통에 100원씩 3번 더 넣으면 저금통의 돈은 모두 얼마가 되는지 풀이 과정을 쓰고 답을 구해 보세요.

풀이

답

15 나타내는 수가 가장 큰 것을 찾아 기호를 쓰려고 합니다. 풀이 과정을 쓰고 답을 구해 보세요.

㉠ 오백사
㉡ 497
㉢ 100이 4개, 10이 11개인 수

풀이

답

16 260부터 뛰어 센 것입니다. ㉠에 알맞은 수는 얼마인지 풀이 과정을 쓰고 답을 구해 보세요.

260 - 280 - □ - □ - ㉠

풀이

답

정답과 풀이 48쪽

17 어떤 수에서 10씩 4번 뛰어 세었더니 900이 되었습니다. 어떤 수는 얼마인지 풀이 과정을 쓰고 답을 구해 보세요.

풀이

답

18 세 자리 수의 크기를 비교한 것입니다. □ 안에 들어갈 수 있는 수 중에서 가장 작은 수는 얼마인지 풀이 과정을 쓰고 답을 구해 보세요.

648 < 6□5

풀이

답

19 수 카드를 한 번씩만 사용하여 세 자리 수를 만들려고 합니다. 만들 수 있는 세 자리 수는 모두 몇 개인지 풀이 과정을 쓰고 답을 구해 보세요.

5 0 8

풀이

답

20 조건을 모두 만족하는 세 자리 수를 구하려고 합니다. 풀이 과정을 쓰고 답을 구해 보세요.

- 700보다 크고 800보다 작습니다.
- 십의 자리 수는 5입니다.
- 일의 자리 수는 백의 자리 수보다 1만큼 더 작습니다.

풀이

답

다시 점검하는 수시 평가 대비

점수

확인

1 □ 안에 알맞은 수를 써넣으세요.

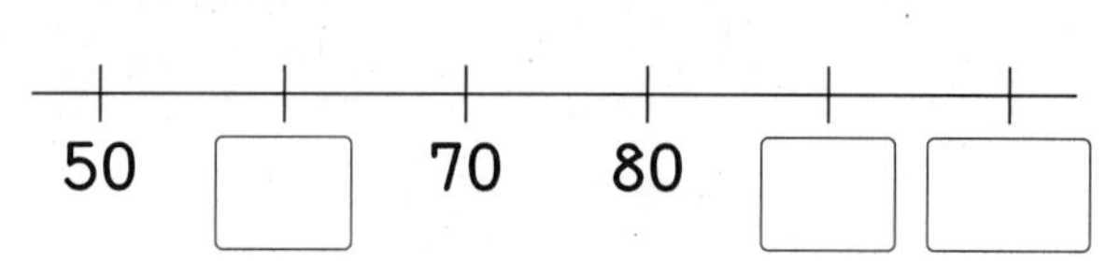

2 □ 안에 알맞은 수를 써넣으세요.

100이 8개
10이 0개 이면 □
1이 6개

3 수 모형이 나타내는 수를 쓰고 읽어 보세요.

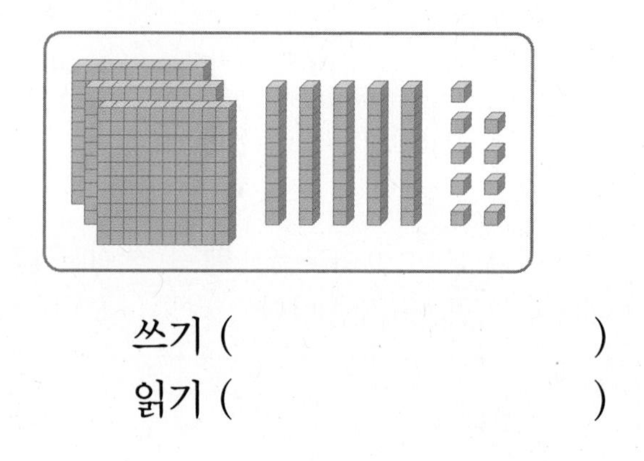

쓰기 (   )

읽기 (   )

4 동전은 모두 얼마일까요?

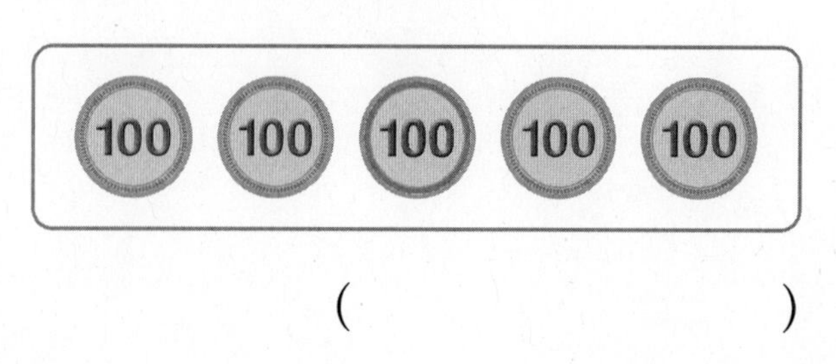

(   )

5 수를 보고 □ 안에 알맞은 수를 써넣으세요.

927	
9	9는 □을 나타냅니다.
2	2는 □을 나타냅니다.
7	7은 □을 나타냅니다.

6 다음 중 100에 대한 설명으로 틀린 것은 어느 것일까요? (   )

① 백이라고 읽습니다.
② 10이 10개인 수입니다.
③ 90보다 10만큼 더 큰 수입니다.
④ 999보다 1만큼 더 큰 수입니다.
⑤ 세 자리 수 중 가장 작은 수입니다.

7 일의 자리 수가 가장 큰 수는 어느 것일까요? (   )

① 356 ② 612 ③ 803
④ 147 ⑤ 549

8 100씩 뛰어 세었을 때 ㉠에 알맞은 수를 구해 보세요.

600 – □ – □ – □ – ㉠

(   )

정답과 풀이 49쪽

9 과일 가게에 귤이 100개씩 3상자, 10개씩 8바구니, 낱개로 4개 있습니다. 귤은 모두 몇 개일까요?

(　　　　　　　　)

10 석진이는 구슬을 600개 가지고 있습니다. 봉지 한 개에 구슬을 100개씩 담으려면 봉지는 몇 개 필요할까요?

(　　　　　　　　)

11 다음이 나타내는 세 자리 수는 얼마일까요?

100이 3개, 10이 17개, 1이 8개인 수

(　　　　　　　　)

12 우진이와 혜정이가 접은 종이학의 수가 다음과 같습니다. 종이학을 더 많이 접은 사람은 누구일까요?

523	오백팔
우진	혜정

(　　　　　　　　)

13 수 배열표를 완성하였을 때 색칠한 곳에 알맞은 수를 구해 보세요.

711			714	715	716			719	
		723		725			728	729	
731	732					(색칠)			

(　　　　　　　　)

14 어떤 수에서 50씩 6번 뛰어 세었더니 700이 되었습니다. 어떤 수를 구해 보세요.

(　　　　　　　　)

15 민국이와 병호가 각각 가지고 있는 수 카드를 한 번씩 사용하여 가장 작은 세 자리 수를 만들었습니다. 더 작은 수를 만든 사람은 누구일까요?

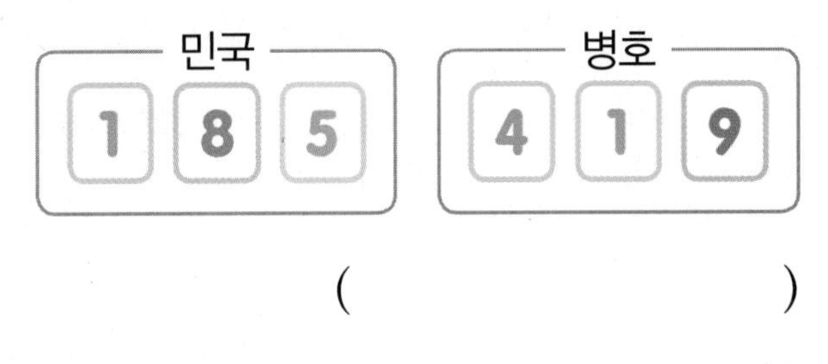

(　　　　　　　　)

서술형 문제

정답과 풀이 49쪽

16 □ 안에는 0부터 9까지의 수가 들어갈 수 있습니다. 가장 작은 수를 찾아 기호를 써 보세요.

㉠ 4□6　　㉡ 398　　㉢ 3□7

(　　　　　　　　)

17 수 카드를 한 번씩만 사용하여 세 자리 수를 만들려고 합니다. 만들 수 있는 수 중에서 가장 큰 수와 가장 작은 수를 구해 보세요.

4　0　9

가장 큰 수 (　　　　　　　　)
가장 작은 수 (　　　　　　　　)

18 874보다 크고 900보다 작은 수 중 일의 자리 숫자가 2인 수를 모두 구해 보세요.

(　　　　　　　　)

19 백의 자리 수가 6, 일의 자리 수가 9인 세 자리 수 중에서 649보다 큰 수는 모두 몇 개인지 풀이 과정을 쓰고 답을 구해 보세요.

풀이

답

20 어떤 수보다 100만큼 더 큰 수는 526입니다. 어떤 수보다 10만큼 더 작은 수는 얼마인지 풀이 과정을 쓰고 답을 구해 보세요.

풀이

답

서술형 50% 수시 평가 대비

점수

확인

[1~3] 도형을 보고 물음에 답하세요.

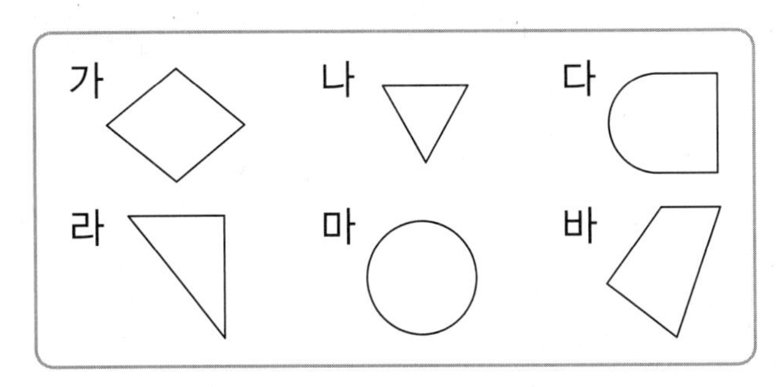

1 변이 3개인 도형을 모두 찾아 기호를 써 보세요.

(　　　　　　　　)

2 사각형은 모두 몇 개일까요?

(　　　　　　　　)

3 도형 마의 이름을 써 보세요.

(　　　　　　　　)

4 다음에서 설명하는 쌓기나무를 찾아 ○표 하세요.

빨간색 쌓기나무의 뒤에 있는 쌓기나무

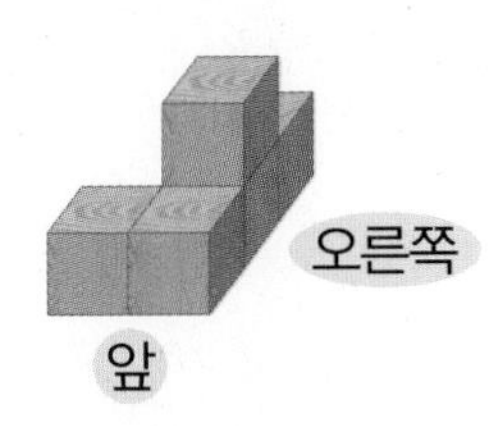

[5~7] 칠교판을 보고 물음에 답하세요.

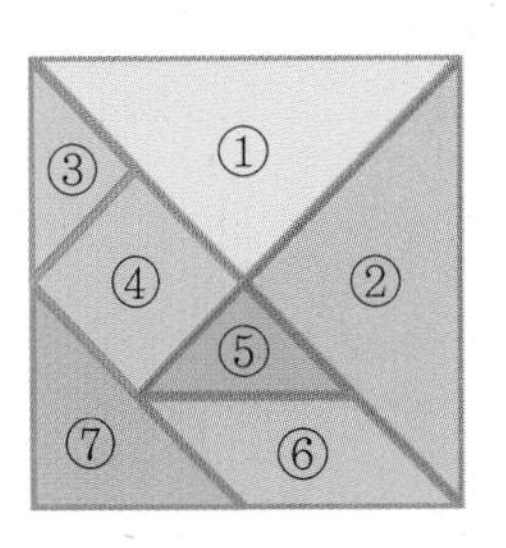

5 칠교판에 대한 설명으로 옳은 것을 모두 고르세요. (　　　　)

① 칠교 조각은 모두 7개입니다.
② 삼각형 모양 조각은 모두 2개입니다.
③ 사각형 모양 조각은 모두 5개입니다.
④ 크기가 가장 큰 조각은 삼각형 모양입니다.
⑤ 크기가 가장 작은 조각은 사각형 모양입니다.

6 세 조각을 모두 이용하여 오른쪽 모양을 만들어 보세요.

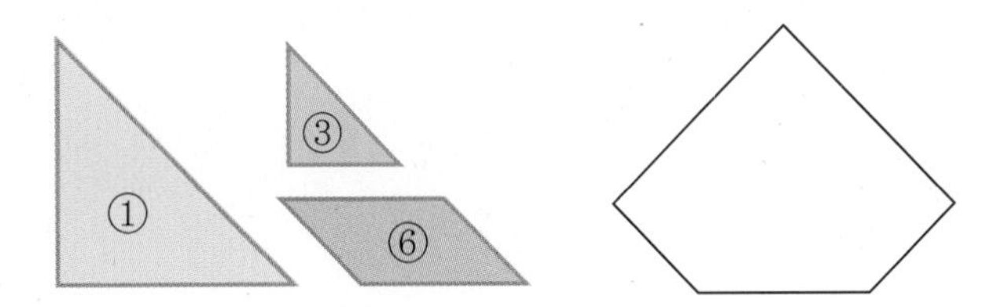

7 칠교 조각을 모두 이용하여 만든 오리 모양입니다. 오리 모양을 완성해 보세요.

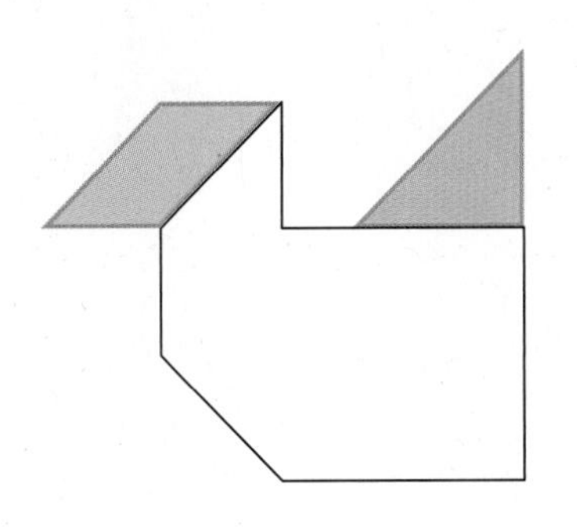

2

8 다음은 어떤 도형에 대한 설명일까요?

- 곧은 선이 없습니다.
- 뾰족한 부분이 없습니다.
- 어느 쪽에서 보아도 완전히 동그란 모양입니다.
- 크기는 다르지만 모양은 모두 같습니다.

(　　　　　　　　)

9 원이 아닌 도형을 찾아 기호를 쓰고, 그 까닭을 써 보세요.

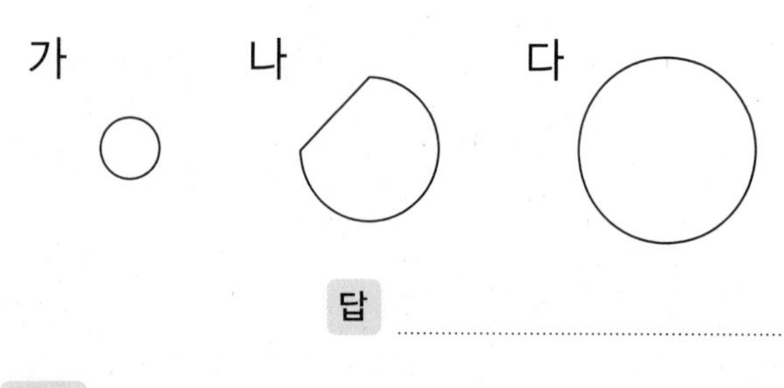

답 ....

까닭 ....

....

10 쌓기나무 5개로 만든 모양이 아닌 것은 어느 것일까요? (　　　　)

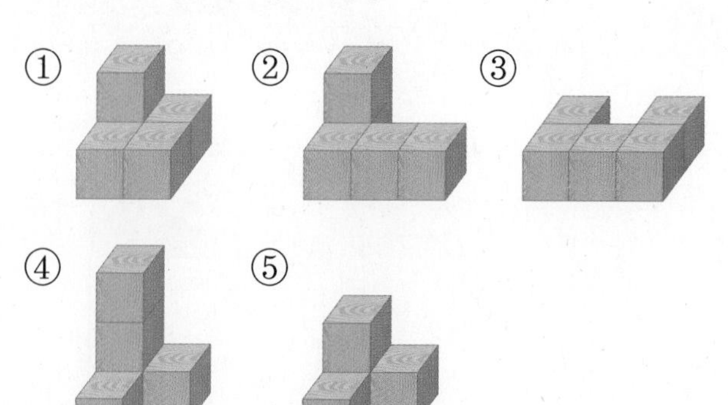

11 왼쪽 모양에서 쌓기나무 1개를 옮겨 오른쪽과 똑같은 모양을 만들려고 합니다. 옮겨야 할 쌓기나무의 기호를 써 보세요.

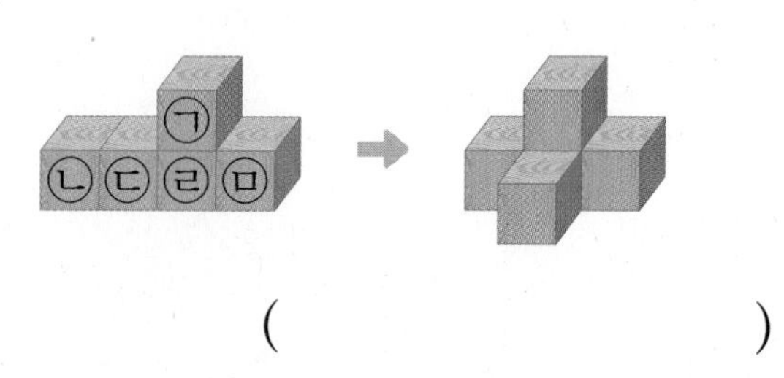

(　　　　　　　　)

12 다음 교통 표지판에서 찾을 수 있는 도형에 대한 설명으로 옳은 것을 모두 찾아 기호를 쓰려고 합니다. 풀이 과정을 쓰고 답을 구해 보세요.

㉠ 사각형입니다.
㉡ 꼭짓점이 3개입니다.
㉢ 4개의 곧은 선으로 둘러싸여 있습니다.
㉣ 사각형보다 변이 1개 더 적습니다.

풀이 ....

....

....

....

답 ....

정답과 풀이 51쪽

13 다음 선을 한 변으로 하는 삼각형을 그리려고 합니다. 더 그려야 하는 변은 몇 개인지 풀이 과정을 쓰고 답을 구해 보세요.

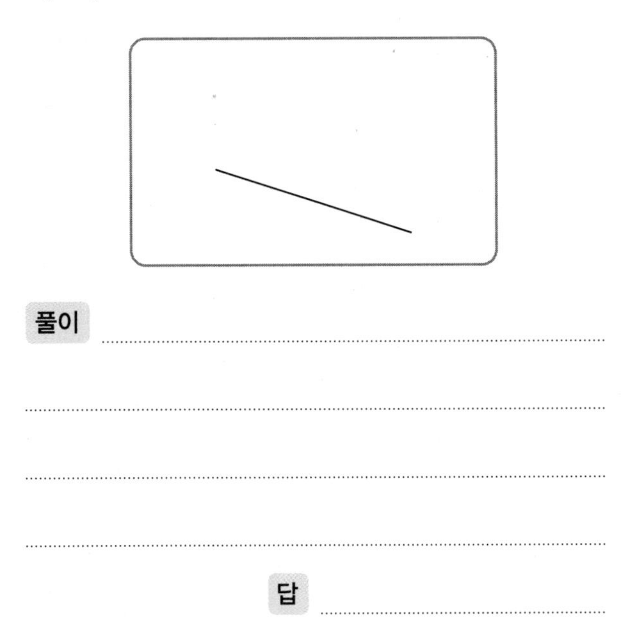

풀이

답

14 ㉠+㉡−㉢의 값은 얼마인지 풀이 과정을 쓰고 답을 구해 보세요.

㉠ 사각형의 꼭짓점의 수
㉡ 삼각형의 꼭짓점의 수
㉢ 원의 변의 수

풀이

답

15 색종이 위에 다음과 같이 세 점을 찍은 후 세 점을 꼭짓점으로 하는 삼각형을 그렸습니다. 그린 변을 따라 색종이를 오리면 어떤 도형이 몇 개 생기는지 풀이 과정을 쓰고 답을 구해 보세요.

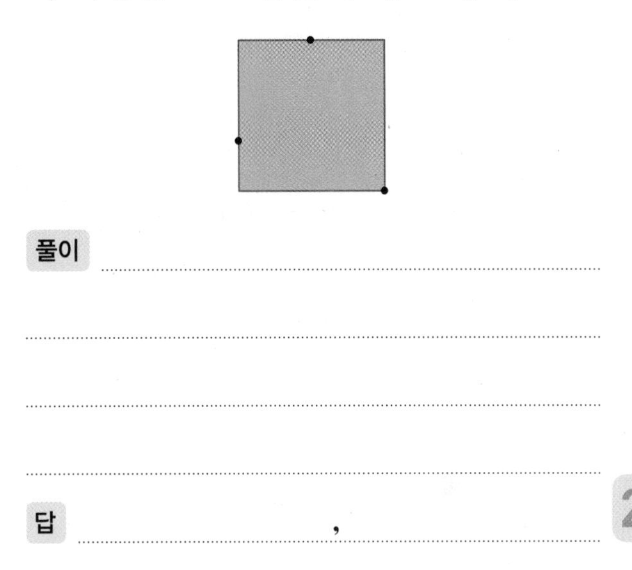

풀이

답 ,

16 칠교 조각을 이용하여 만든 배 모양입니다. 삼각형 조각은 사각형 조각보다 몇 개 더 많은지 풀이 과정을 쓰고 답을 구해 보세요.

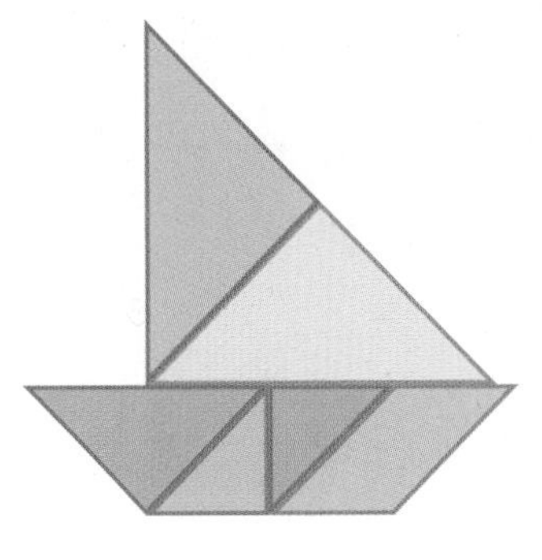

풀이

답

정답과 풀이 51쪽

17 도형에서 찾을 수 있는 크고 작은 사각형은 모두 몇 개인지 풀이 과정을 쓰고 답을 구해 보세요.

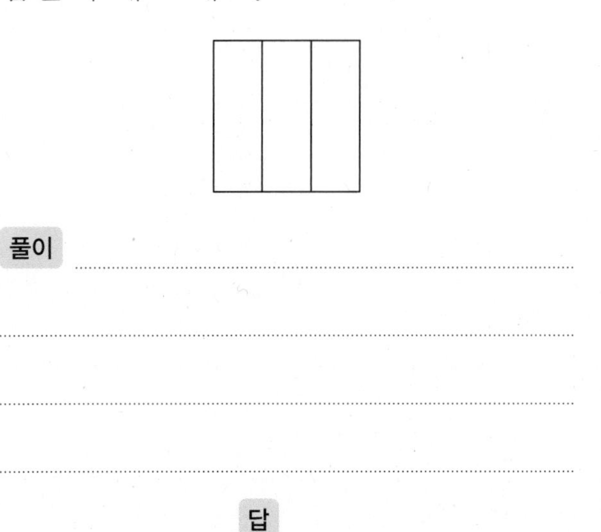

풀이

답

19 사용한 쌓기나무는 모두 몇 개인지 풀이 과정을 쓰고 답을 구해 보세요.

가 나 다

풀이

답

18 왼쪽 모양을 오른쪽 모양과 똑같이 만들려고 합니다. 쌓기나무가 몇 개 더 필요한지 풀이 과정을 쓰고 답을 구해 보세요.

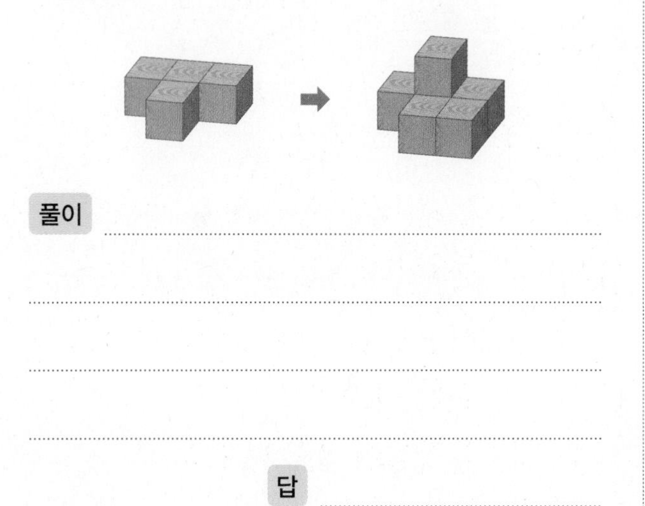

풀이

답

20 쌓기나무로 쌓은 모양을 보고 어떻게 쌓았는지 설명해 보세요.

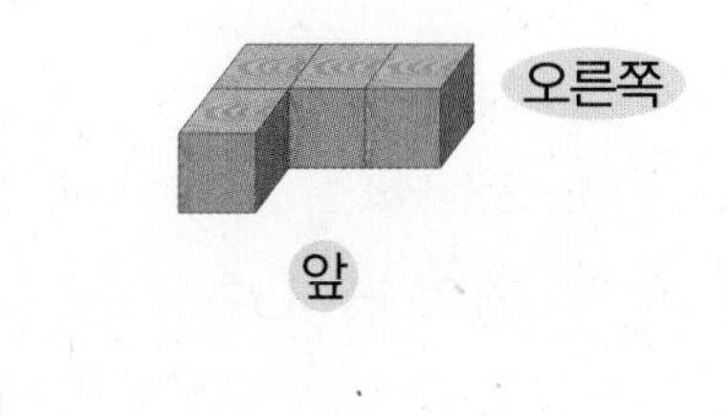

설명

다시 점검하는 수시 평가 대비

점수

확인

[1~2] 도형을 보고 물음에 답하세요.

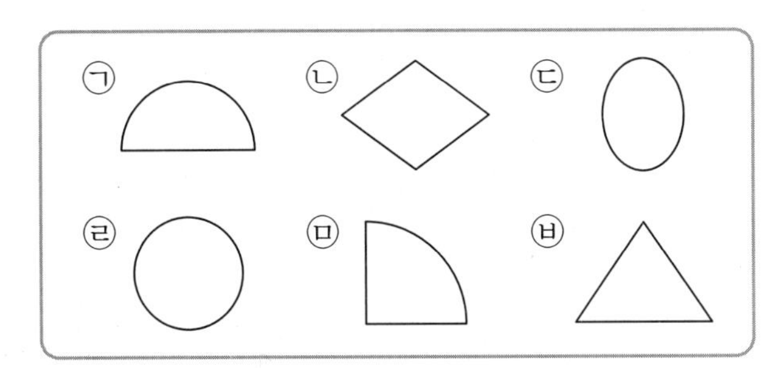

1 삼각형을 찾아 기호를 써 보세요.

( )

2 원을 찾아 기호를 써 보세요.

( )

3 다음 도형을 보고 바르게 말한 사람의 이름을 써 보세요.

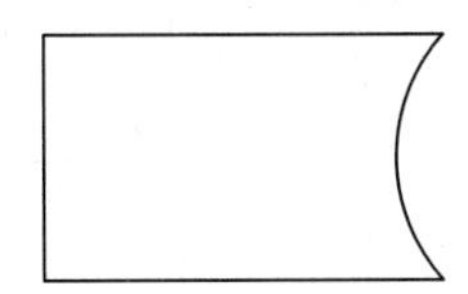

유진: 뾰족한 점이 4개 있으니까 사각형이야.
태은: 굽은 선이 있으니까 사각형이 아니야.

( )

4 빨간색 쌓기나무 왼쪽에 있는 쌓기나무에 ○표 하세요.

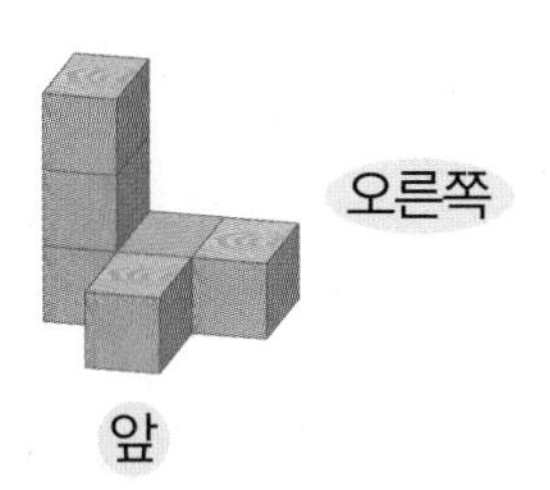

5 뒤에 쌓기나무가 없는 쌓기나무를 찾아 기호를 써 보세요.

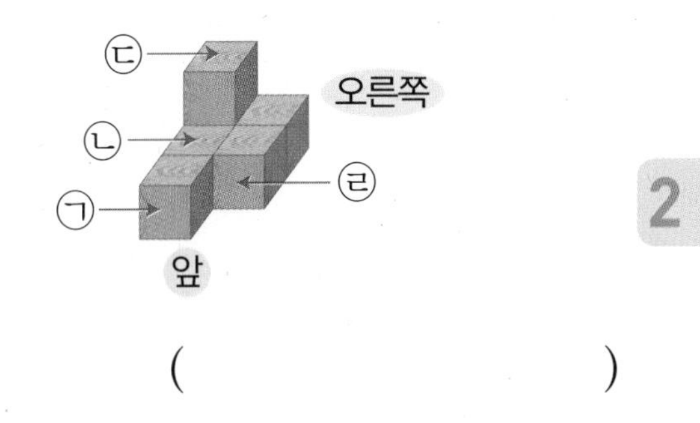

( )

6 다음 도형의 변과 꼭짓점의 수의 합은 몇 개인지 구해 보세요.

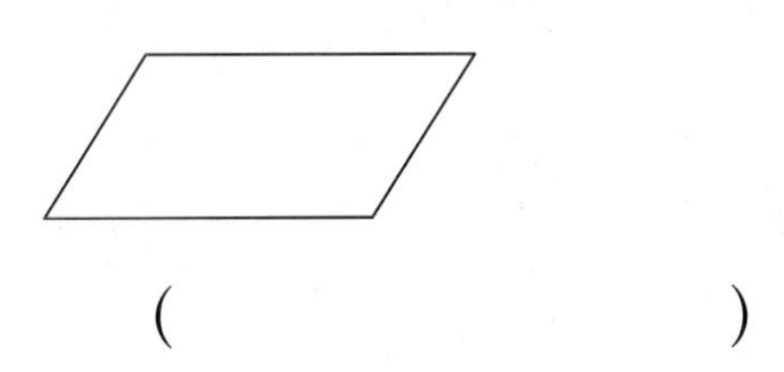

( )

7 다음 중 원에 대해 잘못 설명한 것은 어느 것일까요? ( )

① 완전히 동그란 모양입니다.
② 변이 없습니다.
③ 꼭짓점이 없습니다.
④ 곧은 선이 없습니다.
⑤ 모든 원은 크기와 모양이 모두 같습니다.

8 다음 모양을 보고 삼각형은 파란색, 사각형은 노란색, 원은 빨간색을 칠해 보세요.

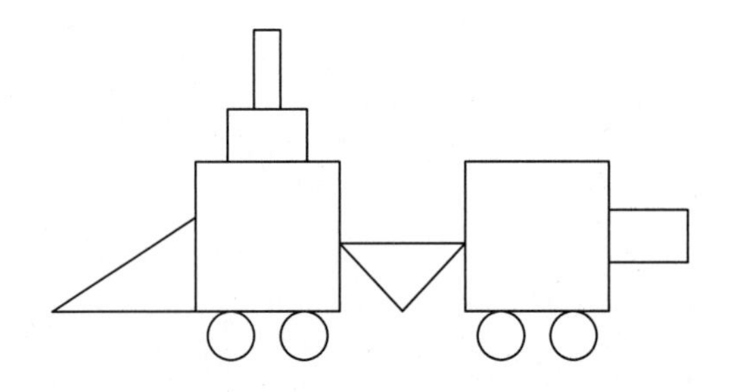

9 오른쪽 쌓기나무의 쌓은 모양을 설명한 것입니다. □ 안에 알맞은 수를 써넣고, 알맞은 말에 ○표 하세요.

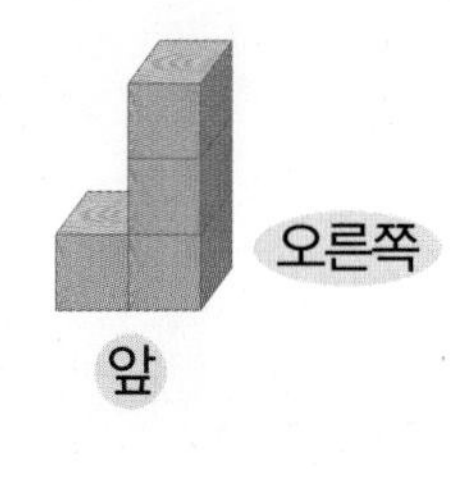

쌓기나무 □개가 옆으로 나란히 있고, (왼쪽 , 오른쪽) 쌓기나무 위에 쌓기나무 □개가 있습니다.

10 설명에 맞는 도형을 그려 보세요.

- 삼각형입니다.
- 도형의 안쪽에 점이 6개 있습니다.

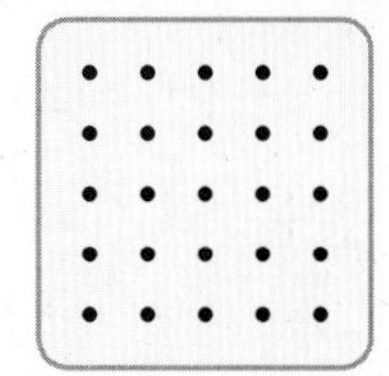

11 다음 모양에 선을 2개 그어 삼각형 2개와 사각형 1개를 만들어 보세요.

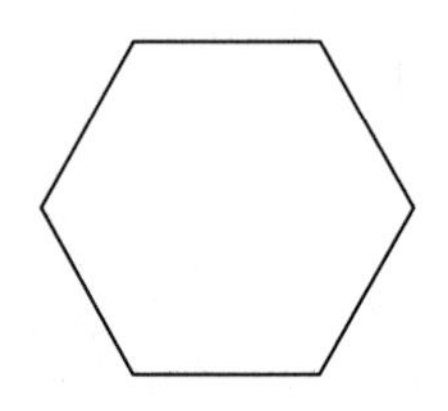

12 종이를 선을 따라 모두 자르면 삼각형과 사각형은 각각 몇 개 생길까요?

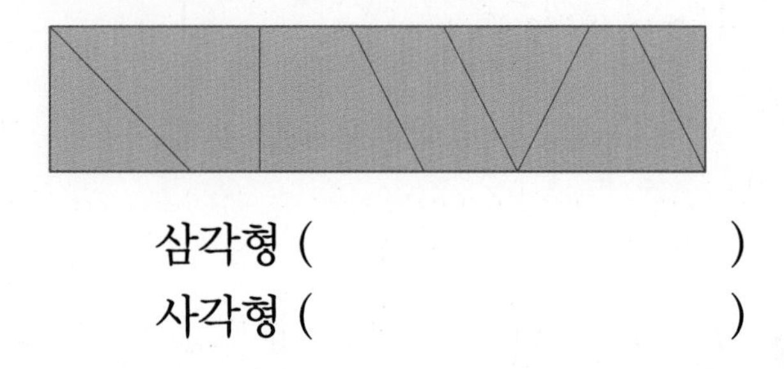

삼각형 (　　　　　　)
사각형 (　　　　　　)

13 경선이와 민아가 쌓기나무로 만든 모양입니다. 사용한 쌓기나무는 누가 몇 개 더 많을까요?

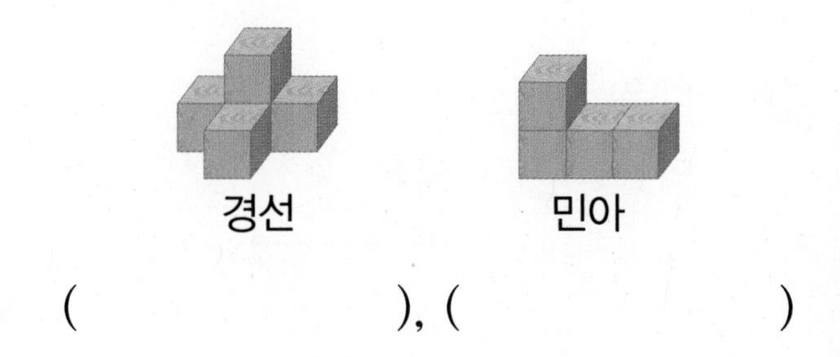

(　　　　　　), (　　　　　　)

14 ㉠+㉡−㉢의 값은 얼마일까요?

㉠ 사각형의 변의 수
㉡ 원의 꼭짓점의 수
㉢ 삼각형의 변의 수

(　　　　　　)

서술형 문제

정답과 풀이 52쪽

15 쌓기나무를 앞에서 본 모양이 오른쪽과 같은 것을 찾아 기호를 써 보세요.

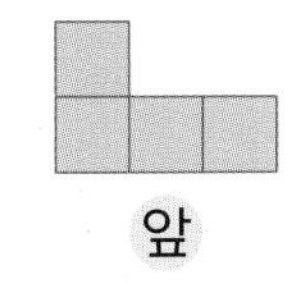

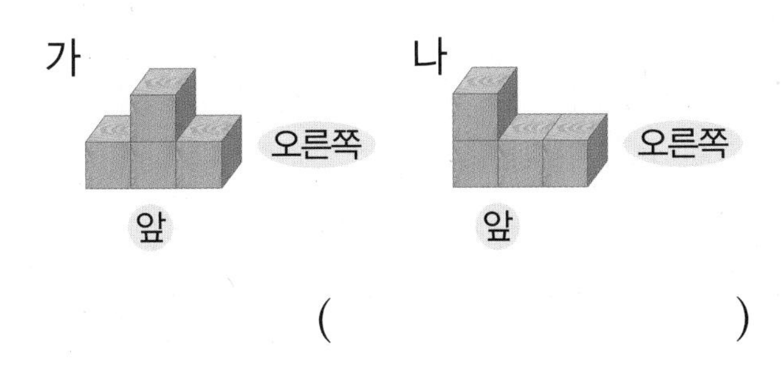

( )

[16~18] 칠교판을 보고 물음에 답하세요.

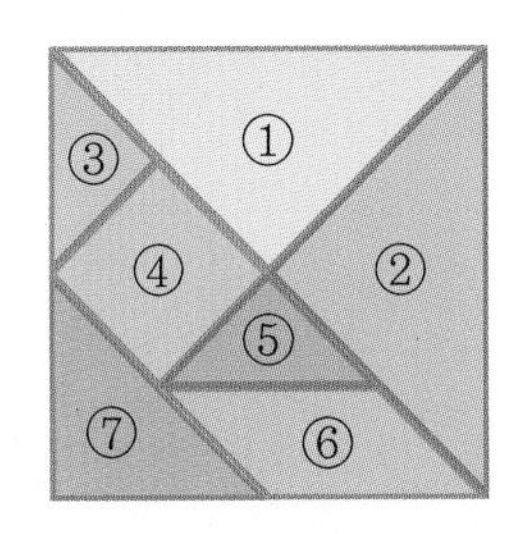

16 칠교 조각 중 사각형은 모두 몇 개일까요?

( )

17 칠교 조각 중 ③, ④, ⑤, ⑥을 모두 이용하여 다음과 같은 모양을 만들어 보세요.

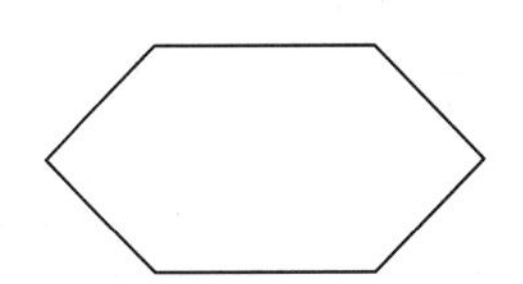

18 칠교 조각 중 ③, ④, ⑤를 모두 한 번씩만 이용하여 만들 수 있는 사각형 모양은 모두 몇 가지인지 구해 보세요. (단, 모양과 크기가 같은 사각형은 한 가지로 생각합니다.)

( )

19 도형에서 찾을 수 있는 크고 작은 사각형은 모두 몇 개인지 풀이 과정을 쓰고 답을 구해 보세요.

풀이

답

20 쌓기나무로 쌓은 모양을 보고 어떻게 쌓은 것인지 설명해 보세요.

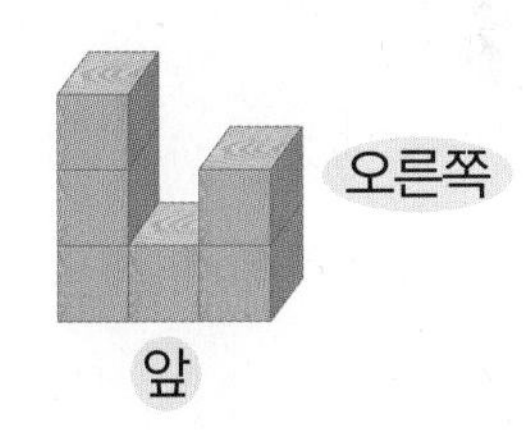

설명

2

서술형 50% 수시 평가 대비

점수

확인

1 오른쪽 계산에서 □ 안의 수 1이 실제로 나타내는 수는 얼마일까요?

$$\begin{array}{r} \boxed{1} \\ 58 \\ +\ \ 6 \\ \hline 64 \end{array}$$

(　　　　　　　　)

2 계산해 보세요.

$35 + 7 = \square$

$34 + 8 = \square$

$33 + 9 = \square$

3 계산 결과를 비교하여 ○ 안에 >, =, <를 알맞게 써넣으세요.

$14 + 27 + 63 \bigcirc 100$

4 계산 결과가 같은 것끼리 이어 보세요.

35+16 ·	· 65−38
40−13 ·	· 90−39
53+19 ·	· 48+24

5 47+19를 2가지 방법으로 계산해 보세요.

(1) $47 + 19$

$= 47 + 10 + \square$

$= 57 + \square = \square$

(2) $47 + 19$

$= 47 + \square + 16$

$= \square + 16 = \square$

정답과 풀이 53쪽

6 토끼 몇 마리가 있었는데 8마리가 더 와서 12마리가 되었습니다. 처음에 있던 토끼의 수를 □로 하여 식을 만들고 □의 값을 구해 보세요.

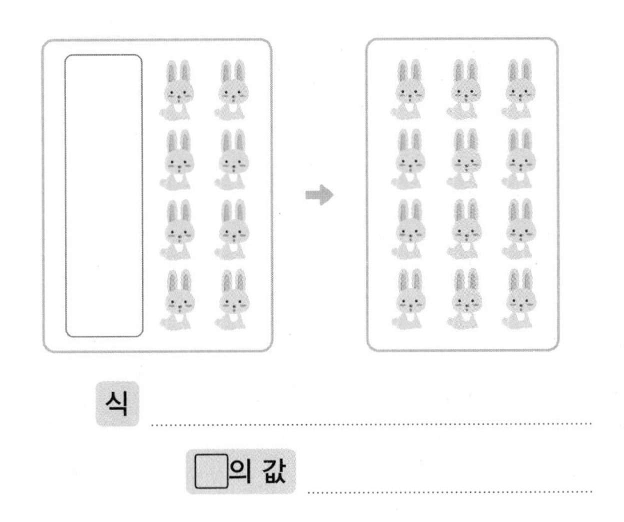

식 ....

□의 값 ....

7 혜성이와 규리는 72－25를 서로 다른 방법으로 계산했습니다. 계산 방법을 바르게 설명한 사람은 누구일까요?

혜성: 72에서 22를 빼고 3을 더 뺐어.
규리: 72에서 30을 빼고 5를 더 뺐어.

(   )

8 가장 큰 수와 가장 작은 수의 합에서 나머지 수를 뺀 값을 구해 보세요.

36   54   28

(   )

9 □ 안에 알맞은 수를 써넣으세요.

(1) $54 - \square = 45$

(2) $\square - 16 = 27$

10 □ 안에 계산이 맞으면 ○표, 틀리면 ×표 하고 그 까닭을 써 보세요.

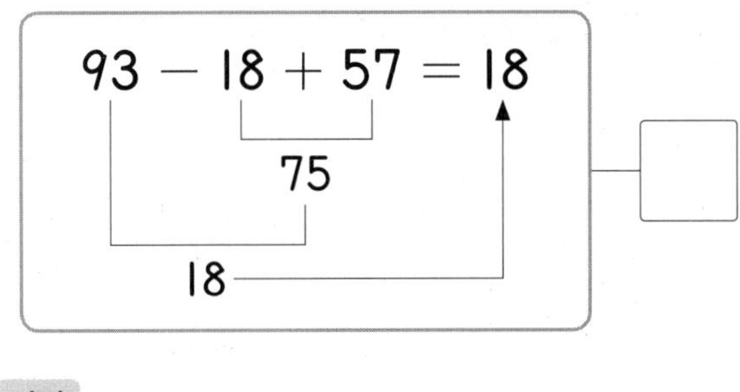

까닭 ....

....

11 동물원에 긴팔원숭이가 17마리 있고 개코원숭이는 긴팔원숭이보다 8마리 더 많습니다. 동물원에 있는 긴팔원숭이와 개코원숭이는 모두 몇 마리인지 풀이 과정을 쓰고 답을 구해 보세요.

풀이 ....

....

....

....

답 ....

12 현준이의 나이는 9살입니다. 어머니의 나이는 37살이고 아버지의 나이는 어머니보다 7살 더 많습니다. 아버지의 나이는 현준이보다 몇 살 더 많은지 풀이 과정을 쓰고 답을 구해 보세요.

풀이

답

13 □ 안에 알맞은 수가 다른 하나를 찾아 기호를 쓰려고 합니다. 풀이 과정을 쓰고 답을 구해 보세요.

㉠ $67 + \square = 85$
㉡ $50 - \square = 34$
㉢ $\square + 48 = 64$

풀이

답

14 ㉠＋㉡의 값은 얼마인지 풀이 과정을 쓰고 답을 구해 보세요.

$$\begin{array}{r} 7\,㉠ \\ +\,㉡\,6 \\ \hline 1\,2\,3 \end{array}$$

풀이

답

[15~16] 수 카드 2장을 골라 두 자리 수를 만들어 81에서 빼려고 합니다. 물음에 답하세요.

2　4　6

15 계산 결과가 가장 큰 수가 되는 뺄셈식을 쓰고 계산해 보세요.

$81 - \square = \square$

16 계산 결과가 가장 작은 수가 되는 뺄셈식을 만들 때 계산 결과는 얼마인지 풀이 과정을 쓰고 답을 구해 보세요.

풀이

답

정답과 풀이 53쪽

17 수 카드를 한 번씩만 사용하여 두 자리 수를 만들려고 합니다. 만들 수 있는 두 수의 합이 가장 크게 되는 덧셈식을 만들 때 계산 결과는 얼마인지 풀이 과정을 쓰고 답을 구해 보세요.

4 5 6 7

풀이

답

18 어떤 수에 29를 더해야 할 것을 잘못하여 뺐더니 35가 되었습니다. 바르게 계산한 값은 얼마인지 풀이 과정을 쓰고 답을 구해 보세요.

풀이

답

19 □ 안에 들어갈 수 있는 수를 모두 구하려고 합니다. 풀이 과정을 쓰고 답을 구해 보세요.

$56+7-45<\square<50-38+9$

풀이

답

20 ■와 ●에 알맞은 수의 합은 얼마인지 풀이 과정을 쓰고 답을 구해 보세요.

■ + 8 = 21
43 − ● = 25

풀이

답

3

다시 점검하는 수시 평가 대비

점수
확인

3. 덧셈과 뺄셈

1 계산해 보세요.

(1)
$$\begin{array}{r} 37 \\ +\ \ 9 \\ \hline \end{array}$$

(2)
$$\begin{array}{r} 50 \\ -25 \\ \hline \end{array}$$

2 두 수의 차를 빈칸에 써넣으세요.

8	62

3 그림을 보고 삼각형에 적힌 수들의 합을 구해 보세요.

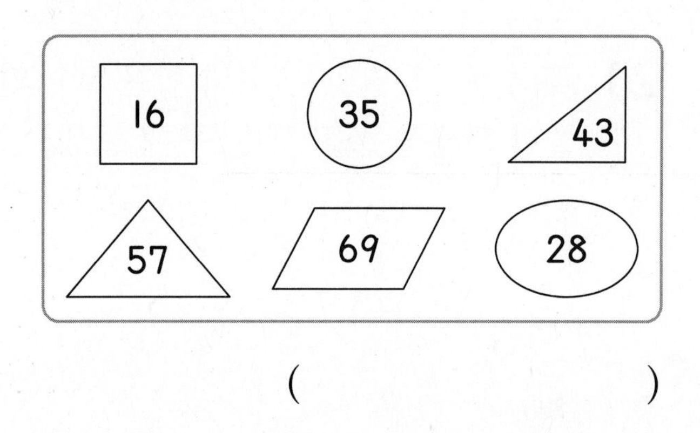

( )

4 덧셈식을 보고 뺄셈식으로 나타내려고 합니다. □ 안에 알맞은 수를 써넣으세요.

$46+37=83$

□ − □ = □
□ − □ = □

5 빈칸에 알맞은 수를 써넣으세요.

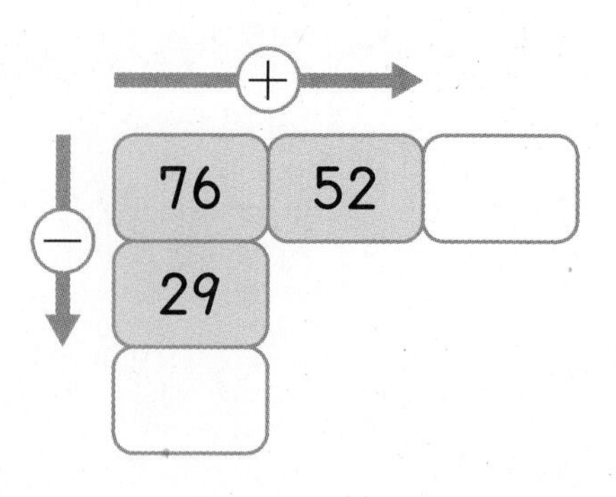

6 보기 와 같은 방법으로 계산해 보세요.

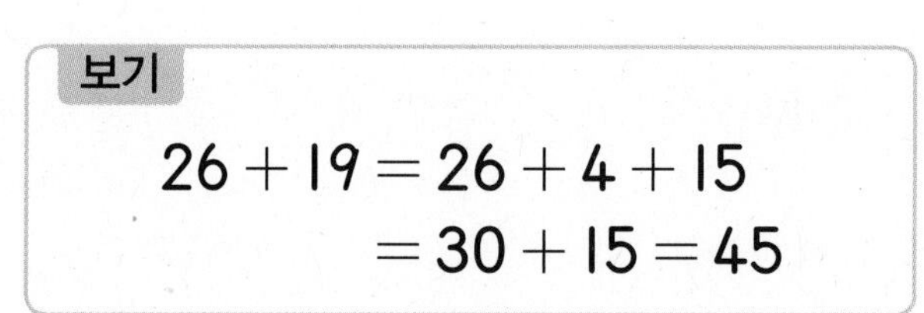
보기
$26+19=26+4+15$
$=30+15=45$

$57+35$

7 세 수를 이용하여 덧셈식을 2개 만들어 보세요.

43 17 26

□ + □ = □
□ + □ = □

정답과 풀이 55쪽

8 계산 결과를 비교하여 ○ 안에 >, =, <를 알맞게 써넣으세요.

9 가장 큰 수에 가장 작은 수를 더한 후 나머지 한 수를 뺀 값을 구해 보세요.

16	25	19

(　　　　　　　　)

10 운동장에 남학생은 86명, 여학생은 79명 있습니다. 운동장에 있는 학생은 모두 몇 명일까요?

(　　　　　　　　)

11 공원에 있는 비둘기 31마리 중에서 16마리가 날아갔다면 남아 있는 비둘기는 몇 마리일까요?

(　　　　　　　　)

12 □를 사용하여 그림에 알맞은 뺄셈식을 만들고, □의 값을 구해 보세요.

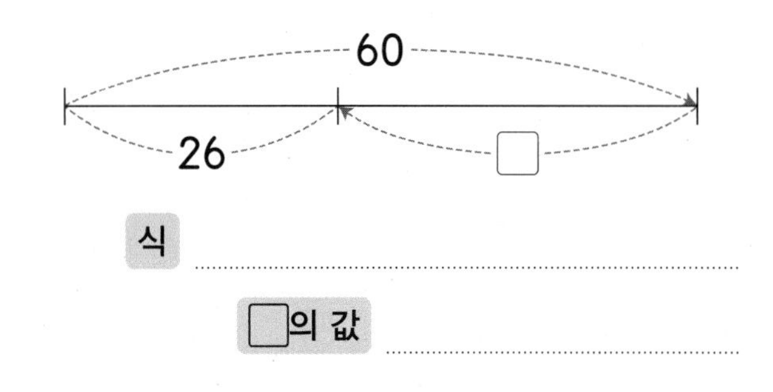

식 ....

□의 값 ....

13 □ 안에 알맞은 수를 써넣으세요.

$$\begin{array}{r} 4\,\square \\ +\ 2\,7 \\ \hline \square\,5 \end{array}$$

3

14 연못에 오리가 몇 마리 있었습니다. 오리 8마리가 연못 안으로 더 들어와서 모두 20마리가 되었습니다. 처음 연못에 있던 오리는 몇 마리일까요?

(　　　　　　　　)

15 □ 안에 알맞은 수를 써넣으세요.

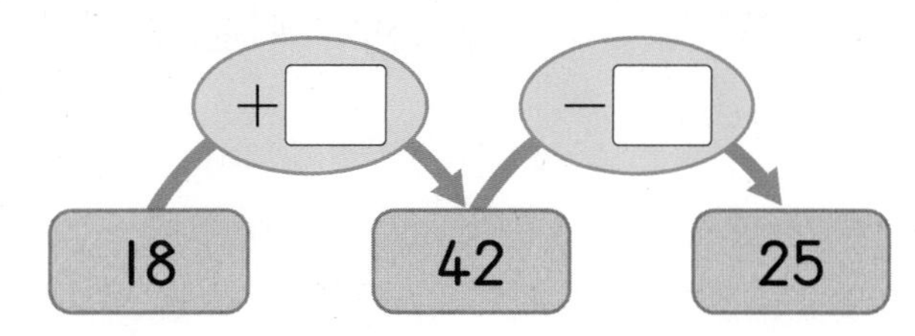

16 ㉠＋㉡의 값을 구해 보세요.

㉠＋36＝65, 94－㉡＝57

(　　　　　　　　)

17 1부터 9까지의 수 중에서 □ 안에 들어갈 수 있는 수를 모두 구해 보세요.

83－□<78

(　　　　　　　　)

18 지호네 반 학급 문고에 책이 65권 있었습니다. 그중에서 학생들이 어제 빌려간 책은 26권이었고, 오늘 14권을 가지고 왔습니다. 지금 지호네 반 학급 문고에 있는 책은 몇 권일까요?

(　　　　　　　　)

서술형 문제

정답과 풀이 55쪽

19 ■＝9일 때 ★의 값은 얼마인지 풀이 과정을 쓰고 답을 구해 보세요. (단, 같은 모양은 같은 수를 나타냅니다.)

■＋■＋■＝▲
▲＋▲＝●
●－■＋▲＝★

풀이

답

20 민준이는 구슬을 62개 가지고 있었습니다. 그중에서 동생에게 27개를 주고, 형에게 몇 개를 받았더니 50개가 되었습니다. 민준이가 형에게 받은 구슬은 몇 개인지 풀이 과정을 쓰고 답을 구해 보세요.

풀이

답

서술형 50% 수시 평가 대비

점수

확인

1 더 긴 쪽의 기호를 써 보세요.

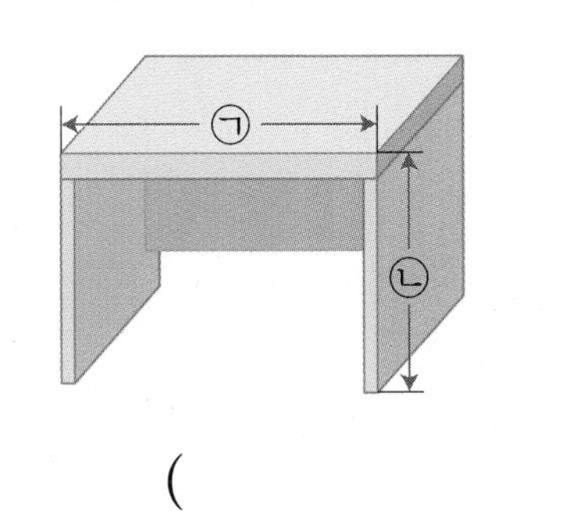

( )

2 연필의 길이는 클립으로 몇 번일까요?

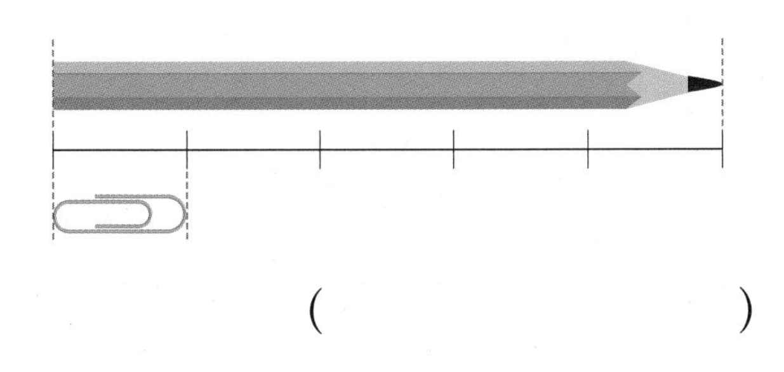

( )

3 가장 정확한 길이의 단위를 찾아 ○표 하세요.

뼘	걸음	cm
( )	( )	( )

4 주어진 길이만큼 점선을 따라 선을 그어 보세요.

3 cm

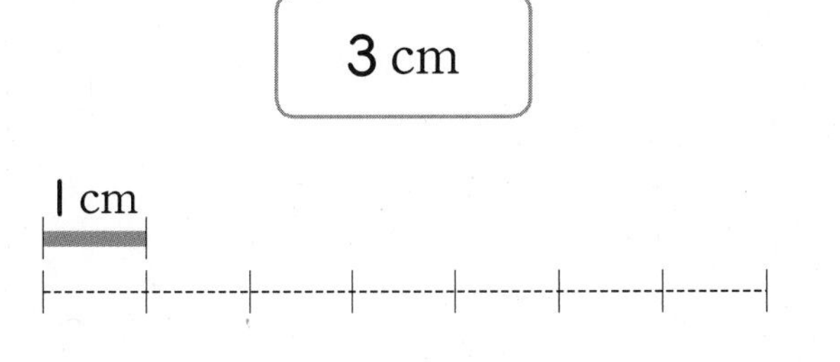

5 애벌레의 길이를 자로 재어 보세요.

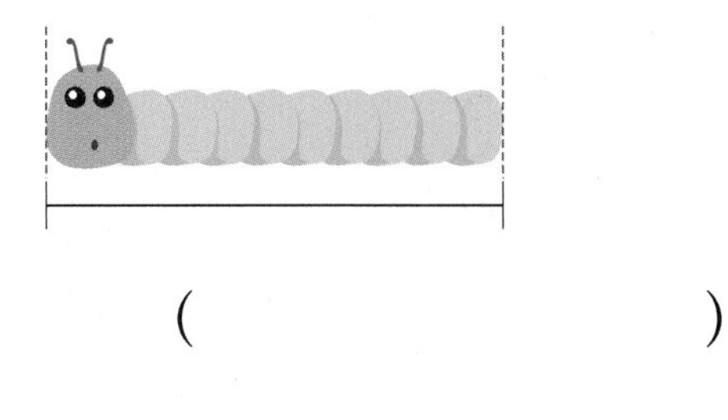

( )

6 길이가 약 5 cm인 리본에 ○표 하세요.

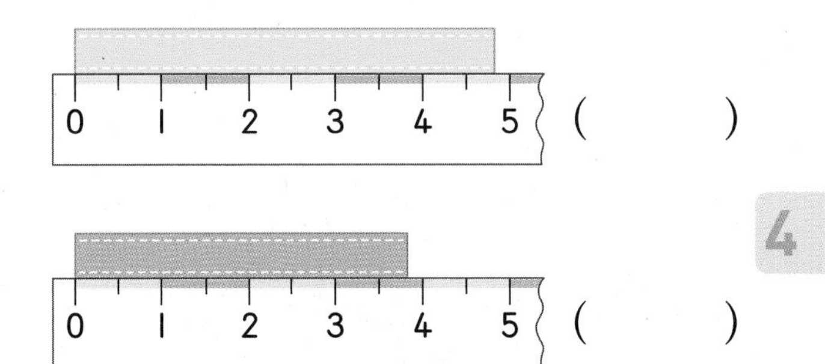

( )

( )

7 열쇠의 길이를 어림하고, 자로 재어 확인해 보세요.

어림한 길이 ( )

자로 잰 길이 ( )

8 길이를 재는 방법이 잘못된 것을 모두 찾아 기호를 쓰고 그 까닭을 써 보세요.

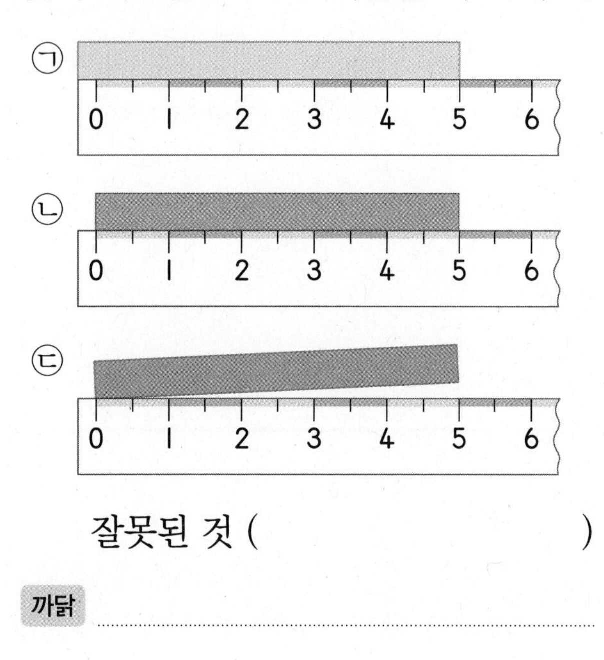

잘못된 것 (   )

까닭 ....

9 분필의 길이는 몇 cm인지 풀이 과정을 쓰고 답을 구해 보세요.

0 1 2 3 4 5 6 7

풀이 ....

답 ....

10 ㉠과 ㉡에 알맞은 수를 구하려고 합니다. 풀이 과정을 쓰고 답을 구해 보세요.

- 5 cm는 1 cm가 ㉠번입니다.
- 1 cm가 10번이면 ㉡ cm입니다.

풀이 ....

답 ㉠: ...., ㉡: ....

11 수수깡의 길이를 재어 보고 병욱이는 약 6 cm, 예진이는 약 7 cm, 효상이는 약 8 cm라고 하였습니다. 수수깡의 길이를 바르게 나타낸 사람은 누구인지 풀이 과정을 쓰고 답을 구해 보세요.

2 3 4 5 6 7 8 9

풀이 ....

답 ....

정답과 풀이 56쪽

12 길이가 가장 짧은 선을 찾아 같은 길이의 선을 점선을 따라 그어 보세요.

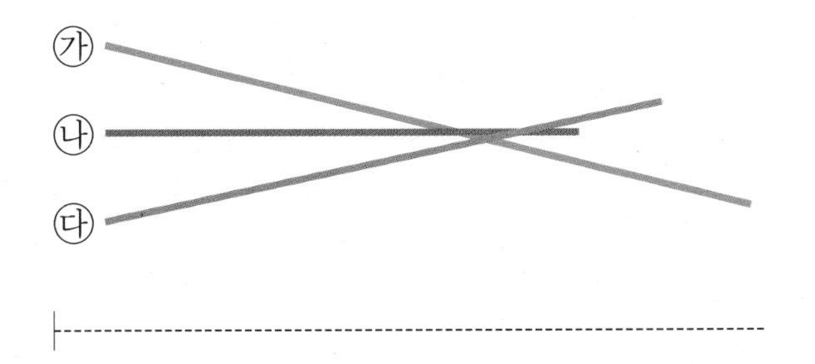

13 벽돌의 길이를 자로 재어 보고 같은 길이의 벽돌을 같은 색으로 칠하려고 합니다. 보라색을 칠해야 하는 벽돌은 모두 몇 개일까요?

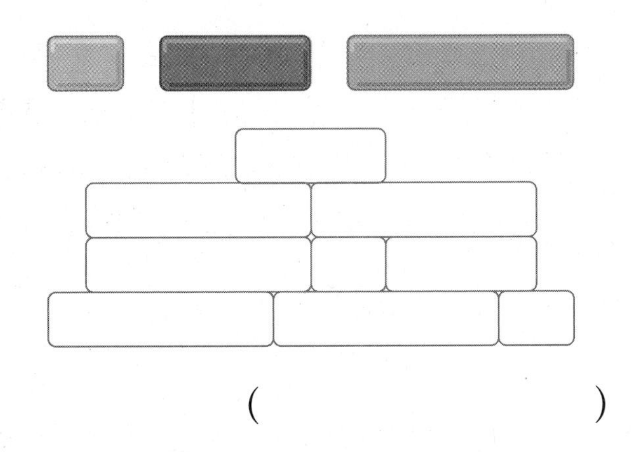

(　　　　　　　　)

14 면봉의 길이를 성문이는 약 4 cm, 혜진이는 약 5 cm, 병호는 약 8 cm로 어림하였습니다. 가장 가깝게 어림한 사람은 누구일까요?

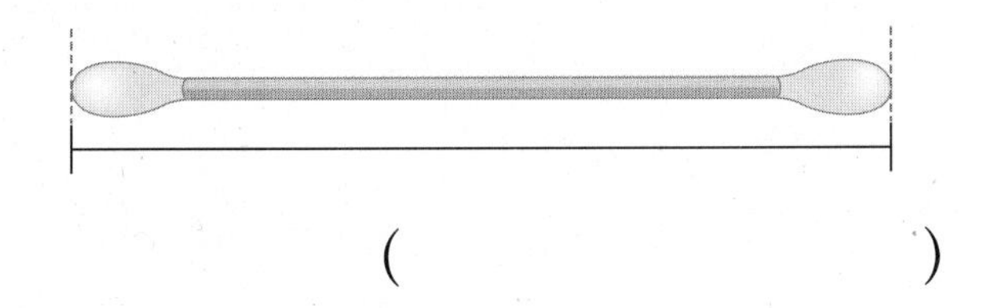

(　　　　　　　　)

15 색연필과 길이가 같은 끈을 찾아 기호를 쓰려고 합니다. 풀이 과정을 쓰고 답을 구해 보세요.

㉮

㉯

㉰

풀이

답

16 길이가 가장 긴 털실을 가지고 있는 사람은 누구인지 풀이 과정을 쓰고 답을 구해 보세요.

효주: 내 털실의 길이는 엄지손톱으로 12번쯤이야.
해민: 내 털실의 길이는 필통의 긴 쪽으로 12번이야.
택근: 내 털실의 길이는 12 cm야.

풀이

답

정답과 풀이 56쪽

17 빨간색 테이프의 길이는 파란색 테이프의 길이의 몇 배인지 풀이 과정을 쓰고 답을 구해 보세요.

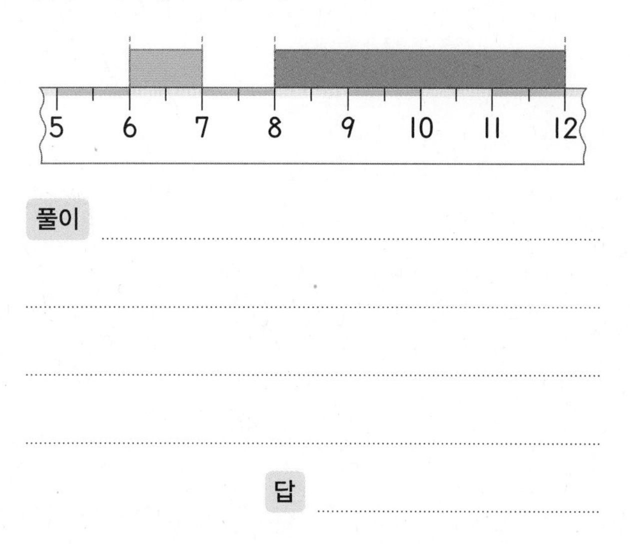

풀이

답

18 ㉮에서부터 ㉯를 지나 ㉰까지 선을 그었습니다. 그은 선의 길이는 몇 cm인지 풀이 과정을 쓰고 답을 구해 보세요.

㉯

㉮

㉰

풀이

답

19 길이가 약 5 cm인 색연필들입니다. 색연필의 길이가 조금씩 다른 까닭을 써 보세요.

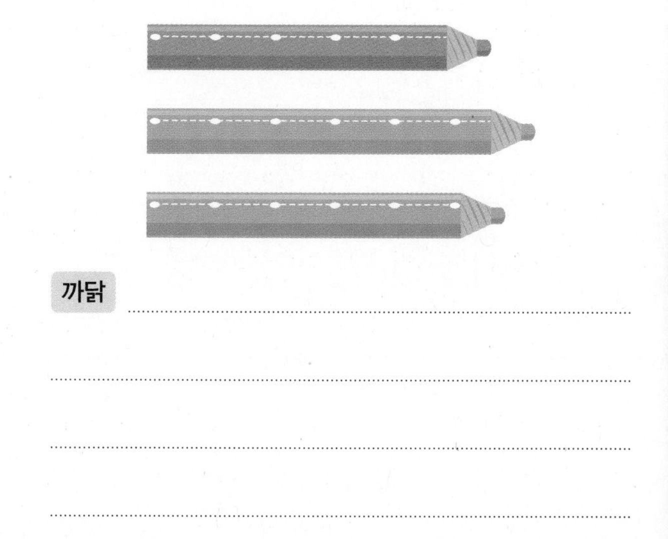

까닭

20 가장 작은 사각형의 네 변의 길이는 같고 한 변의 길이는 1 cm입니다. 도형을 둘러싼 빨간 선의 길이는 몇 cm인지 풀이 과정을 쓰고 답을 구해 보세요.

풀이

답

다시 점검하는 수시 평가 대비

점수

확인

4. 길이 재기

1 ㉠과 ㉡의 길이를 비교하려고 합니다. 잘못 말한 사람을 찾아 이름을 써 보세요.

윤지: 종이띠를 이용하여 비교해야 해.
동하: 직접 맞대어서 비교해도 돼.
서율: ㉠의 길이가 ㉡의 길이보다 더 길어.

( )

2 밧줄의 길이는 크레파스로 몇 번일까요?

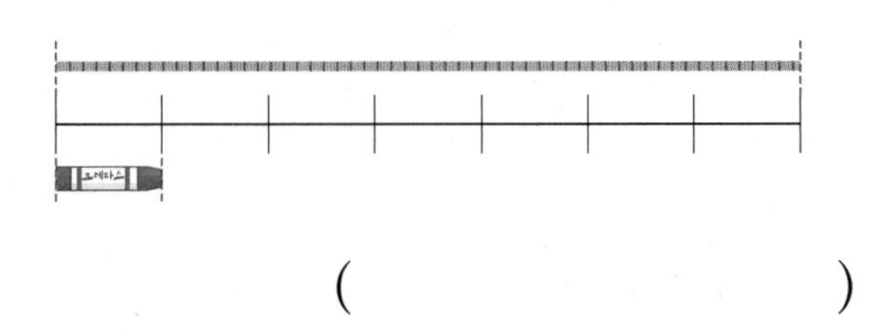

( )

3 그림을 보고 □ 안에 알맞은 수를 써넣고, 그 길이를 쓰고 읽어 보세요.

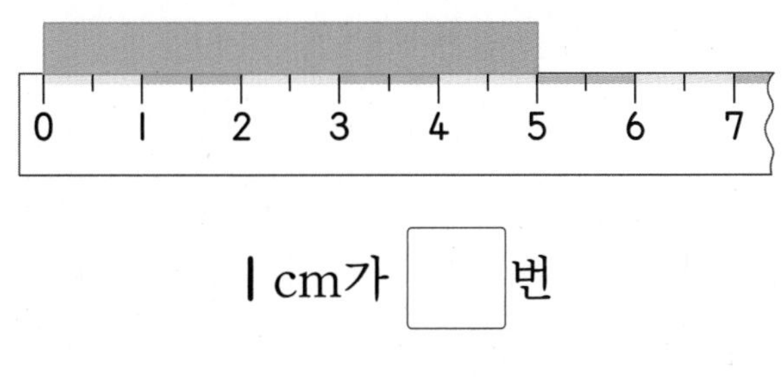

1 cm가 □번

쓰기	읽기

4 색연필의 길이는 몇 cm일까요?

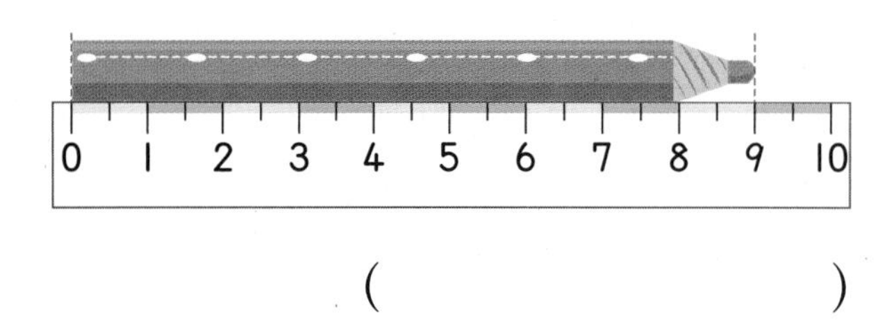

( )

5 풀의 길이를 자로 재어 보세요.

( )

6 면봉의 길이는 몇 cm일까요?

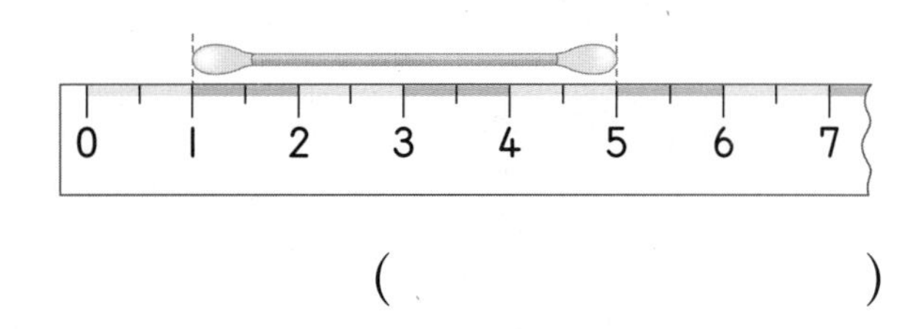

( )

7 소희가 약 5 cm 길이의 나뭇잎을 가져왔습니다. 5 cm를 어림하여 선을 긋고 자로 재어 확인해 보세요.

나뭇잎의 길이

8 모눈종이에 다음과 같이 선을 그었습니다. 가장 긴 선을 찾아 기호를 써 보세요.

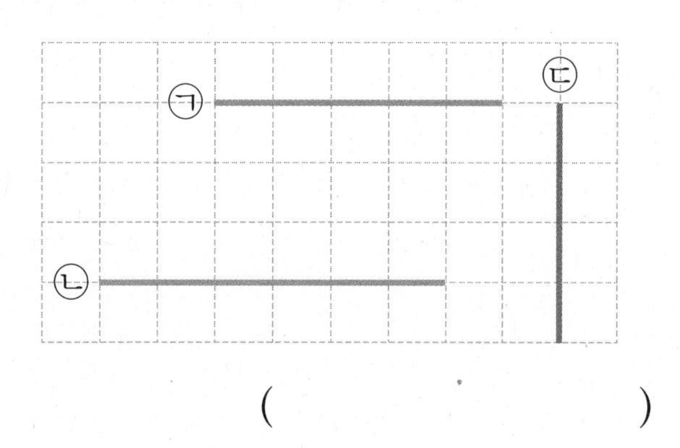

(　　　　　　　　)

9 공책의 긴 쪽의 길이를 색 테이프 ㉮, ㉯, ㉰를 이용하여 재려고 합니다. 잰 횟수가 가장 많은 것을 찾아 기호를 써 보세요.

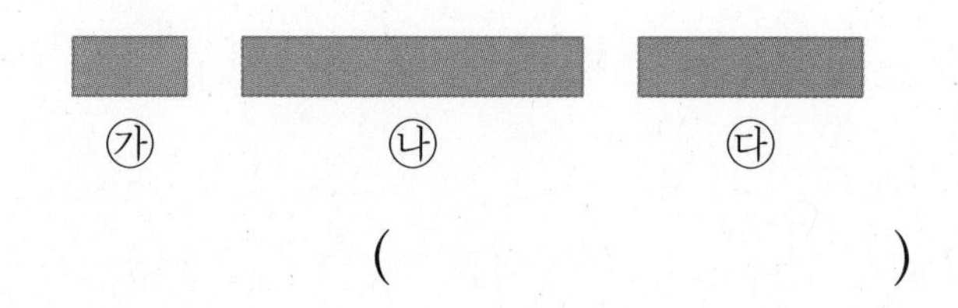

(　　　　　　　　)

10 볼펜의 길이는 약 몇 cm일까요?

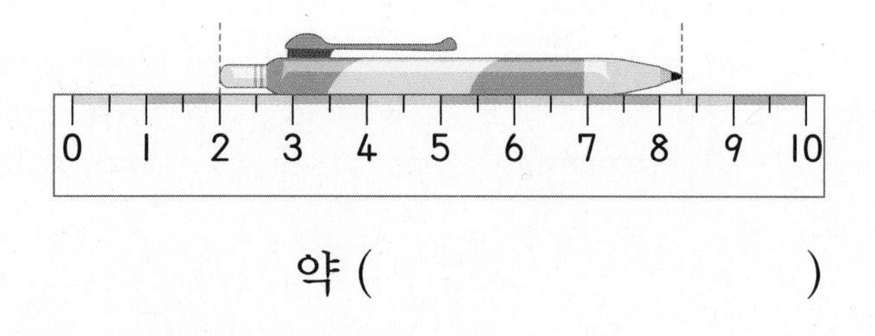

약 (　　　　　　　　)

11 사각형의 네 변의 길이를 각각 자로 재어 네 변의 길이의 합은 몇 cm인지 구해 보세요.

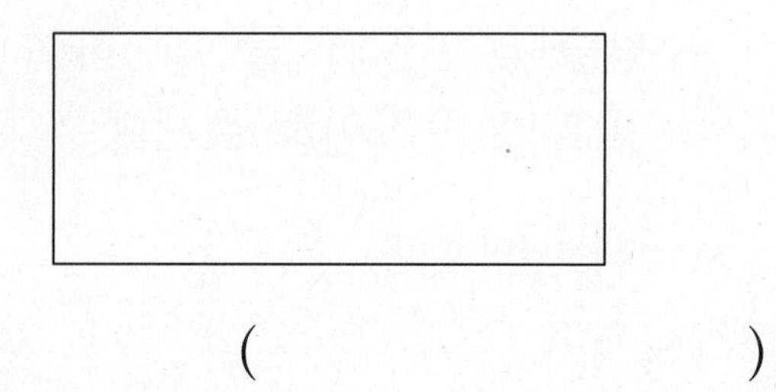

(　　　　　　　　)

[12~13] 재민이의 몸의 일부분으로 물건의 길이를 재었습니다. 물음에 답하세요.

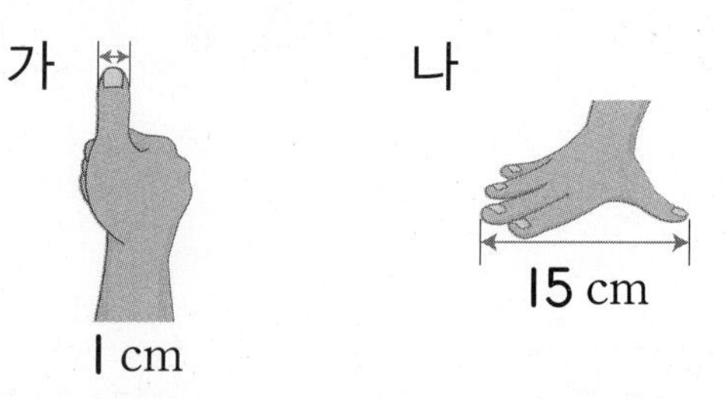

12 수첩의 짧은 쪽은 가로 9번쯤입니다. 수첩의 짧은 쪽의 길이는 약 몇 cm일까요?

약 (　　　　　　　　)

13 탁자의 긴 쪽은 나로 3번쯤입니다. 탁자의 긴 쪽의 길이는 약 몇 cm일까요?

약 (　　　　　　　　)

14 지연이는 우산의 길이를 약 58 cm로 어림하였습니다. 우산의 길이를 자로 재어 보니 지연이가 어림한 길이보다 6 cm 더 길었습니다. 우산을 자로 잰 길이는 몇 cm일까요?

(　　　　　　　　)

15 명진이의 테이프의 길이는 길이가 3 cm인 클립으로 재면 4번이고, 시윤이의 테이프의 길이는 길이가 5 cm인 옷핀으로 재면 3번입니다. 누구의 테이프가 몇 cm 더 길까요?

(　　　　　　), (　　　　　　)

정답과 풀이 58쪽

16 노트북의 긴 쪽의 길이를 연필로 재면 3번 재어야 합니다. 노트북의 긴 쪽의 길이는 이쑤시개의 길이로 몇 번일까요?

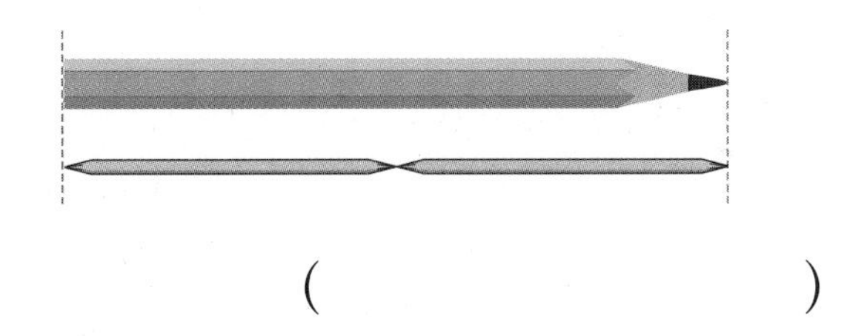

(　　　　　　　　)

17 ㉮, ㉯, ㉰ 물건으로 칠판의 긴 쪽의 길이를 재었더니 다음과 같았습니다. 길이가 긴 물건부터 차례로 기호를 써 보세요.

㉮	㉯	㉰
5번쯤	7번쯤	3번쯤

(　　　　　　　　)

18 가장 작은 사각형의 네 변의 길이는 모두 같고, 한 변의 길이는 1 cm입니다. ㉮에서 ㉯까지 사각형의 변을 따라 가려고 할 때, 가장 가까운 길은 몇 cm일까요?

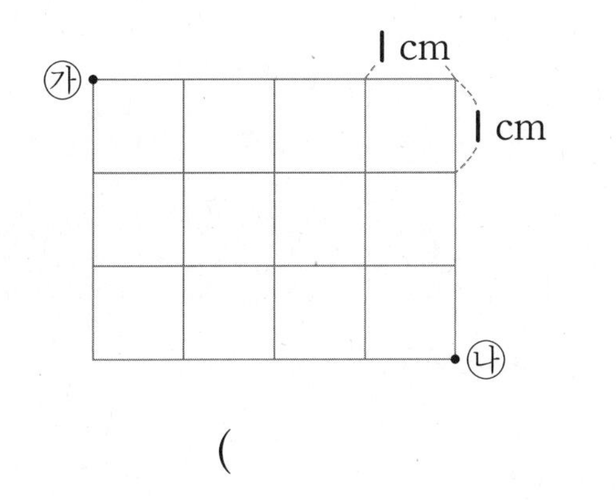

(　　　　　　　　)

서술형 문제

19 칠판의 짧은 쪽의 길이를 해인이는 약 85 cm로 어림하였고, 예지는 해인이보다 3 cm 더 길게 어림하였습니다. 칠판의 짧은 쪽의 실제 길이는 예지가 어림한 것보다 9 cm 더 짧다고 합니다. 칠판의 짧은 쪽의 실제 길이는 몇 cm인지 풀이 과정을 쓰고 답을 구해 보세요.

풀이 ....

답 ....

20 클립 한 개의 길이가 2 cm일 때 색연필의 길이는 몇 cm인지 풀이 과정을 쓰고 답을 구해 보세요.

풀이 ....

답 ....

4

서술형 50% 수시 평가 대비

점수

확인

1 색깔을 기준으로 분류할 수 있는 것에 ○표 하세요.

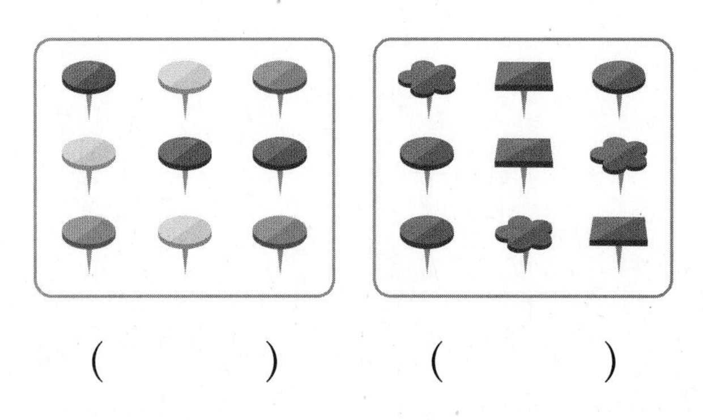

(　　　)　　(　　　)

2 양말을 분류한 것입니다. 분류한 기준을 써 보세요.

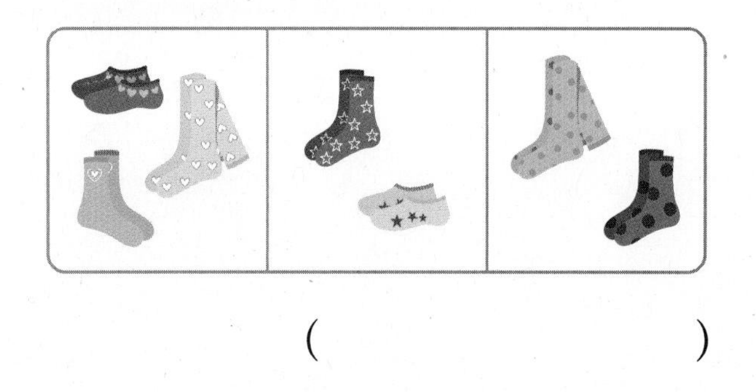

(　　　　　　　)

[3~4] 동물을 보고 물음에 답하세요.

① 악어　② 닭　③ 금붕어　④ 타조

⑤ 토끼　⑥ 독수리　⑦ 상어　⑧ 기린

3 다리의 수에 따라 분류하여 번호를 써 보세요.

다리가 없는 것	
다리가 2개인 것	
다리가 4개인 것	

4 주로 생활하는 장소에 따라 분류하여 번호를 써 보세요.

하늘	물	땅

5 분류 기준으로 알맞은지, 알맞지 않은지 쓰고, 그 까닭을 써 보세요.

비싼 장난감	비싸지 않은 장난감

답

까닭

6 책상 위에 있는 물건들을 다음과 같이 분류하였습니다. 어떻게 분류하였는지 분류 기준을 써 보세요.

분류 기준

정답과 풀이 59쪽

[7~8] 원태네 모둠 학생들이 운동장에서 하고 있는 놀이입니다. 물음에 답하세요.

윷놀이	연날리기	공기놀이	연날리기	공기놀이
공기놀이	연날리기	공기놀이	윷놀이	공기놀이

7 놀이를 분류할 수 있는 기준을 써 보세요.

분류 기준	

8 놀이를 종류에 따라 분류하고 그 수를 세어 보세요.

종류	윷놀이	연날리기	공기놀이
세면서 표시하기			
학생 수(명)	2		

[9~10] 칠교판을 보고 물음에 답하세요.

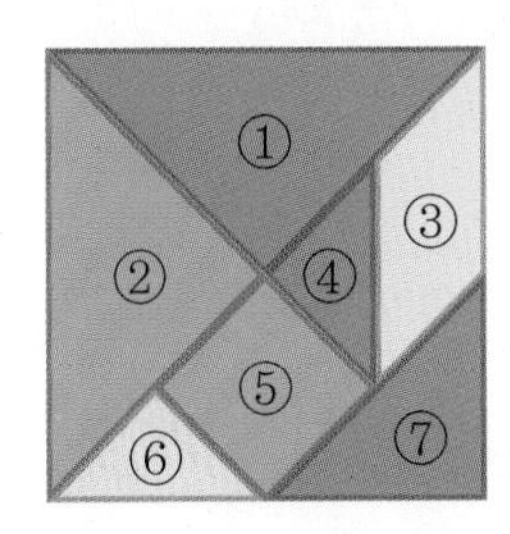

9 모양에 따라 조각을 분류하여 번호를 써 보세요.

모양	삼각형	사각형
번호		

10 9에서 정한 기준 외에 기준을 정하여 분류하여 번호를 써 보세요.

분류 기준	

번호		

[11~12] 예원이네 반 학생들의 장래 희망입니다. 물음에 답하세요.

선생님	연예인	과학자	연예인
선생님	선생님	과학자	선생님
선생님	과학자	선생님	선생님

11 장래 희망에 따라 분류하여 그 수를 세어 보세요.

장래 희망	선생님	연예인	과학자
학생 수(명)			

12 연예인과 과학자 중에서 되고 싶어 하는 학생이 더 많은 장래 희망은 무엇인지 풀이 과정을 쓰고 답을 구해 보세요.

풀이

답

[13~14] 어느 달의 날씨입니다. 물음에 답하세요.

일	월	화	수	목	금	토
				1 ☀	2 ☁	3 ☂
4 ☂	5 ☁	6 ☁	7 ☀	8 ☀	9 ☀	10 ☁
11 ☂	12 ☀	13 ☂	14 ☀	15 ☀	16 ☁	17 ☂
18 ☀	19 ☁	20 ☀	21 ☂	22 ☀	23 ☀	24 ☀
25 ☀	26 ☁	27 ☂	28 ☂	29 ☁	30 ☁	31 ☀

☀ 맑은 날, ☁ 흐린 날, ☂ 비 온 날

13 이달의 날씨를 분류하고 그 수를 세어 보세요.

날씨	맑은 날	흐린 날	비 온 날
날수(일)			

14 이달에 맑은 날은 흐린 날보다 며칠 더 많았는지 풀이 과정을 쓰고 답을 구해 보세요.

풀이

답

[15~16] 젤리를 보고 물음에 답하세요.

15 모양에 따라 분류하여 그 수를 셀 때 ㉠에 알맞은 수는 얼마인지 풀이 과정을 쓰고 답을 구해 보세요.

모양	병	곰	하트
젤리 수(개)		㉠	

풀이

답

16 가장 많은 젤리의 색깔은 무슨 색인지 풀이 과정을 쓰고 답을 구해 보세요.

풀이

답

정답과 풀이 59쪽

[17~18] 어느 옷 가게에서 지난주에 팔린 티셔츠입니다. 물음에 답하세요.

17 지난주에 옷 가게에서 가장 많이 팔린 티셔츠는 무슨 색인지 풀이 과정을 쓰고 답을 구해 보세요.

풀이 ....

답 ....

18 옷 가게 주인이 이번 주에 옷을 많이 팔기 위해 무슨 색 티셔츠를 가장 많이 준비하는 것이 좋을지 풀이 과정을 쓰고 답을 구해 보세요.

풀이 ....

답 ....

19 어떻게 분류하면 좋을지 분류 기준을 2가지 써 보세요.

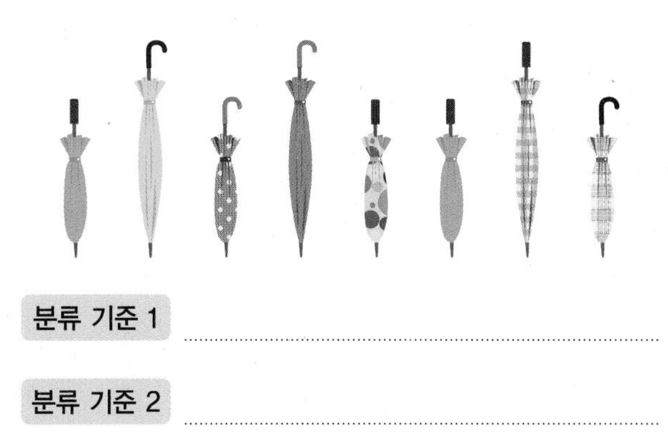

분류 기준 1 ....

분류 기준 2 ....

20 지호가 가지고 있는 책입니다. 책의 수가 종류별로 비슷하려면 어떤 종류의 책을 더 사면 좋을지 풀이 과정을 쓰고 답을 구해 보세요.

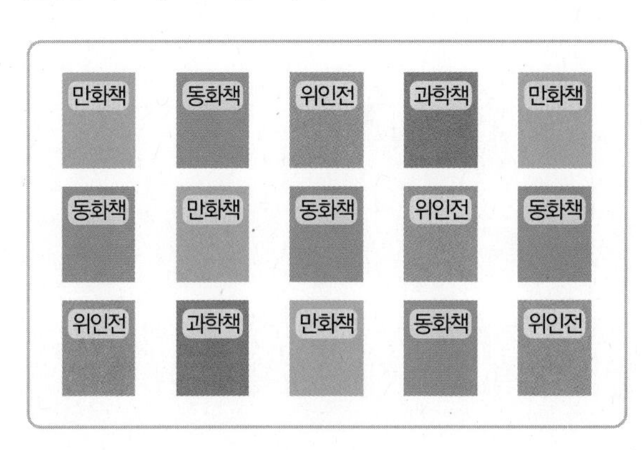

풀이 ....

답 ....

5

다시 점검하는 수시 평가 대비

점수

확인

5. 분류하기

1 분류할 수 있는 기준으로 알맞은 것을 모두 찾아 기호를 써 보세요.

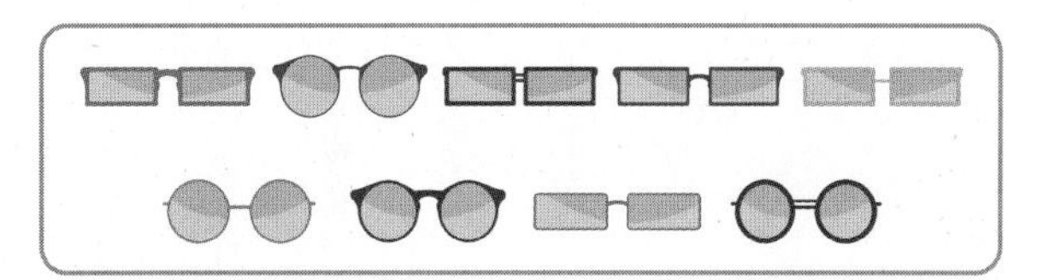

㉠ 안경의 색깔
㉡ 비싼 것과 싼 것
㉢ 네모난 것과 동그란 것
㉣ 무거운 것과 가벼운 것

(　　　　　　　　)

[2~3] 옷을 다음과 같이 분류하였습니다. 물음에 답하세요.

2 옷을 분류한 기준을 써 보세요.

(　　　　　　　　)

3 옷을 색깔에 따라 분류하고 그 수를 세어 보세요.

색깔	파란색	분홍색	주황색
세면서 표시하기			
옷의 수(벌)			

[4~7] 수 카드를 보고 물음에 답하세요.

145	89	24	38	100
92	56	714	126	61

4 수 카드를 다음과 같이 분류하였을 때 분류한 기준은 무엇일까요?

145	89	38 92
100	24	714
56	126	61

(　　　　　　　　)

5 수 카드를 수 카드에 적힌 수의 자릿수에 따라 분류해 보세요.

자릿수	두 자리 수	세 자리 수
수 카드에 적힌 수		

6 수 카드를 색깔과 수 카드에 적힌 수의 자릿수에 따라 분류해 보세요.

	두 자리 수	세 자리 수
파란색		
노란색		
초록색		

7 초록색 수 카드 중에서 적힌 수가 짝수인 수 카드는 모두 몇 장일까요?

(　　　　　　　　)

정답과 풀이 60쪽

[8~11] 민지네 집에 있는 과일입니다. 물음에 답하세요.

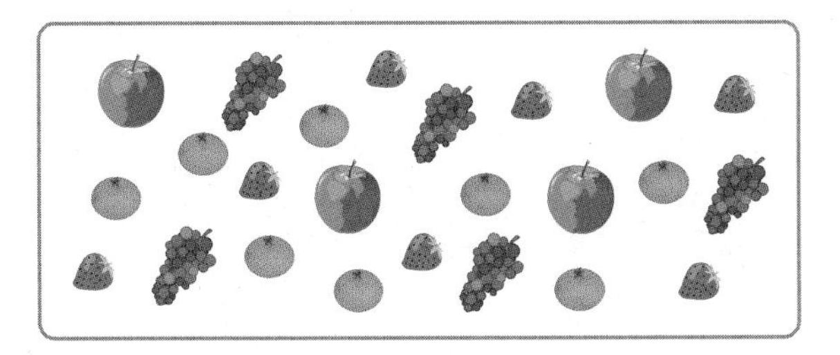

8 과일을 종류에 따라 분류하고 그 수를 세어 보세요.

종류	사과	귤	딸기	포도
과일 수(개)				

9 어떤 종류의 과일이 가장 많을까요?

( )

10 과일을 색깔에 따라 분류하고 그 수를 세어 보세요.

색깔	빨간색	주황색	보라색
과일 수(개)			

11 무슨 색깔의 과일이 가장 많을까요?

( )

[12~13] 동물을 다음과 같이 분류하였습니다. 물음에 답하세요.

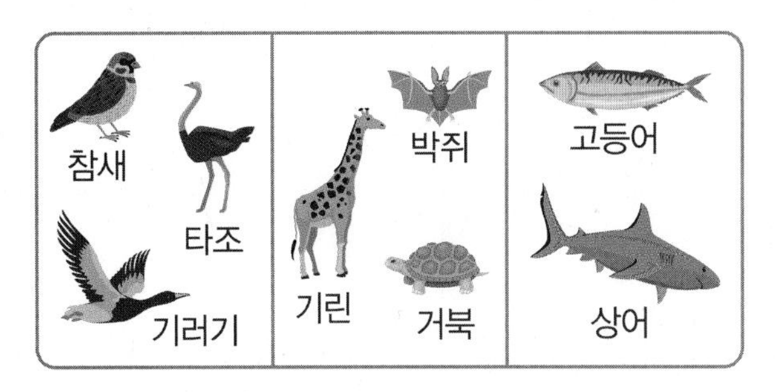

12 동물을 분류한 기준을 찾아 기호를 써 보세요.

㉠ 색깔 ㉡ 먹이
㉢ 크기 ㉣ 다리 수

( )

13 동물을 날 수 있는 동물과 날 수 없는 동물로 다시 분류해 보세요.

날 수 있는 동물	날 수 없는 동물

14 ㉠과 ㉡에 알맞은 것을 차례로 쓴 것은 어느 것일까요? ( )

움직이는 힘	사람의 힘	기계의 힘
이동 수단	㉠	㉡

① 트럭, 자전거 ② 손수레, 버스
③ 경운기, 비행기 ④ 버스, 오토바이
⑤ 자동차, 기차

서술형 문제

정답과 풀이 60쪽

[15~18] 유진이가 가지고 있는 단추입니다. 물음에 답하세요.

15 단추를 구멍의 수에 따라 분류하고 그 수를 세어 보세요.

구멍의 수	2개	4개
단추의 수(개)		

16 다음과 같은 기준에 알맞은 단추의 수를 구해 보세요.

- ⬡ 모양입니다.
- 구멍이 2개 있습니다.
- 초록색입니다.

( )

17 유진이가 가지고 있는 단추 중 가장 많은 색깔은 무슨 색일까요?

( )

18 유진이가 가지고 있는 단추 중 가장 많은 모양의 단추는 가장 적은 모양의 단추보다 몇 개 더 많을까요?

( )

[19~20] 어느날 문방구에서 판매한 필기구입니다. 물음에 답하세요.

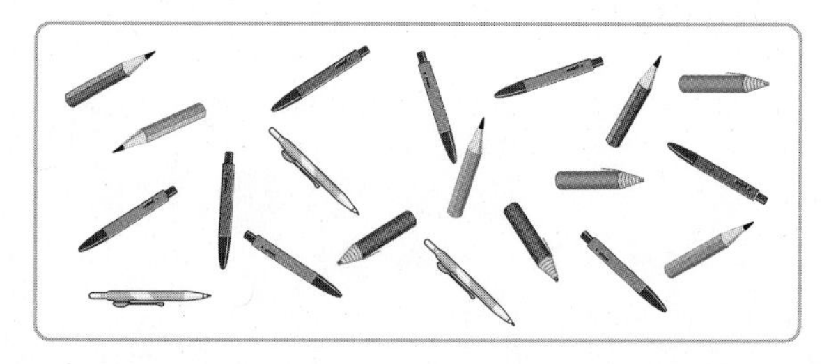

19 어떤 필기구를 가장 많이 판매하였는지 풀이 과정을 쓰고 답을 구해 보세요.

풀이

답

20 문방구 주인이 필기구를 많이 팔기 위해서는 어떤 필기구를 가장 많이 준비하면 좋을지 풀이 과정을 쓰고 답을 구해 보세요.

풀이

답

서술형 50% 수시 평가 대비

점수

확인

1 2개씩 묶어 보고 빈칸에 알맞은 수를 써넣으세요.

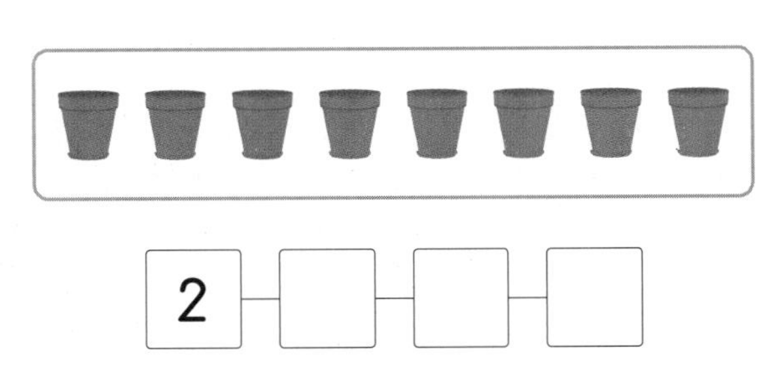

2 − □ − □ − □

2 그림을 보고 □ 안에 알맞은 수를 써넣으세요.

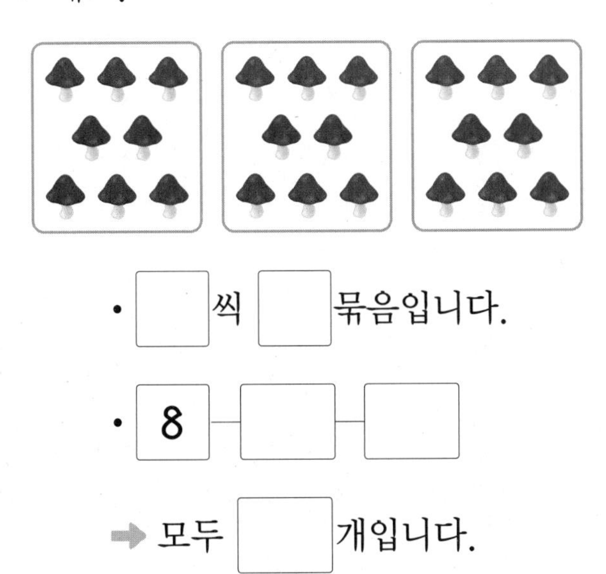

- □씩 □묶음입니다.
- 8 − □ − □

➡ 모두 □개입니다.

3 그림을 보고 □ 안에 알맞은 수를 써넣으세요.

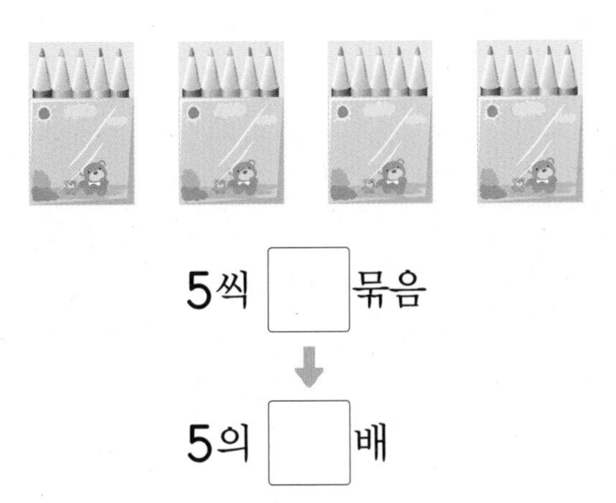

5씩 □묶음

⬇

5의 □배

4 42는 7의 몇 배일까요?

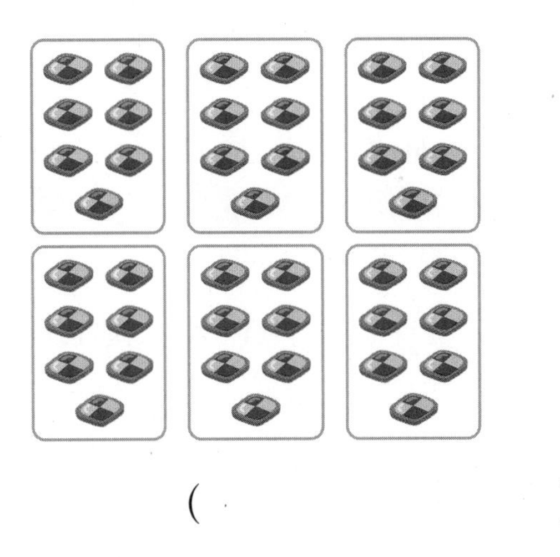

(　　　　　　　　)

5 6씩 뛰어 세었습니다. 빈칸에 알맞은 수를 써넣고 곱셈식으로 나타내 보세요.

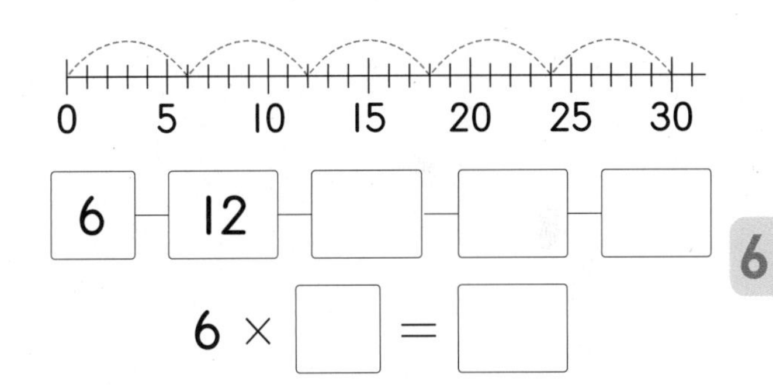

6 − 12 − □ − □ − □

6 × □ = □

6 과자의 수를 덧셈식과 곱셈식으로 나타내 보세요.

덧셈식 ....

곱셈식 ....

7 도넛이 18개 있습니다. 바르게 설명한 것을 찾아 기호를 써 보세요.

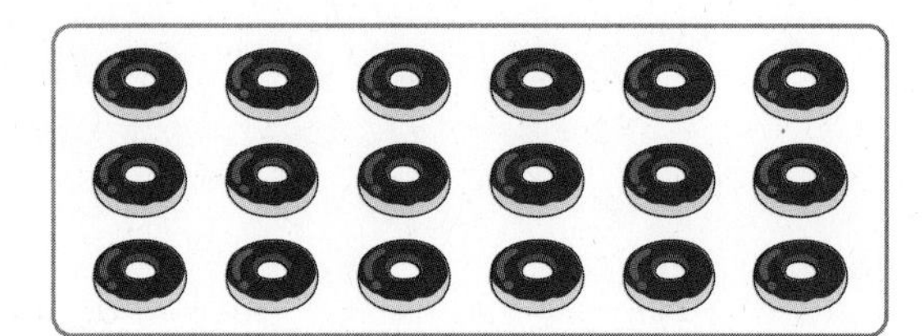

㉠ 2개씩 묶으면 6묶음입니다.
㉡ 도넛의 수는 9씩 2묶음입니다.
㉢ 도넛의 수는 3의 5배입니다.

(　　　　　　　　)

8 피망은 모두 몇 개인지 여러 가지 곱셈식으로 나타내 보세요.

□ × □ = □

□ × □ = □

9 2의 8배를 나타낸 그림입니다. 이것은 4의 몇 배와 같을까요?

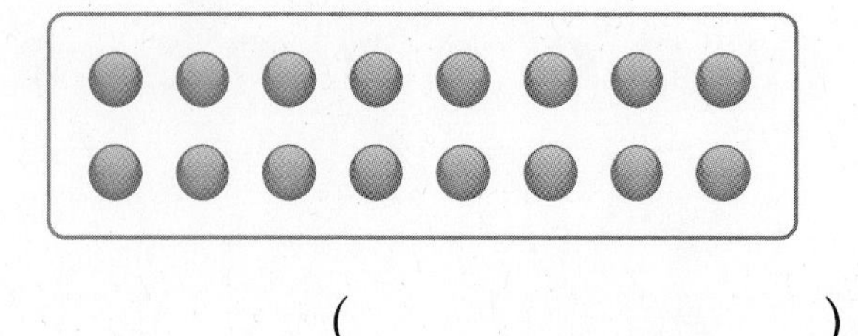

(　　　　　　　　)

10 자동차는 모두 몇 대인지 쓰고, 어떻게 세었는지 설명해 보세요.

답 ....

설명 ....

....

....

11 농구공의 수는 축구공의 수의 몇 배인지 풀이 과정을 쓰고 답을 구해 보세요.

풀이 ....

....

....

....

답 ....

정답과 풀이 61쪽

12 (신호등 그림)의 8배만큼 ○를 그리고 ○를 몇 개 그렸는지 풀이 과정을 쓰고 답을 구해 보세요.

풀이

답

13 나타내는 수가 다른 하나를 찾아 기호를 쓰려고 합니다. 풀이 과정을 쓰고 답을 구해 보세요.

㉠ 6×4	㉡ 5와 5의 곱
㉢ $8+8+8$	㉣ 4의 6배인 수

풀이

답

[14~15] 한 상자에 지우개가 4개씩 2줄 들어 있습니다. 5상자에 들어 있는 지우개는 모두 몇 개인지 구하려고 합니다. 물음에 답하세요.

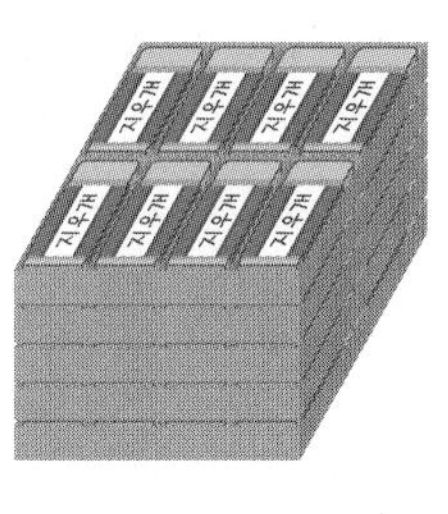

14 한 상자에 들어 있는 지우개는 모두 몇 개인지 곱셈식으로 나타내 보세요.

곱셈식

15 5상자에 들어 있는 지우개는 모두 몇 개인지 풀이 과정을 쓰고 답을 구해 보세요.

풀이

답

16 유진이의 나이는 9살입니다. 유진이 아버지의 나이는 유진이 나이의 5배보다 4살 더 적습니다. 유진이 아버지의 나이는 몇 살인지 풀이 과정을 쓰고 답을 구해 보세요.

풀이

답

6

정답과 풀이 61쪽

17 ㉠+㉡의 값은 얼마인지 풀이 과정을 쓰고 답을 구해 보세요.

$6+6+6+6+6=6\times$ ㉠
㉡ + ㉡ + ㉡ + ㉡ $=2\times4$

풀이

답

18 친구 5명이 가위바위보를 하였습니다. 가위를 낸 친구는 2명, 보를 낸 친구는 3명입니다. 펼친 손가락은 모두 몇 개인지 풀이 과정을 쓰고 답을 구해 보세요.

풀이

답

19 8명까지 앉을 수 있는 긴 의자가 4개 있습니다. 긴 의자에 모두 25명이 앉아 있다면 앞으로 몇 명이 더 앉을 수 있는지 풀이 과정을 쓰고 답을 구해 보세요.

풀이

답

20 꽃 모양이 규칙적으로 그려진 벽지에 얼룩이 묻었습니다. 벽지에 그려져 있던 꽃 모양은 모두 몇 개인지 풀이 과정을 쓰고 답을 구해 보세요.

풀이

답

1 그림을 보고 □ 안에 알맞은 수를 써넣으세요.

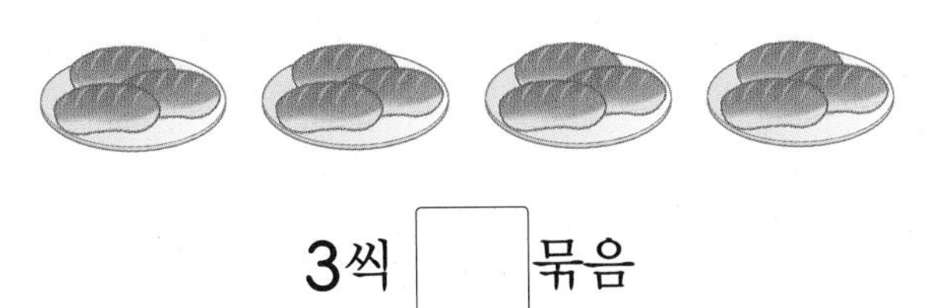

3씩 □ 묶음

2 수직선을 보고 빈칸에 알맞은 수를 써넣으세요.

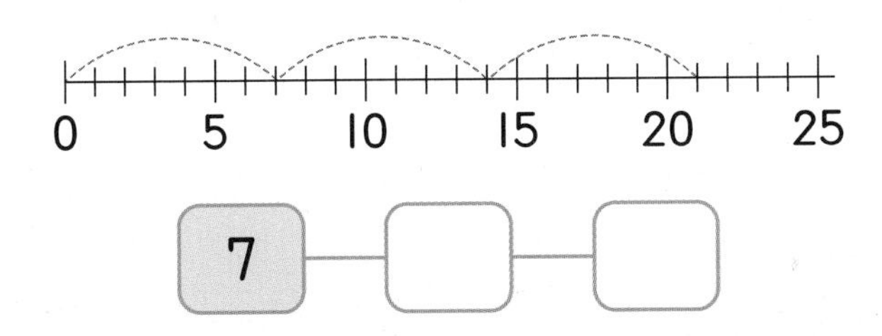

3 그림을 보고 빈칸에 알맞은 곱셈식을 써넣으세요.

4 × 1		

4 덧셈식을 곱셈식으로 나타내고 읽어 보세요.

7+7+7+7+7+7+7+7=56

곱셈식 ....

읽기 ....

5 연필은 모두 몇 자루인지 알아보려고 합니다. □ 안에 알맞은 수를 써넣으세요.

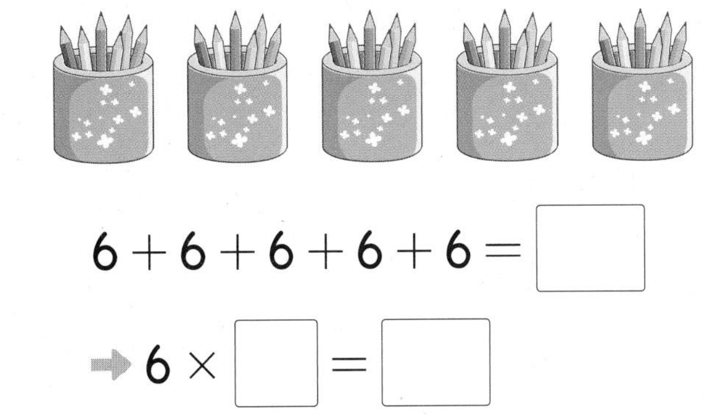

6+6+6+6+6= □

➡ 6 × □ = □

6 초콜릿의 수를 곱셈식으로 나타내려고 합니다. □ 안에 알맞은 수를 써넣으세요.

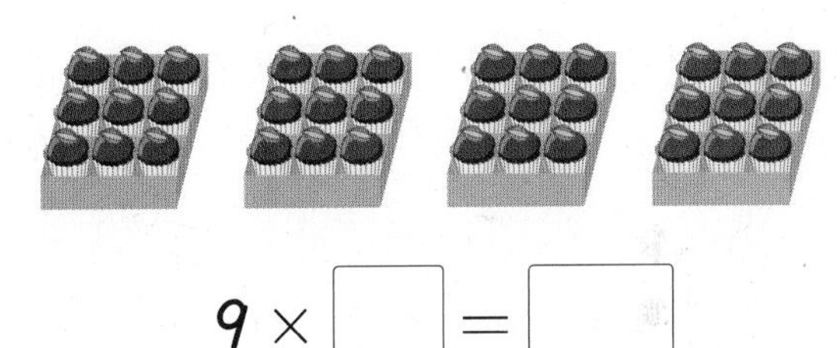

9 × □ = □

7 친구들이 쌓은 연결 모형의 수는 선우가 쌓은 연결 모형의 수의 몇 배일까요?

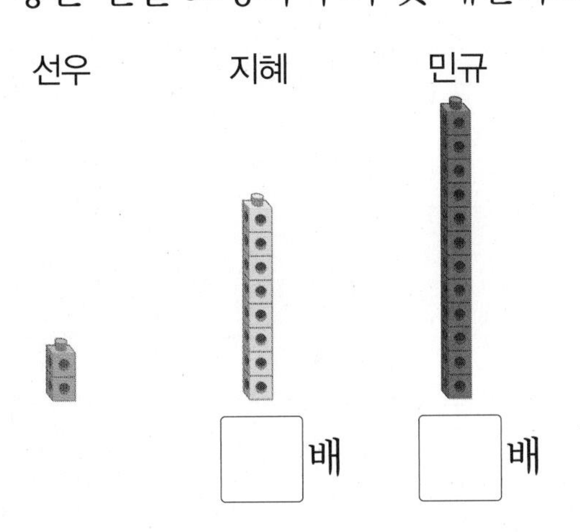

□배 □배

8 사과의 수를 여러 가지 방법으로 묶어 센 것입니다. 틀린 것은 어느 것일까요? (   )

① 3개씩 8묶음　② 6개씩 4묶음
③ 4개씩 6묶음　④ 8개씩 3묶음
⑤ 9개씩 3묶음

9 곱셈식을 덧셈식으로 잘못 나타낸 것을 찾아 기호를 써 보세요.

㉠ $2\times5=10$
➡ $2+2+2+2+2=10$
㉡ $3\times7=21$
➡ $3+3+3+3+3+3+3=21$
㉢ $4\times6=24$
➡ $4+4+4+4+4+4=24$
㉣ $8\times5=40$
➡ $5+5+5+5+5=40$

(   )

10 컵의 수를 덧셈식과 곱셈식으로 각각 나타내 보세요.

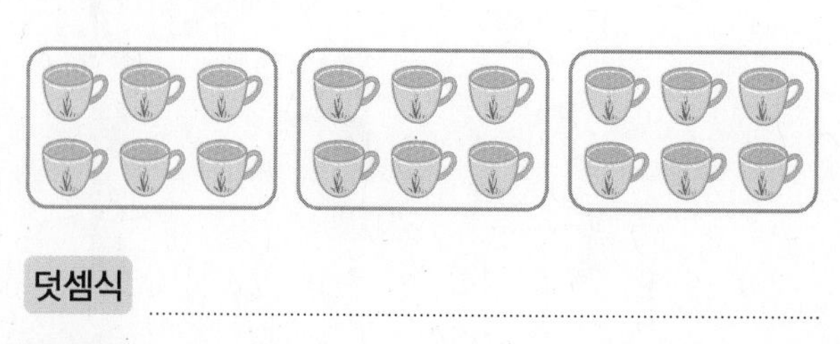

덧셈식 ....

곱셈식 ....

11 점은 모두 몇 개인지 □ 안에 알맞은 수를 써넣으세요.

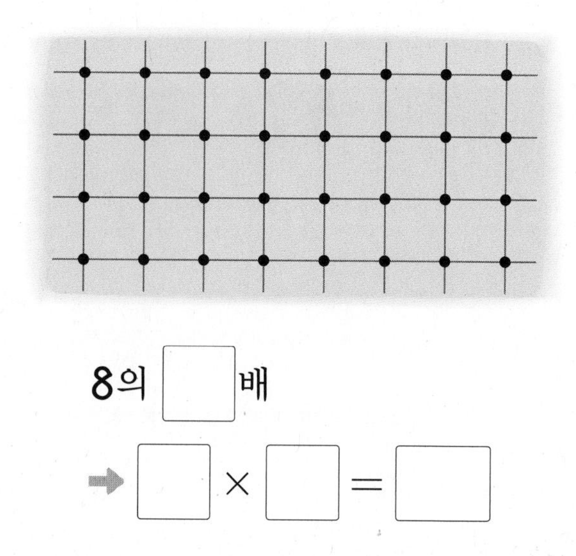

8의 □배
➡ □ × □ = □

12 동화책을 책꽂이 한 칸에 7권씩 6칸에 꽂았습니다. 책꽂이에 꽂은 동화책은 모두 몇 권일까요?

(   )

13 계산 결과가 16인 것을 모두 찾아 기호를 써 보세요.

㉠ 2×8	㉡ 3×6
㉢ 4×4	㉣ 9×2

(   )

14 은수의 나이는 9살이고 이모의 나이는 은수의 나이의 3배입니다. 이모의 나이는 몇 살일까요?

(   )

서술형 문제

정답과 풀이 63쪽

15 곱셈식으로 나타내어 구한 곱이 가장 큰 것은 어느 것일까요? (   )

① 4씩 3묶음　　② 5와 4의 곱
③ 7의 2배　　④ 2×9
⑤ 3 곱하기 5

16 네 명의 친구가 가위바위보를 합니다. 모두 가위를 냈을 때 펼친 손가락의 수는 몇 개일까요?

(   )

17 삼각형 7개의 변은 모두 몇 개일까요?

(   )

18 배가 한 상자에 4개씩 5줄 들어 있습니다. 3상자에 들어 있는 배는 모두 몇 개일까요?

(   )

19 주말 농장에서 오이를 윤아는 5개씩 7봉지를 땄고, 경준이는 8개씩 3봉지를 땄습니다. 오이를 누가 몇 개 더 많이 땄는지 풀이 과정을 쓰고 답을 구해 보세요.

풀이

답 ,

20 길이가 8 cm인 색 테이프를 그림과 같이 겹치는 부분이 없게 이어 붙였더니 전체 길이가 48 cm가 되었습니다. 이어 붙인 색 테이프는 모두 몇 장인지 풀이 과정을 쓰고 답을 구해 보세요.

8 cm ...

풀이

답

6

한걸음 한걸음 디딤돌을 걷다 보면 수학이 완성됩니다.

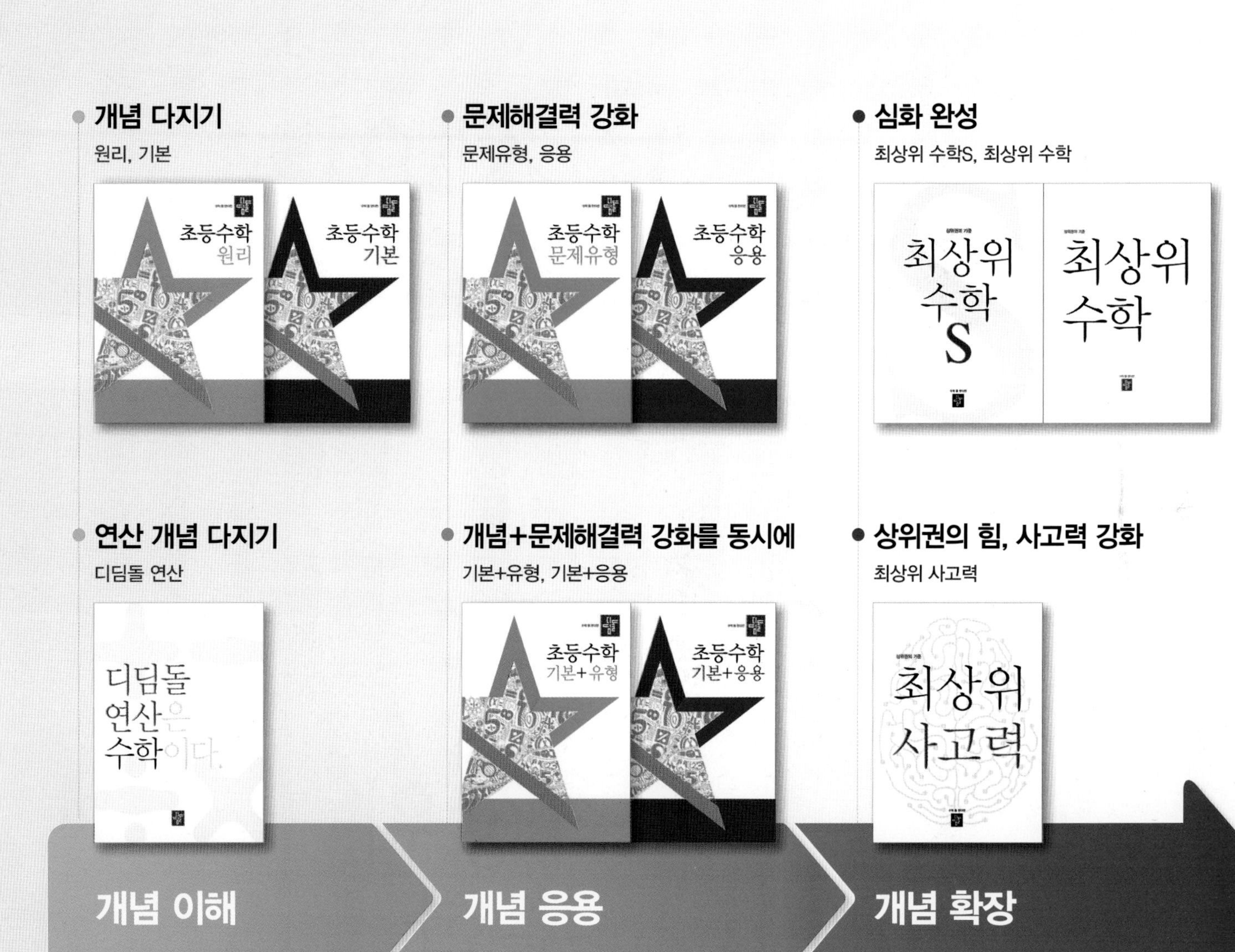

학습 능력과 목표에 따라
맞춤형이 가능한 디딤돌 초등 수학

수능까지 연결되는 독해 로드맵

디딤돌 독해력은 수능까지 연결되는 체계적인 라인업을 통하여
수능에서 요구하는 핵심 독해 원리에 대한 이해는 물론,
단계 별로 심화되며 연결되는 학습의 과정을 통해
깊이 있고 종합적인 독해 사고의 능력까지 기를 수 있도록 도와줍니다.

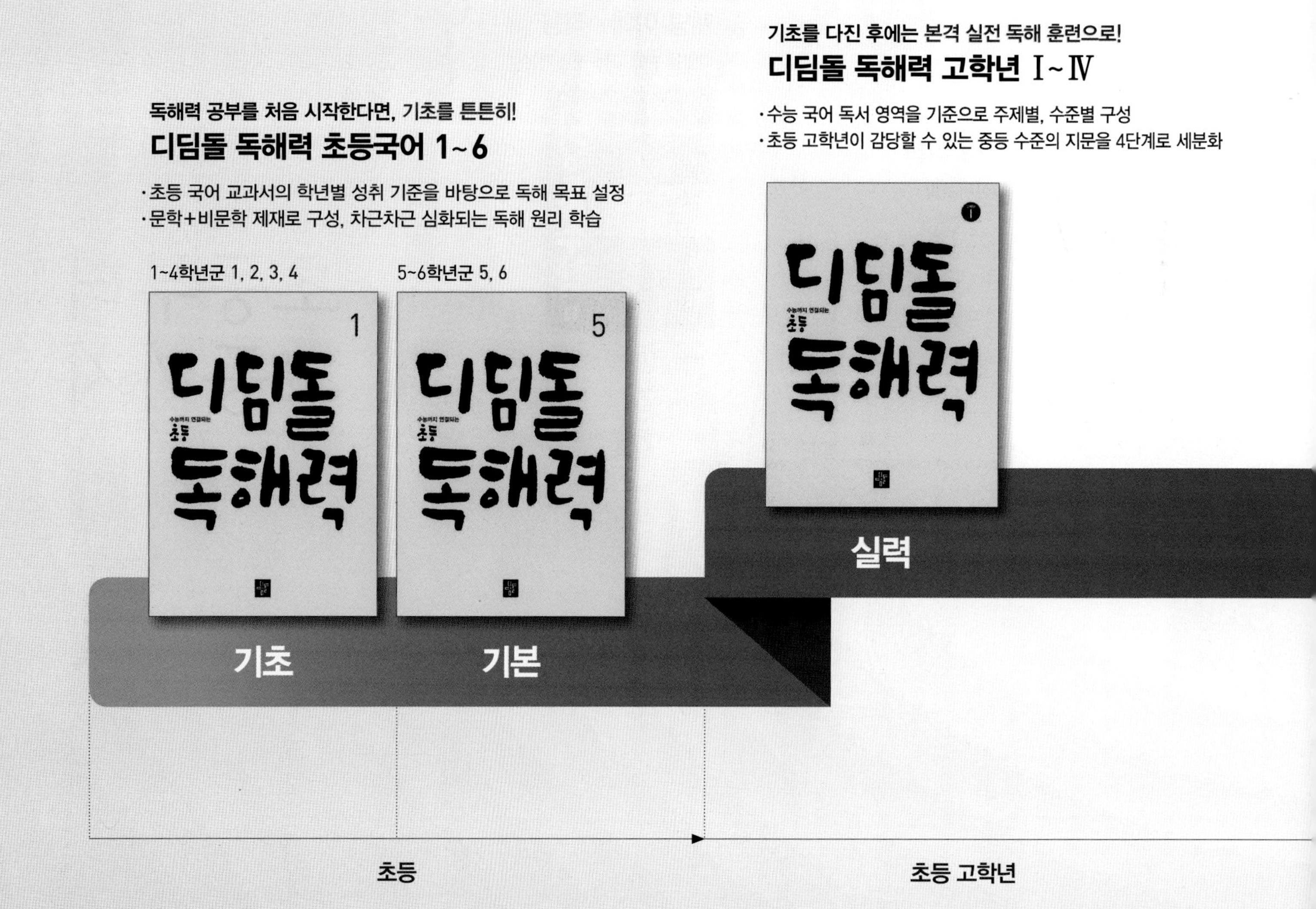

기본+유형 | 정답과 풀이

진도책 정답과 풀이

1 세 자리 수

1학년에서 학습한 두 자리 수에 이어 100부터 1000까지의 수를 배우는 단원입니다. 이 단원에서 가장 중요한 개념은 십진법에 따른 자릿값입니다. 우리가 사용하는 십진법에 따른 수는 0부터 9까지의 숫자만을 사용하여 모든 수를 나타낼 수 있습니다. 따라서 같은 숫자라도 자리에 따라 다른 수를 나타내고, 10개의 숫자만으로 무한히 큰 수를 만들 수 있습니다. 이러한 자릿값의 개념은 수에 대한 이해에서부터 수의 크기 비교, 사칙연산, 중학교에서 배우게 될 다항식까지 연결되므로 세 자리 수를 학습할 때부터 기초를 잘 다질 수 있도록 지도해 주세요.

STEP 1 교과개념 1. 백 알아보기, 몇백 알아보기 7쪽

1 10, 0 / 100

2 ① 예 / 3

② 예 / 7

3 ① 백 ② 육백　　4 ① 100 ② 800

1 십 모형 10개는 백 모형 1개와 같습니다.

STEP 1 교과개념 2. 세 자리 수 알아보기 9쪽

1 ① 2, 6, 8 / 268
② 4, 7, 5 / 475

2 ① 삼백이십일 ② 820 ③ 964 ④ 육백오

3 583, 오백팔십삼

1 ① 100이 2개, 10이 6개, 1이 8개이면 268입니다.
② 100이 4개, 10이 7개, 1이 5개이면 475입니다.

2 ② 일의 자리를 나타내는 수가 없으므로 일의 자리에는 숫자 0을 씁니다.
팔백이십 ➡ 820

③ 구백육십사 ➡ 964

④ 605 ➡ 육백오
└ 0인 자리는 읽지 않습니다.

3 백 모형이 5개, 십 모형이 8개, 일 모형이 3개이므로 583입니다. 583은 오백팔십삼이라고 읽습니다.

STEP 1 교과개념 3. 각 자리의 숫자가 나타내는 수 11쪽

1 ① 80, 5 / 80, 5
② 0, 6 / 600, 0, 6 / 600, 0, 6

2 5, 500 / 4, 40 / 9, 9

3 ① 700 ② 0 ③ 2 ④ 90

1 ② 606은 100이 6개(600), 10이 0개(0), 1이 6개(6)입니다.

2 549
- 백의 자리 숫자이고 500을 나타냅니다.
- 십의 자리 숫자이고 40을 나타냅니다.
- 일의 자리 숫자이고 9를 나타냅니다.

3 ① 728에서 숫자 7은 백의 자리 숫자이므로 700을 나타냅니다.
② 409에서 숫자 0은 십의 자리 숫자이지만 10이 0개이므로 0을 나타냅니다.
③ 382에서 숫자 2는 일의 자리 숫자이므로 2를 나타냅니다.
④ 197에서 숫자 9는 십의 자리 숫자이므로 90을 나타냅니다.

STEP 1 교과개념 4. 뛰어 세어 보기 13쪽

1 ① 460, 560, 660 ② 421, 521, 821

2 ① 448, 458, 468 ② 900, 910, 950

3 ① 153, 154, 155 ② 758, 759, 760

4 ① 1000 ② 1000

1 100씩 뛰어 세면 백의 자리 수가 1씩 커집니다.

2 10씩 뛰어 세면 십의 자리 수가 1씩 커집니다.

3 1씩 뛰어 세면 일의 자리 수가 1씩 커집니다.

4 ① 995부터 1씩 뛰어 센 것입니다. 999보다 1만큼 더 큰 수는 1000입니다.
② 999보다 1만큼 더 큰 수는 999 다음 수인 1000입니다.

STEP 1 교과개념 5. 수의 크기 비교 15쪽

1 <　　**2** 7, 8, 4 / >
3 ① <, <　② >, >　　**4** ① <　② >

1 백 모형의 수가 같으므로 십 모형의 수를 비교하면 236이 더 적습니다.
따라서 236이 더 작은 수입니다. ➡ 236<241

2 백의 자리, 십의 자리 수가 같으므로 일의 자리 수를 비교하면 7>4이므로 787이 더 큰 수입니다.
➡ 787>784

4 490　500　510　520 (↑ 498　502　505　513)
수직선에서는 오른쪽에 있는 수일수록 더 큰 수입니다.

STEP 2 꼭 나오는 유형 16~21쪽

1 (1) 99　(2) 100
2 (1) 99, 100　(2) 90, 100
3 10, 10, 1　　**4** 100 / 100
5 10봉지　　**6** 80, 90, 100 / 90, 90
7 300　　**8** 8, 100 /
9 200, 400, 700　　**10** ㉢, ㉣
11 400에 ○표　　**12** ㉡
13 예 800 / 시원이는 800원짜리 우유 1개를 샀습니다.
14 200개
15 (1) 육백사십오　(2) 백팔　(3) 732　(4) 901
16 685, 육백팔십오

17

415	416	417	418	419
420	421	422	423	424
425	426	427	428	429

18 213　　**19** ②, ④
20 252장　　**21** 10, 6 / 316, 10, 6
22 (1) 백, 500　(2) 십, 60　(3) 일, 7
23 9, 3　　**24** ⑤
25 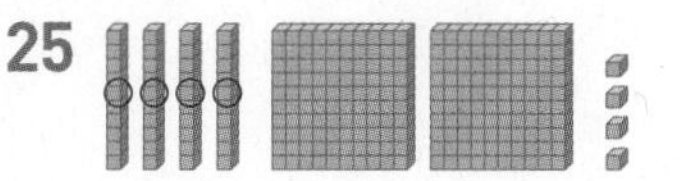

26 □□□□○△△△△△
27 513, 613, 713
28 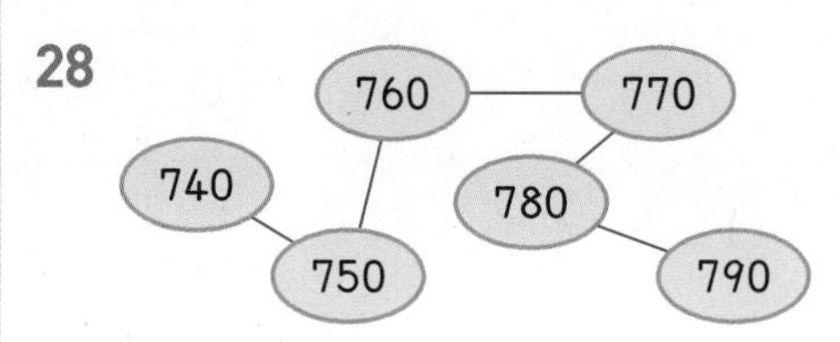

29 396, 400, 401 / 1
30 예 635, 645, 655
31 (1) 300, 400, 500
(2) 790, 780, 770
32 417　　**33** 100, 10, 1
34 (1) >　(2) <　　**35** 570, 560, 550
36 103, 113, 123, 133
37 681
38 4, 9, 6 / 5, 1, 0 / (1) 510　(2) 496
39 768, 687, 678　　**40** 승철

1 (1) 구슬의 수는 10개씩 9줄과 9개이므로 99입니다.
(2) (1)보다 구슬이 1개 더 많습니다.
➡ 99보다 1만큼 더 큰 수는 100입니다.
다른 풀이
10개씩 10줄이므로 100입니다.

3 • 100은 10이 10개인 수입니다.
• 100은 90보다 10만큼 더 큰 수입니다.
• 100은 99보다 1만큼 더 큰 수입니다.

4 수직선에서 수가 20씩 커지고 있으므로 80보다 20만큼 더 큰 수는 100입니다.

5 100은 10이 10개인 수이므로 모두 10봉지에 담을 수 있습니다.

6 • 10원짜리 동전 8개는 80원, 10원짜리 동전 9개는 90원이므로 80은 90보다 10만큼 더 작은 수입니다.
• 100원짜리 동전 1개는 10원짜리 동전 10개와 같으므로 100은 90보다 10만큼 더 큰 수입니다.

8 • 200은 100이 2개이고 이백이라고 읽습니다.
• 800은 100이 8개이고 팔백이라고 읽습니다.
• 500은 100이 5개이고 오백이라고 읽습니다.

10 ㉠ 100이 9개이면 900입니다.
㉡ 300은 100이 3개입니다.

11 400－[500]－600－700이므로 400과 700 중 500과 더 가까운 수는 400입니다.

서술형
14 예 수수깡이 한 묶음에 10개씩 20묶음 있습니다. 10이 10개이면 100이므로 10이 20개이면 200입니다. 따라서 수수깡은 모두 200개입니다.

평가 기준	배점(5점)
수수깡이 한 묶음에 몇 개씩 몇 묶음 있는지 구했나요?	2점
수수깡은 모두 몇 개인지 구했나요?	3점

15 (2) 108 ➡ 백팔
0인 자리는 숫자와 자릿값을 읽지 않습니다.
1인 자리는 자릿값만 읽습니다.

16 100이 6개 ➡ 600
10이 8개 ➡ 80
1이 5개 ➡ 5
685

18 백 모형 1개, 십 모형 11개, 일 모형 3개입니다. 십 모형 11개는 백 모형 1개, 십 모형 1개와 같으므로 수 모형은 백 모형 2개, 십 모형 1개, 일 모형 3개와 같습니다. 따라서 수 모형이 나타내는 수는 213입니다.

19

세 자리 수	① 101	② 111	③ 121	④ 201	⑤ 211
백 모형	1개	1개	1개	2개	2개
십 모형	0개	1개	2개	0개	1개
일 모형	1개	1개	1개	1개	1개

참고 수 모형 4개 중 3개를 사용하여 나타낼 수 있는 세 자리 수는 111, 201, 210으로 모두 3개입니다.

서술형
20 예 메모지는 100장짜리 2묶음, 10장짜리 4묶음, 1장짜리 12장입니다. 1장짜리 12장은 10장짜리 1묶음과 1장짜리 2장과 같으므로 메모지는 100장짜리 2묶음, 10장짜리 5묶음, 1장짜리 2장과 같습니다. 따라서 메모지는 모두 252장입니다.

평가 기준	배점(5점)
100장, 10장, 1장짜리 메모지가 각각 몇 묶음인지 구했나요?	2점
메모지는 모두 몇 장인지 구했나요?	3점

22 567
→ 백의 자리 숫자
→ 십의 자리 숫자
→ 일의 자리 숫자

23 팔백구십삼을 수로 나타내면 893이므로 백의 자리 숫자는 8, 십의 자리 숫자는 9, 일의 자리 숫자는 3입니다.

24 ① 134, ② 730, ③ 431, ④ 839에서 3은 십의 자리 숫자이므로 30을 나타냅니다. ⑤ 513에서 3은 일의 자리 숫자이므로 3을 나타냅니다.

25 밑줄 친 숫자 4는 십의 자리 숫자이므로 40을 나타냅니다.

26 415는 100이 4개, 10이 1개, 1이 5개인 수이므로 □를 4개, ○를 1개, △를 5개 그립니다.

27 100씩 뛰어 세면 백의 자리 수가 1씩 커집니다.

28 10씩 뛰어 세면 십의 자리 수가 1씩 커집니다.

29 일의 자리 수가 1씩 커지므로 1씩 뛰어 센 것입니다.

내가 만드는 문제
30 1씩 뛰어 세면 625－626－627－628
10씩 뛰어 세면 625－635－645－655
100씩 뛰어 세면 625－725－825－925

31 (1) 100씩 뛰어 세면 백의 자리 수가 1씩 커집니다.
(2) 10씩 거꾸로 뛰어 세면 십의 자리 수가 1씩 작아집니다.

32 337부터 10씩 뛰어 세면

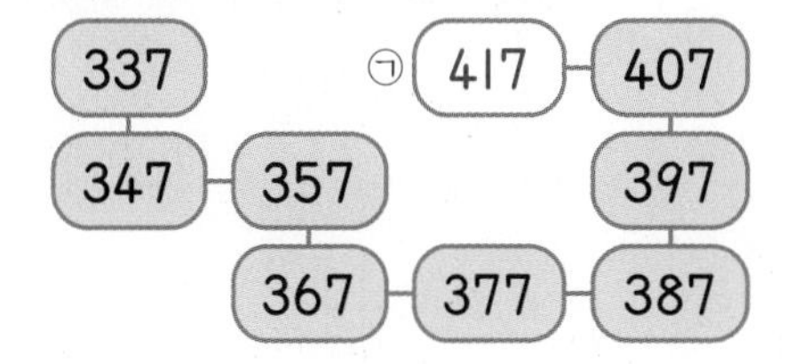

34 (1) 328＞196
└3＞1┘
(2) 785＜787
└5＜7┘

35 백의 자리 수가 같으므로 십의 자리 수를 비교합니다.
564＜570, 554＜560, 544＜550
└6＜7┘ └5＜6┘ └4＜5┘

36 백의 자리 수가 1, 일의 자리 수가 3이므로 구하는 수를 1□3이라고 하면 이 중에서 135보다 작은 수는 103, 113, 123, 133입니다.

37 어떤 수는 백의 자리 수가 6, 십의 자리 수가 8, 일의 자리 수가 1인 세 자리 수이므로 681입니다.

38 (1) 가장 큰 수는 백의 자리 수가 가장 큰 507, 510 중에서 십의 자리 수가 더 큰 510입니다.
(2) 가장 작은 수는 백의 자리 수가 가장 작은 496입니다.

서술형
39 예 백의 자리 수를 비교하면 768이 가장 큰 수입니다. 687과 678은 백의 자리 수가 같으므로 십의 자리 수를 비교하면 678이 가장 작은 수입니다.
따라서 큰 수부터 차례로 쓰면 768, 687, 678입니다.

평가 기준	배점(5점)
가장 큰 수와 가장 작은 수를 각각 구했나요?	3점
큰 수부터 차례로 썼나요?	2점

40 320, 298, 307의 크기를 비교합니다. 세 수 중 가장 큰 수는 백의 자리 수가 가장 큰 320, 307 중에서 십의 자리 수가 더 큰 320입니다. 따라서 줄넘기를 가장 많이 넘은 사람은 320번을 넘은 승철이입니다.

STEP 3 자주 틀리는 유형 22~25쪽

1 ㉢ **2** 예 99, 1
3 30 **4** 1상자
5 ㉢ **6** ④
7 오백칠 **8** 408, 사백팔
9 (왼쪽에서부터) 100, 30 / 130
10 (1) 200 (2) 350 **11** 80
12 319
13 (위에서부터) 1 / 1, 1 / 201, 111 / 210, 201, 111
14 (위에서부터) 1 / 1 / 0, 1 / 120, 111 / 120, 111
15 2개 **16** ②, ⑤
17 504 **18** 700, 30, 8
19 404 **20** 630, 530, 330
21 354, 384 **22** 699, 700, 701, 702
23 재호네 모둠 **24** 장난감
25 지우 **26** 사과
27 7, 8, 9에 ○표 **28** 0, 1, 2, 3
29 3개 **30** <

1 ㉢ 80보다 20만큼 더 작은 수는 60입니다.
100은 80보다 20만큼 더 큰 수입니다.

2 100은 90보다 10만큼 더 큰 수, 91보다 9만큼 더 큰 수, ..., 99보다 1만큼 더 큰 수입니다.

3 10이 7개인 수는 70입니다.
100은 70보다 30만큼 더 큰 수입니다.

4 100은 10이 10개인 수이므로 사과 100개를 한 상자에 10개씩 담으려면 10상자가 필요합니다.
따라서 10－9＝1(상자)가 더 필요합니다.
다른 풀이
9상자에 담을 수 있는 사과는 90개입니다. 100은 90보다 10만큼 더 큰 수이므로 10개를 담을 수 있는 1상자가 더 필요합니다.

6 ④ 460 ➡ 사백육십

7 100이 5개, 10이 0개, 1이 7개인 수는 507입니다.
507은 오백칠이라고 읽습니다.

8 100이 4개, 1이 8개이므로 408입니다.
408은 사백팔이라고 읽습니다.

9 10이 13개인 수는 10이 10개인 수와 10이 3개인 수를 더한 것과 같습니다.

10 (2) 10이 30개 ➡ 300
10이 5개 ➡ 50
→ 350

11 ㉡에서 100이 8개인 수는 800입니다.
㉠에서 800은 10이 80개인 수이므로 □=80입니다.

12 10이 11개인 수는 100이 1개, 10이 1개인 수와 같습니다. 따라서 100이 2개, 10이 11개, 1이 9개인 수는 100이 3개, 10이 1개, 1이 9개인 수와 같으므로 319입니다.

15

백 원짜리(개)	1	1
십 원짜리(개)	1	0
일 원짜리(개)	1	2
세 자리 수	111	102

➡ 나타낼 수 있는 세 자리 수는 111, 102로 모두 2개입니다.

16 각 수에서 숫자 4가 나타내는 수는
① 4, ② 400, ③ 40, ④ 4, ⑤ 400입니다.

17 숫자 5가 나타내는 수는
756 ➡ 50, 504 ➡ 500, 915 ➡ 5입니다.

18

	백의 자리	십의 자리	일의 자리
738 ➡	7	3	8

700 + 30 + 8

19 ㉠은 백의 자리 숫자이므로 ㉠이 나타내는 수는 400입니다.
㉡은 일의 자리 숫자이므로 ㉡이 나타내는 수는 4입니다.
➡ 400+4=404

20 백의 자리 수가 1씩 작아지는 규칙입니다.

21 2번 뛰어 세어 십의 자리 수가 2만큼 더 커졌으므로 1번 뛰어 셀 때마다 십의 자리 수가 1씩 커지는 규칙입니다. 따라서 10씩 뛰어 센 것입니다.

324 - 334 - 344 - 354(㉠) - 364 - 374 - 384(㉡)

22 일의 자리 수가 1씩 커지므로 1씩 뛰어 센 규칙입니다.

23 175<178이므로 재호네 모둠이 윗몸 말아 올리기를 더 많이 했습니다.

24 960>890이므로 더 비싼 물건은 장난감입니다.

25 131>129이므로 지우가 먼저 번호표를 뽑았습니다. 따라서 지우가 먼저 저금을 할 수 있습니다.

26 100이 3개인 수는 300이므로 참외는 300개이고, 10이 40개인 수는 400이므로 사과는 400개입니다. 따라서 300<400이므로 사과가 더 많습니다.

27 백의 자리, 십의 자리 수가 같으므로 일의 자리 수를 비교하면 □>6이어야 합니다.
따라서 □ 안에 들어갈 수 있는 수는 7, 8, 9입니다.

28 백의 자리, 십의 자리 수가 같으므로 일의 자리 수를 비교하면 4>□에서 □ 안에 들어갈 수 있는 수는 4보다 작은 수입니다.
따라서 □ 안에 들어갈 수 있는 수는 0, 1, 2, 3입니다.

29 797보다 크고 801보다 작은 수는 798, 799, 800으로 모두 3개입니다.

30 두 수의 백의 자리 수를 비교하면 3<5이므로 십의 자리 수와 관계없이 왼쪽 수가 더 작습니다.

STEP 4 최상위 도전 유형 26~27쪽

1 11개 / 예 1개, 13개, 1개	
2 14개 / 예 2개, 15개, 4개	
3 830, 308	4 874, 478
5 137	6 646
7 493	8 300
9 670	10 232
11 5개	12 489

1 백 모형 1개, 십 모형 12개, 일 모형 11개 등 여러 가지 방법으로 나타낼 수 있습니다.

2 100원짜리 동전 2개, 10원짜리 동전 14개, 1원짜리 동전 14개 등 여러 가지 방법으로 나타낼 수 있습니다.

3 8>3>0이므로 가장 큰 세 자리 수는 큰 수부터 차례로 놓습니다. ➡ 830
가장 작은 세 자리 수는 백의 자리에 0이 올 수 없으므로 둘째로 작은 수인 3을 백의 자리에, 0을 십의 자리에, 8을 일의 자리에 놓습니다. ➡ 308

4 $8>7>4$이므로 가장 큰 수는 큰 수부터 차례로 놓은 874이고, 가장 작은 수는 작은 수부터 차례로 놓은 478입니다.

5 $1<3<5<7$이므로 가장 작은 수는 135, 둘째로 작은 수는 137입니다.

6 어떤 수보다 10만큼 더 작은 수가 586이므로 어떤 수는 586보다 10만큼 더 큰 수인 596입니다.
596에서 10씩 5번 뛰어 세면
596−606−616−626−636−646이므로 구하는 수는 646입니다.

7 어떤 수는 387보다 100만큼 더 큰 수이므로 487입니다. 487에서 1씩 6번 뛰어 세면
487−488−489−490−491−492−493
이므로 구하는 수는 493입니다.

8 어떤 수에서 100씩 2번 뛰어 센 수가 500이므로 어떤 수는 500에서 거꾸로 100씩 2번 뛰어 센 수입니다. 500에서 거꾸로 100씩 2번 뛰어 세면
500−400−300이므로 어떤 수는 300입니다.

9 어떤 수에서 10씩 3번 뛰어 센 수가 300이므로 어떤 수는 300에서 거꾸로 10씩 3번 뛰어 센 수입니다.
300에서 거꾸로 10씩 3번 뛰어 세면
300−290−280−270이므로 어떤 수는 270이고 270에서 100씩 4번 뛰어 세면
270−370−470−570−670이므로 구하는 수는 670입니다.

10 백의 자리 수와 일의 자리 수는 2, 십의 자리 수는 3이므로 조건을 모두 만족하는 세 자리 수는 232입니다.

11 백의 자리 수가 5인 세 자리 수를 5□□라고 하면 이 중 505보다 작은 수는 500, 501, 502, 503, 504로 모두 5개입니다.

12 십의 자리 수는 8이고 일의 자리 수는 8보다 큰 수이므로 9입니다. 구하는 세 자리 수를 □89라고 하면 450보다 크고 570보다 작으므로 □ 안에 들어갈 수 있는 수는 4입니다. 따라서 조건을 모두 만족하는 세 자리 수는 489입니다.

수시 평가 대비 Level 1

28~30쪽

1 100, 백	**2** 800
3 5, 8, 3	**4** (1) 육백삼십구 (2) 503
5 400, 70, 8	**6** 742
7 $>$	**8** 807, 816에 ○표
9 649, 658, 748	**10** 854
11 (1) 200에 ○표 (2) 800에 ○표	
12 900원	**13** 경민
14 655, 665	**15** 852
16 759	**17** 500권
18 0, 1, 2, 3	**19** 567
20 780원	

1 달걀이 10개씩 10묶음 있습니다.
10이 10개이면 100이고 100은 백이라고 읽습니다.

2 100이 8개이면 800입니다.

3 $583=500+80+3$이므로 100이 5개, 10이 8개, 1이 3개인 수입니다.

4 (1) 639 ➡ 육백삼십구
(2) 오백삼 ➡ 503

5 478에서 4는 400을, 7은 70을, 8은 8을 나타냅니다.
➡ $478=400+70+8$

6 • 164 ➡ 십의 자리 숫자: 6
• 408 ➡ 십의 자리 숫자: 0
• 742 ➡ 십의 자리 숫자: 4

7 $417>395$
└ $4>3$ ┘

8 백의 자리 숫자가 8인 수를 찾으면 807, 816입니다.

9 • 648보다 1만큼 더 큰 수는 649입니다.
• 648보다 10만큼 더 큰 수는 658입니다.
• 648보다 100만큼 더 큰 수는 748입니다.

10 894부터 10씩 거꾸로 뛰어 세는 것이므로 십의 자리 수가 1씩 작아집니다.
854 − 864 − 874 − 884 − 894
따라서 ㉠에 알맞은 수는 854입니다.

11 (1) 200 − 300 − 400 − 500이므로 200과 500 중 300과 더 가까운 수는 200입니다.
(2) 300 − 400 − 500 − 600 − 700 − 800이므로 300과 800 중 600과 더 가까운 수는 800입니다.

12 400 − 500 − 600 − 700 − 800 − 900
1번 2번 3번 4번 5번

13 백의 자리 수를 비교하면 3<4이므로 372가 가장 작습니다. 405와 420의 십의 자리 수를 비교하면 0<2이므로 420이 405보다 큽니다.
따라서 구슬을 가장 많이 가지고 있는 사람은 경민이입니다.

14 5씩 뛰어 센 것입니다.
➡ 645 − 650 − 655 − 660 − 665

15 가장 큰 세 자리 수를 만들려면 큰 수부터 백의 자리, 십의 자리, 일의 자리에 차례로 놓아야 합니다.
따라서 8>5>2이므로 만들 수 있는 가장 큰 세 자리 수는 852입니다.

16 백의 자리 수가 7, 십의 자리 수가 5인 세 자리 수를 75□라고 하면 75□가 가장 큰 수가 되려면 일의 자리에 가장 큰 수인 9가 와야 합니다.
따라서 구하는 세 자리 수는 759입니다.

17 책이 한 상자에 10권씩 들어 있으므로 10상자에는 100권이 들어 있습니다.
따라서 100이 5개이면 500이므로 50상자에 들어 있는 책은 모두 500권입니다.

18 백의 자리 수는 같고 일의 자리 수를 비교하면 4>2이므로 □ 안에 들어갈 수 있는 수는 3과 같거나 작은 수인 0, 1, 2, 3입니다.

서술형
19 예 100이 5개, 10이 2개, 1이 7개인 수는 527입니다.
따라서 527부터 10씩 뛰어 세면
527 − 537 − 547 − 557 − 567 − …이므로 527부터 10씩 4번 뛰어 센 수는 567입니다.

평가 기준	배점(5점)
100이 5개, 10이 2개, 1이 7개인 수를 구했나요?	2점
100이 5개, 10이 2개, 1이 7개인 수부터 10씩 4번 뛰어 센 수를 구했나요?	3점

서술형
20 예 100원짜리 동전 6개는 600원입니다. 10원짜리 동전 10개는 100원이고, 10원짜리 동전 8개는 80원이므로 10원짜리 동전 18개는 180원입니다.
따라서 재용이의 지갑에 들어 있는 동전은 모두 780원입니다.

평가 기준	배점(5점)
100원짜리 동전 6개, 10원짜리 동전 18개는 각각 얼마인지 구했나요?	3점
재용이의 지갑에 들어 있는 동전은 모두 얼마인지 구했나요?	2점

수시 평가 대비 Level 2

31~33쪽

1 100
2 600원
3 2, 3, 8, 238
4 (위에서부터) 1 / 400, 3 / 400, 3
5 (왼쪽에서부터) 618, 628, 638, 648
6 (1) > (2) <
7 ④
8 ①, ③
9 732, 936에 ○표
10 정음
11 875에 ○표, 728에 △표
12 695, 705
13 800에 ○표
14 8개
15 815
16 6개
17 952, 259
18 876, 976
19 132
20 ㉢

1 100 ─ 10이 10개인 수
　　　　└ 90보다 10만큼 더 큰 수

2 100이 6개이면 600입니다.
따라서 동전은 모두 600원입니다.

5 10씩 뛰어 세면 십의 자리 수가 1씩 커집니다.

6 (2) 칠백십오 ➡ 715이므로 715 < 723
　　　　　　　　　　　└ 1 < 2 ┘

7 ④ 800은 100이 8개인 수입니다.
800은 10이 80개인 수입니다.

8 ② 508 ➡ 오백팔
④ 240 ➡ 이백사십
⑤ 412 ➡ 사백십이

9 숫자 3이 나타내는 수는
304 ➡ 300, 732 ➡ 30, 943 ➡ 3, 936 ➡ 30
입니다.

10 196 < 200이므로 동화책을 더 많이 읽은 사람은 정음이입니다.

11 백의 자리 수를 비교하면 728이 가장 작으므로 가장 작은 수는 728입니다. 872와 875는 백의 자리 수와 십의 자리 수가 각각 같으므로 일의 자리 수를 비교합니다. 2 < 5이므로 875가 가장 큰 수입니다.

12 715 − 725에서 십의 자리 수가 1만큼 더 커졌으므로 10씩 뛰어 센 것입니다.

13 700과 900 사이에 있는 수를 찾으면 800입니다.

14 427보다 크고 436보다 작은 수는
428, 429, 430, 431, 432, 433, 434, 435
로 모두 8개입니다.

15 백의 자리 숫자는 8, 십의 자리 숫자는 1, 일의 자리 숫자는 5인 세 자리 수이므로 815입니다.

16 십의 자리 수를 비교하면 4 < 9이므로 □ 안에는 7보다 작은 수가 들어가야 합니다.
따라서 □ 안에 들어갈 수 있는 수는 1, 2, 3, 4, 5, 6으로 모두 6개입니다.

17 9 > 5 > 2이므로 가장 큰 세 자리 수는 큰 수부터 차례로 놓으면 952입니다. 가장 작은 세 자리 수는 작은 수부터 차례로 놓으면 259입니다.

18 십의 자리 수가 7, 일의 자리 수가 6이므로 구하는 수를 □76이라고 하면 이 중에서 780보다 큰 수는 876, 976입니다.

서술형
19 예 일의 자리 수가 1씩 커졌으므로 1씩 뛰어 센 것입니다. 128에서 1씩 4번 뛰어 세면
128 − 129 − 130 − 131 − 132이므로
구하는 수는 132입니다.

평가 기준	배점(5점)
몇씩 뛰어 센 것인지 구했나요?	2점
128에서 4번 뛰어 센 수를 구했나요?	3점

서술형
20 예 ㉠ 100이 3개, 10이 3개, 1이 7개인 수와 같으므로 337입니다.
㉡ 120부터 100씩 2번 뛰어 세면 120 − 220 − 320이므로 320입니다.
㉢ 100이 4개인 수는 400입니다.
백의 자리 수를 비교하면 ㉢이 가장 크므로 가장 큰 수는 ㉢입니다.

평가 기준	배점(5점)
㉠, ㉡, ㉢을 수로 나타냈나요?	3점
가장 큰 수를 찾아 기호를 썼나요?	2점

2 여러 가지 도형

1학년에서는 생활 속에서 볼 수 있는 여러 가지 물건들을 색이나 질감 등은 배제하고 모양의 공통된 특징만 생각하여 상자 모양, 둥근 기둥 모양, 공 모양으로 추상화하였습니다. 이러한 1차 추상화에 이어 2학년에서는 이 물건들을 위, 앞, 옆에서 본 모양인 평면도형을 배우게 됩니다. 이 또한 생활 속에서 볼 수 있는 여러 가지 물건들을 색, 질감, 무늬 등은 배제하고 공통된 모양의 특징만을 생각하여 삼각형, 사각형, ... 등의 평면도형으로 추상화하는 학습에 해당합니다. 입체도형을 종이 위에 대고 그렸을 때 생기는 모양을 생각하게 하여 1학년에서 배운 입체도형과 연결지어 학습할 수 있도록 해 주시고, 도형의 특징을 명확하게 이해하여 이후 도형의 변의 길이, 각의 특성에 따라 도형의 이름이 세분화되는 학습과도 매끄럽게 연계될 수 있도록 지도해 주세요.

STEP 1 교과개념 1. △을 알아보기 37쪽

1 나, 바　　2 (위에서부터) 꼭짓점, 변

3 ① 3개 ② 3개

4 예

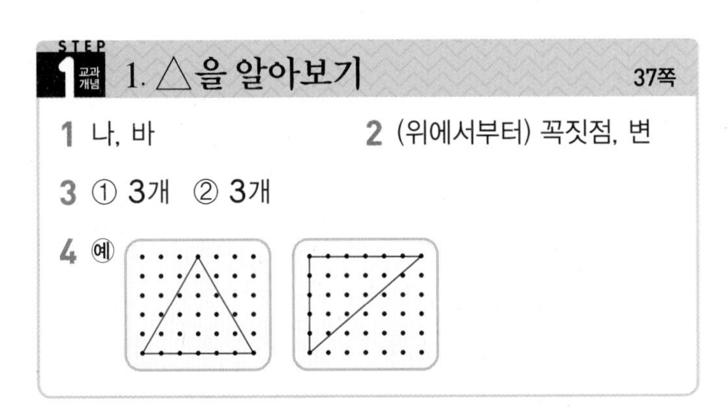

1 곧은 선 3개로 둘러싸인 도형을 모두 찾으면 나, 바입니다.

4 변이 3개인 삼각형을 그릴 수 있도록 세 점을 정한 다음 점과 점 사이를 곧은 선으로 이어 봅니다.

STEP 1 교과개념 2. □을 알아보기 39쪽

1 ① ②

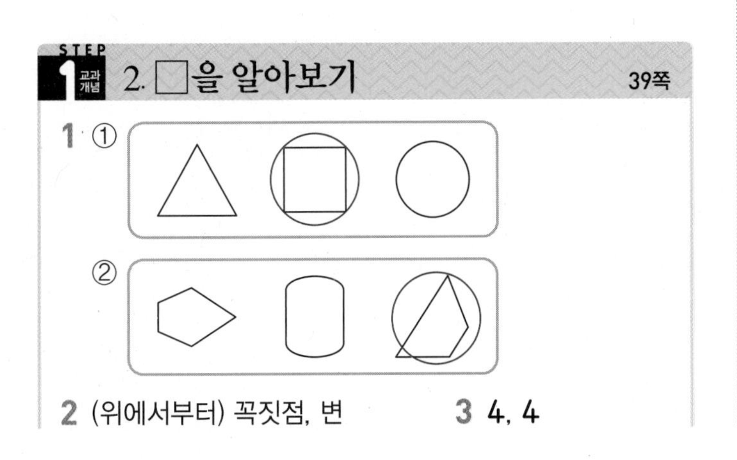

2 (위에서부터) 꼭짓점, 변　　3 4, 4

4 예

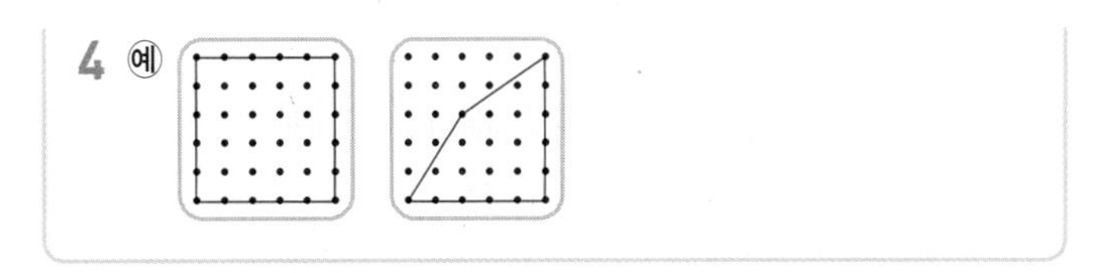

1 ① 왼쪽부터 차례로 삼각형, 사각형, 원입니다.
② 곧은 선 4개로 둘러싸인 도형을 찾으면 사각형은 맨 오른쪽 도형입니다.

3

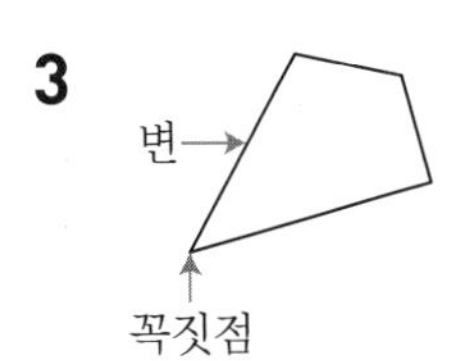

4 변이 4개인 사각형을 그릴 수 있도록 네 점을 정한 다음 점과 점 사이를 곧은 선으로 이어 봅니다.

STEP 1 교과개념 3. ○을 알아보기 41쪽

1 원　　2 (○)(　)(　)
(　)(　)(○)

3 예

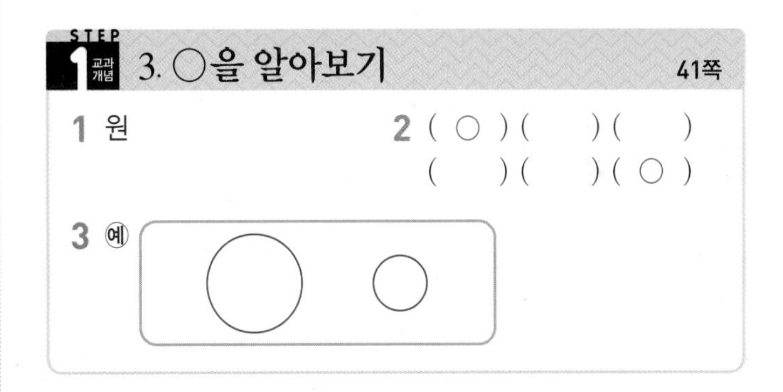

1 동전, 벽시계, 바퀴, 접시는 모두 원 모양입니다.

2 ⬠, ◗ – 곧은 선이 있으므로 원이 아닙니다.
○ – 동그랗지만 끊어져 있으므로 원이 아닙니다.
⬭ – 동그랗지 않고 길쭉하므로 원이 아닙니다.

3 동전이나 풀 뚜껑, 모양 자 등을 이용하여 크기가 다른 원 2개를 그립니다.

STEP 1 교과개념 4. 칠교판으로 모양 만들기 43쪽

1 ①　　② 5, 2, 삼각형

2 예

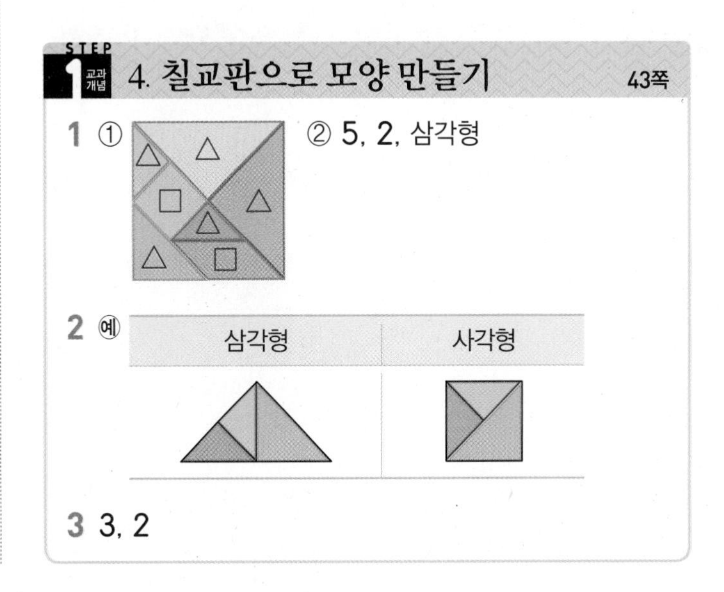

3 3, 2

1 ② ①에서 표시한 △표, □표의 개수를 세어 보면 △표가 5개, □표가 2개이므로 칠교 조각에는 삼각형 모양 조각이 5개, 사각형 모양 조각이 2개 있음을 알 수 있습니다.

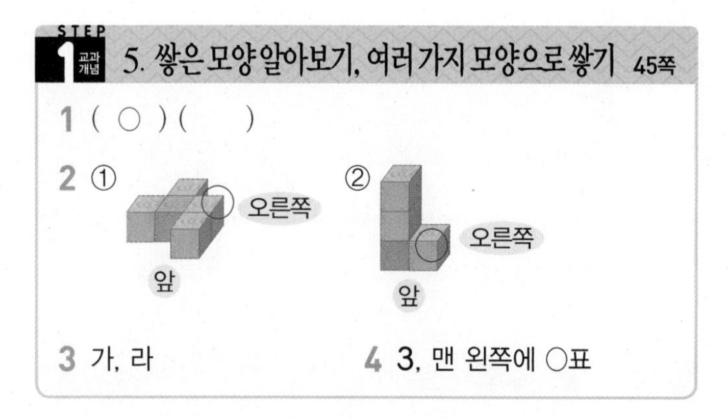

1 쌓기나무를 반듯하게 맞추어 쌓아야 위로 더 높이 쌓을 수 있습니다.

3 가: 1층에 4개가 있습니다.
나: 1층에 4개, 2층에 1개가 있습니다.
➡ $4+1=5$(개)
다: 1층에 2개, 2층에 1개가 있습니다.
➡ $2+1=3$(개)
라: 1층에 3개, 2층에 1개가 있습니다.
➡ $3+1=4$(개)

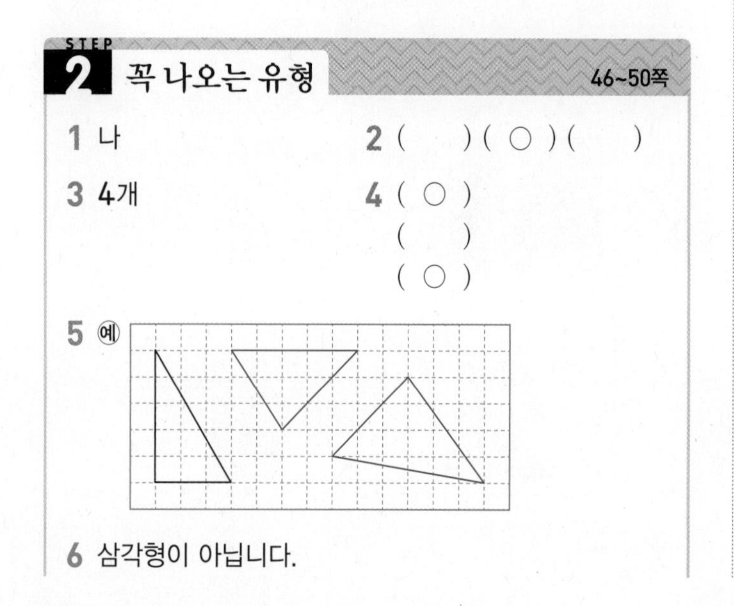

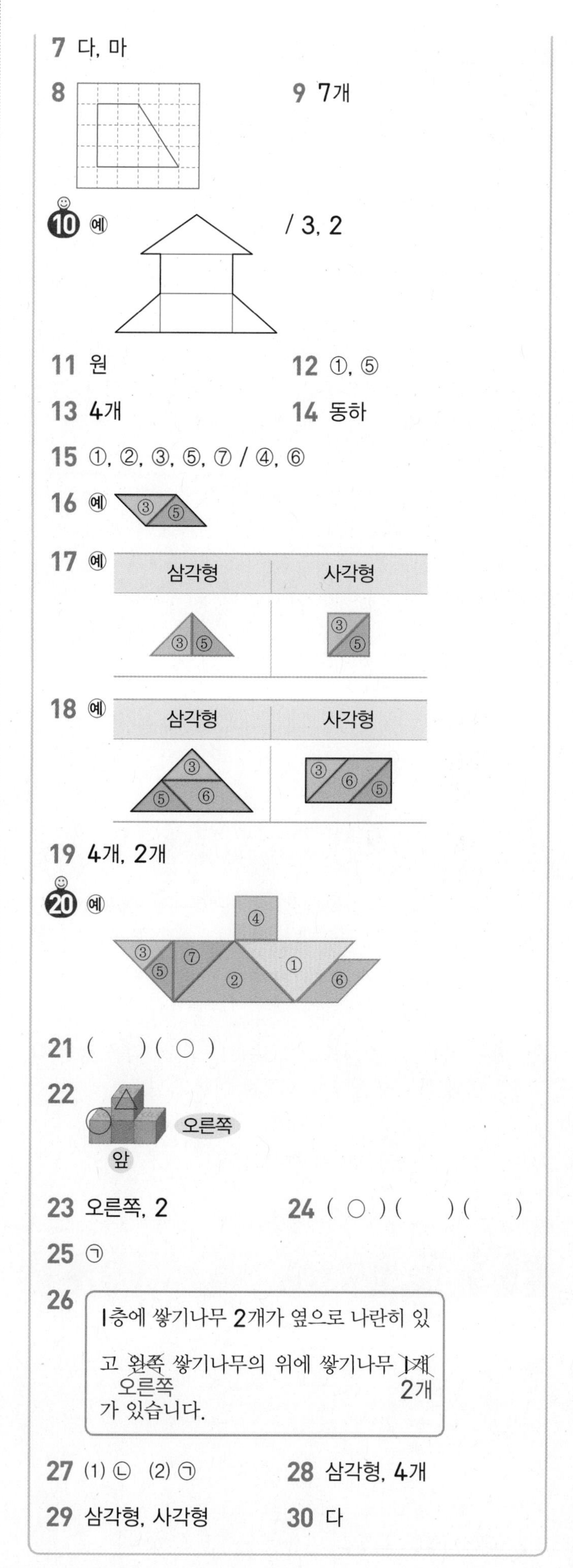

1 물건에서 찾을 수 있는 모양은
가는 원, 나는 삼각형, 다는 사각형입니다.

2 변이 3개인 도형을 찾습니다.

3 초록색 삼각형 2개와 검은색 삼각형 2개를 찾을 수 있습니다.
➡ $2+2=4$(개)

4 삼각형은 꼭짓점이 3개입니다.

5 곧은 선 3개로 둘러싸인 도형을 그립니다.

서술형
6 ⓔ 삼각형은 변이 3개인데 주어진 도형은 변이 4개이므로 삼각형이 아닙니다.

평가 기준	배점(5점)
도형이 삼각형이 아닌 것을 알았나요?	2점
도형이 삼각형이 아닌 까닭을 썼나요?	3점

7 변이 4개인 도형을 모두 찾으면 다, 마입니다.

8 모눈의 칸 수를 세어 왼쪽과 같은 사각형을 오른쪽에 그립니다.

서술형
9 ⓔ 주어진 두 도형은 삼각형과 사각형으로 꼭짓점이 삼각형은 3개, 사각형은 4개입니다. 따라서 두 도형의 꼭짓점의 수를 더하면 모두 $3+4=7$(개)입니다.

평가 기준	배점(5점)
두 도형의 꼭짓점은 각각 몇 개인지 구했나요?	3점
두 도형의 꼭짓점의 수를 더하면 모두 몇 개인지 구했나요?	2점

12 어느 쪽에서 보아도 똑같이 동그란 모양을 모두 찾습니다.

13 겹쳐진 부분에 주의하여 원을 찾습니다.

14 동하: 원은 곧은 선이 없고 굽은 선으로만 되어 있습니다.

17 주어진 두 조각을 길이가 같은 변끼리 이어 붙여 삼각형과 사각형을 만듭니다.

18 주어진 세 조각을 길이가 같은 변끼리 이어 붙여 삼각형과 사각형을 만듭니다.

19 삼각형 모양 조각: ③, ⑤, ②, ⑦ ➡ 4개
사각형 모양 조각: ④, ⑥ ➡ 2개

21 쌓기나무를 반듯하게 맞추어 쌓은 것을 찾습니다.

22 위
왼쪽 ← → 오른쪽

24 첫째 모양은 쌓기나무가 1층에 4개, 2층에 1개 있으므로 모두 $4+1=5$(개)입니다.
둘째 모양은 쌓기나무가 1층에 6개 있습니다.
셋째 모양은 쌓기나무가 1층에 3개, 2층에 1개 있으므로 모두 $3+1=4$(개)입니다.

25 ㉠ 1층에 쌓기나무 4개가 있습니다.

28 
➡ 삼각형이 4개 생깁니다.

29 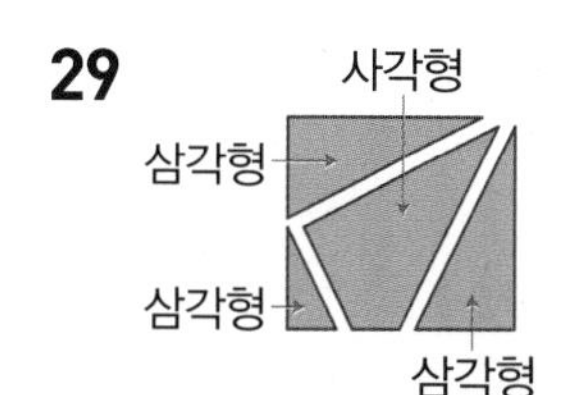

➡ 삼각형이 3개, 사각형이 1개 생깁니다.

서술형
30 ⓔ 색종이를 선을 따라 자르면 가는 삼각형 4개, 나는 삼각형 2개와 사각형 2개, 다는 사각형 4개가 생깁니다. 따라서 색종이를 선을 따라 잘랐을 때 사각형이 4개 생기는 것은 다입니다.

평가 기준	배점(5점)
색종이를 선을 따라 잘랐을 때 생기는 도형을 각각 찾았나요?	3점
사각형이 4개 생기는 것을 찾아 기호를 썼나요?	2점

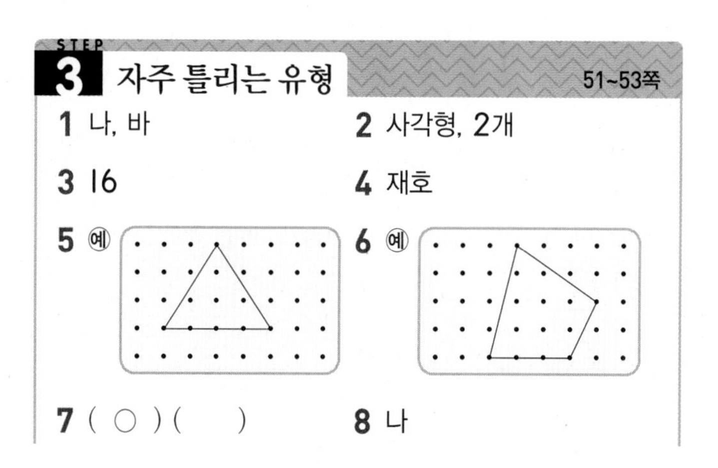

STEP 3 자주 틀리는 유형 51~53쪽

1 나, 바
2 사각형, 2개
3 16
4 재호
5 ⓔ
6 ⓔ
7 (○) (   )
8 나

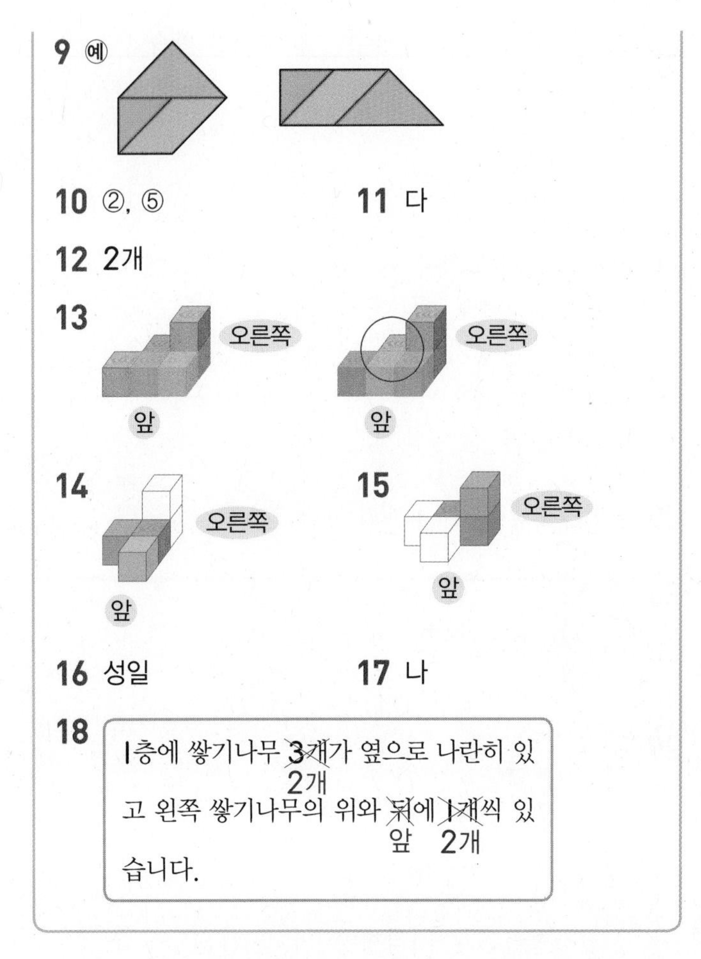

1 곧은 선 3개로 둘러싸인 도형을 찾으면 나, 바입니다.

2 삼각형이 2개, 사각형이 4개이므로 사각형이 $4-2=2$(개) 더 많습니다.

3 어느 쪽에서 보아도 똑같이 동그란 모양을 원이라고 합니다. 따라서 원 안에 있는 수는 9와 7이므로 그 합은 $9+7=16$입니다.

4 변이 4개인 도형은 사각형이므로 안쪽에 점이 5개 있는 사각형을 그린 사람을 찾으면 재호입니다.

5 변이 3개인 도형은 삼각형이므로 안쪽에 점이 4개 있는 삼각형을 그립니다.

6 삼각형보다 변이 1개 더 많은 도형은 변이 4개인 사각형이므로 사각형을 그립니다.

7 오른쪽 모양을 만들려면 작은 삼각형 모양 조각이 1개 더 필요합니다.

8 가 다

9 큰 모양 조각부터 놓은 후 나머지 조각을 빈 곳에 놓습니다.

10 ① 1층 3개, 2층 1개 ➡ $3+1=4$(개)
② 1층 4개, 2층 1개 ➡ $4+1=5$(개)
③ 1층 3개, 2층 1개 ➡ $3+1=4$(개)
④ 1층 4개, 2층 2개 ➡ $4+2=6$(개)
⑤ 1층 4개, 2층 1개 ➡ $4+1=5$(개)

11 가: 1층 3개, 2층 1개 ➡ $3+1=4$(개)
나: 1층 3개, 2층 1개 ➡ $3+1=4$(개)
다: 1층 4개, 2층 1개 ➡ $4+1=5$(개)
라: 1층 4개

12 1층에 5개, 2층에 1개를 쌓아야 하므로 쌓기나무가 $5+1=6$(개) 필요합니다.
따라서 더 필요한 쌓기나무는 $6-4=2$(개)입니다.

13 왼쪽 모양은 빨간색 쌓기나무의 앞에 초록색 쌓기나무를 쌓았지만 노란색 쌓기나무의 뒤에 파란색 쌓기나무를 쌓았습니다.

16 의진이는 쌓기나무 6개를 2층으로 쌓았습니다. 의진이가 쌓은 모양은 1층에 5개, 2층에 1개가 있습니다.

17 가: 쌓기나무 4개로 만들었습니다.
1층에 3개가 있습니다.
다: 쌓기나무 6개로 만들었습니다.

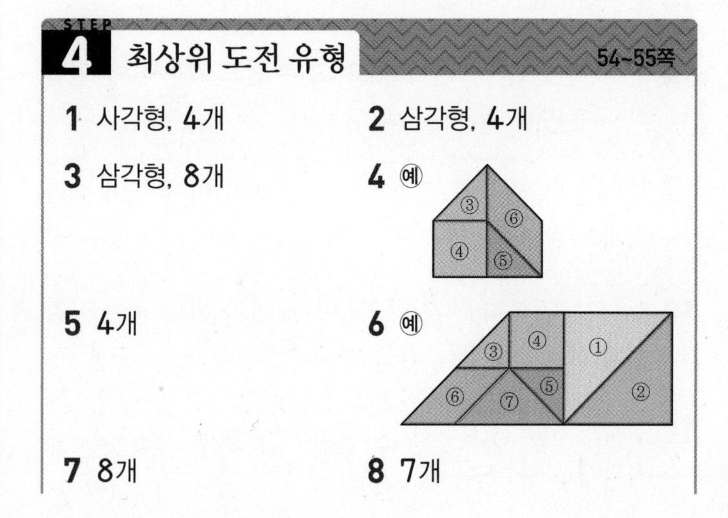

9 13개 **10**

11 예 ㉡의 위에 쌓기나무를 1개 쌓고, ㉣의 오른쪽에 쌓기나무를 1개 쌓습니다.

12

/ ㉤

1

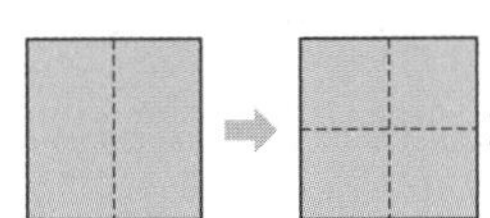

: 사각형이 4개 만들어집니다.

2

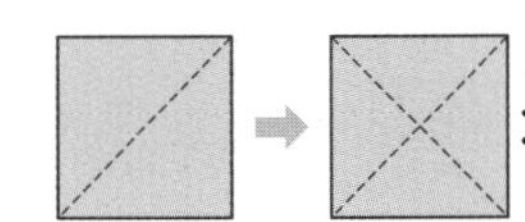

: 삼각형이 4개 만들어집니다.

3

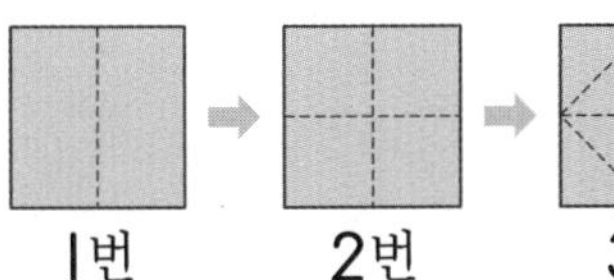

: 삼각형이 8개 만들어집니다.

4 칠교 조각에서 길이가 같은 변을 알아본 후, 길이가 같은 변끼리 만나도록 조각을 골라 모양 안에 채웁니다.

예

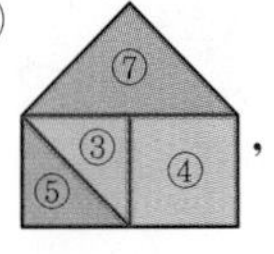

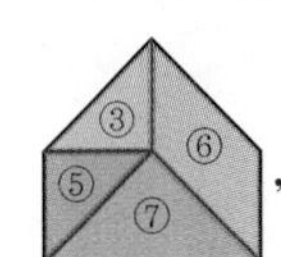

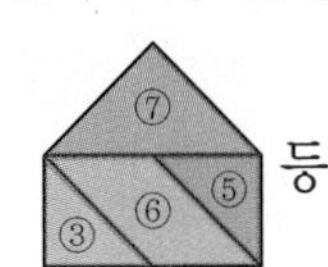

등

5

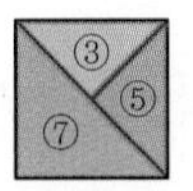

사각형을 만드는 데 칠교 조각 3개가 필요하므로 사각형을 만들고 남는 칠교 조각은 $7-3=4$(개)입니다.

6 모양 안에서 가장 큰 조각 ①과 ②를 먼저 채우고 길이가 같은 변끼리 만나도록 남은 조각을 채웁니다.

7

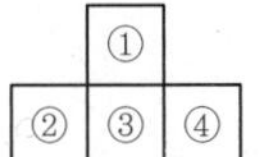

사각형 1개짜리: ①, ②, ③, ④ ➡ 4개
사각형 2개짜리: ①+③, ②+③, ③+④ ➡ 3개
사각형 3개짜리: ②+③+④ ➡ 1개
따라서 도형에서 찾을 수 있는 크고 작은 사각형은 모두 $4+3+1=8$(개)입니다.

8

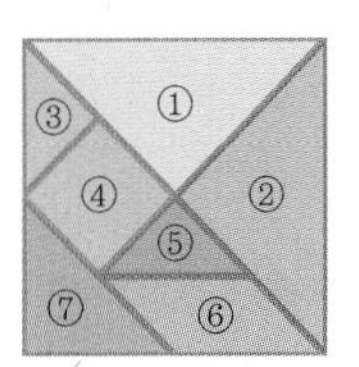

조각 1개짜리: ①, ②, ③, ⑤, ⑦ ➡ 5개
조각 2개짜리: ①+② ➡ 1개
조각 5개짜리: ③+④+⑤+⑥+⑦ ➡ 1개
따라서 칠교판에서 찾을 수 있는 크고 작은 삼각형은 모두 $5+1+1=7$(개)입니다.

9 도형에서 찾을 수 있는 크고 작은 삼각형은 삼각형 1개짜리가 9개, 삼각형 4개짜리가 3개, 삼각형 9개짜리가 1개이므로 모두 $9+3+1=13$(개)입니다.

10 쌓기나무 2개를 빼야 합니다.

12

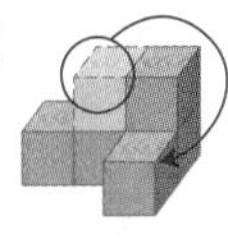

➡ ㉠을 ㉤의 앞으로 옮겨야 합니다.

수시 평가 대비 Level 1

56~58쪽

1 (위에서부터) 꼭짓점, 변
2 사각형
3 3개
4 3개, 삼각형
5 예

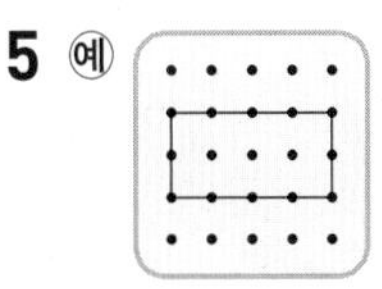

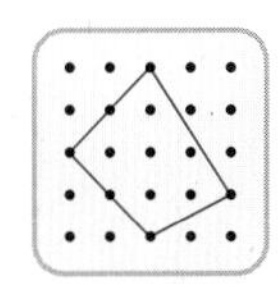

6 원
7 ㉢, ㉤
8 2개
9 5개
10 (1) × (2) ○
11 ㉣
12 3, 2
13 ㉤
14 삼각형, 6개
15 8개
16 나
17 다
18 원
19 예 앞 바퀴는 원이라 잘 굴러갈 수 있지만 뒷 바퀴는 삼각형이라 잘 굴러가지 않을 것 같습니다.
20 3개

1 도형에서 두 곧은 선이 만나는 점을 꼭짓점이라 하고, 도형을 이루는 곧은 선을 변이라고 합니다.

2 4개의 곧은 선으로 둘러싸인 도형을 사각형이라고 합니다.

3 원 3개를 겹치게 그린 모양입니다.

4 3개의 곧은 선으로 둘러싸인 도형은 삼각형입니다. 따라서 삼각형은 꼭짓점이 3개입니다.

5 점 4개를 곧은 선으로 이어 봅니다.

6 어느 쪽에서 보아도 똑같이 동그란 모양인 도형은 원입니다. 원은 변과 꼭짓점이 없습니다.

7 3개의 변으로 둘러싸인 도형은 ㉢, ㉤입니다.

8 4개의 변으로 둘러싸인 도형은 ㉠, ㉥으로 모두 2개입니다.

9 칠교 조각 중에서 삼각형은 조각은 ①, ②, ③, ⑤, ⑦로 5개입니다.

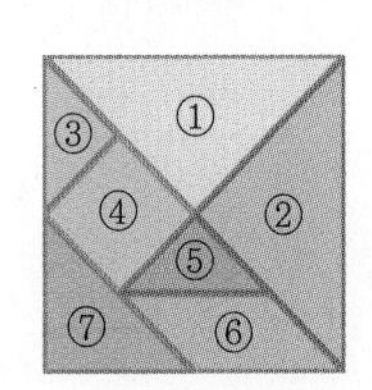

10 (1) 원은 변이 없습니다.

11 빨간색 쌓기나무의 왼쪽에 있는 쌓기나무의 수를 세어 보면 ㉠ 1개, ㉡ 1개, ㉢ 0개, ㉣ 2개입니다.
따라서 빨간색 쌓기나무의 왼쪽에 있는 쌓기나무가 2개인 모양은 ㉣입니다.

12

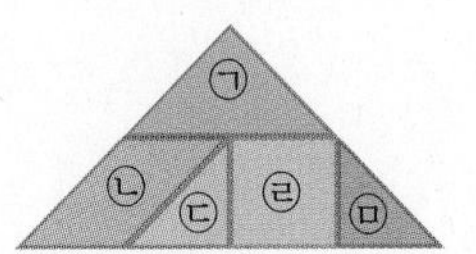

삼각형: ㉠, ㉢, ㉤ ➡ 3개
사각형: ㉡, ㉣ ➡ 2개

13 ㉤을 ㉣의 위로 옮기면 오른쪽과 똑같은 모양이 됩니다.

14 선을 따라 자르면 삼각형이 6개 생깁니다.

15 사각형은 변과 꼭짓점이 각각 4개씩 있습니다.
➡ (변의 수)+(꼭짓점의 수)=4+4=8(개)

16 가: 4개, 나: 6개, 다: 5개

17 1층에 쌓기나무 3개를 옆으로 나란히 놓고 그중 가운데 위와 맨 왼쪽 쌓기나무 앞에 각각 1개씩 놓은 것은 다입니다.

18 사용한 도형의 수를 각각 세어 보면
삼각형: 4개, 사각형: 2개, 원: 5개
따라서 가장 많이 사용한 도형은 원입니다.

서술형
19

평가 기준	배점(5점)
자동차 바퀴가 원과 삼각형이라면 어떻게 될지 바르게 설명했나요?	5점

서술형
20 예 쌓기나무는 1층에 5개, 2층에 1개, 3층에 1개를 놓은 모양이므로 사용한 쌓기나무는 모두 5+1+1=7(개)입니다.
따라서 사용하고 남은 쌓기나무는 10−7=3(개)입니다.

평가 기준	배점(5점)
사용한 쌓기나무의 수를 구했나요?	3점
사용하고 남은 쌓기나무의 수를 구했나요?	2점

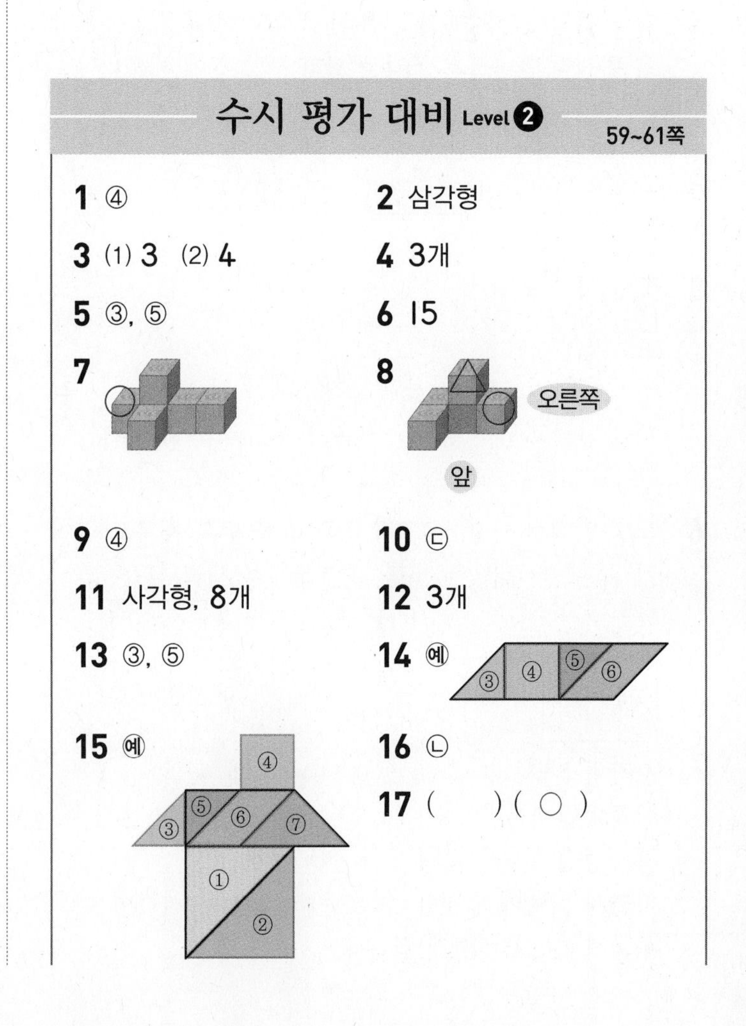

수시 평가 대비 Level 2

59~61쪽

1 ④　**2** 삼각형
3 (1) 3　(2) 4　**4** 3개
5 ③, ⑤　**6** 15
7　**8**

9 ④　**10** ㉢
11 사각형, 8개　**12** 3개
13 ③, ⑤　**14** 예

15 예

16 ㉡
17 (　　)(　○　)

18 ㉠

19 같은 점 예) 곧은 선으로 둘러싸인 도형입니다.
다른 점 예) 꼭짓점의 수가 삼각형은 3개, 사각형은 4개입니다.

20 예) 1층에 쌓기나무 3개가 나란히 있고, 가운데 쌓기 나무의 위와 앞에 쌓기나무가 각각 1개씩 있습니다.

1 ①, ③, ⑤는 사각형, ②는 삼각형을 본뜨기에 적당합니다.

2
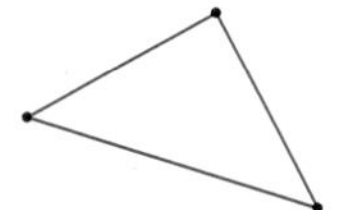
점을 모두 곧은 선으로 이으면 변이 3개인 삼각형이 만들어집니다.

3 (1) 삼각형은 변이 3개입니다.
(2) 사각형은 꼭짓점이 4개입니다.

4 원은 가, 다, 라로 모두 3개입니다.

5 ③ 곧은 선으로 둘러싸여 있지 않으므로 삼각형이 아닙니다.
⑤ 변이 4개이므로 삼각형이 아닙니다.

6 곧은 선 4개로 둘러싸여 있는 도형을 사각형이라고 합니다. 따라서 사각형 안에 있는 수는 8과 7이므로 그 합은 $8+7=15$입니다.

8
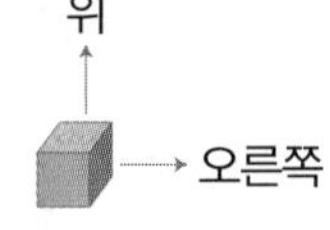

9
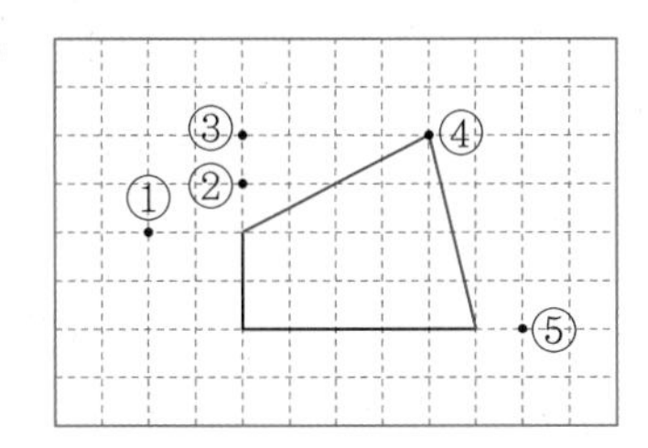

10 ㉠ 쌓기나무가 1층에 4개, 2층에 1개인 모양입니다.
㉡ 쌓기나무가 1층에 5개, 2층에 1개인 모양입니다.
㉣ 쌓기나무가 1층에 3개, 2층에 1개인 모양입니다.
따라서 쌓기나무가 1층에 4개, 2층에 2개인 모양은 ㉢입니다.

11
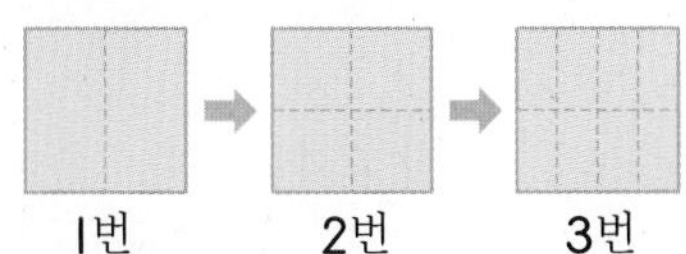

따라서 사각형이 8개 만들어집니다.

12 삼각형 모양 조각은 5개, 사각형 모양 조각은 2개이므로 삼각형 모양 조각은 사각형 모양 조각보다 $5-2=3$(개) 더 많습니다.

13 ③, ⑤ 조각을 이용하여 ④ 조각과 똑같은 모양을 만들 수 있습니다.
예)
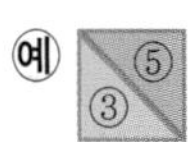

16 왼쪽 모양에서 쌓기나무 3개가 옆으로 나란히 있는 것 중 가운데 위에 쌓아야 하므로 ㉡ 위에 쌓아야 합니다.

17 왼쪽 모양은 빨간색 쌓기나무의 위에 노란색 쌓기나무, 빨간색 쌓기나무의 앞에 초록색 쌓기나무가 있는 모양입니다.

18 ㉠ 1층에 쌓기나무가 5개 있습니다.

서술형
19

평가 기준	배점(5점)
삼각형과 사각형의 같은 점을 썼나요?	2점
삼각형과 사각형의 다른 점을 모두 썼나요?	3점

서술형
20

평가 기준	배점(5점)
쌓기나무로 쌓은 모양을 바르게 설명했나요?	5점

사고력이 반짝 62쪽

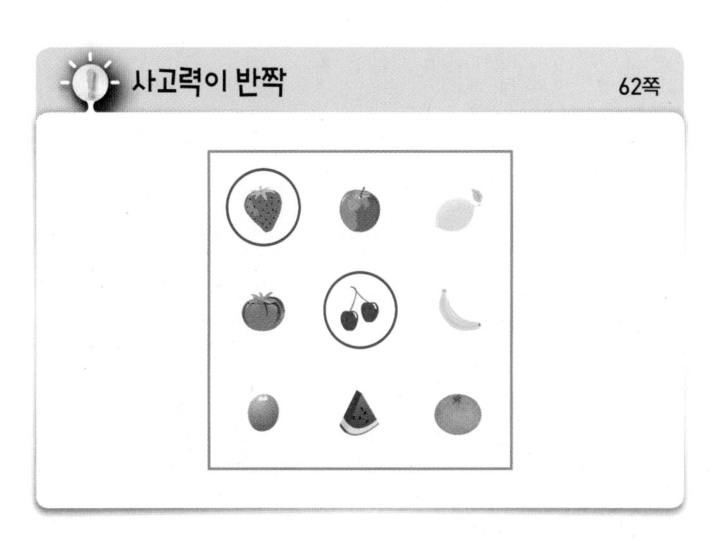

3 덧셈과 뺄셈

받아올림과 받아내림이 있는 두 자리 수끼리의 계산을 배우는 단원입니다. 받아올림, 받아내림이 있는 계산은 십진법에 따른 자릿값 개념을 바탕으로 합니다. 즉, 수는 자리마다 숫자로만 표현되지만 자리에 따라 나타내는 수가 다르기 때문에 반드시 같은 자리 수끼리 계산해야 하고, 그렇기 때문에 세로셈을 할 때에는 자리를 맞추어 계산해야 한다는 점을 아이들이 이해하고 계산할 수 있어야 합니다. 또한, 덧셈과 뺄셈을 단순한 계산으로 생각하지 않도록 지도해 주세요. 덧셈은 병합, 증가의 의미를 가지고 교환법칙, 결합법칙이 성립된다는 특징이 있습니다. 뺄셈은 감소, 차이의 의미를 가지고 교환법칙, 결합법칙이 성립되지 않는다는 특징이 있습니다. 이러한 연산의 성질들은 용어를 사용하지 않을 뿐 초등 과정에서 충분히 이해할 수 있는 개념이고, 중등 과정으로 연계되므로 반드시 짚어 볼 수 있어야 합니다. 덧셈식과 뺄셈식에 모두 사용되는 = 역시 '양쪽이 같다'라는 뜻을 나타내는 기호임을 인식하고 계산할 수 있도록 해 주세요.

STEP 1 교과 개념 1. 덧셈하기(1) 65쪽

1 20, 21, 22 /
예 ○○○○○ ○○○○○ / ○○○○○ ○○○△△ / △△ /
22

2 51

3 (왼쪽에서부터) 1, 4 / 1, 3, 4

4 ① 53 ② 81

2 43+8은 십 모형 4개와 일 모형 11개입니다. 일 모형 11개는 십 모형 1개와 일 모형 1개와 같으므로 43+8은 십 모형 5개와 일 모형 1개와 같습니다.
➡ 43+8=51

4 ①
```
   1
  45
+  8
----
  53
```
②
```
   1
   9
+ 72
----
  81
```

STEP 1 교과 개념 2. 덧셈하기(2) 67쪽

1 64

2 ① 1, 7, 3 ② 1, 4, 3

3 ① 62 ② 85 ③ 71 ④ 74

4 ① 8, 46, 8, 54 ② 3, 60, 92

1 35+29는 십 모형 5개와 일 모형 14개입니다. 일 모형 14개는 십 모형 1개와 일 모형 4개와 같으므로 35+29는 십 모형 6개와 일 모형 4개와 같습니다.
➡ 35+29=64

2
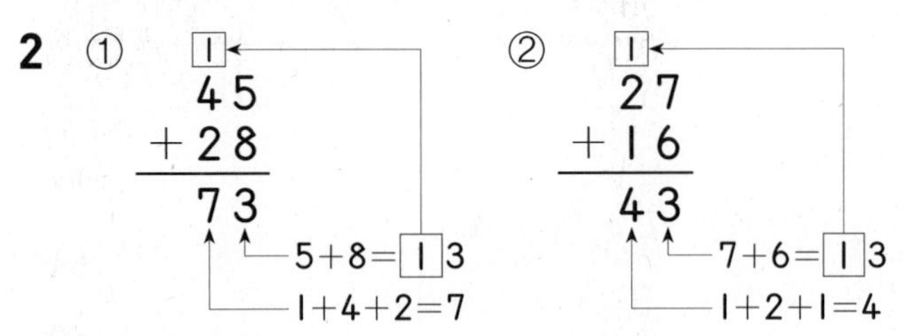

3
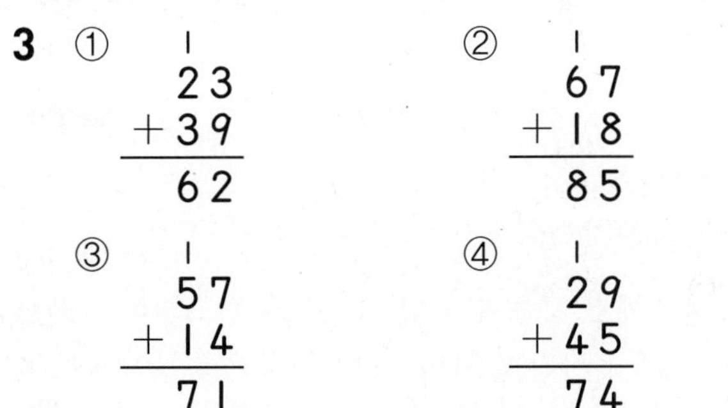

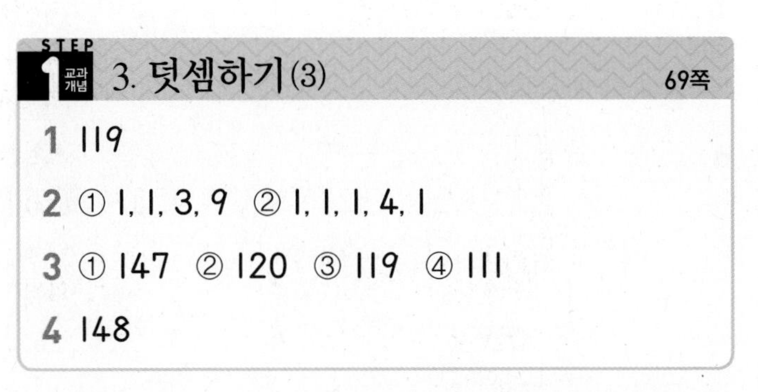

STEP 1 교과 개념 3. 덧셈하기(3) 69쪽

1 119

2 ① 1, 1, 3, 9 ② 1, 1, 1, 4, 1

3 ① 147 ② 120 ③ 119 ④ 111

4 148

1 73+46은 십 모형 11개와 일 모형 9개입니다. 십 모형 11개는 백 모형 1개와 십 모형 1개와 같으므로 73+46은 백 모형 1개, 십 모형 1개, 일 모형 9개와 같습니다. ➡ 73+46=119

2
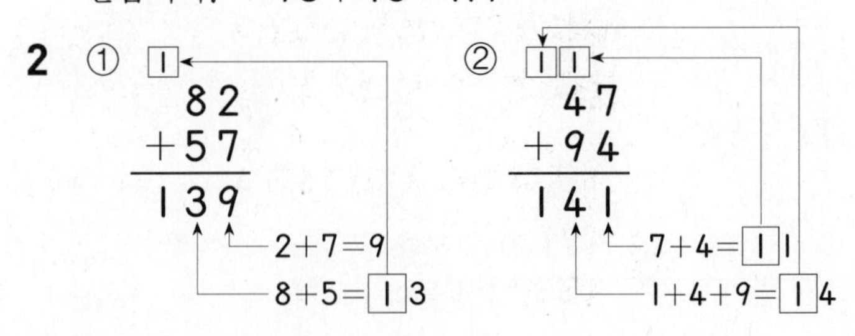

3 ① $\begin{array}{r} {\scriptstyle 1} \\ 53 \\ +94 \\ \hline 147 \end{array}$ ② $\begin{array}{r} {\scriptstyle 1\,1} \\ 88 \\ +32 \\ \hline 120 \end{array}$

③ $\begin{array}{r} {\scriptstyle 1} \\ 26 \\ +93 \\ \hline 119 \end{array}$ ④ $\begin{array}{r} {\scriptstyle 1\,1} \\ 45 \\ +66 \\ \hline 111 \end{array}$

4 62만큼 가고 86만큼 더 갔으므로 □ 안에 알맞은 수는 62와 86의 합입니다.

$\begin{array}{r} {\scriptstyle 1} \\ 62 \\ +86 \\ \hline 148 \end{array}$

STEP 1 교과개념 4. 뺄셈하기 (1) 71쪽

1 16, 17, 18, 19 /

예 (ten-frame) /

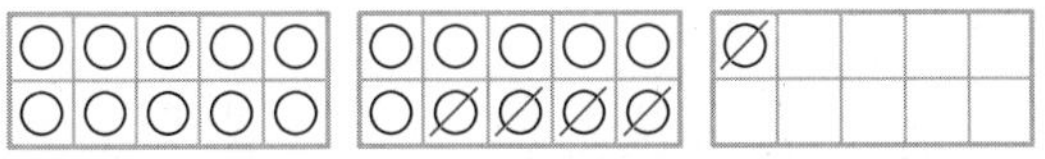

16

2 58

3 (왼쪽에서부터) 4, 10 / 4, 10, 5 / 4, 10, 4, 5

4 ① 15 ② 88

4 ① $\begin{array}{r} {\scriptstyle 1\;10} \\ \not{2}3 \\ -\;\;8 \\ \hline 15 \end{array}$ ② $\begin{array}{r} {\scriptstyle 8\;10} \\ \not{9}6 \\ -\;\;8 \\ \hline 88 \end{array}$

STEP 1 교과개념 5. 뺄셈하기 (2) 73쪽

1 12

2 ① 6, 10, 4, 7 ② 5, 10, 1, 9

3 ① 35 ② 14 ③ 28 ④ 26

4 ① 7, 60, 7, 53 ② 52, 12

2 ① $\begin{array}{r} {\scriptstyle 6\;10} \\ \not{7}0 \\ -23 \\ \hline 47 \end{array}$ 10−3=7, 7−1−2=4 ② $\begin{array}{r} {\scriptstyle 5\;10} \\ \not{6}0 \\ -41 \\ \hline 19 \end{array}$ 10−1=9, 6−1−4=1

3 ① $\begin{array}{r} {\scriptstyle 7\;10} \\ \not{8}0 \\ -45 \\ \hline 35 \end{array}$ ② $\begin{array}{r} {\scriptstyle 2\;10} \\ \not{3}0 \\ -16 \\ \hline 14 \end{array}$

③ $\begin{array}{r} {\scriptstyle 5\;10} \\ \not{6}0 \\ -32 \\ \hline 28 \end{array}$ ④ $\begin{array}{r} {\scriptstyle 4\;10} \\ \not{5}0 \\ -24 \\ \hline 26 \end{array}$

STEP 1 교과개념 6. 뺄셈하기 (3) 75쪽

1 12

2 ① 7, 10, 4, 8 ② 5, 10, 1, 7

3 ① 38 ② 9 ③ 25 ④ 49

4 23

2 ① $\begin{array}{r} {\scriptstyle 7\;10} \\ \not{8}7 \\ -39 \\ \hline 48 \end{array}$ 10+7−9=8, 8−1−3=4 ② $\begin{array}{r} {\scriptstyle 5\;10} \\ \not{6}3 \\ -46 \\ \hline 17 \end{array}$

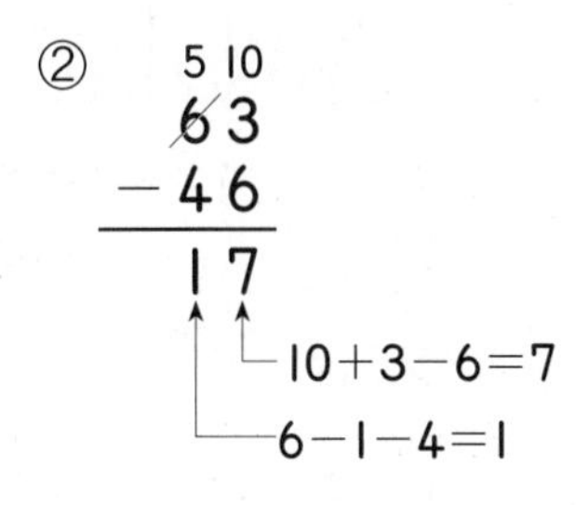

3 ① $\begin{array}{r} {\scriptstyle 5\;10} \\ \not{6}5 \\ -27 \\ \hline 38 \end{array}$ ② $\begin{array}{r} {\scriptstyle 4\;10} \\ \not{5}4 \\ -45 \\ \hline 9 \end{array}$

③ $\begin{array}{r} {\scriptstyle 6\;10} \\ \not{7}3 \\ -48 \\ \hline 25 \end{array}$ ④ $\begin{array}{r} {\scriptstyle 8\;10} \\ \not{9}1 \\ -42 \\ \hline 49 \end{array}$

4 72만큼 갔다가 49만큼 되돌아온 것이므로 □ 안에 알맞은 수는 72에서 49를 뺀 수입니다.

$$\begin{array}{r} \overset{6\ 10}{\not{7}2} \\ -\ 49 \\ \hline 23 \end{array}$$

STEP 1 교과개념 7. 세 수의 계산 77쪽

1 ( ) (○)

2 (계산 순서대로) ① 43, 81, 81 ② 35, 82, 82

3 (계산 순서대로) ① 72, 72, 36, 36
② 58, 58, 39, 39

4 ① 90 ② 37 ③ 82 ④ 18

4 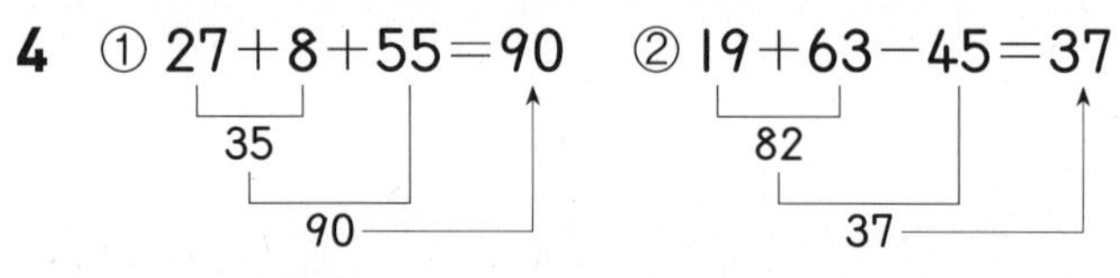

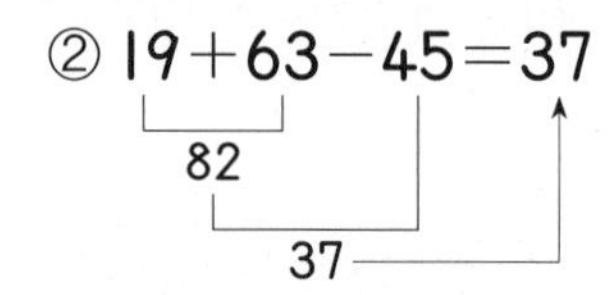

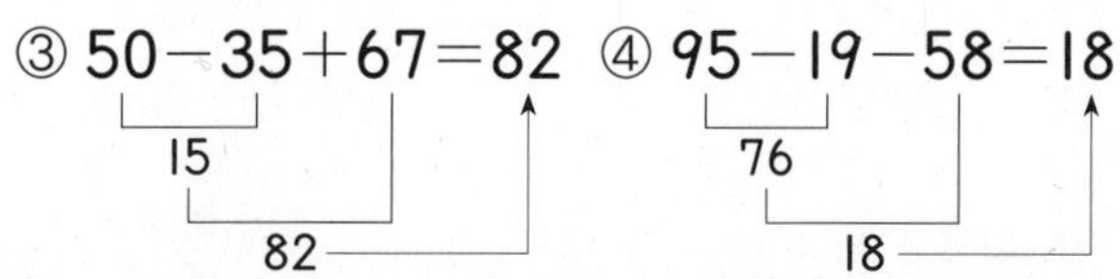

STEP 1 교과개념 8. 덧셈과 뺄셈의 관계를 식으로 나타내기 79쪽

1 29 / 26, 29

2 80, 32, 48 / 80, 48, 32

3 28, 50 / 22, 50

4 29 / 29 / 29, 92 / 29, 63, 92

1 29+26=55 → 55−29=26　　29+26=55 → 55−26=29

2 32+48=80 → 80−32=48　　32+48=80 → 80−48=32

3 50−28=22 → 22+28=50　　50−28=22 → 28+22=50

STEP 1 교과개념 9. □의 값 구하기 81쪽

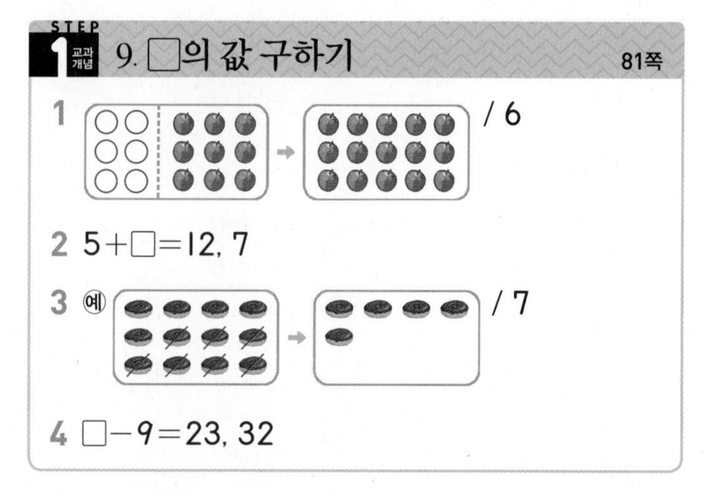

1 / 6

2 5+□=12, 7

3 ㉠ / 7

4 □−9=23, 32

1 모두 15개가 되도록 ○를 그리면 ○는 6개이므로 □=6입니다.

2 야구공의 수가 늘어났으므로 덧셈식으로 나타냅니다.
5+□=12, 12−5=□, □=7

3 남는 도넛이 5개가 되도록 ／으로 지우면 지운 것은 7개이므로 □=7입니다.

4 □−9=23, 23+9=□, □=32

STEP 2 꼭 나오는 유형 82~90쪽

1 (1) 18, 19, 20, 21 / 21
(2) ㉠ 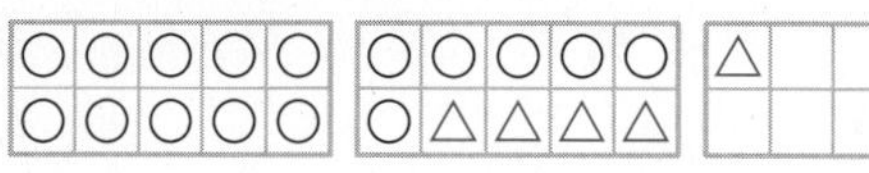
/ 21

2 (1) 23 (2) 81 (3) 42 (4) 91

3 62+9에 ○표　　4 25개

5 ㉠ 일의 자리에서 받아올림한 수를 십의 자리에 더하지 않았습니다. /

$$\begin{array}{r} \overset{1}{7}7 \\ +\ \ 6 \\ \hline 83 \end{array}$$

6 5, 57 (또는 57, 5)　　7 71

8 (1) 20, 68, 74 (2) 9, 4, 13, 43

9 (1) 70 (2) 96

10 (선 잇기)　　11 23+18=41, 41개

12 (위에서부터) 63 / 27, 36

13 19, 21에 ○표　　14 (1) 2 (2) 5

15 (1) 109 (2) 160

16 121, 131, 141

17 100

18 101명

19 예 85, 16, 101

20 (위에서부터) 3, 9

21 74, 132

22 (1) 16, 17, 18, 19 / 16

(2) 예 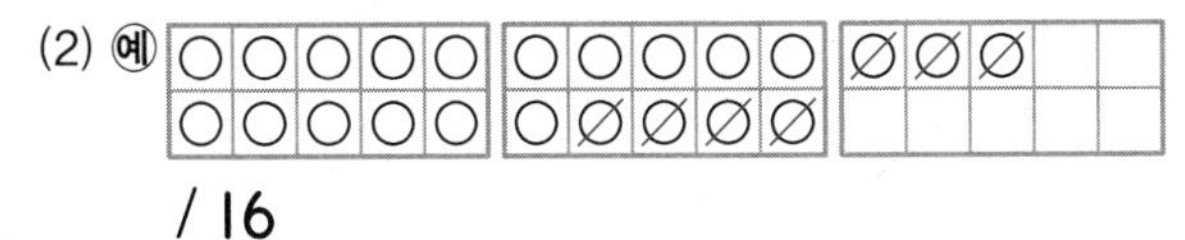

/ 16

23 (1) 54 (2) 18

24 48, 48, 48

25 17개

26 (1) 2 (2) 8

27 예 2, 4, 15

28 14

29 (1) 19 (2) 4

30

$$\begin{array}{r} \overset{6\ 10}{\cancel{7}0} \\ -\ 46 \\ \hline 24 \end{array}$$

31 (선 잇기)

32 ㉠

33 80−65, 60−37, 40−28, 70−59

34 16, 30에 ○표

35 18명

36 60

37 $72-38=72-30-8=42-8=34$

38 68

39 (1) > (2) <

40 (위에서부터) 15, 37

41 (위에서부터) 2, 5

42 닭, 9마리

43 35, 49

44 (계산 순서대로) 82, 82, 16, 16

45 56, 72, 49, 31, 34 / 수, 학, 이, 좋, 요

46 $22-7+16=31$ / 31명

47 예 16, 27 / $48+16-27=37$ / 37대

48 135장

49 28, 74 / 74, 46, 28 / 74, 28, 46

50 48 / 37, 48, 85 / 48, 37, 85

51 덧셈식 예 $15+9=24$

뺄셈식 $24-15=9$, $24-9=15$

52 $8+\square=21$, 13

53 $\square+4=12$, 8

54 $5+\square=14$, 9

55 (1) 8 (2) 16

56 (선 잇기)

57 $16-\square=9$, 7

58 $13-\square=7$, 6

59 (1) 23 (2) 84

60 $\square-8=15$, 23

61 ㉠, ㉣, ㉡, ㉢

62 8

2 (1)
$$\begin{array}{r} \overset{1}{1}8 \\ +\ \ 5 \\ \hline 23 \end{array}$$
(2)
$$\begin{array}{r} \overset{1}{7}5 \\ +\ \ 6 \\ \hline 81 \end{array}$$
(3)
$$\begin{array}{r} \overset{1}{3}4 \\ +\ \ 8 \\ \hline 42 \end{array}$$
(4)
$$\begin{array}{r} \overset{1}{\ }9 \\ +82 \\ \hline 91 \end{array}$$

3 $62+9=71$, $4+69=73$
따라서 $71<73$이므로 합이 더 작은 것은 $62+9$입니다.

4 (정아가 주운 조개껍데기의 수)
=(규민이가 주운 조개껍데기의 수)+8
$=17+8=25$(개)

서술형
5

평가 기준	배점(5점)
계산이 잘못된 곳을 찾아 까닭을 썼나요?	3점
바르게 고쳤나요?	2점

6 주어진 수 카드 중 더했을 때 일의 자리 수가 2가 되는 수를 찾으면 5와 57입니다. 따라서 $5+57=62$ 또는 $57+5=62$입니다.

9 (1)
$$\begin{array}{r} \overset{1}{2}6 \\ +44 \\ \hline 70 \end{array}$$
(2)
$$\begin{array}{r} \overset{1}{7}8 \\ +18 \\ \hline 96 \end{array}$$

10 $34+29=63$, $19+36=55$
$16+37=53$, $48+15=63$
$28+27=55$, $24+29=53$

12 $18+9=27$, $9+27=36$, $27+36=63$

13 $54+15=69<71$
$54+17=71$
$54+19=73>71$
$54+21=75>71$

14 (1) 일의 자리에서 받아올림이 있으므로
□+8=10, □=2
(2) 일의 자리에서 받아올림이 있으므로
1+□+2=8, □=5

15 (1)
$$\begin{array}{r} {\scriptstyle 1} \\ 57 \\ +52 \\ \hline 109 \end{array}$$
(2)
$$\begin{array}{r} {\scriptstyle 1\ 1} \\ 64 \\ +96 \\ \hline 160 \end{array}$$

16 88+33=121입니다.
더해지는 수가 같을 때 더하는 수가 10씩 커지면 합도 10씩 커집니다.
88+33=121
↓+10 ↓+10
88+43=131
↓+10 ↓+10
88+53=141

17 십의 자리 계산에서 백의 자리로 받아올림한 것이므로 □ 안의 수 1이 실제로 나타내는 수는 100입니다.

서술형
18 예 (강당에 있는 학생 수)
=(남학생 수)+(여학생 수)=48+53=101(명)
따라서 강당에 있는 학생은 모두 101명입니다.

평가 기준	배점(5점)
강당에 있는 학생 수는 모두 몇 명인지 구하는 식을 바르게 썼나요?	3점
강당에 있는 학생 수는 모두 몇 명인지 구했나요?	2점

내가 만드는 문제
19 예 (미소가 돌린 훌라후프 수)
=(언니가 돌린 훌라후프 수)
+(언니보다 더 많이 돌린 훌라후프 수)
=85+16=101(번)

20
$$\begin{array}{r} 1\ ㉠ \\ +\ ㉡\ 8 \\ \hline 1\ 1\ 1 \end{array}$$
㉠+8의 일의 자리 수가 1이므로 ㉠=3입니다.
1+1+㉡=11이므로 ㉡=9입니다.

21 58과 더하여 계산 결과가 가장 큰 수가 되려면 가장 큰 수를 만들어 더해야 합니다. 만들 수 있는 가장 큰 두 자리 수는 74이므로 덧셈식을 만들고 계산하면 74+58=132입니다.

23 (1)
$$\begin{array}{r} {\scriptstyle 5\ 10} \\ \not{6}\,1 \\ -\ \ 7 \\ \hline 54 \end{array}$$
(2)
$$\begin{array}{r} {\scriptstyle 1\ 10} \\ \not{2}\,2 \\ -\ \ 4 \\ \hline 18 \end{array}$$

24 55−7=48입니다.
빼어지는 수가 1씩 커질 때 빼는 수도 1씩 커지면 차는 변하지 않습니다.
55−7=48
↓+1 ↓+1 (=)
56−8=48
↓+1 ↓+1 (=)
57−9=48

25 (남은 풍선의 수)
=(처음에 있던 풍선의 수)−(날아간 풍선의 수)
=25−8=17(개)

26 (1) 십의 자리에서 받아내림이 있으므로
10+□−7=5, □=2
(2) 십의 자리에서 받아내림이 있으므로
10+6−□=8, □=8

내가 만드는 문제
27 예 선택한 수 카드 2와 4로 24를 만들면 24−9이므로 식을 계산하면 24−9=15입니다.

29 (1)
$$\begin{array}{r} {\scriptstyle 2\ 10} \\ \not{3}\,0 \\ -11 \\ \hline 19 \end{array}$$
(2)
$$\begin{array}{r} {\scriptstyle 7\ 10} \\ \not{8}\,0 \\ -76 \\ \hline 4 \end{array}$$

30 십의 자리 계산에서 받아내림하고 남은 수 6에서 4를 빼야 하는데 7−4를 계산하였습니다.

31 30−12=18, 80−68=12, 60−38=22

32 ㉠ 60−32=28
㉡ 90−64=26
➡ ㉠>㉡

33 80−65=15, 60−37=23,
40−28=12, 70−59=11
따라서 계산 결과가 17보다 작은 조각은 80−65, 40−28, 70−59입니다.

34 40−15=25 (×), 40−16=24 (×),
30−15=15 (×), 30−16=14 (○)
따라서 차가 14인 두 수는 30과 16입니다.

서술형

35 예 (더 줄 수 있는 사람 수)
=50−(지금까지 준 사람 수)
$=50-32=18$(명)
따라서 사은품을 앞으로 18명에게 더 줄 수 있습니다.

평가 기준	배점(5점)
사은품을 앞으로 몇 명에게 더 줄 수 있는지 구하는 식을 바르게 썼나요?	2점
사은품을 앞으로 몇 명에게 더 줄 수 있는지 구했나요?	3점

36 십의 자리에서 받아내림했으므로 ㉠에 알맞은 수는 6입니다.
70에서 10을 일의 자리로 받아내림했으므로 실제로 나타내는 수는 60입니다.

37 38을 30과 8로 가르기하여 72에서 30을 먼저 빼고 8을 뺍니다.

38 가장 큰 수는 91, 가장 작은 수는 23이므로 두 수의 차는 $91-23=68$입니다.

39 (1) 빼어지는 수가 같으므로 빼는 수가 클수록 차가 작습니다.
(2) 빼는 수가 같으므로 빼어지는 수가 클수록 차가 큽니다.

40 $81-66=15$, $52-15=37$

41
$$\begin{array}{r} 6\ 4 \\ -\ ㉠\ 9 \\ \hline 3\ ㉡ \end{array}$$
$10+4-9=㉡$, $㉡=5$
$6-1-㉠=3$, $㉠=2$

42 (닭의 수)$=61-26=35$(마리)
$35>26$이므로 닭이 $35-26=9$(마리) 더 많습니다.

43 84에서 뺀 계산 결과가 가장 큰 수가 되려면 가장 작은 수를 만들어 빼야 합니다. 만들 수 있는 가장 작은 두 자리 수는 35이므로 뺄셈식을 만들고 계산하면 $84-35=49$입니다.

45 세 수의 계산은 앞에서부터 두 수씩 차례로 계산합니다.

46 (지금 버스에 타고 있는 사람 수)
=(처음에 타고 있던 사람 수)−(내린 사람 수)
+(탄 사람 수)
$=22-7+16=15+16=31$(명)

내가 만드는 문제

47 예 (주차장에 남아 있는 차의 수)
=(주차되어 있던 차의 수)+(들어온 차의 수)
−(나간 차의 수)
$=48+16-27=64-27=37$(대)

참고 나간 차의 수가 주차되어 있던 차의 수와 들어온 차의 수의 합과 같거나 작아야 합니다.

서술형

48 예 (혜주의 색종이의 수)$=45+7=52$(장),
(규민이의 색종이의 수)$=52-14=38$(장)
따라서 세 사람이 가지고 있는 색종이는 모두 $45+52+38=135$(장)입니다.

평가 기준	배점(5점)
혜주와 규민이가 가지고 있는 색종이는 각각 몇 장인지 구했나요?	3점
세 사람이 가지고 있는 색종이는 모두 몇 장인지 구했나요?	2점

51 덧셈식 $15+9=24$, $9+15=24$ ⇄ 뺄셈식 $24-15=9$, $24-9=15$
덧셈식 $6+9=15$, $9+6=15$ ⇄ 뺄셈식 $15-6=9$, $15-9=6$

52 $8+\square=21$, $21-8=\square$, $\square=13$

53 $\square+4=12$, $12-4=\square$, $\square=8$

54 $5+\square=14$, $14-5=\square$, $\square=9$

55 (1) $45+\square=53$, $53-45=\square$, $\square=8$
(2) $\square+74=90$, $90-74=\square$, $\square=16$

56 $48+\square=65$, $65-48=\square$, $\square=17$
$\square+38=64$, $64-38=\square$, $\square=26$
$25+\square=51$, $51-25=\square$, $\square=26$
$\square+29=46$, $46-29=\square$, $\square=17$

57 $16-\square=9$, $16-9=\square$, $\square=7$

58 $13-\square=7$, $13-7=\square$, $\square=6$

59 (1) $62-\square=39$, $62-39=\square$, $\square=23$
(2) $\square-28=56$, $56+28=\square$, $\square=84$

60 $\square-8=15$, $15+8=\square$, $\square=23$

61 ㉠ $12-\square=6$, $12-6=\square$, $\square=6$
㉡ $\square-3=9$, $9+3=\square$, $\square=12$
㉢ $\square-11=3$, $3+11=\square$, $\square=14$
㉣ $15-\square=7$, $15-7=\square$, $\square=8$
따라서 $6<8<12<14$이므로 □의 값이 작은 순서대로 기호를 쓰면 ㉠, ㉣, ㉡, ㉢입니다.

서술형

62 ⓔ 동생에게 준 연필의 수를 □로 하여 뺄셈식을 만들면 $24-□=16$입니다.
따라서 $24-16=□$, $□=8$입니다.

평가 기준	배점(5점)
□를 사용하여 식을 만들었나요?	2점
□의 값을 구했나요?	3점

STEP 3 자주 틀리는 유형 91~94쪽

1 100 **2** 30

3 ⓔ 받아내림을 하지 않고 계산하여 잘못되었습니다.

4
```
  1 1
   2 9
 + 8 6
 ------
  1 1 5
```
5 ㉠

6 5, 31, 5, 26

7 10, 20, 20, 10, 10, 1, 11

8 ⓔ $46+19-37=28$ (① 46+19, ② 결과−37)

9 ⓔ 앞에서부터 차례로 두 수씩 계산하지 않았습니다.

10 (1) 112 (2) 82 (3) 38 (4) 8

11 81 **12** 57

13 25 **14** 55

15 1 **16** 6

17 ㉠ 2, ㉡ 8 **18** ㉠

19 19, 32 (또는 32, 19)

20 83, 7 **21** 72, 4

22 ①, ② **23** 113, 114에 ○표

24 6 **25** (1) 84 (2) 48

26 (1) 18 (2) 10 **27** 45

1 십의 자리의 계산에서 받아올림한 수이므로 □ 안의 수 1이 실제로 나타내는 수는 100입니다.

2 40에서 10을 받아내림했으므로 □ 안의 수 3이 실제로 나타내는 수는 30입니다.

3
```
  7 10
  8 2
− 4 8
------
  3 4
```

4 일의 자리에서 받아올림한 수를 십의 자리의 계산에서 더하지 않았습니다.

5 22를 20과 2로 가르기하여 30에서 20을 빼고 다시 2를 더 뺍니다.

6 15를 10과 5로 가르기하여 41에서 10을 빼고 다시 5를 더 뺍니다.

7 40 − 29 (40 → 30, 10 / 29 → 20, 9; 30−20=10, 10−9=1; 10+1=11)

40을 30과 10으로, 29를 20과 9로 가르기하여 계산합니다.

8 $46+19-37=28$ (46+19=65, 65−37=28)

9 세 수의 계산은 앞에서부터 차례로 계산해야 합니다.

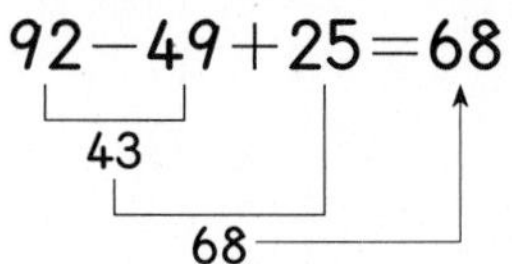
$92-49+25=68$ (92−49=43, 43+25=68)

10 (1) $60+15+37=112$ (60+15=75, 75+37=112) (2) $60-15+37=82$ (60−15=45, 45+37=82)

(3) $60+15-37=38$ (60+15=75, 75−37=38) (4) $60-15-37=8$ (60−15=45, 45−37=8)

11 어떤 수를 □라고 하면
$□-26=55$, $55+26=□$, $□=81$

12 어떤 수를 □라고 하면
$□+15=72$, $72-15=□$, $□=57$

13 어떤 수를 □라고 하면
$55+□=90$, $90-55=□$, $□=35$입니다.
따라서 어떤 수와 60의 차는 $60-35=25$입니다.

14 어떤 수를 □라고 하면
$37-\square=19$, $37-19=\square$, $\square=18$입니다.
따라서 바르게 계산하면 $37+18=55$입니다.

15 십의 자리 계산에서 받아내림이 있으므로
$10+㉠-6=5$, $㉠=1$입니다.

16 일의 자리 계산에서 받아올림이 있으므로
$4+\square=10$, $\square=6$입니다.

17 일의 자리 계산: $4+㉡=12$, $㉡=8$
십의 자리 계산: $1+㉠+2=5$, $㉠=2$

18 두 계산 모두 받아내림이 있으므로
$9-1-㉠=1$, $㉠=7$이고 $㉡-1-2=3$, $㉡=6$입니다.
따라서 ㉠과 ㉡에 알맞은 수 중에서 더 큰 수는 ㉠입니다.

19 일의 자리 수의 합이 1 또는 11인 두 수를 찾으면 19와 32입니다.
➡ $19+32=51$ 또는 $32+19=51$입니다.

20 차의 일의 자리 수가 6이 되는 두 수를 찾으면 83과 7입니다.
➡ $83-7=76$

21 차의 일의 자리 수가 8이 되는 두 수를 찾으면 72와 4입니다. $72-4=68$이므로 맞힌 두 수는 72와 4입니다.

22 $28+\square=42$라고 하면 $42-28=\square$, $\square=14$
$28+\square>42$이므로 □ 안에 들어갈 수 있는 수는 14보다 큰 수입니다.

23 $49+63=112$이므로 □ 안에는 112보다 큰 수가 들어갈 수 있습니다.

24 $31-24=7$이므로 □ 안에 들어갈 수 있는 수는 7보다 작은 수입니다. 따라서 1부터 9까지의 수 중에서 □ 안에 들어갈 수 있는 가장 큰 수는 6입니다.

25 (1) $\square-39=70-25$, $\square-39=45$,
$45+39=\square$, $\square=84$
(2) $51-14=85-\square$, $37=85-\square$,
$85-37=\square$, $\square=48$

26 (1) $48+\square=27+39$, $48+\square=66$,
$66-48=\square$, $\square=18$
(2) $19+34=\square+43$, $53=\square+43$,
$53-43=\square$, $\square=10$

27 유미가 가지고 있는 수 카드 중 뒤집혀 있는 카드에 적힌 수를 □라고 하면
$\square+46=29+62$, $\square+46=91$,
$91-46=\square$, $\square=45$

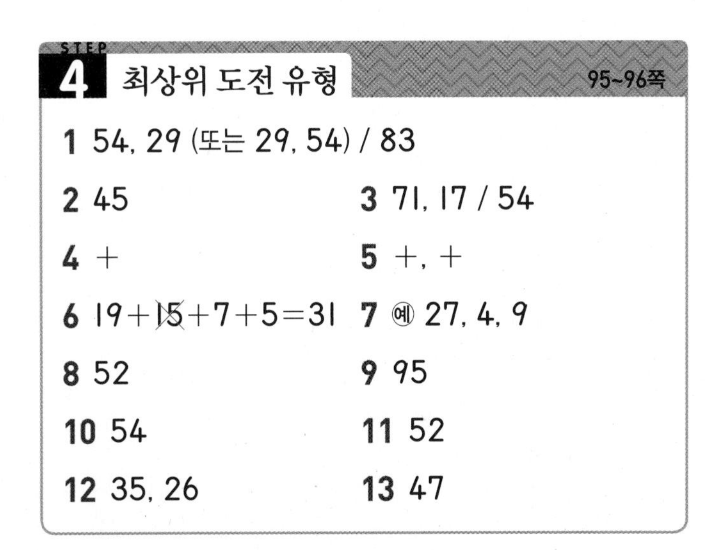
STEP **4** 최상위 도전 유형 95~96쪽

1 54, 29 (또는 29, 54) / 83
2 45 **3** 71, 17 / 54
4 + **5** +, +
6 $19+\not{15}+7+5=31$ **7** 예 27, 4, 9
8 52 **9** 95
10 54 **11** 52
12 35, 26 **13** 47

1 가장 큰 수는 54, 둘째로 큰 수는 29이므로
두 수의 합이 가장 큰 덧셈식은
$54+29=83$ 또는 $29+54=83$입니다.

2 두 수의 합이 가장 작으려면 가장 작은 수와 둘째로 작은 수를 더해야 합니다.
가장 작은 수는 16, 둘째로 작은 수는 29이므로 두 수의 합이 가장 작은 덧셈식은 $16+29=45$ 또는 $29+16=45$입니다.

3 두 수의 차가 가장 크려면 가장 큰 수에서 가장 작은 수를 빼야 합니다. 가장 큰 수는 71, 가장 작은 수는 17이므로 두 수의 차가 가장 큰 뺄셈식은
$71-17=54$입니다.

4 계산 결과가 63보다 크므로 덧셈을 한 것입니다.
➡ $63+8=71$

5 계산 결과가 25보다 크므로 ＋가 적어도 1개는 있습니다.
25＋18－19＝24 (×)
25－18＋19＝26 (×)
25＋18＋19＝62 (○)

6 19＋15＋7＝41 (×), 19＋15＋5＝39 (×),
19＋7＋5＝31 (○), 15＋7＋5＝27 (×)

7 7＋27＋4＝38 (×), 7＋27＋9＝43 (×),
7＋4＋9＝20 (×), 27＋4＋9＝40 (○)

8 ㉠＝37이므로
37＋㉡＝60, 60－37＝㉡, ㉡＝23
㉢－㉡＝29이므로
㉢－23＝29, 29＋23＝㉢, ㉢＝52

9 ★＋★＝19＋19＝38이므로 ●＝38입니다.
▲－●＝★이므로
▲－38＝19, 19＋38＝▲, ▲＝57입니다.
따라서 ●＋▲＝38＋57＝95입니다.

10 ■＋■＝18이므로 ■＝9입니다.
▲－■＝8이므로
▲－9＝8, 8＋9＝▲, ▲＝17입니다.
▲＋■＋●＝80이므로 17＋9＋●＝80,
26＋●＝80, 80－26＝●, ●＝54입니다.

11 한 원 안에 있는 수의 합은 35＋46＝81입니다.
따라서 29＋㉠＝81, 81－29＝㉠, ㉠＝52입니다.
다른 풀이
가운데 원과 오른쪽 원에서 46＋6＋29＝29＋㉠이므로 46＋6＝㉠, ㉠＝52입니다.

12 17＋9＋26＝52이므로 왼쪽 원에서
□＋17＝52, 52－17＝□, □＝35입니다.
오른쪽 원에서 26＋□＝52, 52－26＝□,
□＝26입니다.
다른 풀이
왼쪽 원과 가운데 원에서 □＋17＝17＋9＋26이므로 □＝9＋26＝35입니다.
가운데 원과 오른쪽 원에서 17＋9＋26＝26＋□이므로 17＋9＝□, □＝26입니다.

13 빨간색 카드에 적힌 두 수의 차는 54－16＝38입니다. 따라서 9와 ㉠의 차도 38이므로
㉠－9＝38, 38＋9＝㉠, ㉠＝47입니다.

수시 평가 대비 Level ❶

97~99쪽

1 44　**2** 17, 25
3 (1) 157 (2) 36　**4** 10
5 87　**6** 7, 7, 66
7 94－49－38＝7 (94－49＝45, 45－38＝7)
8 49, 73 / 24, 73　**9** 56
10 84　**11** 6
12 121쪽　**13** 사과, 23개
14 >　**15** 86
16 63－17＝46
17 40－□＝28, 12
18 34명
19 39
20 110

1 일 모형 10개는 십 모형 1개와 같습니다.
➡ 38＋6＝44

2 십 모형 1개는 일 모형 10개와 같습니다.
➡ 42－17＝25

3 (1) 98＋59＝157 (받아올림 1, 1)　(2) 60－24＝36 (받아내림 5, 10)

4 일의 자리 계산에서 십의 자리로 받아올림한 것이므로 □ 안의 수 1이 실제로 나타내는 수는 10입니다.

5 59＋28＝87

6 93에서 20을 뺀 후 7을 빼야 합니다.
➡ 93－27＝93－20－7
＝73－7
＝66

7 세 수의 계산은 앞에서부터 차례로 계산합니다.

8 73－49＝24 → 24＋49＝73　　73－49＝24 → 49＋24＝73

9 수의 크기를 비교하면 $63>48>15>9>7$이므로 가장 큰 수는 63이고, 가장 작은 수는 7입니다.
➡ $63-7=56$

10 $65-17+36=48+36=84$

11 $79+\square=85$, $85-79=\square$, $\square=6$

12 (어제와 오늘 읽은 동화책의 쪽수)
=(어제 읽은 동화책의 쪽수)
+(오늘 읽은 동화책의 쪽수)
$=47+74=121$(쪽)

13 $42>19$이므로 사과가 $42-19=23$(개) 더 많습니다.

14 $23+27=50$, $71-25=46$
➡ $50>46$

15 $43-19+25=49$이므로 ●$=49$입니다.
$43+19-25=37$이므로 ▲$=37$입니다.
따라서 ●+▲$=49+37=86$입니다.

16 계산 결과에서 일의 자리 수가 6이 되려면 $7-1=6$ 또는 받아내림을 생각하여 $13-7=6$이 되어야 합니다. 이때 일의 자리에 7과 1을 차례로 놓으면 나머지 수 카드 6과 3을 십의 자리에 차례로 놓았을 때 계산이 맞지 않으므로 일의 자리에 3, 7을 차례로 놓습니다.
➡ $63-17=46$

17 선영이가 동생에게 준 색연필의 수를 □로 하여 식을 만들면 $40-\square=28$입니다.
따라서 $40-28=\square$, $\square=12$입니다.

18 (지금 버스에 타고 있는 사람 수)
=(처음에 타고 있던 사람 수)
−(이번 정류장에서 내린 사람 수)
+(이번 정류장에서 탄 사람 수)
$=28-9+15=19+15=34$(명)

서술형
19 예 어떤 수를 □라고 하면
잘못 계산한 식은 $\square+18=75$입니다.
$75-18=\square$이므로 $\square=57$입니다.
따라서 바르게 계산한 값은 $57-18=39$입니다.

평가 기준	배점(5점)
어떤 수를 구했나요?	3점
바르게 계산한 값을 구했나요?	2점

서술형
20 예 $8>7>3>2$이므로 만들 수 있는 가장 큰 두 자리 수는 87이고, 가장 작은 두 자리 수는 23입니다.
➡ $87+23=110$

평가 기준	배점(5점)
만들 수 있는 가장 큰 두 자리 수와 가장 작은 두 자리 수를 각각 구했나요?	2점
만들 수 있는 두 수의 합을 구했나요?	3점

수시 평가 대비 Level 2

100~102쪽

1 (1) 44 (2) 80 (3) 85 (4) 124

2 64, 64

3
$$\begin{array}{r} {\scriptstyle 7\,10} \\ \not{8}\,1 \\ -\,2\,6 \\ \hline 5\,5 \end{array}$$

4 (계산 순서대로) 56, 94, 94

5 (1) 7, 7, 53 (2) 33, 33, 53

6 55, 16, 39 / 55, 39, 16

7 (   )
(○)
(   )

8 예 $\square-6=7$, 13

9 <

10 35

11 (위에서부터) 4, 3

12 21

13 106번

14 23명

15 예 35, 8 / 36, 7

16 예 25, 19, 16 / 28

17 121

18 49

19 효주, 4쪽

20 4개

1 (1)
$$\begin{array}{r} {\scriptstyle 1}\;\; \\ 3\,7 \\ +\;\;\,7 \\ \hline 4\,4 \end{array}$$
(2)
$$\begin{array}{r} {\scriptstyle 1}\;\; \\ 6\,4 \\ +\,1\,6 \\ \hline 8\,0 \end{array}$$
(3)
$$\begin{array}{r} {\scriptstyle 1}\;\; \\ 5\,7 \\ +\,2\,8 \\ \hline 8\,5 \end{array}$$
(4)
$$\begin{array}{r} {\scriptstyle 1\;1}\;\; \\ 7\,5 \\ +\,4\,9 \\ \hline 1\,2\,4 \end{array}$$

2 덧셈에서는 더하는 두 수의 순서를 바꾸어 더해도 계산 결과가 같습니다.

3 십의 자리 계산에서 받아내림하고 남은 수 7에서 2를 빼야 하는데 $8-2$를 계산하였습니다.

4 세 수의 계산은 앞에서부터 차례로 두 수씩 계산합니다.
➡ $71-15+38=56+38=94$

5 (1) 37을 30과 7로 가르기하여 16에 30을 먼저 더하고 7을 더합니다.
➡ $16+37=16+30+7$
$=46+7=53$
(2) 16을 20으로 바꾸어 계산합니다.
➡ $16+37=16+4+33$
$=20+33=53$

6 ■+●=▲ → ▲−■=●, ▲−●=■

7 $23+29-15=37$
$65-46+14=33$
$84-28-19=37$

8 $\square-6=7$, $7+6=\square$, $\square=13$

9 빼는 수가 같으므로 빼어지는 수가 작은 쪽이 더 작습니다.
다른 풀이
$90-57=33$, $92-57=35$
➡ $33<35$

10 어떤 수를 □라고 하면
$55+\square=90$, $90-55=\square$, $\square=35$

11
```
   1 ㉠
+ ㉡ 7
------
   5 1
```
㉠$+7=11$ ➡ ㉠$=4$
$1+1+$㉡$=5$ ➡ ㉡$=3$

12 더하는 수가 1씩 커지고 빼는 수도 1씩 커지면 계산 결과가 같습니다.
$26+36-19=43$
↓+1 ↓+1
$26+37-20=43$
↓+1 ↓+1
$26+38-\boxed{21}=43$

13 (오늘 넘은 줄넘기 수)$=49+8=57$(번)
(어제와 오늘 넘은 줄넘기 수)$=49+57=106$(번)

14 (안경을 쓰지 않은 학생 수)
=(남학생 수)+(여학생 수)−(안경을 쓴 학생 수)
$=16+15-8$
$=31-8=23$(명)

15 주어진 수 카드의 수 중 더했을 때 일의 자리 수가 3이 되는 두 수를 찾으면 35와 8, 36과 7입니다.
따라서 합이 43이 되는 식을 만들면
$35+8=43$ 또는 $8+35=43$, $36+7=43$ 또는 $7+36=43$입니다.

16 계산 결과가 가장 크려면 가장 큰 수와 둘째로 큰 수를 더하고 가장 작은 수를 뺍니다.
➡ $25+19-16=44-16=28$
또는 $19+25-16=44-16=28$

17 만들 수 있는 두 자리 수 중에서 가장 큰 수는 97, 가장 작은 수는 24이므로 그 합은 $97+24=121$입니다.

18 $56+27=34+$㉠, $83=34+$㉠,
$83-34=$㉠, ㉠$=49$

서술형
19 예 어제와 오늘 읽은 동화책 쪽수는
효주가 $26+26=52$(쪽),
병호가 $39+9=48$(쪽)입니다.
따라서 $52>48$이므로 효주가 $52-48=4$(쪽) 더 많이 읽었습니다.

평가 기준	배점(5점)
효주와 병호가 읽은 동화책 쪽수를 각각 구했나요?	3점
누가 몇 쪽 더 많이 읽었는지 구했나요?	2점

서술형
20 예 $46+\square=51$이면 $51-46=\square$, $\square=5$입니다.
$46+\square<51$이므로 □ 안에는 5보다 작은 수가 들어가야 합니다.
따라서 □ 안에 들어갈 수 있는 수는 1, 2, 3, 4로 모두 4개입니다.

평가 기준	배점(5점)
□ 안에 들어갈 수 있는 수를 모두 구했나요?	3점
□ 안에 들어갈 수 있는 수는 모두 몇 개인지 구했나요?	2점

4 길이 재기

cm라는 단위를 배우고 자로 길이를 재어 보는 단원입니다. 길이를 뼘이나 연필 등 임의의 단위로 몇 번인지 재어 볼 수 있지만 사람에 따라, 단위의 길이에 따라 정확하게 잴 수 없음을 이해하여 모두가 사용할 수 있는 표준화된 길이의 단위가 필요함을 알게 해 주세요. 그리고 1 cm의 길이가 얼만큼인지를 숙지하여 자 없이도 물건의 길이를 어림해 보고 길이에 대한 양감을 기를 수 있도록 지도해 주세요. 이 단원의 학습은 이후 mm 단위, 길이의 합과 차를 구하는 학습과 연결됩니다.

STEP 1 교과개념 1. 길이를 비교하는 방법 알아보기 105쪽

1 (○)
( )

2 □
⊡ (○)

3 나, 가

3 종이띠를 이용하여 가와 나의 길이를 본뜬 다음 나타내면 다음과 같습니다.

가

나

STEP 1 교과개념 2. 여러 가지 단위로 길이 재기 107쪽

1 ① 4 ② 3

2 5, 2

3 (○) ( )

1 ① 뼘으로 4번 재었으므로 4뼘입니다.
② 뼘으로 3번 재었으므로 3뼘입니다.

3 단위의 길이를 비교하면 클립 < 뼘이므로 잰 횟수는 클립 > 뼘입니다.

STEP 1 교과개념 3. 1 cm 알아보기 109쪽

1 다르기에 ○표

2 ① 1cm 1cm 1cm
② 2cm 2cm 2cm

3 ① 1 센티미터
② 3 / 3 cm, 3 센티미터
③ 5 / 5 cm, 5 센티미터

2 센티미터를 쓰는 순서와 크기에 주의해서 씁니다.

①②③④
cm

3 ① 1 cm가 1번이므로 1 cm입니다.
1 cm는 1센티미터라고 읽습니다.
② 1 cm가 3번이므로 3 cm입니다.
3 cm는 3센티미터라고 읽습니다.
③ 1 cm가 5번이므로 5 cm입니다.
5 cm는 5센티미터라고 읽습니다.

STEP 1 교과개념 4. 자로 길이를 재는 방법 알아보기 111쪽

1 0, 4, 8

2 ( )
(○)

3 ① 8 cm ② 6 cm

4 ① 5 ② 9

1 자의 처음은 0부터 시작하고 3과 5 사이에는 4가, 7과 9 사이에는 8이 있습니다.

2 ㉠ 못의 한쪽 끝을 자의 눈금에 맞추어 재야 합니다.

3 ① 색 테이프의 한쪽 끝을 자의 눈금 0에 맞추었고 다른 쪽 끝에 있는 자의 눈금은 8이므로 색 테이프의 길이는 8 cm입니다.
② 3부터 9까지 1 cm가 6번 들어가므로 색 테이프의 길이는 6 cm입니다.

4 ① 머리핀의 한쪽 끝을 자의 눈금 0에 맞추었을 때 다른 쪽 끝에 있는 자의 눈금은 5이므로 머리핀의 길이는 5 cm입니다.
② 칫솔의 한쪽 끝을 자의 눈금 0에 맞추었을 때 다른 쪽 끝에 있는 자의 눈금은 9이므로 칫솔의 길이는 9 cm입니다.

STEP 1 교과개념 5. 자로 길이 재기, 길이 어림하기 113쪽

1 ① 5, 5 ② 3, 3

2 ① 4 cm ② 9 cm

3 (위에서부터) 예 2, 2 / 예 3, 3 / 예 5, 5

1 ① 길이가 자의 눈금 사이에 있을 때는 눈금과 가까운 쪽의 숫자를 읽으며, 숫자 앞에 '약'을 붙여 말합니다.

② 눈금 0부터 길이를 재지 않은 경우에는 1 cm가 몇 번쯤 들어가는지 셉니다.

2 ① 자로 길이를 재어 보면 끈의 길이는 4 cm와 5 cm 중 4 cm에 더 가까우므로 끈의 길이는 약 4 cm입니다.
② 자로 길이를 재어 보면 끈의 길이는 8 cm와 9 cm 중 9 cm에 더 가까우므로 끈의 길이는 약 9 cm입니다.

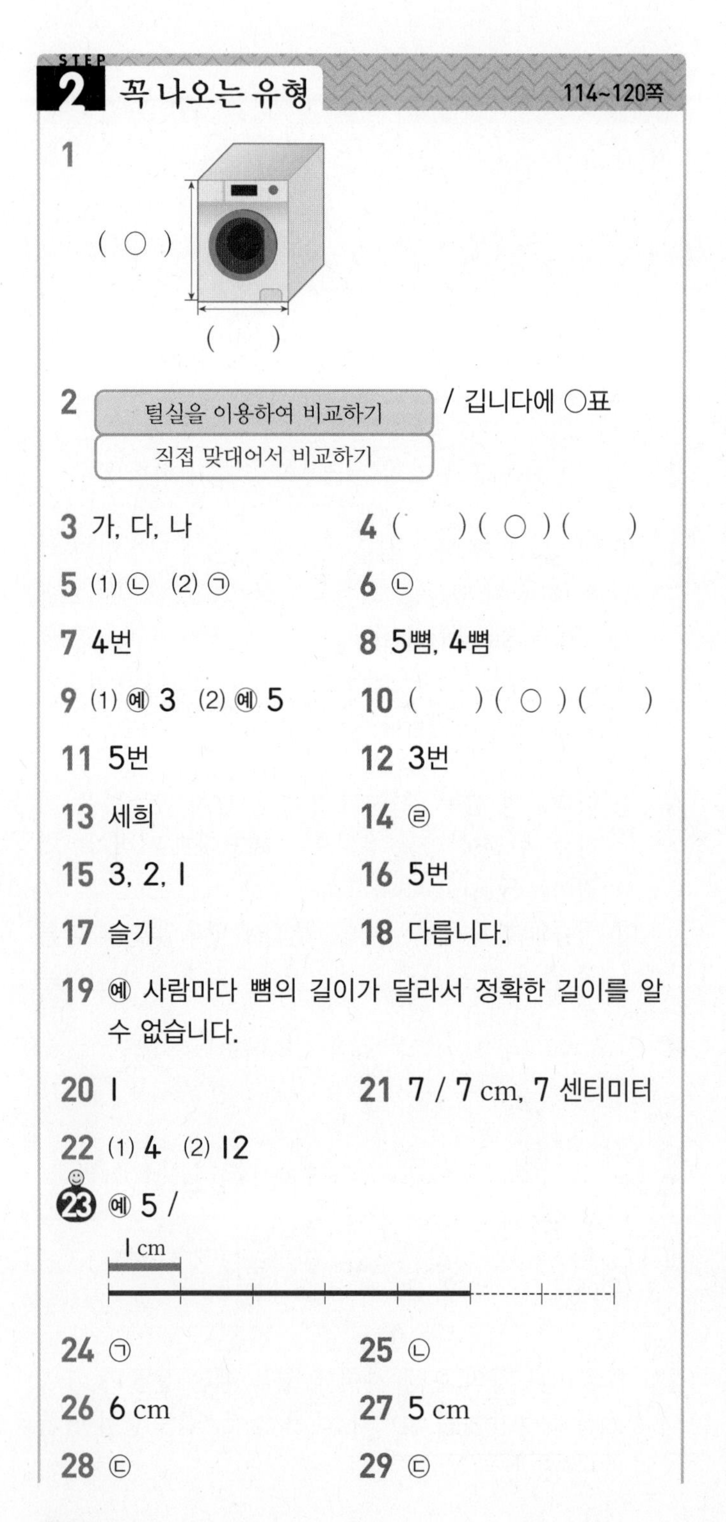

STEP 2 꼭 나오는 유형 114~120쪽

1 (○) ( )

2 털실을 이용하여 비교하기 / 직접 맞대어서 비교하기 / 깁니다에 ○표

3 가, 다, 나
4 ( ) (○) ( )
5 (1) ㉡ (2) ㉠
6 ㉡
7 4번
8 5뼘, 4뼘
9 (1) 예 3 (2) 예 5
10 ( ) (○) ( )
11 5번
12 3번
13 세희
14 ㉣
15 3, 2, 1
16 5번
17 슬기
18 다릅니다.
19 예 사람마다 뼘의 길이가 달라서 정확한 길이를 알 수 없습니다.
20 1
21 7 / 7 cm, 7 센티미터
22 (1) 4 (2) 12
23 예 5 / 1 cm
24 ㉠
25 ㉡
26 6 cm
27 5 cm
28 ㉢
29 ㉢

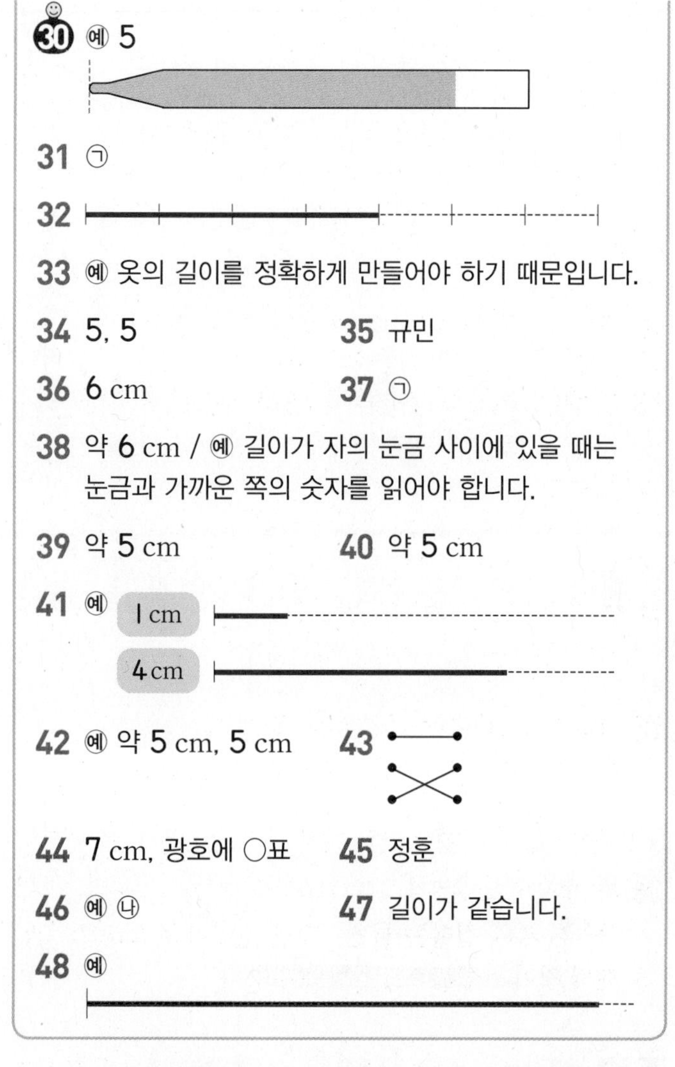

30 예 5
31 ㉠
32
33 예 옷의 길이를 정확하게 만들어야 하기 때문입니다.
34 5, 5
35 규민
36 6 cm
37 ㉠
38 약 6 cm / 예 길이가 자의 눈금 사이에 있을 때는 눈금과 가까운 쪽의 숫자를 읽어야 합니다.
39 약 5 cm
40 약 5 cm
41 예 1 cm / 4 cm
42 예 약 5 cm, 5 cm
43
44 7 cm, 광호에 ○표
45 정훈
46 예 ㉯
47 길이가 같습니다.
48 예

1 종이띠를 이용하여 길이를 본뜬 다음 서로 맞대어 길이를 비교합니다.

2 직접 맞대어 길이를 비교할 수 없으므로 종이띠, 털실, 막대 등을 이용하여 길이를 비교합니다.

3 종이띠를 이용하여 길이를 나타내면 다음과 같으므로 길이가 긴 리본부터 순서대로 기호를 쓰면 가, 다, 나입니다.

4 종이띠로 빨간색 막대만큼 길이를 본뜬 다음 키와 맞대어 길이를 비교합니다.

5 직접 비교할 수 없는 길이는 구체물을 이용하여 비교할 수 있습니다.

6 책의 긴 쪽의 길이가 책꽂이의 위쪽 칸의 높이보다 더 긴 책은 ㉡입니다.

7 리코더의 길이는 지우개로 4번 잰 길이와 같습니다.

8 끈의 길이는 수현이의 뼘으로 5번이므로 5뼘이고 아버지의 뼘으로 4번이므로 4뼘입니다.

9 단위를 옮겨 가며 빈틈없이 이어서 길이를 잴 수 있습니다.

10 건전지, 풀, 클립 중에서 가장 긴 것은 풀입니다.

13 잰 횟수가 같으므로 길이를 잴 때 사용한 지우개, 수학책의 긴 쪽, 뼘의 길이를 비교해 보면 수학책의 긴 쪽이 가장 깁니다.
따라서 가장 긴 끈을 가지고 있는 사람은 세희입니다.

14 ㉠ 6개, ㉡ 5개, ㉢ 4개, ㉣ 7개를 연결하였으므로 가장 길게 연결한 것은 ㉣입니다.

15 단위길이가 길수록 잰 횟수는 적습니다.
단위길이가 지우개<뼘<수학책이므로 잰 횟수는
지우개>뼘>수학책입니다.

16 사인펜의 길이는 바둑돌 10개의 길이와 같습니다. 바둑돌 2개의 길이는 클립 1개의 길이와 같으므로 사인펜의 길이는 클립으로 5번입니다.

17 한 뼘의 길이는 슬기가 더 깁니다.

18 두 사람의 뼘의 길이가 다르므로 자른 끈의 길이도 서로 다릅니다.

서술형
19

평가 기준	배점(5점)
뼘으로 길이를 재면 불편한 점을 바르게 썼나요?	5점

20 자에 쓰인 숫자 사이의 한 칸은 1 cm로 모두 같습니다.

21 1 cm가 7번이므로 7 cm입니다.
7 cm는 7 센티미터라고 읽습니다.

참고 1 cm가 ■번이면 ■ cm라 쓰고 ■ 센티미터라고 읽습니다.

22 ● cm는 1 cm가 ●번입니다.

내가 만드는 문제
23 ■ cm라고 정하면 1 cm가 ■번 되게 점선을 따라 선을 긋습니다.

24 ㉡ 1 cm로 3번은 3 cm입니다.
따라서 길이가 더 긴 것은 ㉠입니다.

25 ㉠ 1 cm가 2번이므로 2 cm입니다.
㉡ 1 cm가 4번이므로 4 cm입니다.
㉢ 1 cm가 3번이므로 3 cm입니다.
㉣ 1 cm가 1번이므로 1 cm입니다.
따라서 길이가 가장 긴 것은 ㉡입니다.

26 바늘의 한쪽 끝을 자의 눈금 0에 맞추었고 다른 쪽 끝에 있는 자의 눈금은 6이므로 바늘의 길이는 6 cm입니다.

27 건전지의 왼쪽 끝을 자의 눈금 0에 맞추었을 때 오른쪽 끝에 있는 자의 눈금은 5이므로 건전지의 길이는 5 cm입니다.

28 ㉠ 색 테이프의 한쪽 끝을 눈금에 맞추지 않았습니다.
㉡ 색 테이프를 자에 나란히 놓지 않았습니다.

29 자로 길이를 재어 보면 ㉠ 6 cm, ㉡ 5 cm, ㉢ 7 cm입니다.

31 빨간색 점에서 점 ㉠과 점 ㉡까지 각각 선을 그은 후 자로 길이를 재어 보면 점 ㉠이 더 가깝게 있습니다.

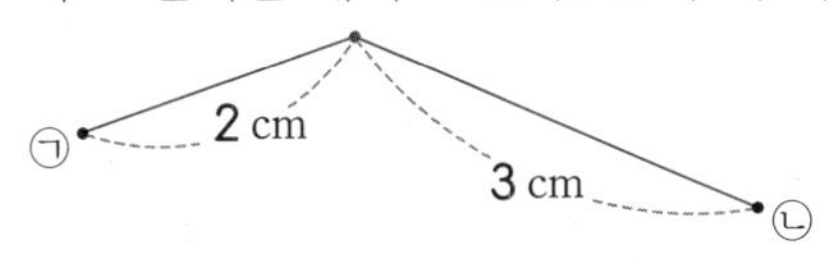

32 막대의 길이를 재어 보면 4 cm이므로 4 cm만큼 점선을 따라 선을 긋습니다.

서술형
33

평가 기준	배점(5점)
길이 재기가 필요한 까닭을 바르게 썼나요?	5점

34 1부터 6까지 1 cm가 5번이므로 빨대의 길이는 5 cm입니다.

35 성냥개비의 한쪽 끝이 0이 아닌 눈금에서 시작했으므로 1 cm가 몇 번인지 셉니다.

36 2부터 8까지 1 cm가 6번이므로 자석의 길이는 6 cm입니다.

37 ㉠ 크레파스의 길이는 4 cm에 가깝기 때문에 약 4 cm입니다.
㉡ 크레파스의 길이는 3 cm에 가깝기 때문에 약 3 cm입니다.

서술형
38

평가 기준	배점(5점)
연필의 길이가 약 몇 cm인지 썼나요?	2점
어떻게 재어야 하는지 바르게 설명했나요?	3점

39 오른쪽 끝이 11 cm에 가까우므로 6부터 11까지 1 cm가 5번쯤 됩니다.
따라서 색 테이프의 길이는 약 5 cm입니다.

40 자로 길이를 재어 보면 도장의 길이는 4 cm와 5 cm 중 5 cm에 더 가깝습니다.
따라서 도장의 길이는 약 5 cm입니다.

42 1 cm가 몇 번쯤 들어갈지 생각하여 어림해 보고 자로 재어 확인합니다.

44 실제 길이와 어림한 길이의 차가 작을수록 더 가깝게 어림한 것입니다.

45 자른 색 테이프의 길이를 재어 보면 해인이는 5 cm, 정훈이는 2 cm입니다.
$5-3=2$ (cm), $3-2=1$ (cm)이므로 3 cm에 더 가깝게 어림하여 자른 사람은 정훈이입니다.

47 자로 재어 보면 ㉮와 ㉯의 길이는 1 cm로 같습니다.

STEP 3 자주 틀리는 유형 121~123쪽

1 5 cm	**2** ㉡
3 10 cm	**4** ×
5 혜성	**6** (　　) (○)
7 옷핀	**8** 가, 다, 나
9 ㉢	**10** 승철
11 지운	**12** 현수
13 (2), (3), (1)	
14 ○	/ 5 cm
15 3 cm	**16** 1 cm
17 원태	**18** 성우

1 2부터 7까지 1 cm가 5번 들어가므로 크레파스의 길이는 5 cm입니다.

2 ㉠ 4 cm ㉡ 6 cm ㉢ 5 cm

3 ㉮는 7부터 11까지 1 cm가 4번이므로 4 cm,
㉯는 6부터 12까지 1 cm가 6번이므로 6 cm입니다.
따라서 ㉮와 ㉯를 겹치지 않게 길게 이으면 1 cm가 $4+6=10$(번)이므로 10 cm가 됩니다.

4 막대의 한쪽 끝을 눈금 0에 맞추지 않았으므로 4 cm라고 할 수 없습니다.

5 옷핀의 한쪽 끝이 자의 눈금 0에서 시작하지 않았으므로 1 cm가 몇 번 들어가는지 세어야 합니다.

6 색연필의 오른쪽 끝이 5 cm와 6 cm 중 6 cm에 더 가까우므로 약 6 cm입니다.

7 길이를 잴 때 사용하는 단위의 길이가 짧을수록 더 많이 재어야 합니다.

8 막대의 길이가 길수록 잰 횟수가 적으므로 길이가 긴 것부터 차례로 쓰면 가, 다, 나입니다.

9 같은 물건의 길이를 잴 때 재는 단위의 길이가 짧을수록 잰 횟수가 많으므로 잰 횟수가 가장 많은 것은 길이가 가장 짧은 ㉢입니다.

10 칠판의 긴 쪽의 길이를 잴 때 잰 횟수가 적을수록 뼘의 길이가 더 깁니다.
따라서 $9<10$이므로 뼘의 길이가 더 긴 사람은 승철이입니다.

> **참고** 같은 길이를 잴 때 잰 횟수가 적을수록 단위의 길이는 깁니다.

11 같은 물건의 길이를 여러 가지 단위로 재어 나타낼 때 잰 횟수가 적을수록 단위의 길이가 깁니다.

12 한 걸음의 길이가 짧을수록 잰 횟수가 많으므로 잰 횟수가 더 많은 현수의 한 걸음의 길이가 더 짧습니다.

13 삼각형의 변의 길이를 자로 재어 보면

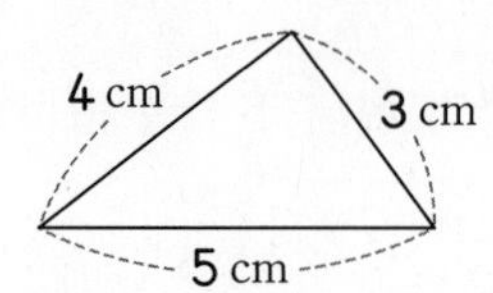

따라서 길이가 가장 긴 변은 5 cm인 변이고, 가장 짧은 변은 3 cm인 변입니다.

14 사각형의 변의 길이를 자로 재어 보면

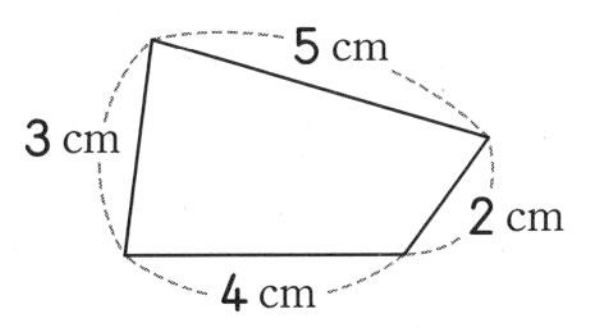

따라서 가장 긴 변은 길이가 5 cm인 변입니다.

15 삼각형의 변의 길이를 자로 재어 보면

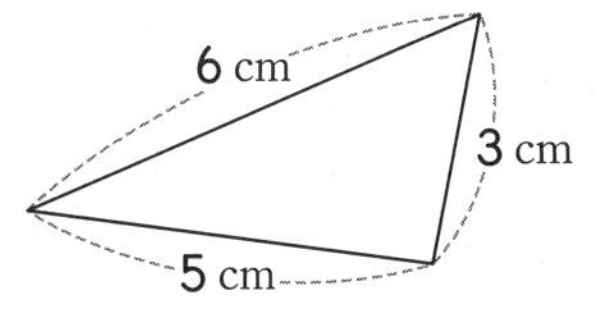

길이가 가장 긴 변은 6 cm인 변이고,
길이가 가장 짧은 변은 3 cm인 변입니다.
➡ $6-3=3$ (cm)

16 막대 사탕의 길이를 자로 재어 보면 7 cm입니다.
따라서 어림한 길이와 자로 잰 길이의 차는
$7-6=1$ (cm)입니다.

17 실제 길이와 어림한 길이의 차를 구하면
정음: $30-28=2$ (cm)
원태: $31-30=1$ (cm)
실제 길이와 어림한 길이의 차가 작을수록 더 가깝게 어림한 것이므로 실제 길이에 더 가깝게 어림한 사람은 원태입니다.

18 자로 재어 보면 청하의 끈은 약 7 cm, 성우의 끈은 약 5 cm, 소혜의 끈은 약 4 cm입니다.
따라서 가장 가깝게 어림한 사람은 5 cm와 가장 가깝게 끈을 자른 성우입니다.

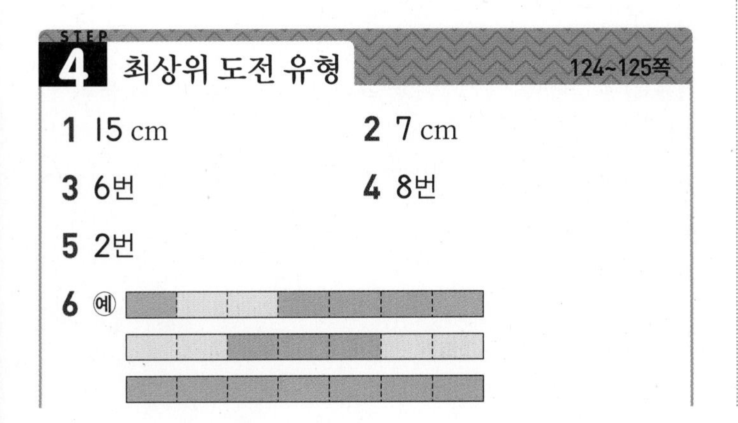

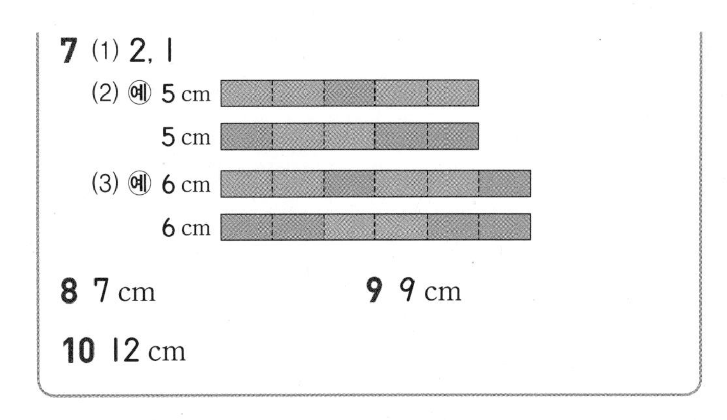

1 그은 선의 길이는 1 cm가 15번이므로 15 cm입니다.

2 가장 가까운 길은 아래쪽으로 3칸, 오른쪽으로 4칸을 그으면 되므로 모두 7칸입니다. 한 칸의 길이는 작은 사각형의 한 변의 길이인 1 cm이므로 7칸의 길이는 7 cm입니다.

3

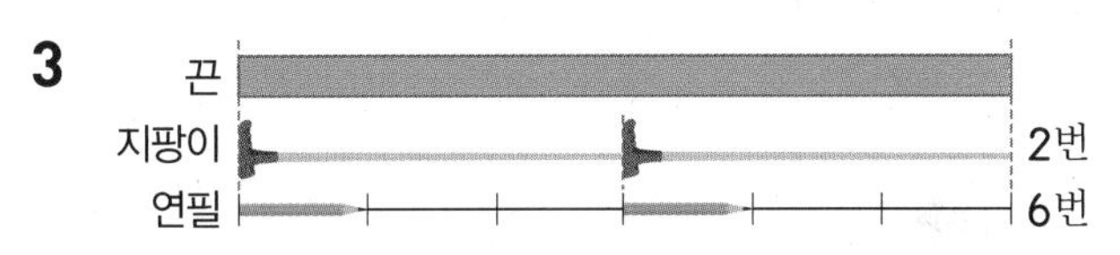

➡ 끈의 길이는 연필로 6번 잰 길이와 같습니다.

4 클립의 길이를 기준으로 하여 지우개와 연필의 길이를 알아봅니다.

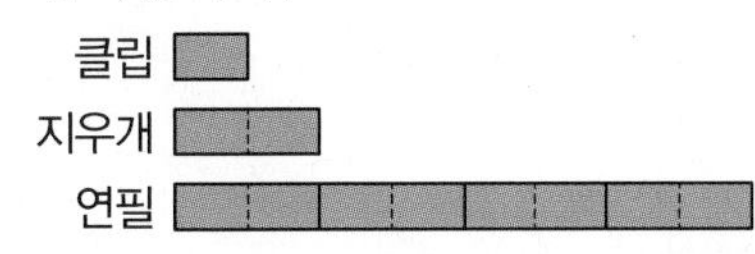

➡ 연필의 길이는 클립으로 8번 잰 길이와 같습니다.

5 텔레비전의 긴 쪽
리코더
필통

➡ 리코더의 길이는 필통으로 2번 잰 길이와 같습니다.

6 $7\text{(cm)}=1+2+3+1$
$7\text{(cm)}=2+3+2$
$7\text{(cm)}=3+1+3$
등과 같이 생각하여 색칠합니다.

7 (2) $5\text{(cm)}=2+1+2$
$5\text{(cm)}=1+2+1+1$
등과 같이 생각하여 색칠합니다.
(3) $6\text{(cm)}=2+1+2+1$
$6\text{(cm)}=1+1+2+1+1$
등과 같이 생각하여 색칠합니다.

8 선의 길이를 각각 재어 보면 5 cm, 2 cm입니다.
$5+2=7$이므로 선의 길이는 모두 7 cm입니다.

9 철사의 길이를 각각 재어 보면 2 cm, 3 cm, 4 cm입니다. $2+3+4=9$이므로 이은 철사의 길이는 모두 9 cm입니다.

10 선의 길이를 왼쪽부터 차례로 각각 재어 보면 1 cm, 3 cm, 2 cm, 2 cm, 1 cm, 3 cm입니다. $1+3+2+2+1+3=12$이므로 선의 길이는 모두 12 cm입니다.

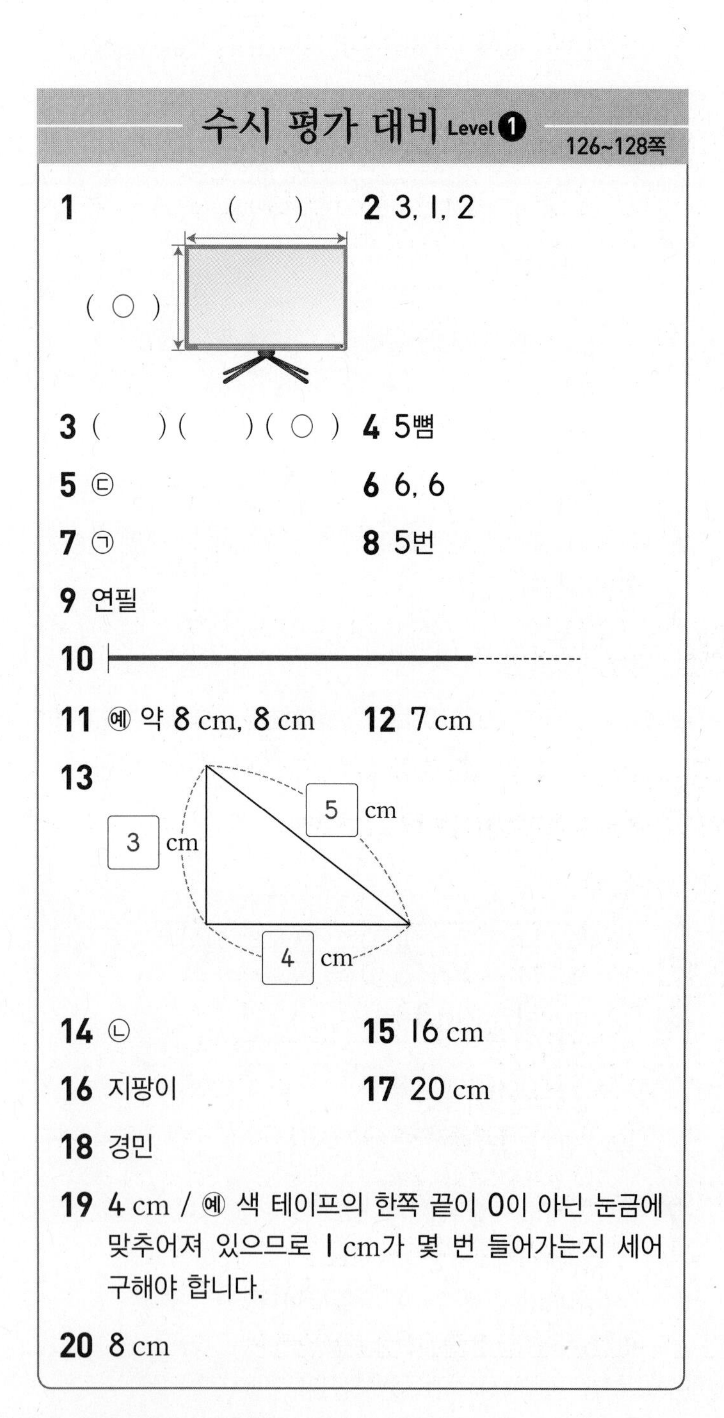

수시 평가 대비 Level ❶

126~128쪽

1 ( ) / (○)

2 3, 1, 2

3 ( ) ( ) (○)

4 5뼘

5 ㉢

6 6, 6

7 ㉠

8 5번

9 연필

10 (선 긋기)

11 예 약 8 cm, 8 cm

12 7 cm

13 3 cm, 5 cm, 4 cm

14 ㉡

15 16 cm

16 지팡이

17 20 cm

18 경민

19 4 cm / 예 색 테이프의 한쪽 끝이 0이 아닌 눈금에 맞추어져 있으므로 1 cm가 몇 번 들어가는지 세어 구해야 합니다.

20 8 cm

1 종이띠를 이용하여 길이를 본뜬 다음 서로 맞대어 길이를 비교합니다.

3 c와 m은 작게 씁니다.

4 책꽂이의 긴 쪽의 길이는 5뼘입니다.

5 ㉠ 자와 나란히 놓아야 합니다.
㉡ 물건의 한끝을 자의 눈금에 맞추어 놓아야 합니다.

6 연필의 길이는 1 cm가 6번이므로 6 cm입니다.

7 ▭를 단위로 하면 ㉠ 3번, ㉡ 5번, ㉢ 4번입니다. 따라서 가장 짧은 것은 ㉠입니다.

8 리코더의 길이를 지우개로 재면 5번입니다.

9 리코더의 길이는 연필로 2번, 풀로 3번, 지우개로 5번이므로 연필로 잰 횟수가 가장 적습니다.

10 점선의 왼쪽 끝을 자의 눈금 0에 맞춘 후 점선을 따라 눈금 5까지 선을 긋습니다.

11 1 cm가 몇 번쯤 들어갈지 생각하여 어림하고 자로 재어 확인합니다.

12 과자의 길이는 6 cm와 7 cm 중 7 cm에 더 가까우므로 약 7 cm입니다.

14 ㉠ 왼쪽 끝이 자의 눈금 0에 맞추어져 있으므로 오른쪽 끝의 눈금을 읽으면 5 cm입니다.
㉡ 1 cm가 6번이므로 6 cm입니다.
따라서 $5<6$이므로 길이가 더 긴 것은 ㉡입니다.

15 굵은 선의 길이는 1 cm가 16번이므로 16 cm입니다.

16 뼘으로 잰 횟수가 많을수록 길이가 깁니다.
따라서 $6>5>4$이므로 물건의 길이가 가장 긴 것은 지팡이입니다.

17 ㉯의 길이는 ㉮를 4번 이어 놓은 것과 같으므로 $5+5+5+5=20$ (cm)입니다.

18 같은 높이를 잰 것이므로 잰 횟수가 적을수록 뼘의 길이가 긴 것입니다.
따라서 $5<7$이므로 뼘의 길이가 더 긴 사람은 경민이입니다.

서술형
19

평가 기준	배점(5점)
색 테이프의 길이를 바르게 구했나요?	2점
색 테이프의 길이를 잘못 구한 까닭을 썼나요?	3점

서술형

20 ㊞ ㉮ 막대는 1 cm가 3번이므로 3 cm입니다.
㉯ 막대는 1 cm가 5번이므로 5 cm입니다.
따라서 ㉮와 ㉯ 막대를 겹치지 않게 이어 붙이면
$3+5=8$ (cm)가 됩니다.

평가 기준	배점(5점)
㉮와 ㉯ 막대의 길이를 각각 구했나요?	3점
㉮와 ㉯ 막대를 겹치지 않게 이어 붙이면 몇 cm가 되는지 구했나요?	2점

수시 평가 대비 Level ❷

129~131쪽

1 (1) ㉡ (2) ㉠
2 7번
3 (△) (○) ( )
4 4 cm, 4 센티미터
5 7 cm
6 ㊞ 6, 6
7 (선 긋기)
8 태훈
9 ㉡
10 (1) ㊞ 약 2 cm (2) ㊞ 약 4 cm
11 ㉡
12 5 cm
13 3개
14 (1) ㊞ (색칠) (2) ㊞ (색칠)
15 10 cm
16 ㉯
17 가, 다, 나
18 3번
19 ㊞ 두 사람의 뼘의 길이가 다르기 때문입니다.
20 정인

1 직접 비교할 수 없는 길이는 구체물을 이용하여 비교할 수 있습니다.

2 우산의 길이는 뼘으로 7번 잰 길이와 같습니다.

3 옷핀, 연필, 크레파스 중 가장 긴 것은 연필, 가장 짧은 것은 옷핀입니다.

4 1 cm가 4번이므로 4 cm입니다. 4 cm는 4 센티미터라고 읽습니다.

5 고추의 한쪽 끝을 자의 눈금 0에 맞추었을 때 다른 쪽 끝에 있는 자의 눈금은 7이므로 고추의 길이는 7 cm입니다.

6 1 cm가 몇 번쯤 들어갈지 생각하여 어림해 보고 자로 재어 확인합니다.

7 크레파스의 길이를 자로 재어 보면 5 cm입니다. 따라서 점선을 따라 5 cm만큼 선을 긋습니다.

8 머리핀의 오른쪽 끝이 6 cm에 가까우므로 머리핀의 길이는 약 6 cm입니다. 따라서 길이를 바르게 나타낸 사람은 태훈이입니다.

9 연결 모형의 수를 세어 보면
㉠ 7개, ㉡ 5개, ㉢ 6개입니다.
따라서 가장 짧게 연결한 것은 ㉡입니다.

10 (1) 옷핀보다 1 cm 정도 짧으므로 약 2 cm로 어림합니다.
(2) 옷핀보다 1 cm 정도 길므로 약 4 cm로 어림합니다.

11 ㉡ 색 테이프의 오른쪽 끝이 9 cm에 가까우므로 4부터 9까지 1 cm가 5번쯤 됩니다. ➡ 약 5 cm

12 색 테이프는 각각 5부터 8까지 1 cm가 3번, 9부터 11까지 1 cm가 2번이므로 1 cm가 모두 $3+2=5$(번)입니다. 따라서 두 색 테이프의 길이의 합은 5 cm입니다.

13
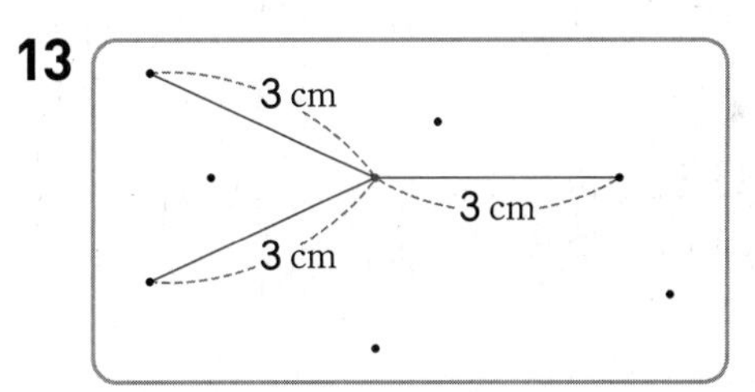

자의 눈금 0을 빨간색 점에 맞추고 3 cm 떨어진 곳에 있는 점을 찾습니다.

14 (1) 6 (cm)$=1+2+3$
6 (cm)$=1+2+1+2$
등과 같이 생각하여 색칠합니다.
(2) 7 (cm)$=1+2+1+3$
7 (cm)$=2+2+3$
등과 같이 생각하여 색칠합니다.

15
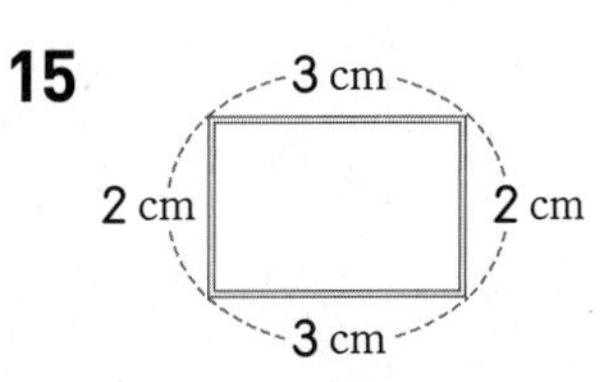

➡ 사용한 철사는 모두 $3+2+3+2=10$ (cm)입니다.

16 잰 횟수가 같으므로 길이를 잴 때 사용한 옷핀과 칫솔의 길이를 비교합니다. 옷핀과 칫솔 중 더 긴 단위는 칫솔이므로 길이가 더 긴 것은 칫솔로 잰 줄 ㉯입니다.

17 같은 단위인 길호의 뼘으로 잰 것이므로 잰 횟수가 많을수록 길이가 깁니다.

18

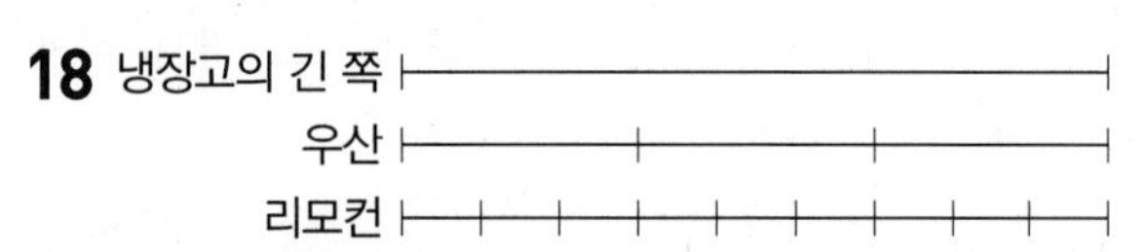

따라서 우산의 길이는 리모컨으로 3번 잰 길이와 같습니다.

서술형
19

평가 기준	배점(5점)
뼘의 횟수가 다른 까닭을 바르게 썼나요?	5점

서술형
20 예 실제 길이와 어림한 길이의 차를 구하면
정협: 17−15=2 (cm), 연주: 20−15=5 (cm), 정인: 15−14=1 (cm)입니다. 실제 길이와 어림한 길이의 차가 작을수록 가깝게 어림한 것이므로 실제 길이에 가장 가깝게 어림한 사람은 정인이입니다.

평가 기준	배점(5점)
실제 길이와 어림한 길이의 차를 각각 구했나요?	3점
실제 길이에 가장 가깝게 어림한 사람을 찾았나요?	2점

사고력이 반짝 132쪽

5 분류하기

아이들은 생활 속에서 이미 분류를 경험하고 있습니다. 마트에 물건들이 종류별로 분류되어 있는 것이나, 재활용 쓰레기를 분리배출하는 등이 그 예입니다. 이러한 생활 속 상황들을 통해 분류의 필요성을 느낄 수 있도록 지도해 주시고, 분류를 할 때에는 객관적인 기준이 있어야 한다는 점을 이해할 수 있게 해 주세요. 분류는 통계 영역의 기초 개념입니다. 따라서 분류하여 세어 보고, 센 자료를 해석하는 학습을 통해 그것들이 어디에 유용하게 쓰일 수 있는지 알 수 있도록 지도해 주세요.

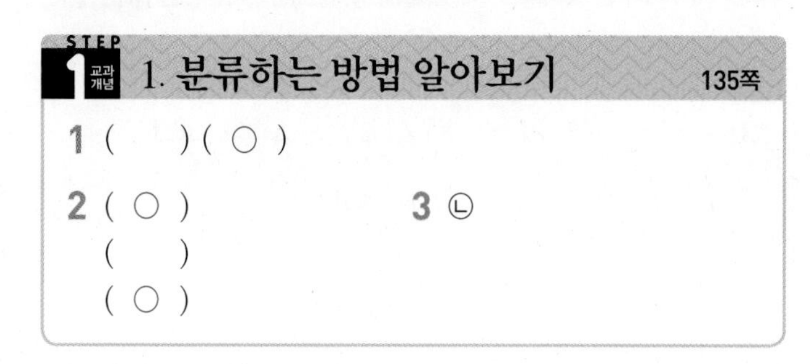

STEP 1 교과개념 1. 분류하는 방법 알아보기 135쪽

1 (　　) (○)

2 (○)
(　　)
(○)

3 ㉡

1 예쁜 양말과 예쁘지 않은 양말을 기준으로 분류하면 사람에 따라 분류 결과가 다를 수 있으므로 분류 기준으로 알맞지 않습니다.
긴 양말과 짧은 양말을 기준으로 분류하면 같은 결과가 나오므로 분류 기준으로 알맞습니다.

2 좋아하는 것과 좋아하지 않는 것은 분명한 분류 기준이 아니므로 분류 기준으로 알맞지 않습니다.

3 맛있는 것과 맛없는 것은 사람마다 기준이 다르므로 분류 기준이 분명하지 않습니다.

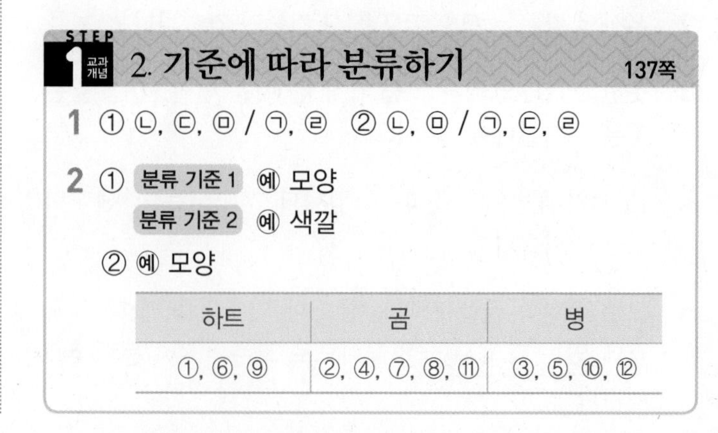

STEP 1 교과개념 2. 기준에 따라 분류하기 137쪽

1 ① ㉡, ㉢, ㉤ / ㉠, ㉣ ② ㉡, ㉤ / ㉠, ㉢, ㉣

2 ① 분류 기준 1 예 모양
분류 기준 2 예 색깔
② 예 모양

하트	곰	병
①, ⑥, ⑨	②, ④, ⑦, ⑧, ⑪	③, ⑤, ⑩, ⑫

1 ① 다리가 2개인 동물: ㉡ 기러기, ㉢ 타조, ㉤ 참새
다리가 4개인 동물: ㉠ 소, ㉣ 토끼
② ㉢ 타조는 날지 못하므로 걸어서 이동하는 동물로 분류해야 합니다.

2 ② 분류 기준: 색깔

빨간색	노란색	초록색
①, ④, ⑥, ⑧, ⑩	②, ⑨, ⑫	③, ⑤, ⑦, ⑪

STEP 1 교과개념 3. 분류하고 세어 보기 139쪽

1

바퀴의 수	2개	4개
탈 것의 이름	자전거, 오토바이	버스, 소방차, 트럭, 승용차
탈 것의 수(대)	2	4

2

종류	플라스틱	비닐	캔	병
세면서 표시하기				
재활용품의 수(개)	7	2	6	3

1 • 바퀴가 2개인 탈 것: 자전거, 오토바이
➡ 2대
• 바퀴가 4개인 탈 것: 버스, 소방차, 트럭, 승용차
➡ 4대

2 재활용품의 종류에 따라 분류한 다음 그 수를 세어 봅니다.

주의 하나씩 셀 때마다 V, /, ○ 표시 등을 하여 두 번 세거나 빠뜨리지 않도록 합니다.

STEP 1 교과개념 4. 분류한 결과 말해 보기 141쪽

1 ①

종류	야구	축구	농구	배구
세면서 표시하기				
학생 수(명)	7	5	4	2

② 야구 ③ 배구

2 7, 2 / 빨간색에 ○표

1 ② 7, 5, 4, 2 중에서 가장 큰 수가 7이므로 가장 많은 학생들이 좋아하는 운동은 야구입니다.
③ 7, 5, 4, 2 중에서 가장 작은 수가 2이므로 가장 적은 학생들이 좋아하는 운동은 배구입니다.

2 가장 많은 학생들이 가지고 있는 색연필은 빨간색입니다. 따라서 빨간색 색연필을 가장 많이 준비하는 것이 좋겠습니다.

STEP 2 꼭 나오는 유형 142~145쪽

1 색깔에 ○표 2 ( )(○)( )

3 ㉡, ㉢ 4 정후

5 예 분류 기준이 분명하지 않습니다. /
예 바퀴가 있는 것과 없는 것으로 분류합니다.

6 ㉠, ㉣, ㉥ / ㉡, ㉢, ㉤

7 ①, ⑥, ⑧ / ②, ③, ⑦ / ④, ⑤

8 ①, ④, ⑥, ⑦ / ②, ③, ⑤, ⑧

9 채소 칸

10 분류 기준 1 예 한글과 숫자
분류 기준 2 예 색깔

11 예 색깔 /

색깔	파란색	빨간색
자석	ㄱ, 2, 4, ㄹ	1, ㄴ, ㄷ, 3

12

종류	강아지	고양이	닭	펭귄
세면서 표시하기				
학생 수(명)	5	7	2	1

13

모양			
번호	①, ⑥, ⑦	②, ⑤	③, ④, ⑧
양말 수(켤레)	3	2	3

14

색깔	노란색	파란색	빨간색
번호	①, ⑤, ⑧	②, ④, ⑦	③, ⑥
양말 수(켤레)	3	3	2

15 예 꽃이 피었습니다. / 6개

16 주황색

17

종류	북	기타	하모니카
세면서 표시하기	///	卌 //	卌
학생 수(명)	3	7	5

18 기타　　**19** 북

20 예

종류	풀	연필	지우개
물건 수(개)	4	5	3

/ 연필, 지우개

21 5, 7　　**22** 짧은, 긴

1 신발을 색깔에 따라 분류한 것입니다.

2 세련된 것은 사람마다 기준이 다르므로 분류 기준으로 알맞지 않습니다.

3 컵의 크기는 모두 같으므로 크기를 기준으로 분류할 수 없습니다.

4 편한 것과 불편한 것, 비싼 것과 비싸지 않는 것은 사람마다 기준이 다르므로 분류 기준으로 알맞지 않습니다.

서술형
5 땅으로 다니는 것과 바다로 다니는 것 등으로도 분류할 수 있습니다.

평가 기준	배점(5점)
분류 기준으로 알맞지 않은 까닭을 바르게 썼나요?	2점
분류 기준을 바르게 썼나요?	3점

7 색깔별로 깃발을 분류하여 번호를 씁니다.

8 모양별로 깃발을 분류하여 번호를 씁니다.

서술형
9 예 사과는 채소가 아니라 과일이므로 사과를 과일 칸으로 옮겨야 합니다.

평가 기준	배점(5점)
잘못 분류되어 있는 칸을 썼나요?	2점
바르게 고쳤나요?	3점

11 한글과 숫자로 분류할 수도 있습니다.

분류 기준	한글과 숫자

종류	한글	숫자
자석	ㄱ, ㄴ, ㄷ, ㄹ	1, 2, 3, 4

내가 만드는 문제
15 화분의 색깔, 꽃의 수 등도 기준으로 할 수 있습니다.

서술형
16 예 주황색 색종이는 8장, 초록색 색종이는 6장입니다. 따라서 8 > 6이므로 주황색 색종이가 더 많습니다.

평가 기준	배점(5점)
색깔별 색종이 수를 구했나요?	3점
어떤 색깔의 색종이가 더 많은지 구했나요?	2점

18 17번의 표에서 학생 수가 가장 많은 악기를 찾으면 기타입니다.

19 17번의 표에서 학생 수가 가장 적은 악기를 찾으면 북입니다.

20

종류	풀	연필	지우개
세면서 표시하기	////	卌	///
물건 수(개)	4	5	3

22 우산이 짧은 것이 긴 것보다 더 많으므로 짧은 우산꽂이를 긴 우산꽂이보다 더 많이 준비하면 좋습니다.

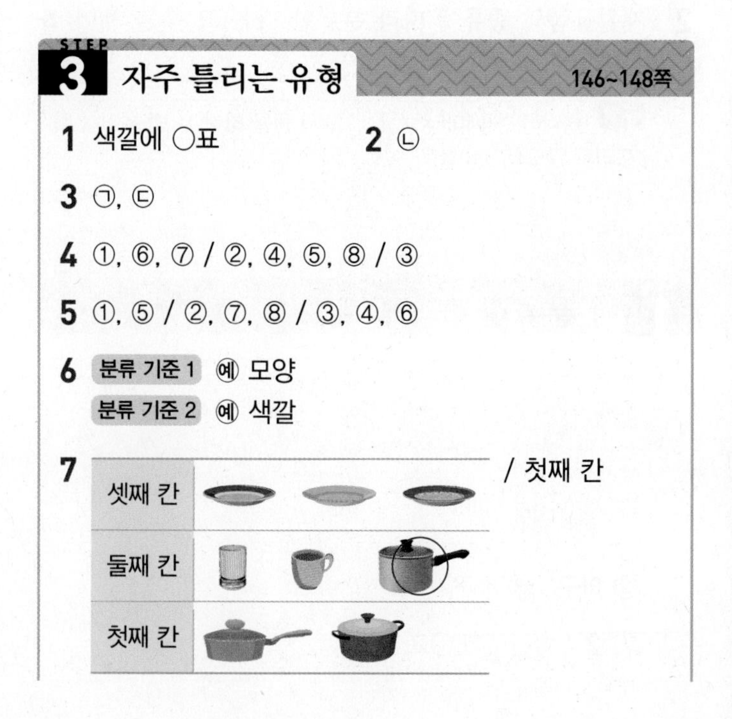

STEP 3 자주 틀리는 유형　146~148쪽

1 색깔에 ○표　　**2** ㉡

3 ㉠, ㉢

4 ①, ⑥, ⑦ / ②, ④, ⑤, ⑧ / ③

5 ①, ⑤ / ②, ⑦, ⑧ / ③, ④, ⑥

6 분류 기준 1 예 모양
분류 기준 2 예 색깔

7

셋째 칸	(접시)
둘째 칸	(컵, 냄비)
첫째 칸	(냄비)

/ 첫째 칸

8 가 / 털장갑, 나 **9** 2개

10 (1) ㉰ 바다에 삽니다. / 2마리
(2) ㉰ 다리가 있습니다. / 6마리

11

모양	⬯	□
번호	①, ③, ⑥, ⑩	②, ④, ⑤, ⑦, ⑧, ⑨
카드 수(장)	4	6

12

뿔의 수	0개	1개
세면서 표시하기	////	///// /
카드 수(장)	4	6

13 4, 6

14

맛	초코	딸기	바나나
세면서 표시하기	///// ////	//	////
개수(개)	9	2	4

15 초코 맛 우유 **16** 딸기 맛 우유

17 초코 맛 우유

1 바둑돌은 모양은 모두 같지만 색깔은 검은색과 흰색이므로 분류 기준으로 알맞은 것은 색깔입니다.

2 타고 싶은 것과 타기 싫은 것은 사람마다 다를 수 있으므로 분류 기준으로 알맞지 않습니다.

3 ㉡ 누름 못의 크기는 비슷하므로 크기를 기준으로 분류할 수 없습니다.
㉣ 예쁜 것과 예쁘지 않은 것은 기준이 분명하지 않으므로 분류 기준으로 알맞지 않습니다.

6 구멍 수로도 분류할 수 있습니다.

7 첫째 칸은 냄비, 둘째 칸은 컵, 셋째 칸은 접시이므로 둘째 칸에 있는 냄비를 첫째 칸으로 옮겨야 합니다.

8 물건을 여름에 사용하는 것과 겨울에 사용하는 것으로 분류한 것입니다. 털장갑은 겨울에 사용하는 물건이므로 나 상자로 옮겨야 합니다.

9 □ 모양은 3개이고, 이 중에서 노란색은 2개입니다.

10 사는 곳, 다리의 수 등도 기준으로 할 수 있습니다.

12

뿔의 수	0개	1개
번호	①, ②, ④, ⑦	③, ⑤, ⑥, ⑧, ⑨, ⑩
카드 수(장)	4	6

13

눈의 수	1개	2개
번호	③, ④, ⑤, ⑨	①, ②, ⑥, ⑦, ⑧, ⑩
카드 수(장)	4	6

15 9>4>2이므로 가장 많이 팔린 우유는 초코 맛 우유입니다.

16 9>4>2이므로 가장 적게 팔린 우유는 딸기 맛 우유입니다.

17 초코 맛 우유가 가장 많이 팔렸으므로 이 가게를 이용하는 사람들은 초코 맛 우유를 가장 좋아하는 것을 알 수 있습니다. 따라서 초코 맛 우유를 가장 많이 준비하는 것이 좋겠습니다.

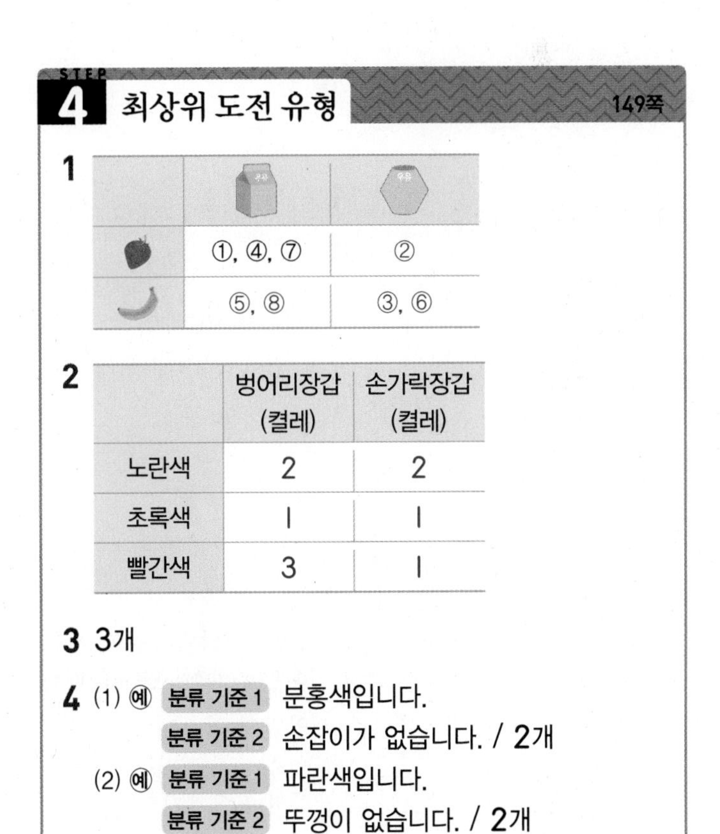

STEP 4 최상위 도전 유형 149쪽

1

	(우유갑)	(육각 통)
(딸기)	①, ④, ⑦	②
(바나나)	⑤, ⑧	③, ⑥

2

	벙어리장갑(켤레)	손가락장갑(켤레)
노란색	2	2
초록색	1	1
빨간색	3	1

3 3개

4 (1) ㉰ 분류 기준 1 분홍색입니다.
분류 기준 2 손잡이가 없습니다. / 2개
(2) ㉰ 분류 기준 1 파란색입니다.
분류 기준 2 뚜껑이 없습니다. / 2개

1 우유를 모양에 따라 (우유 팩) 모양과 (주스 팩) 모양으로 분류한 다음, 맛에 따라 (딸기) 맛과 (바나나) 맛으로 분류합니다.

2 장갑을 모양에 따라 벙어리장갑과 손가락장갑으로 분류한 다음, 색깔에 따라 노란색, 초록색, 빨간색으로 분류합니다.

3 손잡이가 1개인 컵은 ①, ③, ④, ⑥, ⑧, ⑪, ⑫이고 이 중에서 뚜껑이 있는 것은 ①, ③, ⑫로 3개입니다.

4 (1) 분홍색은 ②, ④, ⑨, ⑩이고 이 중에서 손잡이가 없는 것은 ②, ⑩으로 2개입니다.
(2) 파란색은 ③, ⑤, ⑪이고 이 중에서 뚜껑이 없는 것은 ⑤, ⑪로 2개입니다.

수시 평가 대비 Level ❶

150~152쪽

1 ( )(○) 2 모양, 색깔에 ○표

3 ㉠, ㉦, ㉧ / ㉡, ㉢, ㉥, ㉨ / ㉣, ㉤, ㉧

4 ㉠, ㉡, ㉧, ㉨ / ㉢, ㉤, ㉦ / ㉣, ㉥, ㉩

5 분류 기준 1 예 종류
분류 기준 2 예 색깔

6 2, 2, 5 7 탈 것

8 4, 5, 3 9 4, 3, 5

10 ㉠, ㉩ 11 4, 3, 5

12 3, 5, 4 13 1

14 초록 15 15, 10, 5

16 맑은 날 17 5일

18 게임기

19 알맞지 않습니다.

20 2개

1 분류 기준은 누구나 같은 결과가 나오는 분명한 기준이어야 합니다. 맛있는 것과 맛없는 것은 사람마다 기준이 다르므로 분류 기준으로 알맞지 않습니다.

2 단추를 3가지 모양으로 분류하거나 3가지 색깔로 분류할 수 있습니다.

3 단추의 색깔은 생각하지 않고 모양에 따라 분류합니다.

4 단추의 모양은 생각하지 않고 색깔에 따라 분류합니다.

5 장난감을 종류에 따라 또는 색깔에 따라 분류할 수 있습니다.

6 • 인형은 ㉠, ㉥으로 2개입니다.
• 로봇은 ㉡, ㉣로 2개입니다.
• 탈 것은 ㉢, ㉤, ㉦, ㉧, ㉨으로 5개입니다.

7 탈 것이 5개로 가장 많습니다.

8 도형의 모양은 생각하지 않고 색깔에 따라 분류하여 세어 봅니다.
빨간색: ㉠, ㉤, ㉦, ㉩ ➡ 4개
노란색: ㉡, ㉣, ㉥, ㉨, ㉫ ➡ 5개
파란색: ㉢, ㉧, ㉪ ➡ 3개

9 도형의 색깔은 생각하지 않고 변의 수에 따라 분류하여 세어 봅니다.
0개: ㉡, ㉤, ㉦, ㉪ ➡ 4개
3개: ㉢, ㉨, ㉩ ➡ 3개
4개: ㉠, ㉣, ㉥, ㉧, ㉫ ➡ 5개

10 빨간색은 ㉠, ㉤, ㉦, ㉩이고 이 중에서 변이 있는 도형은 ㉠, ㉩입니다.

11 바구니의 색깔과 손잡이 수는 생각하지 않고 모양에 따라 분류하여 세어 봅니다.

12 바구니의 모양과 색깔은 생각하지 않고 손잡이 수에 따라 분류하여 세어 봅니다.

13 손잡이가 1개인 바구니가 5개로 가장 많습니다.

14 바구니를 색깔에 따라 분류하면

색깔	주황색	초록색	보라색
바구니의 수(개)	4	6	2

따라서 초록색 바구니가 6개로 가장 많습니다.

15 날씨별로 세어 보면 맑은 날은 15일, 흐린 날은 10일, 비 온 날은 5일입니다.

16 분류하여 센 수를 비교하면 15>10>5이므로 6월에는 맑은 날이 15일로 가장 많았습니다.

17 맑은 날은 15일, 흐린 날은 10일로 맑은 날이 흐린 날보다 15−10=5(일) 더 많았습니다.

18 받고 싶은 선물을 종류에 따라 분류하면

종류	로봇	게임기	인형	블록
학생 수(명)	3	6	1	5

따라서 가장 많은 친구들이 받고 싶은 선물은 게임기입니다.

서술형
19 예 분류할 때에는 분명한 기준을 정하여 분류해야 하는데 분류 기준이 분명하지 않습니다.

평가 기준	배점(5점)
분류 기준이 알맞은지, 알맞지 않은지 썼나요?	2점
그 까닭을 바르게 썼나요?	3점

서술형
20 예 손잡이가 1개인 컵은 ②, ⑧, ⑨, ⑩이고 이 중에서 무늬가 있는 것은 ②, ⑨입니다.
따라서 기준에 알맞은 컵은 모두 2개입니다.

평가 기준	배점(5점)
한 가지 기준에 알맞은 컵을 모두 찾았나요?	2점
두 가지 기준에 알맞은 컵은 모두 몇 개인지 구했나요?	3점

수시 평가 대비 Level 2

153~155쪽

1 색깔에 ○표
2 ㉢
3 예 물에 사는 동물과 땅에 사는 동물
4 ㉣, 윗옷에 ○표
5 예 종류
6 1, 3, 4
7 포도
8 10, 4
9 5, 9
10 2명
11 (○)
( )
12 색깔
13 분류 기준 1 예 모양
분류 기준 2 예 구멍 수

14

	초록색	빨간색	노란색
□	3	1	1
△	1	1	3
○	1	2	2

15 6, 4
16 예 구멍이 2개입니다. / 5장
17 ⑥, ⑧, ⑨
18 3장
19

20 2자루

1 꽃을 색깔에 따라 분류한 것입니다.

2 ㉢ 무서운 동물과 무섭지 않은 동물은 분명한 기준이 아니므로 분류 기준으로 알맞지 않습니다.

4 아래옷 상자에 윗옷을 담았으므로 잘못 분류된 옷은 ㉣입니다. 따라서 ㉣을 윗옷 상자로 옮겨야 합니다.

6

종류	사과	귤	망고	포도
세면서 표시하기	//	/	///	////
학생 수(명)	2	1	3	4

7 4>3>2>1이므로 가장 많은 학생들이 좋아하는 과일은 포도입니다.

8

맛	초코	딸기
세면서 표시하기	卌 卌	////
학생 수(명)	10	4

9

모양	(막대 아이스크림)	(콘 아이스크림)
세면서 표시하기	卌	卌 ////
학생 수(명)	5	9

10 아이스크림의 색깔과 모양을 동시에 살펴봅니다.

11 모양 아이스크림과 모양 아이스크림 중 모양 아이스크림을 좋아하는 학생이 더 많으므로 모양 아이스크림을 더 준비하면 좋겠습니다.
또 초코 맛 아이스크림과 딸기 맛 아이스크림 중 초코 맛 아이스크림을 좋아하는 학생이 더 많으므로 초코 맛 아이스크림을 더 준비하면 좋겠습니다.

12 첫째 칸은 초록색, 둘째 칸은 빨간색, 셋째 칸은 노란색이므로 색깔을 기준으로 분류하였습니다.

14 색깔에 따라 초록색, 빨간색, 노란색으로 분류한 다음, 모양에 따라 □, △, ○ 모양으로 분류합니다.

15 빨간색은 ①, ④, ⑤, ⑥, ⑧, ⑨로 6장, 파란색은 ②, ③, ⑦, ⑩으로 4장입니다.

16 구멍이 2개인 것은 ①, ②, ③, ⑧, ⑩으로 5장입니다.

17 빨간색 그림 카드는 ①, ④, ⑤, ⑥, ⑧, ⑨이고 이 중에서 털이 있는 그림 카드는 ⑥, ⑧, ⑨입니다.

18 구멍이 1개인 그림 카드는 ④, ⑤, ⑥, ⑦, ⑨이고 이 중에서 털이 없는 그림 카드는 ④, ⑤, ⑦로 3장입니다.

서술형
19 예 풀을 먹고 사는 동물과 고기를 먹고 사는 동물로 분류하였는데 토끼가 고기를 먹고 사는 동물로 분류되어 있습니다.

평가 기준	배점(5점)
잘못 분류한 것을 찾아 ○표 했나요?	2점
잘못 분류한 까닭을 바르게 썼나요?	3점

서술형
20 예 지우개가 달린 연필은 6자루이고 이 중에서 빨간색은 3자루입니다. 지우개가 달리지 않은 연필은 5자루이고 이 중에서 파란색은 1자루입니다.
따라서 지우개가 달린 빨간색 연필은 지우개가 달리지 않은 파란색 연필보다 $3-1=2$(자루) 더 많습니다.

평가 기준	배점(5점)
지우개가 달린 빨간색 연필이 몇 자루인지 구했나요?	2점
지우개가 달리지 않은 파란색 연필이 몇 자루인지 구했나요?	2점
구한 두 연필 수의 차를 구했나요?	1점

사고력이 반짝 156쪽

6 곱셈

많은 물건을 셀 때 하나씩 세거나(일, 이, 삼, 사, ...) 뛰어 세거나(둘, 넷, 여섯, 여덟, ...) 묶어 세는(몇씩 몇 묶음) 방법을 통해 같은 수를 여러 번 더하게 됩니다. 곱셈은 이러한 불편한 셈을 편리하게 해주는 계산 방법입니다. 하지만 이번 단원에서는 곱셈구구를 배우지 않으므로 곱셈의 편리함을 느끼기에는 부족함이 있으나 '같은 수를 여러 번 더하는 것'을 '곱셈식'으로 나타낼 수 있다는 점을 강조하여 지도해 주세요. 곱셈구구는 2학년 2학기에 학습합니다.

STEP 1 교과개념 1. 여러 가지 방법으로 세어 보기 159쪽

1 ① 4, 5, 6, 7, 8 ② 6, 8 ③ 8개

2 예 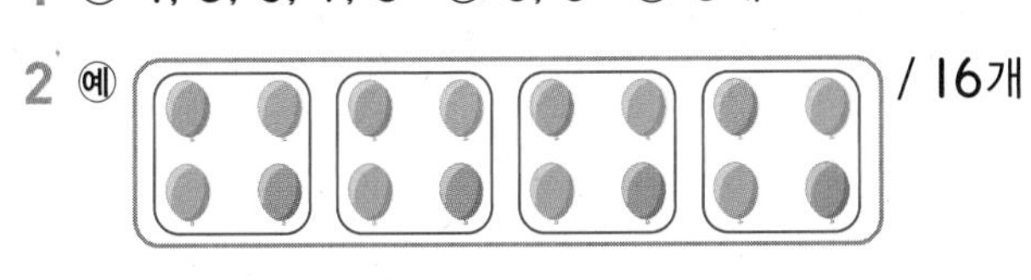 / 16개

3 ① 21개 ② 3, 7

2 4개씩 묶어 세어 보면 4, 8, 12, 16이므로 풍선은 모두 16개입니다.

3 ② ➡ 7씩 3묶음
➡ 3씩 7묶음

STEP 1 교과개념 2. 묶어 세어 보기 161쪽

1 ① 2, 4, 6, 8, 10 ② 10개

2 ① 예 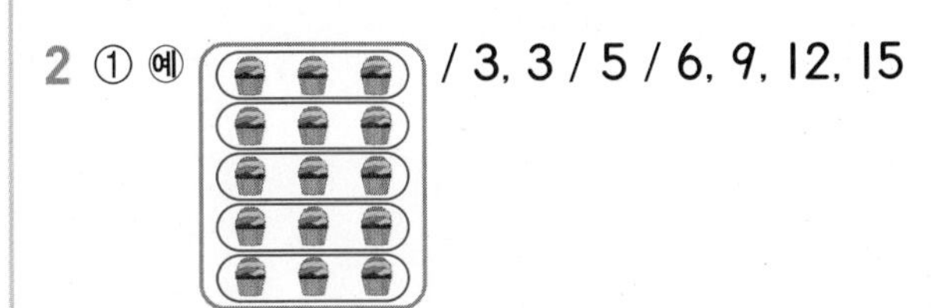 / 3, 3 / 5 / 6, 9, 12, 15

② 15개 ③ 예 / 5, 3

2 ② 3씩 5묶음이므로 3－6－9－12－15입니다. 따라서 컵케이크는 모두 15개입니다.

STEP 1 교과개념 3. 몇의 몇 배 163쪽

1 3 / 4, 3 2 2, 5, 2, 5
3 7 4 9, 3

3 14는 2씩 7묶음이므로 14는 2의 7배입니다.

4 • 27은 3씩 9묶음이므로 27은 3의 9배입니다.
• 27은 9씩 3묶음이므로 27은 9의 3배입니다.

STEP 1 교과개념 4. 곱셈 알아보기 165쪽

1 ① 5, 5 ② 5, 3, 5 2 9, 4

3 ① 4, 4, 4, 24 ② 6, 24 ③ 24자루

2 덧셈식 $9+9+9+9$를 곱셈식으로 나타내면 9×4입니다.

3 ① 연필이 4자루씩 6묶음이므로 연필의 수는 4의 6배 ➡ $4+4+4+4+4+4=24$입니다.
② $\underbrace{4+4+4+4+4+4}_{6번}=24$ ➡ $4 \times 6=24$

STEP 1 교과개념 5. 곱셈식으로 나타내기 167쪽

1 ① 6의 4배 ② 6, 6, 6, 6, 24 ③ 6, 4, 24

2 3, 4, 3, 12

3 ① 예 $3 \times 7=21$ ② 예 $7 \times 3=21$

1 ② 6의 4배는 6을 4번 더한 수이므로 $6+6+6+6=24$입니다.

2 4씩 3묶음 ➡ 4의 3배
➡ $4+4+4=12$
➡ $4 \times 3=12$

3 잠자리의 수는 3의 7배 또는 7의 3배입니다.

STEP 2 꼭 나오는 유형 168~172쪽

1 7개

2 10, 15, 20, 20

3 5, 20

4 16마리 / 예 2, 8

5 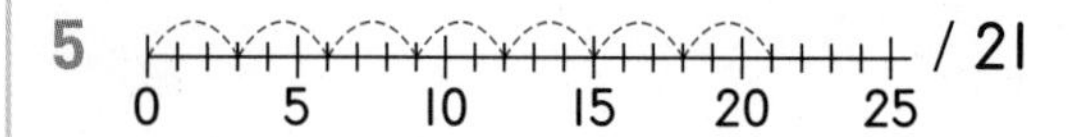 / 21

6 지훈

7 예 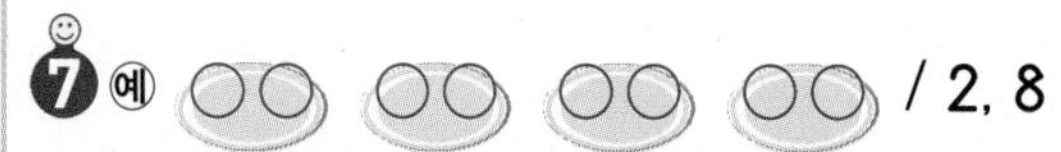 / 2, 8

8 (1) 9, 3 (2) 18, 27 (3) 27

9 (1) 2묶음 (2) 14개 (3) 2씩 7묶음

10 (1) 예 / 4, 2
(2) 예 / 2, 4

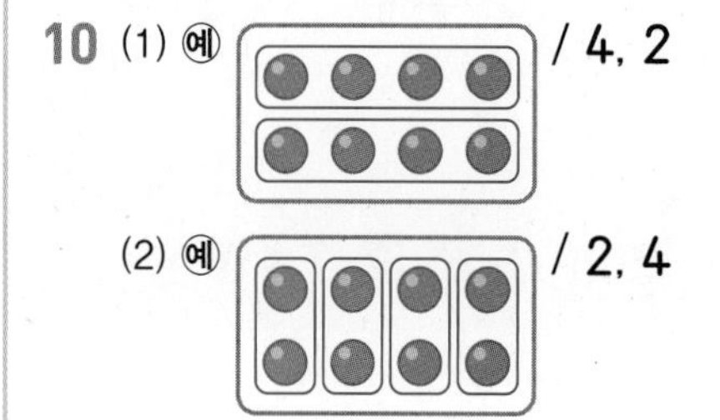

11 ㉢

12 방법 1 예 8개씩 묶어 세면 2묶음입니다. 8씩 2묶음은 16이므로 야구공은 모두 16개입니다.
방법 2 예 4개씩 묶어 세면 4묶음입니다. 4씩 4묶음은 16이므로 야구공은 모두 16개입니다.

13 3, 3

14 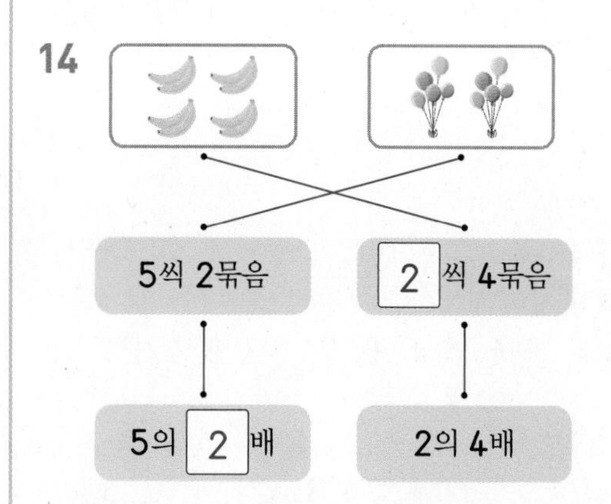

15 5배

16 3배

17 4, 4

18 9 / 3, 3, 9

19 덧셈식 $5+5+5+5=20$
곱셈식 $5\times4=20$

20 ㉡

21 4, 24 / 8, 24 / 3, 24

22 4 / 9, 4, 36

23 7 / 5, 7, 35

24 4, 5, 20 / 20개

25 18개

26 $6\times3=18$

27 예 우유가 8개씩 2줄 있습니다. 우유는 모두 몇 개일까요? / $8\times2=16$ / 16개

28 15개

29 13개

30 16개

1 하나씩 세어 보면 1, 2, 3, ..., 7이므로 7개입니다.

4 4씩 4묶음, 8씩 2묶음으로 셀 수도 있습니다.

5 3씩 뛰어 세면 3−6−9−12−15−18−21입니다.

6 키위를 3개씩 묶으면 3묶음이고 낱개 1개가 남습니다.

내가 만드는 문제

7 ○를 접시에 2개씩 그리면 ○는 2씩 4묶음입니다. 2−4−6−8이므로 ○는 모두 8개입니다.

8 (2) 사탕의 수는 9씩 3묶음이므로 9−18−27입니다.

9 (1) 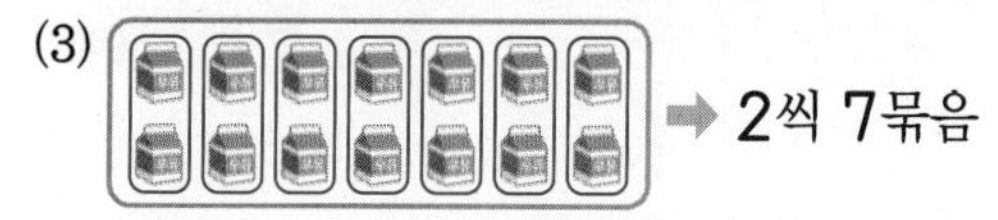 ➡ 7씩 2묶음

(2) 7씩 2묶음이므로 7−14입니다.
따라서 우유는 14개입니다.

(3) ➡ 2씩 7묶음

10 (1) ● 모양을 4씩 묶으면 2줄입니다.
(2) ● 모양을 2씩 묶으면 4줄입니다.

11 ㉠ 우산을 2개씩 묶으면 6묶음입니다.
㉡ 우산의 수는 4씩 3묶음입니다.

서술형

12

평가 기준	배점(5점)
한 가지 방법으로 묶어 세었나요?	2점
다른 한 가지 방법으로 묶어 세었나요?	3점

14 ●씩 ▲묶음은 ●의 ▲배입니다.

15 20은 4씩 5묶음이므로 4의 5배입니다.

16 지영이의 연결 모형은 2개입니다. 근후의 연결 모형을 2개씩 묶어 보면 2씩 3묶음입니다. 2씩 3묶음은 2의 3배이므로 근후가 쌓은 연결 모형의 수는 지영이가 쌓은 연결 모형의 수의 3배입니다.

18 한 봉지에 사과가 3개씩 3봉지 있습니다.

19 연필의 수는 5씩 4묶음입니다.
5씩 4묶음 ➡ $5+5+5+5=20$
➡ $5\times4=20$

20 ㉡ 8과 5의 곱은 40입니다.

21 단추가 4개씩 6묶음(4×6), 6개씩 4묶음(6×4), 3개씩 8묶음(3×8), 8개씩 3묶음(8×3) 있습니다.

22 사탕이 한 묶음에 9개씩 4묶음입니다.
9씩 4묶음 ➡ $9+9+9+9=9\times4=36$

23 5의 7배
➡ $5+5+5+5+5+5+5=5\times7=35$

24 과자는 4개씩 5묶음입니다.
➡ $4\times5=4+4+4+4+4=20$(개)

25 삼각형 한 개를 만드는 데 수수깡이 3개 필요하므로 삼각형 6개를 만드는 데 필요한 수수깡의 수는 3의 6배입니다.
3의 6배 ➡ $3\times6=3+3+3+3+3+3=18$이므로 필요한 수수깡은 모두 18개입니다.

26 월요일, 수요일, 목요일에 수학 문제를 6개씩 풀었으므로 푼 수학 문제 수를 곱셈식으로 나타내면 $6\times3=18$입니다.

서술형
28 예 주어진 쌓기나무는 3개이므로 지솔이가 가지고 있는 쌓기나무의 수는 3의 5배입니다.
따라서 지솔이가 가지고 있는 쌓기나무는 모두 $3\times5=15$(개)입니다.

평가 기준	배점(5점)
지솔이가 가지고 있는 쌓기나무의 수는 3의 5배임을 설명했나요?	2점
지솔이가 가지고 있는 쌓기나무는 모두 몇 개인지 구했나요?	3점

29 9개씩 2줄은 9의 2배이므로 $9\times2=9+9=18$입니다. 과자가 18개 있었으므로 남은 과자는 $18-5=13$(개)입니다.

서술형
30 예 오리 2마리의 다리는 $2\times2=4$(개), 돼지 3마리의 다리는 $4\times3=12$(개)입니다.
따라서 오리와 돼지의 다리는 모두 $4+12=16$(개)입니다.

평가 기준	배점(5점)
오리와 돼지의 다리 수를 각각 구했나요?	3점
오리와 돼지의 다리는 모두 몇 개인지 구했나요?	2점

STEP 3 자주 틀리는 유형

173~175쪽

1 $6\times7=42$
2 $8+8+8+8+8=40$
3 ㉡ / $4\times3=12$ ➡ $4+4+4=12$
4 (위에서부터) ○○○ / ○○○ / ○○○ / $3+3+3=9$ / $3\times2=6$
5 ①, ④
6 =
7 $3\times7=21$ / 21개
8 18개
9 32개
10 24개
11 39장
12 (1) 6개 (2) 30개
13 (1) 8, 40 (2) 40살
14 =, >
15 (왼쪽에서부터) 6, 8, 10 / 2
16 ㉠
17 (1) 5줄 (2) 30개
18 예 8, 4, 32 / 32개

1 6을 7번 더했으므로 6의 7배입니다.
6의 7배는 6×7로 나타냅니다.

2 8×5는 8의 5배이므로 8을 5번 더하는 덧셈식으로 나타냅니다.

3 ㉡ 4×3은 4를 3번 더하는 것과 같습니다.

5 버섯은 4개씩 9묶음(4×9), 6개씩 6묶음(6×6), 9개씩 4묶음(9×4) 등으로 묶어 셀 수 있습니다.

6 ★은 8개씩 3묶음, 3개씩 8묶음으로 묶어 셀 수 있으므로 8×3과 3×8은 같습니다.

참고 곱셈에서 곱하는 두 수의 순서를 바꾸어 곱해도 곱은 같습니다.

7 세발자전거는 바퀴가 3개이므로
세발자전거 7대의 바퀴 수는 3씩 7묶음입니다.
➡ $3 \times 7 = 3+3+3+3+3+3+3 = 21$(개)

8 개미 한 마리의 다리는 6개이므로 개미 3마리의 다리는 모두 $6 \times 3 = 6+6+6 = 18$(개)입니다.

9 사탕이 한 봉지에 8개씩 들어 있으므로 4봉지에 들어 있는 사탕은 $8 \times 4 = 8+8+8+8 = 32$(개)입니다.

10 구멍이 2개인 단추 6개의 단추 구멍은
$2 \times 6 = 2+2+2+2+2+2 = 12$(개),
구멍이 4개인 단추 3개의 단추 구멍은
$4 \times 3 = 4+4+4 = 12$(개)입니다.
따라서 단추 구멍은 모두 $12+12=24$(개)입니다.

11 꽃잎이 5장인 꽃 3송이의 꽃잎은
$5 \times 3 = 5+5+5 = 15$(장),
꽃잎이 6장인 꽃 4송이의 꽃잎은
$6 \times 4 = 6+6+6+6 = 24$(장)입니다.
따라서 꽃병에 꽂힌 꽃의 꽃잎은 모두
$15+24=39$(장)입니다.

12 (1) $3 \times 2 = 3+3 = 6$(개)
(2) $6 \times 5 = 6+6+6+6+6 = 30$(개)

13 (1) $4 \times 2 = 8$, $8 \times 5 = 40$

14 3×2는 3을 2번 더한 것과 같으므로 $3+3=6$입니다. 3×3은 3을 3번 더한 것과 같으므로 6보다 큽니다.

16 ㉠ $5 \times 5 = 5+5+5+5+5$
㉡ $5+5+5$
㉢ $5+5+5+5$
㉣ $5+5$
따라서 가장 큰 수는 5를 가장 많이 더한 ㉠입니다.

17 (1) 컵으로 가려져 있는 부분에도 같은 규칙으로 별 모양이 그려져 있습니다. 따라서 그려진 별 모양은 6개씩 5줄입니다.
(2) $6 \times 5 = 30$(개)

18 얼룩이 묻은 부분에도 같은 규칙으로 ♥ 모양이 그려져 있었습니다.
따라서 이불에 그려져 있던 ♥ 모양은 8개씩 4줄이므로 모두 $8 \times 4 = 32$(개)입니다.

STEP 4 최상위 도전 유형 176~177쪽

1 5배	2 2배
3 3배	4 3살
5 2묶음	6 7
7 6개	8 5
9 8, 8 / 4, 2	10 예 3, 4 / 4, 3
11 (그림)	12 6가지
13 (그림) / 8가지	

1 4의 2배와 4의 3배의 합은 4를 $2+3=5$(번) 더한 것과 같으므로 4의 5배와 같습니다.

2 5의 6배
➡ $5+5+5+5+5+5$ (6번)
5의 4배
➡ $5+5+5+5$ (4번)
5의 6배는 5의 4배보다 5를 $6-4=2$(번) 더 더한 것이므로 5의 6배와 5의 4배의 차는 5의 2배와 같습니다.

3 ㉠ 7의 4배 ➡ $7+7+7+7$ (4번)
㉠+㉡ 7의 7배 ➡ $7+7+7+7+7+7+7$ (7번)
7의 7배는 7의 4배보다 7을 $7-4=3$(번) 더 더한 것이므로 ㉡은 7의 3배입니다.

4 연준이의 나이는 3의 3배, 형의 나이는 3의 4배입니다. 3의 4배와 3의 3배의 차는 3이므로 형의 나이는 연준이보다 3살 더 많습니다.
다른 풀이
(연준이의 나이)$=3 \times 3 = 9$(살)
(형의 나이)$=3 \times 4 = 12$(살)
➡ 형은 연준이보다 $12-9=3$(살) 더 많습니다.

5 6씩 3묶음은 $6 \times 3 = 18$입니다.
9씩 묶으면 □묶음이 된다고 하면 $9 \times □ = 18$,
$9+9=18$(2번)이므로 $9 \times 2 = 18$, $□=2$입니다.

6 $2+2+2+2+2+2+2=14$이므로 (7번)

$2\times7=14$, $\square=7$입니다.

7 물고기는 $3\times4=12$(마리)입니다.
필요한 작은 어항의 수를 $\square$라고 하면 $2\times\square=12$,
$2+2+2+2+2+2=12$이므로 (6번)

$2\times6=12$, $\square=6$
따라서 작은 어항은 6개 필요합니다.

8 • $3\times㉠=12$,
$3+3+3+3=12$이므로 $3\times4=12$, $㉠=4$
• $㉠\times㉡=20$이므로 $4\times㉡=20$,
$4+4+4+4+4=20$이므로 $4\times5=20$,
$㉡=5$

9 $4+4+4+4=16$ ➡ $4\times4=16$
$8+8=16$ ➡ $8\times2=16$

10 12는 2씩 6묶음(2×6), 3씩 4묶음(3×4), 4씩 3묶음(4×3), 6씩 2묶음(6×2)으로 묶어 셀 수 있습니다.

12 티셔츠 하나를 바지와 입을 수 있는 방법은 3가지입니다. 티셔츠가 2개이므로 입을 수 있는 방법은 모두 $3+3=3\times2=6$(가지)입니다.

13 이어 보면 양말 한 켤레에 신발을 신을 수 있는 방법은 2가지입니다. 양말은 모두 4켤레이므로 신을 수 있는 방법은 $2+2+2+2=2\times4=8$(가지)입니다.

수시 평가 대비 Level 1

178~180쪽

1 8개	**2** 10, 15 / 15
3 5, 15	**4** (풀이 참조)
5 4, 8 / 4, 8	**6** $2\times9=18$
7 5 / 6, 5 / 6, 5	**8** ㉢
9 24	**10** ⑤
11 덧셈식 $2+2+2+2+2+2+2=14$ 곱셈식 $2\times7=14$	
12 예 4, 7, 7, 4, 28	**13** (○) ( )
14 12개	**15** 48마리
16 ③, ⑤	**17** 27명
18 30개	**19** 119
20 5배	

1 차례로 하나씩 세어 보면 모두 8개입니다.

2 5씩 뛰어 세어 보면 $5-10-15$이므로 모두 15개입니다.

3 지우개를 3개씩 묶어 보면 5묶음이 되므로 모두 15개입니다.

4 • 3씩 7묶음 ➡ 3×7
• 7의 6배 ➡ 7×6
• 5 곱하기 6 ➡ 5×6

5 4씩 8묶음 ➡ 4의 8배

6 2씩 9묶음은 18입니다.
(2, $\times9$, $=18$)

7 6씩 5묶음은 6의 5배입니다. ➡ 6×5

8 ㉢ 7과 4의 합은 28입니다.
➡ 7과 4의 곱은 28입니다.

9 4씩 6번 뛰어 세면 24입니다.

10 9씩 6묶음 ➡ $9\times6=9+9+9+9+9+9=54$
①, ②, ③, ④ $9\times6=54$
⑤ 9보다 6만큼 더 큰 수 ➡ $9+6=15$

11 2의 7배이므로 덧셈식으로 나타내면
$2+2+2+2+2+2+2=14$이고
곱셈식으로 나타내면 $2\times7=14$입니다.

12 • 초콜릿의 수는 4씩 7묶음이므로 4, 8, 12, 16, 20, 24, 28로 세어 모두 28개입니다.
• 초콜릿의 수는 7씩 4묶음이므로 7, 14, 21, 28로 세어 모두 28개입니다.

13 • 8의 5배 ➡ $8\times5=8+8+8+8+8=40$
• 7씩 6묶음 ➡ $7\times6=7+7+7+7+7+7=42$
$40<42$이므로 나타내는 수가 더 작은 것은 8의 5배입니다.

14 3개씩 4묶음 ➡ $3\times4=3+3+3+3=12$(개)
따라서 제과점에서 오전에 만든 크림빵은 모두 12개입니다.

15 닭의 수는 염소의 수의 6배이므로 8의 6배입니다.
➡ $8\times6=8+8+8+8+8+8=48$(마리)

16 ① $3\times7=3+3+3+3+3+3+3=21$
② $4\times8=4+4+4+4+4+4+4+4=32$
③ $6\times7=6+6+6+6+6+6+6=42$
④ $8\times5=8+8+8+8+8=40$
⑤ $9\times6=9+9+9+9+9+9=54$
따라서 계산 결과가 40보다 큰 것은 ③, ⑤입니다.

17 9명씩 3줄 ➡ $9\times3=9+9+9=27$(명)
따라서 경수네 반 학생은 모두 27명입니다.

18 (승용차 4대의 바퀴 수)
$=4\times4=4+4+4+4=16$(개)
(오토바이 7대의 바퀴 수)
$=2\times7=2+2+2+2+2+2+2=14$(개)
따라서 주차장에 있는 승용차와 오토바이의 바퀴는 모두 $16+14=30$(개)입니다.

서술형
19 예 7의 9배
➡ $7\times9=7+7+7+7+7+7+7+7+7=63$이므로 ㉠$=63$입니다.
8 곱하기 7
➡ $8\times7=8+8+8+8+8+8+8=56$이므로 ㉡$=56$입니다.
따라서 ㉠과 ㉡의 합은 $63+56=119$입니다.

평가 기준	배점(5점)
㉠을 구했나요?	2점
㉡을 구했나요?	2점
㉠과 ㉡의 합을 구했나요?	1점

서술형
20 예 45를 9씩 묶으면 5묶음이 됩니다.
45 ➡ 9씩 5묶음 ➡ 9의 5배
따라서 사탕의 수는 9의 5배입니다.

평가 기준	배점(5점)
사탕의 수를 9씩 묶으면 몇 묶음이 되는지 구했나요?	2점
사탕의 수는 9의 몇 배인지 구했나요?	3점

수시 평가 대비 Level 2

181~183쪽

1 예 (그림) / 9, 12, 15, 18
2 3 / 3 / 4, 3
3 8, 2 / 16 / 2
4 $7+7+7=21$, $7\times3=21$
5 덧셈식 $8+8+8+8+8=40$
곱셈식 $8\times5=40$
6 3
7 3, 6, 18
8 6배
9 효주
10 5, 5 / $5\times5=25$
11 18개
12 9, 6 / 3, 2
13 36살
14 =, <, >
15 ㉡, ㉠, ㉢
16 5배
17 4봉지
18 19개
19 예 6대 있습니다. 바퀴는 모두 몇 개일까요?/ 12개
20 18권

4 ■의 ▲배 ➡ ■+■+⋯+■ (▲번) ➡ ■×▲

5 구슬의 수는 8씩 5묶음입니다.
8씩 5묶음 ➡ 8의 5배
➡ $8+8+8+8+8=40$
➡ $8\times5=40$

6 전체 길이(12 cm)에 단위길이(4 cm)를 3번 이어 붙일 수 있습니다.

7 3씩 6번 뛰어 세면 18입니다.
3씩 6번 뛰어 센 것은 3의 6배이므로 곱셈식으로 나타내면 $3\times6=18$입니다.

8 귤은 3개이므로 사과를 3개씩 묶어 보면 3개씩 6묶음입니다. 3개씩 6묶음은 3의 6배이므로 사과의 수는 귤의 수의 6배입니다.

9 땅콩을 4개씩 묶으면 4묶음이므로 땅콩의 수는 4의 4배입니다.

10 꽃잎의 수는 5씩 5묶음이므로 곱셈식으로 나타내면 $5 \times 5 = 25$입니다.

11 쌓기나무는 6개입니다.
6의 3배는 $6 \times 3 = 18$이므로 쌓으려고 하는 쌓기나무는 모두 18개입니다.

12 2씩 묶으면 9묶음, 3씩 묶으면 6묶음,
6씩 묶으면 3묶음, 9씩 묶으면 2묶음이 됩니다.

13 9의 4배는 $9 \times 4 = 36$입니다.
따라서 선생님의 나이는 36살입니다.

14 $6 \times 7 = 42$이므로 6을 7번 더하면 42입니다.
6×6은 6을 6번 더한 것과 같으므로 42보다 작습니다.
6×8은 6을 8번 더한 것과 같으므로 42보다 큽니다.

15 ㉠ $3 \times 5 = 3+3+3+3+3 = 15$
㉡ $4 \times 4 = 4+4+4+4 = 16$
㉢ $7 \times 2 = 7+7 = 14$
➡ ㉡>㉠>㉢

16 ㉠ 2의 3배 ➡ $2+2+2$ (3번)
㉡ 2의 2배 ➡ $2+2$ (2번)
㉠+㉡은 2를 $3+2=5$(번) 더한 것과 같으므로 2의 5배입니다.

17 귤이 8개씩 3봉지 있으므로 귤은 $8 \times 3 = 24$(개) 있습니다. 24를 6씩 묶으면 $6+6+6+6=24$이므로 6씩 4묶음입니다. 따라서 귤을 6개씩 다시 담으면 4봉지가 됩니다.

18 (날개가 3개인 선풍기 3대의 날개 수)
$= 3 \times 3 = 3+3+3 = 9$(개)
(날개가 5개인 선풍기 2대의 날개 수)
$= 5 \times 2 = 5+5 = 10$(개)
➡ (진열되어 있는 선풍기의 날개 수)
$= 9+10 = 19$(개)

서술형
19 바퀴는 2의 6배이므로
$2 \times 6 = 2+2+2+2+2+2 = 12$(개)입니다.

평가 기준	배점(5점)
그림에 알맞은 곱셈식 이야기 문제를 완성했나요?	3점
문제에 알맞은 답을 구했나요?	2점

서술형
20 예 미란이는 3의 5배만큼 책을 읽었으므로
$3 \times 5 = 15$(권)을 읽었습니다.
따라서 서호와 미란이가 읽은 책은
모두 $3+15=18$(권)입니다.

평가 기준	배점(5점)
미란이가 읽은 책은 몇 권인지 구했나요?	3점
서호와 미란이가 읽은 책은 모두 몇 권인지 구했나요?	2점

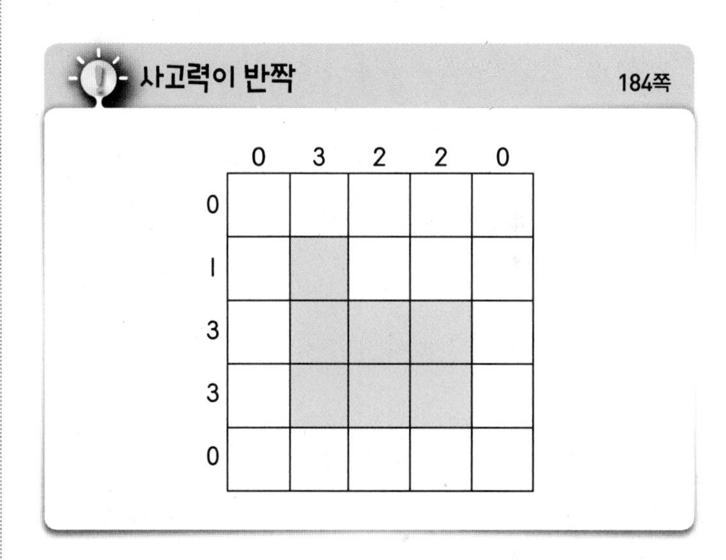

수시평가 자료집 정답과 풀이

1 세 자리 수

서술형 50% 수시 평가 대비 2~5쪽

1 ③, ⑤
2 (선 잇기)
3 (1) 칠백이십팔 (2) 603
4 ②, ⑤
5 500, 20, 8
6 669, 769
7 ( ) (○)
8 405
9 297, 306, 396
10 ㉠
11 500개
12 ②, ③
13 □□☆☆☆☆☆☆○
14 850원
15 ㉢
16 340
17 860
18 5
19 4개
20 756

1 ③ 100은 90보다 10만큼 더 큰 수입니다.
⑤ 100은 세 자리 수 중 가장 작은 수입니다.

2 칠백 ➡ 700
100이 5개인 수 ➡ 500
10이 30개인 수 ➡ 300

3 (1) 728 ➡ 칠백이십팔
(2) 십의 자리를 나타내는 수가 없으므로 십의 자리에는 0을 씁니다.
육백삼 ➡ 603

4 숫자 9가 나타내는 수는
① 9, ② 90, ③ 9, ④ 900, ⑤ 90입니다.
다른 풀이
십의 자리 수가 9인 수를 찾으면 ② 293, ⑤ 597입니다.

5 528에서
5는 백의 자리 숫자이고 500을 나타냅니다.
2는 십의 자리 숫자이고 20을 나타냅니다.
8은 일의 자리 숫자이고 8을 나타냅니다.
➡ 528=500+20+8

6 100씩 뛰어 세면 백의 자리 수가 1씩 커집니다.
➡ 469−569−669−769−869

7 백의 자리 수가 같으므로 십의 자리 수를 비교하면 1<2입니다. 따라서 더 큰 수는 721입니다.

8 예 100이 4개이면 400, 10이 0개이면 0, 1이 5개이면 5이므로 100이 4개, 10이 0개, 1이 5개인 수는 405입니다.

평가 기준	배점(5점)
100이 4개, 10이 0개, 1이 5개이면 각각 얼마인지 썼나요?	2점
세 자리 수를 구했나요?	3점

9 296보다 1만큼 더 큰 수는 296에서 1 뛰어 센 수인 297입니다.
296보다 10만큼 더 큰 수는 296에서 10 뛰어 센 수인 306입니다.
296보다 100만큼 더 큰 수는 296에서 100 뛰어 센 수인 396입니다.

10 예 숫자 5가 나타내는 수는 ㉠ 500, ㉡ 50, ㉢ 5입니다. 따라서 숫자 5가 나타내는 수가 가장 큰 것은 ㉠입니다.

평가 기준	배점(5점)
숫자 5가 나타내는 수를 각각 구했나요?	3점
숫자 5가 나타내는 수가 가장 큰 것을 찾아 기호를 썼나요?	2점

11 예 10이 10개이면 100입니다. 달걀 10상자에 들어 있는 달걀은 100개이므로 50상자에 들어 있는 달걀은 모두 500개입니다.

평가 기준	배점(5점)
10상자에 들어 있는 달걀의 수를 구했나요?	2점
50상자에 들어 있는 달걀의 수를 구했나요?	3점

12

세 자리 수	① 121	② 120	③ 111	④ 110	⑤ 101
백 모형	1개	1개	1개	1개	1개
십 모형	2개	2개	1개	1개	0개
일 모형	1개	0개	1개	0개	1개

13 보기 는 100은 □로, 10은 ☆로, 1은 ○로 나타낸 것입니다. 따라서 261은 □ 2개, ☆ 6개, ○ 1개로 나타냅니다.

14 예 550부터 100씩 3번 뛰어 셉니다.
550－650－750－850이므로 저금통의 돈은 모두 850원이 됩니다.

평가 기준	배점(5점)
550부터 100씩 3번 뛰어 세었나요?	3점
저금통의 돈은 모두 얼마가 되는지 구했나요?	2점

15 예 ㉠ 504, ㉡ 497, ㉢ 510입니다. 세 수의 백의 자리 수를 비교하면 ㉡ 497이 가장 작은 수이므로 504와 510의 크기를 비교하면 십의 자리 수가 더 큰 510이 가장 큰 수입니다.

평가 기준	배점(5점)
㉠, ㉢을 각각 수로 나타냈나요?	2점
㉠, ㉡, ㉢의 크기를 비교하여 나타내는 수가 가장 큰 것을 찾아 기호를 썼나요?	3점

16 예 260－280에서 십의 자리 수가 2 커졌으므로 20씩 뛰어 센 것입니다. 260부터 20씩 뛰어 세면 260－280－300－320－340이므로 ㉠에 알맞은 수는 340입니다.

평가 기준	배점(5점)
몇씩 뛰어 세었는지 구했나요?	2점
㉠에 알맞은 수는 얼마인지 구했나요?	3점

17 예 어떤 수는 900에서 거꾸로 10씩 4번 뛰어 센 수입니다. 900에서 거꾸로 10씩 4번 뛰어 세면
900－890－880－870－860이므로 어떤 수는 860입니다.

평가 기준	배점(5점)
900에서 거꾸로 10씩 4번 뛰어 세었나요?	3점
어떤 수는 얼마인지 구했나요?	2점

18 예 백의 자리 수가 같고 일의 자리 수는 8>5이므로 □ 안에 들어갈 수 있는 수는 4보다 큰 수인 5, 6, 7, 8, 9입니다. 따라서 □ 안에 들어갈 수 있는 수 중에서 가장 작은 수는 5입니다.

평가 기준	배점(5점)
□ 안에 들어갈 수 있는 수를 모두 구했나요?	3점
□ 안에 들어갈 수 있는 수 중에서 가장 작은 수는 얼마인지 구했나요?	2점

19 예 0은 백의 자리에 올 수 없으므로 만들 수 있는 세 자리 수는 508, 580, 805, 850입니다. 따라서 만들 수 있는 세 자리 수는 모두 4개입니다.

평가 기준	배점(5점)
만들 수 있는 세 자리 수를 모두 구했나요?	3점
만들 수 있는 세 자리 수는 모두 몇 개인지 구했나요?	2점

20 예 구하는 세 자리 수의 백의 자리 수는 7, 십의 자리 수는 5, 일의 자리 수는 7－1＝6입니다.
따라서 구하는 세 자리 수는 756입니다.

평가 기준	배점(5점)
세 자리 수의 각 자리 수를 구했나요?	3점
조건을 모두 만족하는 세 자리 수를 구했나요?	2점

다시 점검하는 수시 평가 대비

6~8쪽

1 60, 90, 100	**2** 806
3 359, 삼백오십구	**4** 500원
5 900, 20, 7	**6** ④
7 ⑤	**8** 1000
9 384개	**10** 6개
11 478	**12** 우진
13 737	**14** 400
15 병호	**16** ㉢
17 940 / 409	**18** 882, 892
19 5개	**20** 416

1 수직선에서 50과 70 사이의 수는 60, 80 다음의 수는 90, 90 다음의 수는 100입니다.

2 100이 8개이면 800
10이 0개이면 0
1이 6개이면 6
806

3 백 모형이 3개, 십 모형이 5개, 일 모형이 9개이므로 나타내는 수는 359입니다. 359는 삼백오십구라고 읽습니다.

4 100원짜리 동전이 5개입니다.
따라서 100이 5개이면 500이므로 동전은 모두 500원입니다.

5 각 자리의 숫자가 나타내는 수를 알아보면 927에서 9는 900을, 2는 20을, 7은 7을 나타냅니다.

6 ④ 999보다 1만큼 더 큰 수는 1000입니다.

7 일의 자리 수를 알아보면
① 6 ② 2 ③ 3 ④ 7 ⑤ 9
따라서 일의 자리 수가 가장 큰 수는 ⑤ 549입니다.

8 600부터 100씩 뛰어 세면
600－700－800－900－1000이므로 ㉠에 알맞은 수는 1000입니다.

9 100개씩 3상자는 300개, 10개씩 8바구니는 80개입니다.
따라서 과일 가게에 있는 귤은 모두
$300+80+4=384$(개)입니다.

10 600은 100이 6개인 수입니다.
따라서 구슬 600개를 봉지 한 개에 100개씩 담으려면 봉지는 6개 필요합니다.

11 10이 10개이면 100이므로 10이 17개이면 100이 1개, 10이 7개인 것과 같습니다.
따라서 100이 4개, 10이 7개, 1이 8개인 수와 같으므로 구하는 세 자리 수는 478입니다.

12 오백팔 ➡ 508
따라서 $523>508$이므로 종이학을 더 많이 접은 사람은 우진이입니다.

13 왼쪽에서 오른쪽으로 1씩 커지는 규칙이 있습니다.
따라서 732에서 1씩 커지는 규칙으로 써 보면 색칠한 곳에 알맞은 수는 737입니다.

14 700에서 거꾸로 50씩 6번 뛰어 세면
700－650－600－550－500－450－400
이므로 어떤 수는 400입니다.

15 가장 작은 세 자리 수를 만들려면 작은 수부터 백의 자리, 십의 자리, 일의 자리에 차례로 놓으면 됩니다.
따라서 민국이가 만든 수는 158, 병호가 만든 수는 149이고 $158>149$이므로 더 작은 수를 만든 사람은 병호입니다.

16 ㉠의 □ 안에 0을 넣어도 백의 자리 수를 비교하면 $4>3$이므로 ㉠이 가장 큽니다.
㉢의 □ 안에 9를 넣어도 $398>397$이므로 ㉢이 가장 작습니다.

17 $9>4>0$이므로 가장 큰 세 자리 수는 큰 수부터 차례로 놓습니다. ➡ 940
가장 작은 세 자리 수는 백의 자리에 0이 올 수 없으므로 둘째로 작은 수인 4를 백의 자리에, 0을 십의 자리에, 9를 일의 자리에 놓습니다. ➡ 409

18 874보다 크고 900보다 작은 수 중에서 8□2인 수는 882, 892입니다.

서술형
19 예 백의 자리 수가 6, 일의 자리 수가 9인 세 자리 수는 6□9입니다. 6□9>649이어야 하므로 □ 안에는 4보다 큰 5, 6, 7, 8, 9가 들어갈 수 있습니다.
따라서 조건을 만족하는 수는 659, 669, 679, 689, 699로 모두 5개입니다.

평가 기준	배점(5점)
십의 자리에 들어갈 수 있는 수를 모두 구했나요?	3점
조건을 만족하는 수는 모두 몇 개인지 구했나요?	2점

서술형
20 예 어떤 수보다 100만큼 더 큰 수가 526이므로 어떤 수는 526보다 100만큼 더 작은 수인 426입니다.
따라서 426보다 10만큼 더 작은 수는 416입니다.

평가 기준	배점(5점)
어떤 수를 구했나요?	3점
어떤 수보다 10만큼 더 작은 수를 구했나요?	2점

2 여러 가지 도형

서술형 50% 수시 평가 대비

9~12쪽

1 나, 라 **2** 2개

3 원 **4** ⓒ

5 ①, ④ **6** 예

7 예 **8** 원

9 나 / 예 도형 나는 곧은 선이 있으므로 원이 아닙니다.

10 ⑤ **11** ⓒ

12 ⓒ, ⓔ **13** 2개

14 7 **15** 삼각형, 4개

16 4개 **17** 6개

18 2개 **19** 15개

20 예 쌓기나무 3개가 옆으로 나란히 있고, 맨 왼쪽 쌓기나무 앞에 쌓기나무 1개가 있습니다.

1 변이 3개인 도형은 삼각형입니다.
삼각형을 모두 찾으면 나와 라입니다.

2 사각형은 가, 바로 모두 2개입니다.

3 어느 쪽에서 보아도 똑같이 동그란 모양이므로 원입니다.

5 ② 삼각형 모양 조각은 ①, ②, ③, ⑤, ⑦로 모두 5개입니다.
③ 사각형 모양 조각은 ④, ⑥으로 모두 2개입니다.
⑤ 크기가 가장 작은 조각은 ③ 또는 ⑤로 삼각형 모양입니다.

6 큰 조각인 ①부터 먼저 채웁니다.

7 조각 ⑥, ⑦을 이용하였으므로 가장 큰 조각 ①, ②를 먼저 채우고 남은 ③, ④, ⑤를 채웁니다.

9

평가 기준	배점(5점)
원이 아닌 도형을 찾아 기호를 썼나요?	2점
찾은 도형이 원이 아닌 까닭을 바르게 썼나요?	3점

10 ⑤는 1층에 3개, 2층에 1개이므로 $3+1=4$(개)로 만든 모양입니다.

11 ⓒ을 ⓔ 앞으로 옮기면 오른쪽과 똑같은 모양을 만들 수 있습니다.

12 예 교통 표지판에서 찾을 수 있는 도형은 삼각형입니다. 삼각형은 꼭짓점이 3개입니다. 또 변이 3개이므로 변이 4개인 사각형보다 변이 1개 더 적습니다. 따라서 설명이 옳은 것은 ⓒ, ⓔ입니다.

평가 기준	배점(5점)
교통 표지판에서 도형을 찾았나요?	2점
찾은 도형에 대한 설명으로 옳은 것을 모두 찾아 기호를 썼나요?	3점

13 예 삼각형은 변이 3개입니다. 한 변이 주어져 있으므로 삼각형을 그리려면 $3-1=2$(개)의 변을 더 그려야 합니다.

평가 기준	배점(5점)
삼각형은 변이 몇 개인지 설명했나요?	3점
더 그려야 하는 변은 몇 개인지 구했나요?	2점

14 예 사각형은 꼭짓점이 4개, 삼각형은 꼭짓점이 3개, 원은 변이 없으므로 ㉠$=4$, ㉡$=3$, ㉢$=0$입니다.
따라서 ㉠+㉡−㉢$=4+3-0=7-0=7$입니다.

평가 기준	배점(5점)
㉠, ㉡, ㉢의 수를 각각 구했나요?	3점
㉠+㉡−㉢의 값은 얼마인지 구했나요?	2점

15

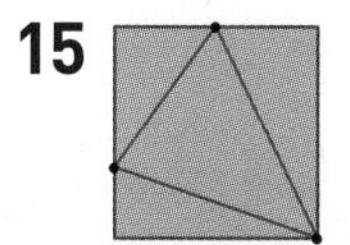

예 세 점을 꼭짓점으로 하는 삼각형을 그리면 위와 같습니다. 따라서 그린 변을 따라 색종이를 오리면 삼각형이 4개 생깁니다.

평가 기준	배점(5점)
세 점을 꼭짓점으로 하는 삼각형을 그렸나요?	2점
그린 변을 따라 색종이를 오리면 어떤 도형이 몇 개 생기는지 구했나요?	3점

16 ㊎ 이용한 삼각형 조각은 5개, 사각형 조각은 1개입니다. 따라서 삼각형 조각은 사각형 조각보다 $5-1=4$(개) 더 많습니다.

평가 기준	배점(5점)
이용한 삼각형 조각과 사각형 조각의 개수를 각각 구했나요?	3점
삼각형 조각은 사각형 조각보다 몇 개 더 많은지 구했나요?	2점

17 ㊎ 도형에서 찾을 수 있는 크고 작은 사각형은 사각형 1개짜리가 3개, 사각형 2개짜리가 2개, 사각형 3개짜리가 1개이므로 모두 $3+2+1=6$(개)입니다.

평가 기준	배점(5점)
도형에서 찾을 수 있는 사각형을 사각형 1개, 2개, 3개짜리로 나누어 구했나요?	3점
도형에서 찾을 수 있는 크고 작은 사각형은 모두 몇 개인지 구했나요?	2점

18 ㊎ 왼쪽 모양에서 사용한 쌓기나무의 개수는 4개입니다. 오른쪽 모양에서 사용한 쌓기나무의 개수는 1층에 5개, 2층에 1개로 모두 $5+1=6$(개)입니다. 따라서 쌓기나무는 $6-4=2$(개) 더 필요합니다.

평가 기준	배점(5점)
왼쪽 모양과 오른쪽 모양에서 사용한 쌓기나무의 개수를 각각 구했나요?	3점
쌓기나무가 몇 개 더 필요한지 구했나요?	2점

19 ㊎ 가: 1층 3개, 2층 1개, 3층 1개 ➡ 5개
나: 1층 3개, 2층 1개 ➡ 4개
다: 1층 4개, 2층 1개, 3층 1개 ➡ 6개
따라서 사용한 쌓기나무는 모두 $5+4+6=15$(개)입니다.

평가 기준	배점(5점)
가, 나, 다에 쌓은 쌓기나무는 각각 몇 개인지 구했나요?	3점
사용한 쌓기나무는 모두 몇 개인지 구했나요?	2점

20

평가 기준	배점(5점)
쌓기나무로 쌓은 모양을 바르게 설명했나요?	5점

다시 점검하는 수시 평가 대비 13~15쪽

1 ㉥ **2** ㉣
3 태은

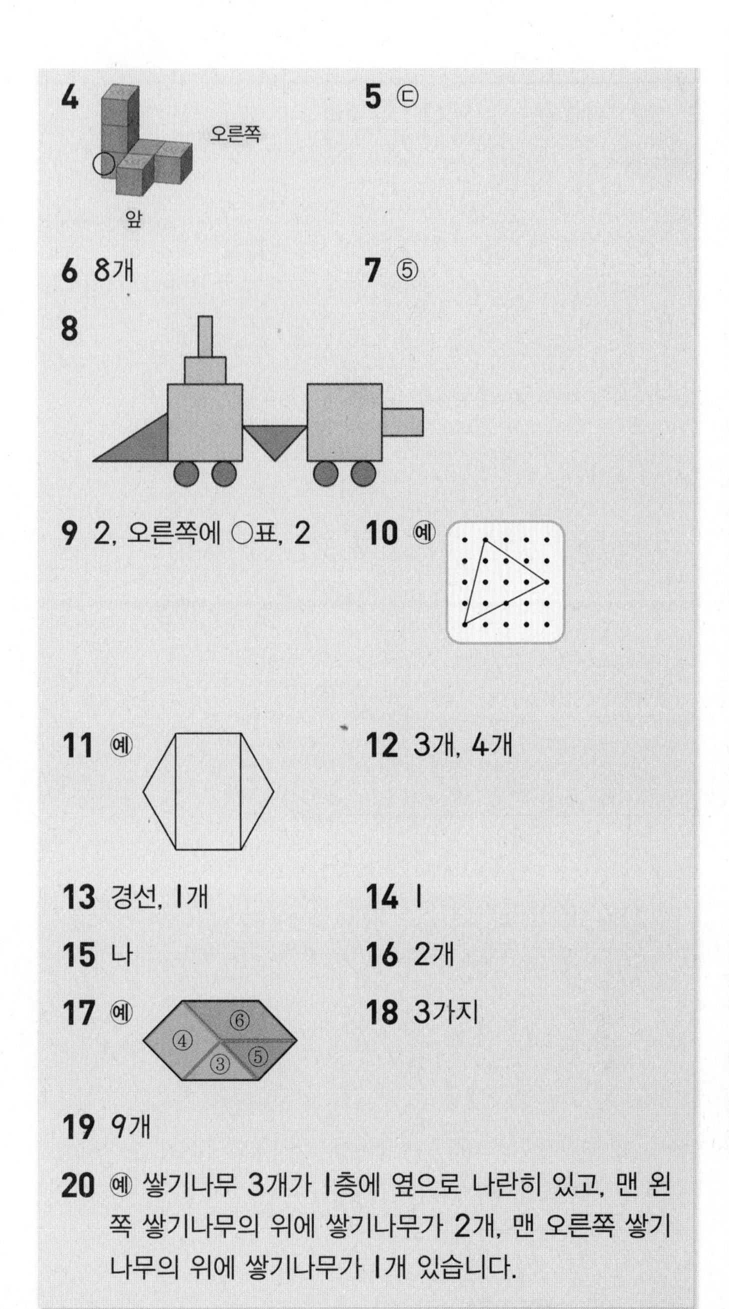

4 (그림) **5** ㉢
6 8개 **7** ⑤
8 (그림)
9 2, 오른쪽에 ○표, 2 **10** ㊎ (그림)
11 ㊎ (그림) **12** 3개, 4개
13 경선, 1개 **14** 1
15 나 **16** 2개
17 ㊎ (그림) **18** 3가지
19 9개
20 ㊎ 쌓기나무 3개가 1층에 옆으로 나란히 있고, 맨 왼쪽 쌓기나무의 위에 쌓기나무가 2개, 맨 오른쪽 쌓기나무의 위에 쌓기나무가 1개 있습니다.

1 3개의 변으로 둘러싸인 도형은 ㉥입니다.

2 어느 쪽에서 보아도 똑같이 동그란 모양인 도형은 ㉣입니다.

3 사각형은 4개의 곧은 선으로 둘러싸여 있어야 하는데 주어진 도형은 3개의 곧은 선과 1개의 굽은 선이 있습니다.

5 뒤에 있는 쌓기나무의 수를 알아보면 ㉠ 2개, ㉡ 1개, ㉢ 0개, ㉣ 1개입니다.

6 4개의 곧은 선으로 둘러싸인 도형이므로 사각형입니다. 사각형은 변이 4개, 꼭짓점이 4개이므로 그 합은 $4+4=8$(개)입니다.

7 ⑤ 모든 원의 모양은 같지만 크기는 다릅니다.

8 삼각형이 2개, 사각형이 5개, 원이 4개 있습니다.

9 쌓기나무 2개가 옆으로 나란히 있고, 그중 오른쪽 쌓기나무 위에 2개의 쌓기나무가 있습니다.

10 곧은 선 3개로 둘러싸인 도형을 그립니다.

11 변이 3개인 삼각형 2개와 변이 4개인 사각형 1개가 되도록 여러 가지 방법으로 선을 2개 그어 봅니다.

12 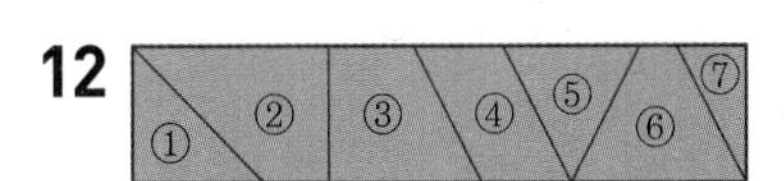

삼각형: ①, ⑤, ⑦ ➡ 3개
사각형: ②, ③, ④, ⑥ ➡ 4개

13 경선: 1층 4개, 2층 1개 ➡ 5개
민아: 1층 3개, 2층 1개 ➡ 4개
따라서 사용한 쌓기나무는 경선이가 $5-4=1$(개) 더 많습니다.

14 사각형은 변이 4개이므로 ㉠=4, 원은 꼭짓점이 없으므로 ㉡=0, 삼각형은 변이 3개이므로 ㉢=3입니다.
➡ ㉠+㉡−㉢=4+0−3=4−3=1

15 앞에서 본 모양이 1층에 3개가 나란히 있고, 그중 맨 왼쪽 쌓기나무가 2층까지 있는 모양은 나입니다.

16 ④, ⑥ ➡ 2개

17 큰 조각부터 차례로 놓아 주어진 모양을 만듭니다.

18 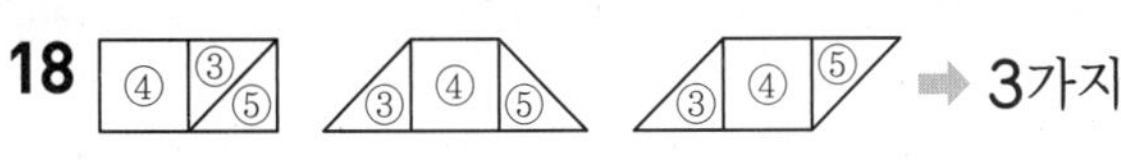

➡ 3가지

서술형
19 예

①	②
③	④

• 사각형 1개짜리: ①, ②, ③, ④ ➡ 4개
• 사각형 2개짜리: ①+②, ③+④, ①+③, ②+④ ➡ 4개
• 사각형 4개짜리: ①+②+③+④ ➡ 1개
따라서 찾을 수 있는 크고 작은 사각형은 모두 $4+4+1=8+1=9$(개)입니다.

평가 기준	배점(5점)
도형에서 찾을 수 있는 사각형을 사각형 1개, 2개, 4개짜리로 나누어 구했나요?	3점
도형에서 찾을 수 있는 크고 작은 사각형은 모두 몇 개인지 구했나요?	2점

서술형
20

평가 기준	배점(5점)
쌓기나무로 쌓은 모양을 바르게 설명했나요?	5점

3 덧셈과 뺄셈

서술형 50% 수시 평가 대비

16~19쪽

1 10 **2** 42, 42, 42
3 > **4** (선 잇기)
5 (1) 9, 9, 66 (2) 3, 50, 66
6 예 □+8=12, 4
7 혜성 **8** 46
9 (1) 9 (2) 43
10 × / 예 앞에서부터 차례로 두 수씩 계산하지 않았습니다.
11 42마리 **12** 35살
13 ㉠ **14** 11
15 24, 57 **16** 17
17 139 **18** 93
19 19, 20 **20** 31

1 □ 안의 수 1은 일의 자리에서 받아올림한 수이므로 실제로 나타내는 수는 10입니다.

2 35+7=42입니다.
더해지는 수가 1씩 작아질 때 더하는 수가 1씩 커지면 합은 변하지 않습니다.
$35+7=42$
↓−1 ↓+1 ⊜
$34+8=42$
↓−1 ↓+1 ⊜
$33+9=42$

3 $14+27+63=104$
(14+27=41, 41+63=104)
➡ 104>100

4 $35+16=51$, $65-38=27$
$40-13=27$, $90-39=51$
$53+19=72$, $48+24=72$

5 (1) 19를 10과 9로 가르기하여 47에 10을 더하고 9를 더 더합니다.
(2) 47을 50으로 만들기 위해 19를 3과 16으로 가르기합니다.

6 □$+8=12$, $12-8=$□, □$=4$

7 규리: 72에서 25보다 5만큼 더 큰 수인 30을 뺐으므로 더 뺀 5를 다시 더해야 합니다.

8 $54>36>28$입니다.
가장 큰 수와 가장 작은 수의 합은 $54+28=82$이므로 82에서 나머지 수를 빼면 $82-36=46$입니다.
다른 풀이
하나의 식으로 나타내 계산할 수도 있습니다.
$54+28-36=82-36$
$=46$

9 (1) $54-$□$=45$, $54-45=$□, □$=9$
(2) □$-16=27$, $27+16=$□, □$=43$

10

평가 기준	배점(5점)
계산이 맞는지 틀린지 ○, ×표를 바르게 했나요?	2점
그 까닭을 바르게 썼나요?	3점

11 예 (개코원숭이의 수)$=17+8=25$(마리)
따라서 동물원에 있는 긴팔원숭이와 개코원숭이는 모두 $17+25=42$(마리)입니다.

평가 기준	배점(5점)
개코원숭이의 수를 구했나요?	2점
긴팔원숭이와 개코원숭이는 모두 몇 마리인지 구했나요?	3점

12 예 (아버지의 나이)$=37+7=44$(살)
따라서 아버지의 나이는 현준이보다 $44-9=35$(살) 더 많습니다.

평가 기준	배점(5점)
아버지의 나이를 구했나요?	2점
아버지의 나이는 현준이보다 몇 살 더 많은지 구했나요?	3점

13 예 ㉠ $67+$□$=85$, $85-67=$□, □$=18$
㉡ $50-$□$=34$, $50-34=$□, □$=16$
㉢ □$+48=64$, $64-48=$□, □$=16$
따라서 □ 안에 알맞은 수가 다른 하나는 ㉠입니다.

평가 기준	배점(5점)
㉠, ㉡, ㉢의 □ 안에 알맞은 수를 각각 구했나요?	3점
□ 안에 알맞은 수가 다른 하나를 찾아 기호를 썼나요?	2점

14 예 ㉠$+6=13$이므로
$13-6=$㉠, ㉠$=7$입니다.
$1+7+$㉡$=12$이므로
$8+$㉡$=12$, $12-8=$㉡, ㉡$=4$입니다.
따라서 ㉠+㉡의 값은 $7+4=11$입니다.

평가 기준	배점(5점)
㉠과 ㉡에 알맞은 수를 각각 구했나요?	3점
㉠+㉡의 값을 구했나요?	2점

15 계산 결과가 가장 큰 수가 되려면 가장 작은 두 자리 수를 만들어 빼야 합니다. 만들 수 있는 가장 작은 두 자리 수는 24이므로 뺄셈식을 만들고 계산하면 $81-24=57$입니다.

16 예 계산 결과가 가장 작은 수가 되려면 가장 큰 두 자리 수를 만들어 빼야 합니다. 만들 수 있는 가장 큰 두 자리 수는 64이므로 뺄셈식을 만들고 계산하면 $81-64=17$입니다.

평가 기준	배점(5점)
계산 결과가 가장 작은 수가 되는 뺄셈식을 만들었나요?	3점
계산 결과를 구했나요?	2점

17 예 합이 가장 크게 되려면 더하는 두 수의 십의 자리에 가장 큰 수와 둘째로 큰 수를 놓아야 합니다.
따라서 합이 가장 크게 되는 덧셈식은 $75+64=139$ 또는 $74+65=139$이므로 계산 결과는 139입니다.

평가 기준	배점(5점)
합이 가장 크게 되는 덧셈식을 만들었나요?	3점
계산 결과를 구했나요?	2점

18 예 어떤 수를 □라고 하면
□$-29=35$, $35+29=$□, □$=64$입니다.
따라서 바르게 계산한 값은 $64+29=93$입니다.

평가 기준	배점(5점)
어떤 수를 구했나요?	3점
바르게 계산한 값을 구했나요?	2점

19 예 $56+7-45=63-45=18$,
$50-38+9=12+9=21$이므로 $18<$□<21입니다.
따라서 □ 안에 들어갈 수 있는 수는 19, 20입니다.

평가 기준	배점(5점)
세 수의 계산을 각각 했나요?	3점
□ 안에 들어갈 수 있는 수를 모두 구했나요?	2점

20 예 ■ $+8=21$, $21-8=$ ■, ■ $=13$입니다.
$43-$ ● $=25$, $43-25=$ ●, ● $=18$입니다.
따라서 ■ $+$ ● $=13+18=31$입니다.

평가 기준	배점(5점)
■와 ●에 알맞은 수를 각각 구했나요?	2점
■와 ●에 알맞은 수의 합을 구했나요?	3점

다시 점검하는 수시 평가 대비 20~22쪽

1 (1) 46 (2) 25 **2** 54
3 100
4 83, 46, 37 / 83, 37, 46
5 (위에서부터) 128, 47
6 $57+35=57+3+32$
$=60+32=92$
7 17, 26, 43 / 26, 17, 43
8 < **9** 22
10 165명 **11** 15마리
12 $60-\square=26$, 34
13 (위에서부터) 8, 7 **14** 12마리
15 24, 17 **16** 66
17 6, 7, 8, 9 **18** 53권
19 72 **20** 15개

1 (1) $\begin{array}{r} {\scriptstyle 1} \\ 37 \\ +\ \ 9 \\ \hline 46 \end{array}$ (2) $\begin{array}{r} {\scriptstyle 4\ 10} \\ \not{5}0 \\ -25 \\ \hline 25 \end{array}$

2 큰 수: 62, 작은 수: 8
➡ $62-8=54$

3 삼각형에 적힌 수는 43, 57입니다.
➡ $43+57=100$

4 $46+37=83$ → $83-46=37$ $46+37=83$ → $83-37=46$

5 $\begin{array}{r} {\scriptstyle 1} \\ 76 \\ +52 \\ \hline 128 \end{array}$ $\begin{array}{r} {\scriptstyle 6\ 10} \\ \not{7}6 \\ -29 \\ \hline 47 \end{array}$

6 보기 는 19를 4와 15로 가르기하여 26에 4를 먼저 더해서 30을 만들고 15를 더했습니다. $57+35$의 계산은 35를 3과 32로 가르기하여 57에 3을 먼저 더해서 60을 만들고 32를 더합니다.
➡ $57+35=57+3+32$
$=60+32=92$

7 세 수 중 전체는 43이고, 부분은 17과 26입니다. 부분의 합이 전체가 되는 덧셈식을 만들어 봅니다.

8 $95-26=69$, $54+17=71$
➡ $69<71$

9 $25>19>16$이므로
$25+16-19=41-19=22$

10 (운동장에 있는 학생 수)=(남학생 수)+(여학생 수)
$=86+79=165$(명)

11 (남아 있는 비둘기의 수)
=(처음에 있던 비둘기의 수)−(날아간 비둘기의 수)
$=31-16=15$(마리)

12 60에서 왼쪽으로 □만큼 가면 26이므로 뺄셈식으로 나타내면 $60-\square=26$입니다.
$60-26=\square$, $\square=34$

13 $\begin{array}{r} 4㉠ \\ +27 \\ \hline ㉡5 \end{array}$ ㉠$+7=15$이므로 $15-7=$㉠, ㉠$=8$
$1+4+2=7$이므로 ㉡$=7$

14 처음 연못에 있던 오리의 수를 □마리라고 하면
$\square+8=20$이므로 $20-8=\square$, $\square=12$입니다.
따라서 처음 연못에 있던 오리는 12마리입니다.

15
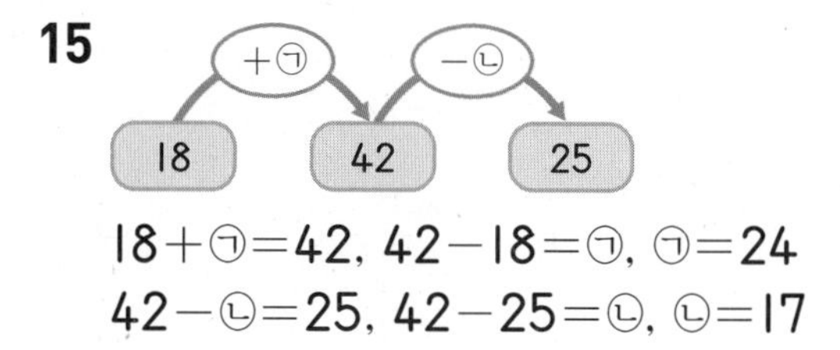

$18+$㉠$=42$, $42-18=$㉠, ㉠$=24$
$42-$㉡$=25$, $42-25=$㉡, ㉡$=17$

16 ㉠$+36=65$에서 $65-36=$㉠, ㉠$=29$
$94-$㉡$=57$에서 $94-57=$㉡, ㉡$=37$
➡ ㉠$+$㉡$=29+37=66$

17 $83-\square=78$이라고 하면
$83-78=\square$, $\square=5$입니다.
$83-\square$가 78보다 작으려면 $\square$ 안에는 5보다 큰 수가 들어가야 합니다.
따라서 $\square$ 안에 들어갈 수 있는 수는 6, 7, 8, 9입니다.

18 (지금 지호네 반 학급 문고에 있는 책의 수)
$=65-26+14$
$=39+14=53$(권)

서술형
19 예 ■$=9$이므로 $9+9+9=$▲, ▲$=27$
▲$=27$이므로 $27+27=$●, ●$=54$
●$-$■$+$▲$=54-9+27=45+27=72$
따라서 ★의 값은 72입니다.

평가 기준	배점(5점)
▲의 값을 구했나요?	1점
●의 값을 구했나요?	1점
★의 값을 구했나요?	3점

서술형
20 예 동생에게 주고 남은 구슬은 $62-27=35$(개)입니다.
형에게 받은 구슬의 수를 $\square$개라고 하면
$35+\square=50$, $50-35=\square$, $\square=15$입니다.
따라서 민준이가 형에게 받은 구슬은 15개입니다.

평가 기준	배점(5점)
동생에게 주고 남은 구슬의 수를 구했나요?	2점
형에게 받은 구슬의 수를 구했나요?	3점

4 길이 재기

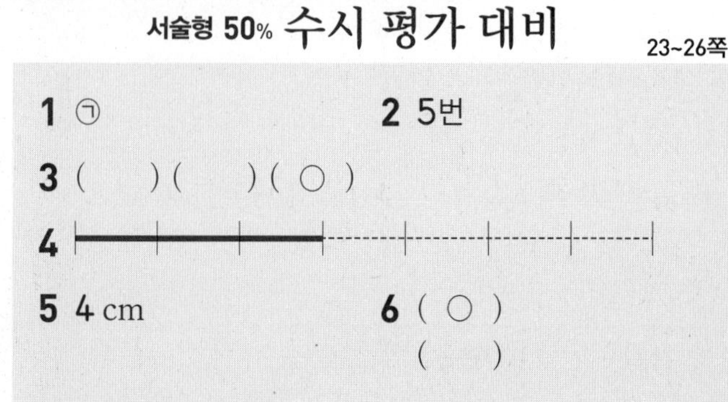

서술형 50% 수시 평가 대비
23~26쪽

1 ㉠ **2** 5번
3 ( )( )(○)
4 (그림)
5 4 cm **6** (○) ( )
7 예 약 6 cm, 6 cm
8 ㉠, ㉢ / 예 ㉠은 색 테이프의 한쪽 끝을 자의 눈금 0에 맞추지 않았습니다. ㉢은 색 테이프를 비스듬하게 놓아 자에 닿지 않았습니다.
9 7 cm **10** 5, 10
11 병욱
12 (그림)
13 5개 **14** 병호
15 ㉰ **16** 해민
17 4배 **18** 9 cm
19 예 '약'이라고 나타낸 길이는 정확한 길이가 아니라 자의 센티미터 눈금에 가장 가깝게 나타낸 값이므로 길이가 약 5 cm인 색연필이라도 실제 길이는 다를 수 있습니다.
20 16 cm

1 막대나 끈 등을 이용하여 길이를 본뜬 다음 서로 맞대어 비교합니다.

2 연필의 길이는 클립으로 5번 잰 길이와 같습니다.

3 뼘, 걸음은 사람마다 길이가 다르므로 정확한 길이의 단위라고 할 수 없습니다.

4 3 cm는 1 cm가 3번이므로 1 cm가 3번 되게 점선을 따라 선을 긋습니다.

5 애벌레의 한쪽 끝을 자의 눈금 0에 맞추었을 때 다른 쪽 끝에 있는 자의 눈금은 4이므로 애벌레의 길이는 4 cm입니다.

6 길이가 5 cm에 가까운 리본은 노란색 리본입니다.

7 열쇠의 길이는 1 cm가 몇 번인지 생각하여 어림해 봅니다. 열쇠의 길이를 자로 재면 1 cm가 6번이므로 6 cm입니다.

8

평가 기준	배점(5점)
잘못된 것을 모두 찾아 기호를 썼나요?	2점
잘못된 까닭을 바르게 썼나요?	3점

9 (예) 분필의 한쪽 끝이 자의 눈금 0에 맞추어져 있고, 다른 쪽 끝에 있는 자의 눈금이 7이므로 분필의 길이는 7 cm입니다.

평가 기준	배점(5점)
분필의 오른쪽 끝에 있는 자의 눈금이 얼마인지 설명했나요?	2점
분필의 길이는 몇 cm인지 구했나요?	3점

10 (예) 5 cm는 1 cm가 5번이므로 ㉠=5입니다.
1 cm가 10번이면 10 cm이므로 ㉡=10입니다.

평가 기준	배점(5점)
㉠에 알맞은 수를 구했나요?	2점
㉡에 알맞은 수를 구했나요?	3점

11 (예) 수수깡의 오른쪽 끝 부분이 8 cm에 가까우므로 2부터 8까지 1 cm가 약 6번입니다. 따라서 수수깡의 길이는 약 6 cm이므로 길이를 바르게 나타낸 사람은 병욱이입니다.

평가 기준	배점(5점)
수수깡의 길이를 구했나요?	3점
수수깡의 길이를 바르게 나타낸 사람은 누구인지 찾았나요?	2점

12 각 선의 길이를 재어 보면
㉮ 7 cm, ㉯ 5 cm, ㉰ 6 cm이므로 길이가 가장 짧은 선은 ㉯입니다.
따라서 길이가 5 cm인 선을 점선을 따라 긋습니다.

보라색을 칠해야 하는 벽돌은 1층에 2개, 2층에 1개, 3층에 2개입니다. 따라서 보라색을 칠해야 하는 벽돌은 모두 2+1+2=5(개)입니다.

14 면봉의 길이를 재어 보면 7 cm입니다.
어림한 길이와 자로 잰 길이의 차를 구해 보면
성문: 7−4=3 (cm), 혜진: 7−5=2 (cm),
병호: 8−7=1 (cm)입니다.
따라서 가장 가깝게 어림한 사람은 병호입니다.

15 (예) 색연필의 길이는 6 cm입니다. 각 끈의 길이를 재어 보면 ㉮ 5 cm, ㉯ 7 cm, ㉰ 6 cm이므로 색연필과 길이가 같은 끈은 ㉰입니다.

평가 기준	배점(5점)
색연필의 길이를 구했나요?	2점
색연필과 길이가 같은 끈을 찾아 기호를 썼나요?	3점

16 (예) 12 cm는 1 cm로 12번입니다. 잰 횟수가 같으므로 길이를 잰 단위가 길수록 털실이 깁니다. 엄지손톱, 필통의 긴 쪽, 1 cm 중 가장 긴 단위는 필통의 긴 쪽이므로 해민이의 털실이 길이가 가장 깁니다.

평가 기준	배점(5점)
엄지손톱, 필통의 긴 쪽, 1 cm 중 가장 긴 단위를 찾았나요?	2점
가장 긴 털실을 가진 사람을 찾았나요?	3점

17 (예) 빨간색 테이프는 8부터 12까지 1 cm가 4번 있으므로 4 cm, 파란색 테이프는 6부터 7까지 1 cm가 1번 있으므로 1 cm입니다. 4 cm는 1 cm의 4배이므로 빨간색 테이프의 길이는 파란색 테이프의 길이의 4배입니다.

평가 기준	배점(5점)
빨간색 테이프의 길이와 파란색 테이프의 길이를 각각 구했나요?	3점
빨간색 테이프는 파란색 테이프의 길이의 몇 배인지 구했나요?	2점

18 (예) 선의 길이를 재어 보면 ㉮에서 ㉯까지 그은 선의 길이는 6 cm, ㉯에서 ㉰까지 그은 선의 길이는 3 cm입니다.
따라서 6+3=9이므로 그은 선의 길이는 9 cm입니다.

평가 기준	배점(5점)
㉮에서 ㉯, ㉯에서 ㉰까지 그은 선의 길이를 각각 구했나요?	3점
그은 선의 길이를 구했나요?	2점

19

평가 기준	배점(5점)
색연필들의 길이가 조금씩 다른 까닭을 바르게 썼나요?	5점

20 (예) 도형을 둘러싼 빨간 선에는 1 cm가 16번 있습니다. 따라서 도형을 둘러싼 빨간 선의 길이는 16 cm입니다.

평가 기준	배점(5점)
도형을 둘러싼 빨간 선에는 1 cm가 몇 번 있는지 구했나요?	3점
도형을 둘러싼 빨간 선의 길이를 구했나요?	2점

다시 점검하는 수시 평가 대비 27~29쪽

1 동하	2 7번
3 5 / 5 cm, 5 센티미터	4 9 cm
5 6 cm	6 4 cm
7 예 (선 그림)	
8 ㉡	9 ㉮
10 6 cm	11 14 cm
12 9 cm	13 45 cm
14 64 cm	15 시윤, 3 cm
16 6번	17 ㉰, ㉮, ㉯
18 7 cm	19 79 cm
20 15 cm	

1 직접 맞대어 길이를 비교할 수 없으면 종이띠, 막대 등을 이용하여 길이를 본뜬 다음 서로 맞대어 비교합니다.

2 밧줄의 길이는 크레파스로 7번입니다.

3 1 cm가 5번이면 5 cm입니다.
5 cm는 5 센티미터라고 읽습니다.

4 색연필의 한쪽 끝이 자의 눈금 0에 맞추어져 있고, 다른 쪽 끝에 있는 자의 눈금이 9이므로 9 cm입니다.

5 풀의 한쪽 끝을 자의 눈금 0에 맞추고, 다른 쪽 끝이 가리키는 눈금을 읽으면 6 cm입니다.

6 면봉은 1 cm가 4번이므로 4 cm입니다.

7 1 cm가 5번쯤 들어가도록 선을 그어 봅니다.

8 ㉠은 모눈의 5칸, ㉡은 모눈의 6칸, ㉢은 모눈의 4칸을 차지하므로 가장 긴 선은 ㉡입니다.

9 단위가 짧을수록 잰 횟수가 많으므로 잰 횟수가 가장 많은 것은 ㉮입니다.

10 자의 눈금에서 보면 1 cm가 6번보다 조금 더 됩니다. 따라서 볼펜의 길이는 약 6 cm입니다.

11

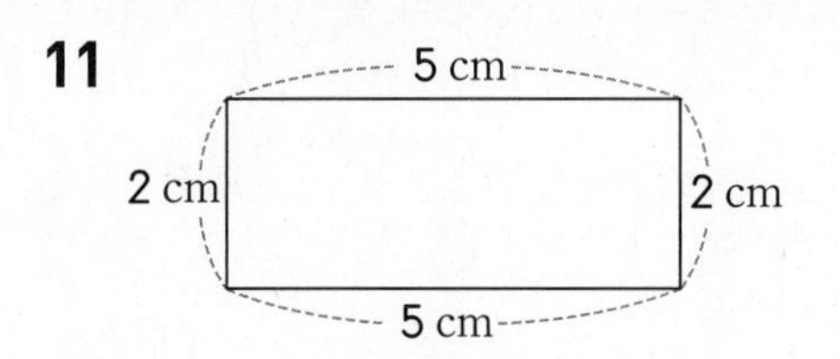

➡ (사각형의 네 변의 길이의 합)
$=5+2+5+2=14$ (cm)

12 수첩의 짧은 쪽의 길이는 1 cm가 9번쯤이므로 약 9 cm입니다.

13 탁자의 긴 쪽의 길이는 15 cm가 3번쯤이므로 약 $15+15+15=45$ (cm)입니다.

14 (우산을 자로 잰 길이)=(우산을 어림한 길이)$+6$
$=58+6=64$ (cm)

15 (명진이의 테이프의 길이)$=3+3+3+3=12$ (cm)
(시윤이의 테이프의 길이)$=5+5+5=15$ (cm)
따라서 시윤이의 테이프가 $15-12=3$ (cm) 더 깁니다.

16 연필의 길이를 이쑤시개로 재면 2번이므로 연필의 길이는 이쑤시개의 길이로 2번입니다.
따라서 노트북의 긴 쪽의 길이는 연필의 길이로 3번이므로 이쑤시개의 길이로는 $2+2+2=6$(번)입니다.

17 길이가 길수록 잰 횟수가 적습니다.
따라서 $3<5<7$이므로 길이가 긴 물건부터 차례로 기호를 쓰면 ㉰, ㉮, ㉯입니다.

18 ㉮에서 ㉯까지 가장 가까운 길로 가려면 오른쪽으로 4칸, 아래쪽으로 3칸을 가야 합니다.
따라서 ㉮에서 ㉯까지 가는 가장 가까운 길은 1 cm가 7번이므로 7 cm입니다.

서술형
19 예 예지가 어림한 칠판의 짧은 쪽의 길이는 $85+3=88$ (cm)입니다.
따라서 칠판의 짧은 쪽의 실제 길이는
$88-9=79$ (cm)입니다.

평가 기준	배점(5점)
예지가 어림한 칠판의 짧은 쪽의 길이를 구했나요?	2점
칠판의 짧은 쪽의 실제 길이를 구했나요?	3점

서술형
20 예 클립 3개의 길이는 $2+2+2=6$ (cm)입니다. 이것은 머리핀 2개의 길이와 같으므로 머리핀 한 개의 길이는 3 cm입니다.
따라서 색연필의 길이는 머리핀 5개의 길이이므로
$3+3+3+3+3=15$ (cm)입니다.

평가 기준	배점(5점)
머리핀 한 개의 길이를 구했나요?	3점
색연필의 길이를 구했나요?	2점

5 분류하기

서술형 50% 수시 평가 대비 30~33쪽

1 (○)( )
2 무늬

3 ③, ⑦ / ②, ④, ⑥ / ①, ⑤, ⑧

4 ⑥ / ①, ③, ⑦ / ②, ④, ⑤, ⑧

5 알맞지 않습니다.
/ 예 분류 기준이 분명하지 않습니다.

6 예 학용품과 장난감으로 분류하였습니다.

7 예 종류

8

종류	윷놀이	연날리기	공기놀이
세면서 표시하기	////	////	~~////~~
학생 수(명)	2	3	5

9 ①, ②, ④, ⑥, ⑦ / ③, ⑤

10 예 색깔 /

색깔	빨간색	파란색	노란색
번호	①, ④, ⑦	②, ⑤	③, ⑥

11 7, 2, 3
12 과학자

13 14, 9, 8
14 5일

15 5
16 빨간색

17 흰색
18 흰색

19 분류 기준 1 예 긴 우산과 짧은 우산
분류 기준 2 예 손잡이가 구부러진 것과 구부러지지 않은 것

20 과학책

1 오른쪽은 모양을 기준으로 분류할 수 있습니다.

2 ♥, ★, ● 무늬로 양말을 분류한 것입니다.

3 다리가 없는 것: 금붕어(③), 상어(⑦)
다리가 2개인 것: 닭(②), 타조(④), 독수리(⑥)
다리가 4개인 것: 악어(①), 토끼(⑤), 기린(⑧)

4 하늘에서 주로 생활하는 동물: 독수리(⑥)
물에서 주로 생활하는 동물: 악어(①), 금붕어(③), 상어(⑦)
땅에서 주로 생활하는 동물: 닭(②), 타조(④), 토끼(⑤), 기린(⑧)

5

평가 기준	배점(5점)
분류 기준으로 알맞은지, 알맞지 않은지 썼나요?	2점
까닭을 바르게 썼나요?	3점

6

평가 기준	배점(5점)
분류 기준을 바르게 썼나요?	5점

12 예 연예인이 되고 싶어 하는 학생은 2명, 과학자가 되고 싶어 하는 학생은 3명이므로 과학자가 되고 싶어 하는 학생이 더 많습니다.

평가 기준	배점(5점)
연예인과 과학자가 되고 싶어 하는 학생 수를 각각 구했나요?	3점
연예인과 과학자 중에서 되고 싶어 하는 학생이 더 많은 장래 희망을 구했나요?	2점

13

날씨	맑은 날	흐린 날	비 온 날
세면서 표시하기	~~////~~ ~~////~~ ////	~~////~~ ////	~~////~~ ///
날수(일)	14	9	8

14 예 맑은 날은 14일, 흐린 날은 9일이었으므로 맑은 날은 흐린 날보다 $14-9=5$(일) 더 많았습니다.

평가 기준	배점(5점)
맑은 날과 흐린 날의 날수를 각각 썼나요?	3점
맑은 날은 흐린 날보다 며칠 더 많았는지 구했나요?	2점

15 예 ㉠은 곰 모양 젤리 수입니다.
색깔에 관계없이 곰 모양 젤리 수를 세어 보면 5개이므로 ㉠에 알맞은 수는 5입니다.

평가 기준	배점(5점)
㉠은 곰 모양 젤리 수임을 설명했나요?	2점
곰 모양 젤리 수를 세어 ㉠에 알맞은 수를 구했나요?	3점

16 예 색깔에 따라 젤리를 분류하여 세어 보면 노란색 4개, 빨간색 6개, 초록색 2개, 보라색 3개입니다.
따라서 가장 많은 젤리의 색깔은 빨간색입니다.

평가 기준	배점(5점)
색깔별 젤리 수를 구했나요?	3점
가장 많은 젤리의 색깔은 무슨 색인지 구했나요?	2점

17 ㉠ 색깔에 따라 티셔츠를 분류하여 세어 보면 흰색 5벌, 파란색 3벌, 노란색 2벌, 검은색 2벌입니다. 따라서 가장 많이 팔린 티셔츠는 흰색입니다.

평가 기준	배점(5점)
색깔별 티셔츠 수를 각각 구했나요?	3점
가장 많이 팔린 티셔츠는 무슨 색인지 구했나요?	2점

18 ㉠ 지난주에 흰색 티셔츠가 가장 많이 팔렸으므로 이번 주에도 흰색 티셔츠를 가장 많이 준비하는 것이 좋겠습니다.

평가 기준	배점(5점)
지난주에 가장 많이 팔린 티셔츠가 흰색임을 썼나요?	2점
무슨 색 티셔츠를 가장 많이 준비하는 것이 좋을지 구했나요?	3점

19 무늬가 있는 것과 없는 것으로도 분류할 수 있습니다.

평가 기준	배점(5점)
분류 기준을 1가지 썼나요?	2점
또 다른 분류 기준을 1가지 썼나요?	3점

20 ㉠ 종류에 따라 책을 분류하여 세어 보면 만화책 4권, 동화책 5권, 위인전 4권, 과학책 2권입니다. 따라서 가장 적게 있는 과학책을 더 사면 종류별 책의 수가 비슷해집니다.

평가 기준	배점(5점)
종류별 책의 수를 구했나요?	3점
어떤 종류의 책을 더 사면 좋을지 구했나요?	2점

다시 점검하는 수시 평가 대비 34~36쪽

1 ㉠, ㉢ **2** ㉠ 윗옷과 아래옷

3 ㉠

색깔	파란색	분홍색	주황색
세면서 표시하기	////	//	///
옷의 수(벌)	4	2	3

4 ㉠ 색깔

5 89, 24, 38, 92, 56, 61 / 145, 100, 714, 126

6 (위에서부터) 56 / 145, 100 / 89, 24 / 126 / 38, 92, 61 / 714

7 3장 **8** 4, 8, 7, 5

9 귤 **10** 11, 8, 5

11 빨간색 **12** ㉣

13 참새, 기러기, 박쥐 / 타조, 기린, 거북, 고등어, 상어

14 ② **15** 16, 9

16 2개 **17** 노란색

18 4개 **19** 볼펜

20 볼펜

1 안경의 색깔 또는 모양(네모난 것과 동그란 것)으로 분류할 수 있습니다.

2 옷을 윗옷과 아래옷으로 분류하였습니다.

3 색깔에 따라 분류한 다음 그 수를 세어 봅니다.

4 수 카드를 파란색, 노란색, 초록색으로 색깔에 따라 분류하였습니다.

5 수 카드를 수 카드에 적힌 수의 자릿수에 따라 분류하여 봅니다.

6 색깔에 따라 분류한 것을 다시 수 카드에 적힌 수의 자릿수에 따라 분류하여 봅니다.

7 초록색 수 카드 중에서 적힌 수가 짝수인 것을 찾으면 38, 92, 714로 모두 3장입니다.

9 $8>7>5>4$이므로 가장 많은 종류의 과일은 귤입니다.

10 사과와 딸기는 빨간색입니다.

11 $11>8>5$이므로 빨간색 과일이 가장 많습니다.

12 다리의 수가 2개, 4개, 0개인 동물로 분류하였습니다.

13 동물의 다리 수는 생각하지 않고 날 수 있는 동물과 날 수 없는 동물로 분류하여 봅니다.

14 주어진 이동 수단을 움직이는 힘에 따라 분류해 보면
사람의 힘: 손수레, 자전거
기계의 힘: 버스, 트럭, 경운기, 비행기, 오토바이, 자동차, 기차

16 ⬡ 모양은 5개이고, 이 중에서 구멍이 2개이면서 초록색인 것은 2개입니다.

17 노란색: 9개, 빨간색: 7개, 보라색: 4개, 초록색: 5개
따라서 유진이가 가지고 있는 단추 중 가장 많은 색깔은 노란색입니다.

18 ♡ 모양: 6개, ⬡ 모양: 5개, □ 모양: 3개,
☆ 모양: 4개, ○ 모양: 7개
$7>6>5>4>3$이므로 가장 많은 모양의 단추는 7개인 ○ 모양이고, 가장 적은 모양의 단추는 3개인 □ 모양입니다.
따라서 가장 많은 모양의 단추는 가장 적은 모양의 단추보다 $7-3=4$(개) 더 많습니다.

서술형
19 예 연필: 5자루, 볼펜: 8자루, 색연필: 4자루, 샤프: 3자루를 판매하였습니다. 따라서 $8>5>4>3$이므로 볼펜을 가장 많이 판매하였습니다.

평가 기준	배점(5점)
판매한 종류별 필기구의 수를 구했나요?	3점
어떤 필기구를 가장 많이 판매하였는지 구했나요?	2점

서술형
20 예 볼펜을 가장 많이 판매하였으므로 볼펜을 준비하는 것이 좋겠습니다.

평가 기준	배점(5점)
가장 많이 판매한 필기구를 썼나요?	2점
어떤 필기구를 가장 많이 준비하는 것이 좋을지 구했나요?	3점

6 곱셈

서술형 50% 수시 평가 대비

37~40쪽

1 예  / 4, 6, 8

2 8, 3 / 16, 24 / 24

3 4 / 4

4 6배

5 18, 24, 30 / 5, 30

6 덧셈식 $3+3+3+3=12$
곱셈식 $3\times4=12$

7 ㉡

8 2, 5, 10 / 5, 2, 10

9 4배

10 14대 / 예 자동차의 수는 2씩 7묶음이므로 2, 4, 6, 8, 10, 12, 14로 세어 모두 14대입니다.

11 3배

12 ○○○○○○○○ / ○○○○○○○○ / 16개

13 ㉡

14 $4\times2=8$

15 40개

16 41살

17 7

18 19개

19 7명

20 40개

1 2개씩 묶어 세면 2-4-6-8입니다.

2 8씩 3묶음은 8-16-24이므로 모두 24개입니다.

3 5씩 4묶음 ➡ 5의 4배

참고 ■씩 ▲묶음 ➡ ■의 ▲배

4 7씩 6묶음은 42이고, 7씩 6묶음은 7의 6배이므로 42는 7의 6배입니다.

5 6씩 5번 뛰어 세면 6-12-18-24-30입니다.
➡ $6\times5=30$

6 과자의 수는 3의 4배이므로
$3\times4=3+3+3+3=12$입니다.

7 ㉠ 2개씩 묶으면 9묶음입니다.
㉢ 도넛을 3개씩 묶으면 6묶음이므로
도넛의 수는 3의 6배입니다.

8 피망을 2개씩 묶으면 2개씩 5묶음이므로
$2\times5=2+2+2+2+2=10$(개)입니다.
피망을 5개씩 묶으면 2묶음이므로
$5\times2=5+5=10$(개)입니다.

9 2의 8배는 $2\times8=16$입니다. 16을 4씩 묶으면 4묶음이므로 4의 4배입니다.
따라서 2의 8배는 4의 4배와 같습니다.

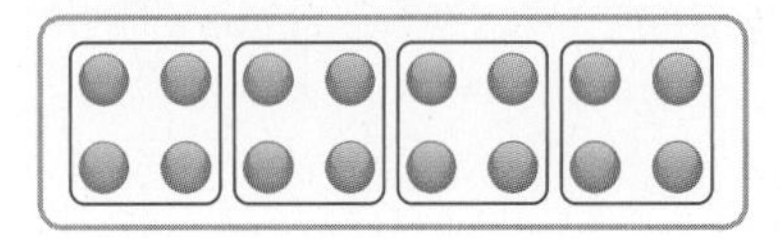

10 7대씩 묶어 세어 볼 수도 있습니다. 자동차의 수는 7씩 2묶음이므로 7, 14로 세어 모두 14대입니다.

평가 기준	배점(5점)
모두 몇 대인지 썼나요?	2점
어떻게 세었는지 바르게 설명했나요?	3점

11 예 축구공은 4개이므로 농구공을 4개씩 묶어 보면 4개씩 3묶음입니다. 4개씩 3묶음은 4의 3배이므로 농구공의 수는 축구공의 수의 3배입니다.

다른 풀이
축구공은 4개이고 농구공은 12개입니다. 12는 4의 3배이므로 농구공의 수는 축구공의 수의 3배입니다.

평가 기준	배점(5점)
축구공과 농구공의 수를 비교했나요?	2점
농구공의 수는 축구공의 수의 몇 배인지 구했나요?	3점

12 예 ●는 2개입니다. ● 수의 8배는 2의 8배이므로
$2\times8=16$입니다.
따라서 ○를 16개 그렸습니다.

평가 기준	배점(5점)
○를 2의 8배만큼 그렸나요?	3점
○를 몇 개 그렸는지 구했나요?	2점

13 예 ㉠ $6\times4=24$, ㉡ $5\times5=25$,
㉢ $8+8+8=24$, ㉣ $4\times6=24$
따라서 나타내는 수가 다른 하나는 ㉡입니다.

평가 기준	배점(5점)
㉠, ㉡, ㉢, ㉣이 나타내는 수를 각각 구했나요?	3점
나타내는 수가 다른 하나를 찾아 기호를 썼나요?	2점

14 4개씩 2줄 ➡ 4의 2배 ➡ $4\times2=4+4=8$

15 예 한 상자에 들어 있는 지우개는 8개이므로 5상자에 들어 있는 지우개의 수는 8의 5배입니다.
따라서 5상자에 들어 있는 지우개는 모두
$8\times5=40$(개)입니다.

평가 기준	배점(5점)
5상자에 들어 있는 지우개의 수를 구하는 식을 세웠나요?	2점
5상자에 들어 있는 지우개는 모두 몇 개인지 구했나요?	3점

16 예 9의 5배는 $9\times5=45$입니다.
따라서 유진이 아버지의 나이는 $45-4=41$(살)입니다.

평가 기준	배점(5점)
9의 5배를 구했나요?	3점
유진이 아버지의 나이를 구했나요?	2점

17 예 $6+6+6+6+6=6\times5$이므로 ㉠$=5$입니다.
$2\times4=2+2+2+2$이므로 ㉡$=2$입니다.
따라서 ㉠$+$㉡의 값은 $5+2=7$입니다.

평가 기준	배점(5점)
㉠과 ㉡에 알맞은 수를 각각 구했나요?	4점
㉠+㉡의 값을 구했나요?	1점

18 예 가위를 낸 친구 2명이 펼친 손가락은
$2\times2=4$(개), 보를 낸 친구 3명이 펼친 손가락은
$5\times3=15$(개)입니다.
따라서 펼친 손가락은 모두 $4+15=19$(개)입니다.

평가 기준	배점(5점)
가위와 보를 낸 친구들이 펼친 손가락 수를 각각 구했나요?	3점
펼친 손가락은 모두 몇 개인지 구했나요?	2점

19 예 긴 의자 4개에 앉을 수 있는 사람은
$8\times4=32$(명)입니다.
따라서 앞으로 $32-25=7$(명)이 더 앉을 수 있습니다.

평가 기준	배점(5점)
긴 의자에 앉을 수 있는 사람 수를 구했나요?	3점
앞으로 몇 명이 더 앉을 수 있는지 구했나요?	2점

20 예 얼룩진 부분에도 같은 규칙으로 꽃 모양이 그려져 있었습니다.
따라서 벽지에 그려져 있던 꽃 모양은 8개씩 5줄이므로 모두 $8\times5=40$(개)입니다.

평가 기준	배점(5점)
꽃 모양이 한 줄에 몇 개씩 몇 줄 그려졌는지 설명했나요?	2점
벽지에 그려져 있던 꽃 모양은 모두 몇 개인지 구했나요?	3점

다시 점검하는 수시 평가 대비 41~43쪽

1 4　**2** 14, 21
3 4×2, 4×3
4 곱셈식 $7\times8=56$
읽기 예 7 곱하기 8은 56과 같습니다.
5 30 / 5, 30　**6** 4, 36
7 4, 6　**8** ⑤
9 ㉣
10 덧셈식 $6+6+6=18$
곱셈식 $6\times3=18$
11 4 / 8, 4, 32　**12** 42권
13 ㉠, ㉢　**14** 27살
15 ②　**16** 8개
17 21개　**18** 60개
19 윤아, 11개　**20** 6장

1 빵은 3개씩 4접시이므로 3씩 4묶음입니다.

2 7씩 3번 뛰어 세면 7－14－21입니다.

3 • 4씩 2묶음 ➡ 4×2
• 4씩 3묶음 ➡ 4×3

4 $\underbrace{7+7+7+7+7+7+7+7}_{8번}=56$
➡ $7\times8=56$

5 $\underbrace{6+6+6+6+6}_{5번}=30$ ➡ $6\times5=30$

6 초콜릿은 9개씩 4묶음입니다.
9씩 4묶음 ➡ $9\times4=9+9+9+9=36$

7 선우가 쌓은 연결 모형의 수는 2개이므로 2씩 묶어 알아봅니다.
• 지혜: 2씩 4묶음 ➡ 2의 4배
• 민규: 2씩 6묶음 ➡ 2의 6배

8 사과를 3개씩 묶으면 8묶음, 6개씩 묶으면 4묶음, 4개씩 묶으면 6묶음, 8개씩 묶으면 3묶음입니다.

9 ㉣ $8\times5=40$을 덧셈식으로 나타내면 $8+8+8+8+8=40$입니다.

10 6씩 3묶음 ➡ $6+6+6=18$ ➡ $6\times3=18$

11 점은 한 줄에 8개씩 모두 4줄입니다.
8의 4배 ➡ $8\times4=8+8+8+8=32$

12 동화책은 7권씩 6묶음이므로 7의 6배입니다.
➡ $7\times6=7+7+7+7+7+7=42$(권)

13 ㉠ $2\times8=2+2+2+2+2+2+2+2=16$
㉡ $3\times6=3+3+3+3+3+3=18$
㉢ $4\times4=4+4+4+4=16$
㉣ $9\times2=9+9=18$

14 9의 3배 ➡ $9\times3=9+9+9=27$
따라서 이모의 나이는 27살입니다.

15 ① $4\times3=4+4+4=12$
② $5\times4=5+5+5+5=20$
③ $7\times2=7+7=14$
④ $2\times9=2+2+2+2+2+2+2+2+2=18$
⑤ $3\times5=3+3+3+3+3=15$
따라서 $20>18>15>14>12$이므로 곱셈식으로 나타내어 구한 곱이 가장 큰 것은 ②입니다.

16 가위를 냈을 때 펼친 손가락은 2개입니다.
따라서 네 명의 친구가 펼친 손가락의 수는 $2\times4=2+2+2+2=8$(개)입니다.

17 삼각형의 변은 3개이므로 삼각형 7개의 변은 모두
$3\times7=3+3+3+3+3+3+3=21$(개)입니다.

18 4개씩 5줄 ➡ $4\times5=4+4+4+4+4=20$(개)
한 상자에 들어 있는 배는 20개이므로 3상자에 들어 있는 배는 모두 $20+20+20=60$(개)입니다.

서술형
19 예 윤아: 5개씩 7봉지
➡ $5\times7=5+5+5+5+5+5+5=35$(개)
경준: 8개씩 3봉지 ➡ $8\times3=8+8+8=24$(개)
$35>24$이므로 윤아가 $35-24=11$(개) 더 많이 땄습니다.

평가 기준	배점(5점)
윤아와 경준이가 딴 오이의 수를 각각 구했나요?	3점
누가 몇 개 더 많이 땄는지 구했나요?	2점

서술형
20 예 이어 붙인 색 테이프의 수를 □장이라고 하면
$8\times\square=48$입니다. $8+8+8+8+8+8=48$에서 $8\times6=48$이므로 $\square=6$입니다.
따라서 이어 붙인 색 테이프는 모두 6장입니다.

평가 기준	배점(5점)
이어 붙인 색 테이프의 전체 길이를 곱셈식으로 나타냈나요?	2점
이어 붙인 색 테이프의 수를 구했나요?	3점

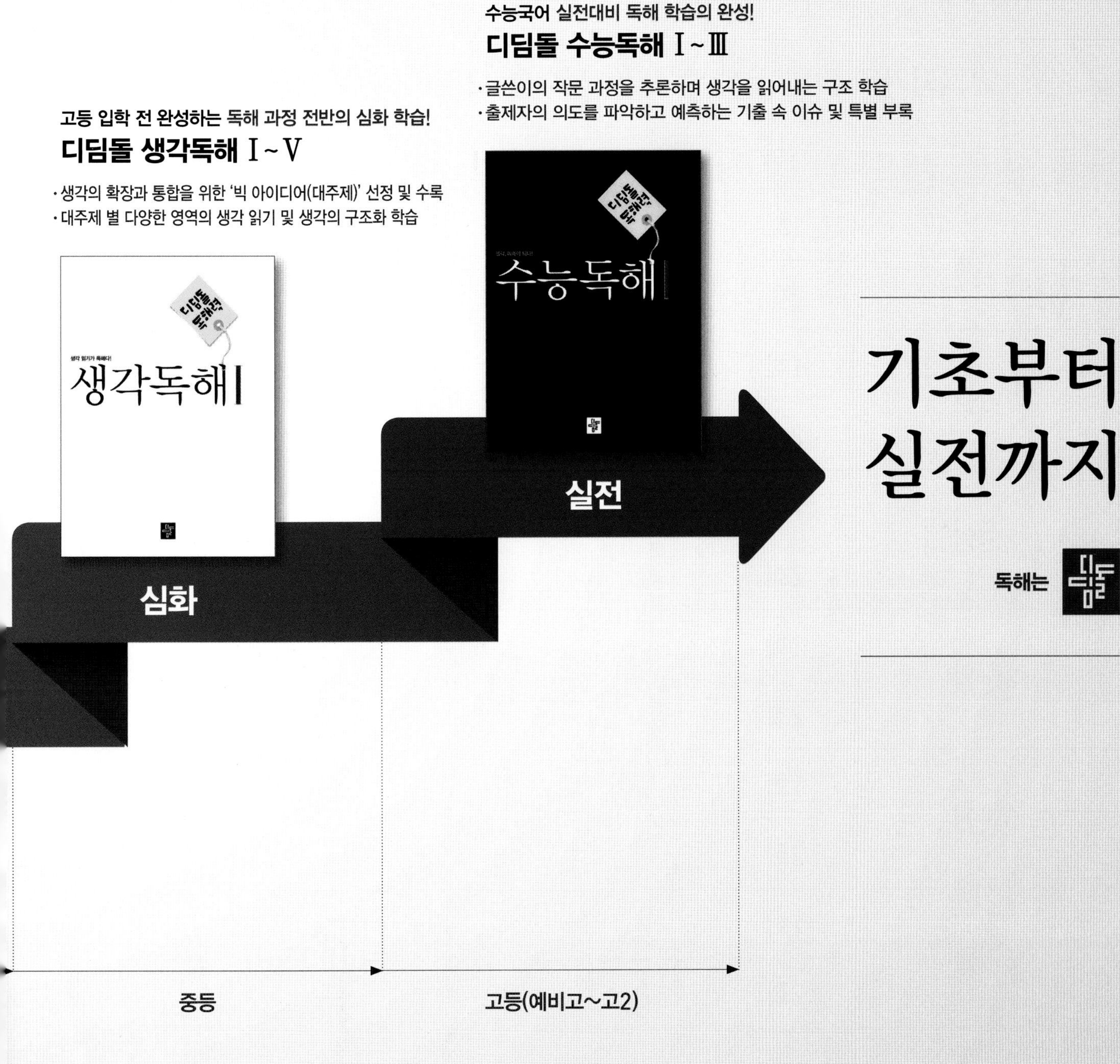
수능국어 실전대비 독해 학습의 완성!
디딤돌 수능독해 Ⅰ~Ⅲ
·글쓴이의 작문 과정을 추론하며 생각을 읽어내는 구조 학습
·출제자의 의도를 파악하고 예측하는 기출 속 이슈 및 특별 부록
고등 입학 전 완성하는 독해 과정 전반의 심화 학습!
디딤돌 생각독해 Ⅰ~Ⅴ
·생각의 확장과 통합을 위한 '빅 아이디어(대주제)' 선정 및 수록
·대주제 별 다양한 영역의 생각 읽기 및 생각의 구조화 학습
생각독해Ⅰ
수능독해Ⅰ
실전
심화
기초부터
실전까지
독해는 디딤돌
중등
고등(예비고~고2)

다음에는 뭐 풀지?

다음에 공부할 책을 고르기 어려우시다면, 현재 성취도를 먼저 체크해 보세요.
최상위로 가는 맞춤 학습 플랜만 있다면 내 실력에 꼭 맞는 교재를 선택할 수 있어요!
단계에 따라 내 실력을 진단해 보고, 다음 학습도 야무지게 준비해 봐요!

첫 번째, 단원평가의 맞힌 문제 수 또는 점수를 모두 더해 보세요.

단원		맞힌 문제 수	OR	점수 (문항당 5점)
1단원	1회			
	2회			
2단원	1회			
	2회			
3단원	1회			
	2회			
4단원	1회			
	2회			
5단원	1회			
	2회			
6단원	1회			
	2회			
합계				

※ 단원평가는 각 단원의 마지막 코너에 있는 20문항 문제지입니다.